新世纪高职高专计算机专业基础系列规划教材

首届中国大学出版社优秀教材

U0683213

SQL Server 2000 实用教程

SQL SERVER 2000 SHIYONG JIAOCHENG

（第三版）

新世纪高职高专教材编审委员会 组编

主编 周 力

副主编 李文华 罗勇胜 王 静

大连理工大学出版社

DALIAN UNIVERSITY OF TECHNOLOGY PRESS

图书在版编目(CIP)数据

SQL Server 2000 实用教程 / 周力主编 . —3 版.—大连:
大连理工大学出版社,2009.7(2012.4 重印)
新世纪高职高专计算机专业基础系列规划教材
ISBN 978-7-5611-1837-5

Ⅰ.S⋯　Ⅱ.周⋯　　Ⅲ.关系数据库—数据库管理系统,
SQL Server 2000—教材　Ⅳ.TP311.138

中国版本图书馆 CIP 数据核字(2004)第 073058 号

大连理工大学出版社出版
地址:大连市软件园路 80 号　邮政编码:116023
发行:0411-84708842　邮购:0411-84703636　传真:0411-84701466
E-mail:dutp@dutp.cn　URL:http://www.dutp.cn
大连美跃彩色印刷有限公司印刷　　大连理工大学出版社发行

幅面尺寸:185mm×260mm　　印张:20.75　　字数:478 千字
印数:47001～50000
2004 年 8 月第 1 版　　　　　　　2009 年 7 月第 3 版
2012 年 4 月第 11 次印刷

责任编辑:潘弘喆　杨慎欣　　　　责任校对:张　萃
封面设计:张　莹

ISBN 978-7-5611-1837-5　　　　　　定　价:36.00 元

总　序

　　我们已经进入了一个新的充满机遇与挑战的时代,我们已经跨入了 21 世纪的门槛。

　　20 世纪与 21 世纪之交的中国,高等教育体制正经历着一场缓慢而深刻的革命,我们正在对传统的普通高等教育的培养目标与社会发展的现实需要不相适应的现状作历史性的反思与变革的尝试。

　　20 世纪最后的几年里,高等职业教育的迅速崛起,是影响高等教育体制变革的一件大事。在短短的几年时间里,普通中专教育、普通高专教育全面转轨,以高等职业教育为主导的各种形式的培养应用型人才的教育发展到与普通高等教育等量齐观的地步,其来势之迅猛,发人深思。

　　无论是正在缓慢变革着的普通高等教育,还是迅速推进着的培养应用型人才的高职教育,都向我们提出了一个同样的严肃问题:中国的高等教育为谁服务,是为教育发展自身,还是为包括教育在内的大千社会? 答案肯定而且唯一,那就是教育也置身其中的现实社会。

　　由此又引发出高等教育的目的问题。既然教育必须服务于社会,它就必须按照不同领域的社会需要来完成自己的教育过程。换言之,教育资源必须按照社会划分的各个专业(行业)领域(岗位群)的需要实施配置,这就是我们长期以来明乎其理而疏于力行的学以致用问题,这就是我们长期以来未能给予足够关注的教育目的问题。

　　如所周知,整个社会由其发展所需要的不同部门构成,包括公共管理部门如国家机构、基础建设部门如教育研究机构和各种实业部门如工业部门、商业部门,等等。每一个部门又可作更为具体的划分,直至同它所需要的各种专门人才相对应。教育如果不能按照实际需要完成各种专门人才培养的目标,就不能很好地完成社会分工所赋予它的使命,而教育作为社会分工的一种独立存在就应受到质疑(在市场经济条件下尤其如此)。可以断言,按照社会的各种不同需要培养各种直接有用人才,是教育体制变革的终极目的。

新世纪

　　随着教育体制变革的进一步深入，高等院校的设置是否会同社会对人才类型的不同需要一一对应，我们姑且不论。但高等教育走应用型人才培养的道路和走研究型（也是一种特殊应用）人才培养的道路，学生们根据自己的偏好各取所需，始终是一个理性运行的社会状态下高等教育正常发展的途径。

　　高等职业教育的崛起，既是高等教育体制变革的结果，也是高等教育体制变革的一个阶段性表征。它的进一步发展，必将极大地推进中国教育体制变革的进程。作为一种应用型人才培养的教育，它从专科层次起步，进而应用本科教育、应用硕士教育、应用博士教育……当应用型人才培养的渠道贯通之时，也许就是我们迎接中国教育体制变革的成功之日。从这一意义上说，高等职业教育的崛起，正是在为必然会取得最后成功的教育体制变革奠基。

　　高等职业教育还刚刚开始自己发展道路的探索过程，它要全面达到应用型人才培养的正常理性发展状态，直至可以和现存的（同时也正处在变革分化过程中的）研究型人才培养的教育并驾齐驱，还需假以时日；还需要政府教育主管部门的大力推进，需要人才需求市场的进一步完善发育，尤其需要高职高专教学单位及其直接相关部门肯于做长期的坚忍不拔的努力。新世纪高职高专教材编审委员会就是由全国 100 余所高职高专院校和出版单位组成的旨在以推动高职高专教材建设来推进高等职业教育这一变革过程的联盟共同体。

　　在宏观层面上，这个联盟始终会以推动高职高专教材的特色建设为己任，始终会从高职高专教学单位实际教学需要出发，以其对高职教育发展的前瞻性的总体把握，以其纵览全国高职高专教材市场需求的广阔视野，以其创新的理念与创新的运作模式，通过不断深化的教材建设过程，总结高职高专教学成果，探索高职高专教材建设规律。

　　在微观层面上，我们将充分依托众多高职高专院校联盟的互补优势和丰裕的人才资源优势，从每一个专业领域、每一种教材入手，突破传统的片面追求理论体系严整性的意识限制，努力凸现高职教育职业能力培养的本质特征，在不断构建特色教材建设体系的过程中，逐步形成自己的品牌优势。

　　新世纪高职高专教材编审委员会在推进高职高专教材建设事业的过程中，始终得到了各级教育主管部门以及各相关院校相关部门的热忱支持和积极参与，对此我们谨致深深谢意；也希望一切关注、参与高职教育发展的同道朋友，在共同推动高职教育发展、进而推动高等教育体制变革的进程中，和我们携手并肩，共同担负起这一具有开拓性挑战意义的历史重任。

新世纪高职高专教材编审委员会
2001 年 8 月 18 日

前言

　　《SQL Server 2000 实用教程》(第三版)是新世纪高职高专教材编审委员会组编的计算机专业基础系列规划教材之一。

　　数据库是计算机应用的一项重要技术。随着计算机、网络通信等技术的发展,在网络多用户环境下对数据进行安全有效的管理已成为计算机应用及相关专业学生必不可少的知识。本书以目前广泛应用的 SQL Server 2000 为例,系统介绍了网络环境下关系数据库的创建、应用、管理和系统开发等功能和技术。

　　本书由几位多年从事数据库原理及应用教学的教师根据高职高专教学特点精心组织编写而成。经过两次改版,不断吸取实际教学中的经验,使教材愈来愈成熟,受到广大授课教师和学生的欢迎。其主要特点有:

　　1. 将数据库知识与实际数据库软件应用紧密结合。全书既有关系数据库的基础知识,又详细介绍了 SQL Server 2000 的各项功能、相关命令和实际操作,使学生学以致用。

　　2. 全书结构紧凑,对章节编排作了精心设计。作者根据多年的实际教学经验对有关内容进行了整合,摒弃了很多同类教材章节过多、内容散乱的缺点,使之条理更清晰,更有利于教学,成为一本真正意义上的教材,而不是技术手册。

　　例如,考虑到数据库的备份与恢复牵涉的概念和操作较多,为了使学生刚开始学习时能将主要精力集中到数据库和表的基本操作上来,再版时将这部分内容放到了后面的章节介绍,而将导入和导出数据内容放到数据库创建以后即作介绍。实践证明,这样的编排更利于实际教学。

　　3. 充分考虑由浅入深、循序渐进的教学规律。作者长期在第一线从事教学工作,对学生的特点和认知规律有比较深入的了解。再版修订时既考虑概念的严谨和清晰,又兼顾了叙述的通俗易懂性。例如,在第一章通过具体表的对比来说明数据分为多个表的必要性。再比如,在介绍创建用户自定义函数时,先从不带参数的实例开始,然后再介绍创建带参数的自定义函数,以期分散难点,让学生能够循序渐进地掌握知识。

4. 全书以一个完整的"教学管理"数据库实例展开教学内容。再版修订时继承并发扬了这一风格，所有新增实例均围绕该数据库精心设计展开，并改写了第一版中相当数目的实例程序，使内容更集中、更详实、更具典型性。避免了有些教材实例随心所欲、信手拈来造成的内容凌乱现象。

例如，将第一版中介绍 WHILE 循环时所举的求数的阶乘实例改成对数据库的更新(UPDATE)操作实例。让学生了解在数据库程序中使用循环结构的实际意义。又如，在介绍 SQL Server 全局变量和函数应用时举的实例，第一版中基本上是一个实例仅说明一个全局变量或函数的功能，而再版时一个实例往往涉及 2～3 个全局变量或函数，在同样的页面下加大了书的信息量。

修改后各章节实例不仅围绕同一数据库展开，而且关系更紧密。如在介绍视图时所举的对多表同时操作发生错误的实例，当下一章介绍触发器时给出了同一问题的解决方法。这样的前后呼应有很多，对学生形成完整的知识结构体系很有帮助。

5. 修改后的版本突出重点、详略得当。在注意知识的完整性、系统性的基础上，不求面面俱到，注重实际应用。每章对一些较次要的问题或拓展性的知识通过简单提示形式让学生了解，如需进一步学习则可通过参考联机丛书等自学。而对一些实际应用知识却不惮增加篇幅。

例如，考虑到目前大多数计算机都能满足运行 SQL Server 2000 的硬件要求，故再版时此内容不再提及。随着大学计算机应用基础教育的普及提高，学生使用相关软件的联机丛书和帮助文档应不再是难事，故再版时将这部分的简单介绍也加以省略。但数据查询是网络数据库教学的一项重要内容。第二版对此部分内容进行了重要扩充。除补充大量的实例外，增加了原版中没有的嵌套子查询等内容，对多表联接操作也作了重大修改和补充，相信学生通过该章大量具体实例的学习，对数据查询会有较全面的认识。

又如，在介绍事务及锁等内容时，为了帮助学生更好地理解多用户环境下数据的并发控制等概念，精心设计、增加了相应的操作实例，克服了先前版本及当前大多数类似教材对此内容仅作简单概念介绍、可操作性不强的弊病，也使学生不至于感觉内容空泛。

再如，第二版在原来最后一章用 VB 开发 SQL Server 数据库应用程序的基础上，又增加了使用 ASP 技术进行基于 Web 的应用系统开发等内容，以期让学生在头脑中建立 SQL Server 系统实际应用的概念。第三版再次对这两种典型应用进行了全面的修订。考虑到书本篇幅和实际教学课时限制，对本部分内容进行了精心的编排和取舍，所有实例均可按书中介绍的方法和程序代码实现。实例不追求程序花哨漂亮，而是注重基本功能的实现。所用到的语句和命令尽可能集中、精简，注意减少基本应用中可用可不用的语句或参数，避免枝干蔓延，以减轻学习负担。我们的修订目标是即使未学过 VB 和 ASP 的学生，也能够顺利完成该章内容的学习。作者认为，作为数据库的实际应用，在具体教学中，本书最后一章不应该作为附加内容匆匆带过，而应确保一定的课时让学生学习和掌握，以提高实际应用能力，并更好地与后续课程衔接。

6. 本书配有丰富的插图，帮助学生理解实际操作和实例效果。再版修订时适当减去了某些意义明确或不需用户选择(如欢迎对话框、完成对话框等)的屏幕抓图，而补充了一些学生容易发生的错误操作执行时系统反应的屏幕抓图，例如：要显示已加密存储过程定义文本、删除来自多个基表的视图中的数据等情况发生时系统的提示信息,使教材的有效信息量进一步提高。

为了不增加读者经济负担,修订时尽可能增加内容而不增加页数,所以第三版中大多数实例的程序代码不再单独列出,而是放在相应的运行窗口图中,避免内容的重复。

7. 每章后面配有丰富的习题与实训内容。这些习题及实训内容都是作者在长期的教学过程中积累下来的。其中有的是在教学中针对学生常易混淆或模糊的概念而设计的,还有一些是在历次考试中发现的学生较普遍发生的错误。习题的设计一部分是为了让学生复习巩固书中所学的知识,另有一部分是希望学生在学习相关内容后能作进一步的思考和认识拓展。习题的形式多样,既有问答题和操作题,又有单项选择题、多项选择题和填空题等,使之成为本教材区别于目前市场上其他同类教材的一个明显特色。本书电子教案及习题答案可从大连理工大学出版社网站下载。

本书内容详实、知识系统、叙述通俗易懂,不仅可作为高职高专相关专业的教材,对于其他高等院校相关专业学生及社会人士学习网络数据库知识也有极高的参考价值。

本书由周力任主编,李文华、罗勇胜、王静任副主编,申玉斌、姜广坤参加了教材的编写。具体分工是:周力编写第1、4、6章,并对全书进行修改、补充、总撰;李文华编写第2、3章;罗勇胜编写第5章;王静编写第7章;申玉斌编写第8章;姜广坤参加了部分章节的编写。

在本书的编写及出版过程中,得到了多位从事数据库课程教学同仁的帮助,大连理工大学出版社的编辑为本书的出版做了大量辛勤的工作,在此表示感谢!限于作者学识,书中的不足之处敬请指正。

所有意见和建议请发往:dutpgz@163.com
欢迎访问我们的网站:http://www.dutpbook.com
联系电话:0411-84707492　0411-84706104

编　者
2009 年 7 月

目 录

第1章

SQL Server 数据库基础

内容概述

SQL Server 2000 是微软推出的大型数据库管理系统,它功能强大,易学易用,当前使用十分普遍。

要学习 SQL Server 2000,必须了解数据库技术的基本知识。本章首先介绍数据库系统的基本概念,然后介绍 SQL Server 2000 的功能,并对 SQL Server 2000 实用工具进行了简单介绍,为读者进一步学习 SQL Server 2000 打下基础。

1.1 数据库、数据库管理系统与数据库系统

1.1.1 数据和数据处理

1. 数据(Data)

数据是对客观事物特征的一种抽象的符号化表示,是记录下来的信息。日常生活中数据涉及的面很广,种类也很多,如数字、文字、图形、声音、图像等都是数据。把各种数据采用特定的二进制编码存入计算机,就是计算机中的数据。

2. 数据处理(Data Processing,DP)

数据处理是对各种形式的数据进行收集、组织、加工、存储、传播、提炼等。未经处理的数据只是基本素材,只有对其进行加工处理,产生出有助于实现特定目标的信息后对人们才有意义,数据处理也称信息加工。

计算机的高速、高效率,使它成为现代数据处理的主要工具。

1.1.2 数据库和数据库系统

1. 数据库(DataBase,DB)

数据库顾名思义就是存放数据的仓库,特指以一定的组织形式存放于计算机中的相关数据的集合。借助于数据库管理系统软件,可通过数据库以最佳方式、最少的重复、最大的独立性为多种应用提供数据共享服务。

2. 数据库系统(DataBase System,DBS)

数据库系统是指在计算机系统中引入数据库后的系统。一般由数据库、数据库管理

系统及其开发工具、应用系统、数据库管理员(DataBase Administrator,DBA)和用户等构成。

数据库管理员是维护数据库系统的专门人员,其主要任务是:决定数据库的信息内容与结构,决定数据库的存储结构和访问策略,实施数据库系统的保护,监督和控制数据库的使用和运行,响应系统的某些变化,改善系统的性能。

在数据库系统中,数据库管理系统是系统核心。

1.1.3 数据库管理系统(DataBase Management System,DBMS)

数据库管理系统是帮助用户建立、使用和管理数据库的计算机软件系统。

数据库管理系统是数据库系统的核心,数据库的建立、使用和维护,都是由数据库管理系统统一管理、统一控制的。数据库管理系统使用户方便地定义和操纵数据库中的数据,并能保证数据的安全性、完整性、并发性和发生故障后的系统恢复。

数据库管理系统通常由下面 4 个部分组成:

(1)数据定义语言(Data Definition Language,DDL)

用来定义数据库的模式,定义有关约束条件,供用户建立数据库。

(2)数据操作语言(Data Manipulation Language,DML)

实现对数据库中数据的检索、插入、删除和修改等操作。

(3)数据库运行控制程序

数据库管理系统提供了一些系统运行控制程序,负责数据库运行过程中的控制与管理,包括存取路径管理程序、缓冲区管理程序、安全性控制程序、完整性检查程序、并发控制程序、事务管理程序、运行日志管理程序等。

(4)实用程序

数据库管理系统通常还提供一些实用程序,方便用户完成数据库的建立与维护、数据格式的转换与通信等。

按处理数据的规模不同,数据库管理系统分为大型网络数据库管理系统和小型桌面数据库管理系统。

常用的大型网络数据库管理系统有:SQL Server、IBM DB2、Oracle、Sybase、Informix 等。常用的桌面数据库管理系统有:dBase、FoxBase、FoxPro、MS-Access 等。

1.2 关系型数据库

1.2.1 数据库数据模型

数据模型是指数据库中数据的组织形式和联系方式。数据库中的数据是按照一定的结构存放的,以反映数据之间的联系。

按照数据库中数据采取的不同联系方式,数据模型可分为以下 3 种:

1. 网状型

网状型数据库模型将每项记录当成一个节点,任意节点和节点之间可以建立关联,形成一个复杂的网状结构。它的优点是避免了数据的重复性,缺点是关联性比较复杂,尤其是当数据库变得越来越大时,关联性的维护会非常麻烦。

2. 层次型

层次型数据库模型采用树状结构,依据数据的不同类型,将数据分门别类,存储在不同的层次之下。这种数据库模型的优点是数据结构类似金字塔,不同层次之间的关联性直接而且简单。缺点是由于数据纵向发展,横向关系难以建立,数据可能会重复出现,造成管理维护的不便。

3. 关系型

关系型数据库模型使用二维矩阵来表示和实现数据间的联系,而不像网状模型和层次模型那样使用指针链表来实现数据的联系。二维矩阵在关系型数据库模型中是以表格形式来实现的,表格中的行和列形成一个关联的数据关系——数据表(Table)。

图 1-1 所示为一个学生信息表。如果要查找学号为"102"的学生的姓名,则可以由横向的"102"记录行与纵向的"姓名"字段列的关联相交处而得到,如图中所示。

学　号	姓　名	性别	出生日期	所在系
101	袁　敏	女	1982-2-3	机　电
102	李志强	男	1983-4-5	计算机
103	张　亮	男	1984-10-9	建　筑
104	李　平	女	1984-5-6	计算机
105	王　丽	女	1983-2-1	机　电
106	刘明耀	男	1982-4-16	计算机

图 1-1　查找学号为"102"的学生的姓名

由此可知,关系型数据库中数据的关联是指表中行与列的关联。除此之外,在关系型数据库中,通常有多个表存在,表与表之间会因为字段的关系而产生关联。

由于关系型数据库采用了人们习惯使用的表格形式作为存储结构,易学易用,因而成为使用最广泛的数据库模型。今天,人们使用的数据库系统产品几乎全是关系型的。

1.2.2　关系型数据库的特点

关系型数据库是一些相关的表和其他数据库对象的集合。这里有 3 层含义:

1. 在关系型数据库中,信息存放在二维表格结构的数据表中,一个表是一个关系,又称作实体集。

(1)一个表包含若干行,每一行称为一条记录,表示一个实体。

实体(Entity)是客观世界存在并可相互区分的事物。实体可以是人或物,也可以是抽象的概念。比如:一个学生,一门课程,一项设计等等。

每个数据表是一个实体的集合,所以表又可称为实体集。

(2)每行数据由多列组成,每一列称为一个字段,反映了该实体某一方面的属性。

属性(Attribute)是指实体具有的某种特性。一个实体可以具有若干属性,例如,学生实体可以由学号、姓名、性别、出生日期、所在系等属性组成。其具体的属性值即描述了该实体个体。如属性值"101,袁敏,女,1982 年 2 月 3 日,机电系"具体描述了一个学生。

每个属性都有一个取值范围,称为属性的域。如性别的域为{男,女},年龄的域通常为{1...100}等。

在关系型数据库中,属性通过字段来描述。字段是数据库中最小的结构单元,用于存储实体的某个属性。每个字段有一个不能重复的名字,用于存储相同数据类型的数据。

如图 1-2 所示,表中的记录反映了不同学生的情况。每条记录由学号、姓名、性别、出生日期、所在系等字段构成。该表是一个学生关系实体集。

纵的一列称
为一个字段

学 号	姓 名	性别	出生日期	所在系
101	袁 敏	女	1982-2-3	机 电
102	李志强	男	1983-4-5	计算机
103	张 亮	男	1984-10-9	建 筑
104	李 平	女	1984-5-6	计算机
105	王 丽	女	1983-2-1	机 电
106	刘明耀	男	1982-4-16	计算机

横的一行称
为一个记录

图 1-2 关系型数据库中的表

(3)实体的属性中,能唯一标识实体集中每个实体的一个或某几个属性,称为实体的关键字(Key)。例如上表中的学号,又如课程关系中的课程号。在关系型数据库中,关键字被称为主键。

主键(Primary Key)是指表中的某一列或某几列的组合,其值可唯一地标识表中的每一条记录。

每个表必须指定且只能指定一个主键。例如,学生表中的学号字段,对每一条记录,它的值都是唯一确定的。给定一个学号,就能唯一确定表中的一条记录,而学生姓名字段则不能作为主键,因为姓名有可能存在重名。如果上表中没有学号字段,则应将姓名、出生日期的组合作为主键(不考虑可能出现同名且同年同月同日出生学生的情况)。

关系型数据库最大的特点,在于它将每个具有相同属性的数据独立地存储在一个表中。对任何表而言,用户可以新增、删除或修改表中的数据,而不会影响其他数据。它解决了层次型数据库数据横向关联不足的缺点,也避免了网状型数据库数据关联过于复杂的问题。

2.数据库所包含的表之间是有联系的,联系由表的主键和外键所体现的参照关系实现。

在一个表内,各实体(记录)之间按某属性(字段)建立联系。如在图 1-2 中,各记录按学号的顺序建立联系,按所在系别建立联系等。同时,在一个数据库中往往包含多个表,各表之间也是有联系的。

(1)关系表现为表。关系型数据库一般由多个关系(表)组成。

例如,教学管理数据库中有 3 个表,分别是学生表、课程表、选课表。如表 1.1、表 1.2、表 1.3 所示。

表 1.1　　　　　　　　学生表

学号	姓名	性别	出生日期	所在系
101	袁敏	女	1982-2-3	机电
102	李志强	男	1983-4-5	计算机
103	张亮	男	1984-10-9	建筑
104	李平	女	1984-5-6	计算机
105	王丽	女	1983-2-1	机电
106	刘明耀	男	1982-4-16	计算机

表 1.2　　课程表

课程号	课程名	学分
1011	C 语言	6
1012	数据结构	4
1013	微机原理	6
1014	数字电路	5
1015	高等数学	6
1016	数据库	6

表 1.3　　选课表

学号	课程号	成绩
101	1011	82.5
101	1012	79
102	1012	92.5
102	1013	81
103	1011	68
104	1012	54
105	1013	87

为什么要将数据分成 3 个表呢? 这主要是为了减少数据的大量重复(称为冗余)。如果我们将学生表和课程表合并为一个表,因为一个学生可以选修多门课程,将会在表中出现大量重复的数据,如表 1.4 所示,可看到表中出现了大量重复的数据。这不仅浪费了存储空间,在进行查询时也影响系统效率。更重要的是,它给数据维护带来麻烦。例如,如果要将学号为"101"的学生的所在系改为"计算机",那么将修改该学生的所有记录;再比如我们要将 C 语言课程的学分改为 7 分,那将修改表中所有选修该课程学生的记录,这将十分麻烦。万一修改时遗漏或改错了某条记录(例如某条记录"C 语言"的学分没有修改,仍为 6 分),则将造成表中数据的不一致性。

表 1.4　　　　　　　用一个表记载学生表和课程表的信息

学号	姓名	性别	出生日期	所在系	课程号	课程名	学分
101	袁敏	女	1982-2-3	机电	1011	C 语言	6
101	袁敏	女	1982-2-3	机电	1012	数据结构	4
101	袁敏	女	1982-2-3	机电	1013	微机原理	6
101	袁敏	女	1982-2-3	机电	1014	数字电路	5
101	袁敏	女	1982-2-3	机电	1015	高等数学	6
102	李志强	男	1983-4-5	计算机	1012	数据结构	4
......							

注:此处为了强调说明的问题,将表 1.1 和表 1.2 合并数据作了修改。

（2）表之间由某些字段的相关性而产生联系。

在表 1.1～表 1.3 所示的 3 个表中，由选课表通过学号和课程号将学生表同课程表建立起联系，如图 1-3 所示。

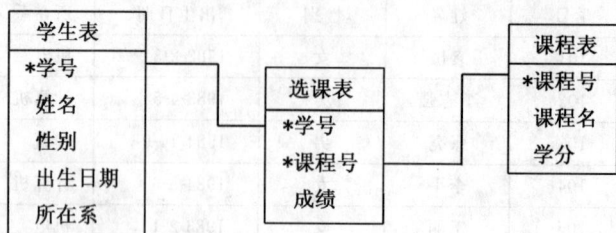

图 1-3　教学管理数据库中 3 个表的结构及其联系

提示：前面加有"＊"标志的字段，表示是该表的主键。

由图 1-3 可知，选课表反映了实体集学生关系和实体集课程关系之间的联系。所以，在关系型数据库中，表格既能反映实体，又能表示实体之间的联系。

（3）实体集联系的类型及在表中的处理。

在现实世界中，事物之间是有联系的，这些联系在关系型数据库中反映为实体集之间的联系。事物不同，实体集之间的联系也千变万化，但抽象出来不外乎以下 3 种：

● 一对一联系（1∶1）

对于任意两实体集 A 和 B，如果 A 中的每个实体至多与 B 中的一个实体相联系，反之亦然，则称实体集 A 和 B 存在一对一联系，记作 1∶1。

例如：在学校里面，一个班级只有一个班长，而一个班长只在一个班级任职，因此班级和班长之间存在一对一联系。

● 一对多联系（1∶n）

对于任意两实体集 A 和 B，如果 A 中的每个实体与 B 中的多个实体相联系，反之，B 中的每个实体，A 中至多只有一个实体与之联系，则称实体集 A 和 B 存在一对多联系，记作 1∶n。

例如：在学校里面，一个班级有多名学生，而每名学生只在一个班级学习，因此班级和学生之间存在一对多联系。

● 多对多联系（m∶n）

对于任意两实体集 A 和 B，如果 A 中的每个实体与 B 中的多个实体相联系，反之，B 中的每个实体，A 中也有多个实体与之联系，则称实体集 A 和 B 存在多对多联系，记作 m∶n。

例如：一个学生可以选修多门课程，而一门课程也由多个学生来选修。因此，学生和课程两者之间即为多对多联系。

在以上三种联系中，m∶n 联系最复杂，最基本的是 1∶n 联系。因为 1∶1 联系可看作是 1∶n 联系的特例，而 m∶n 联系也可以通过一定方法转换为 1∶n 联系。

在关系型数据库中，实体集之间的联系表现为表之间的联系。实体集之间的联系是通过表中相应属性来实现的。

对于一对一联系,可以将一个表中的主键加入另一个表中来实现两表间的联系。例如,对于班级和班长这种一对一联系,可以在班级表(班级实体集)中加入班长表(班长实体集)的主键(假设为班长学号——表示该班级的班长是谁),或在班长表中加入班级表的主键(班级名——表示该班长在哪个班级任班长),来实现两个表的联系。

对于一对多联系,可以将"1"方表格中的主键纳入"n"方表格中来实现两表间的联系。例如,对于学生和班级这种一对多联系,需将班级表的主键(班级名)加入学生表中,以反映每个学生所属班级,再通过班级名查询该班级的情况。

对于多对多联系,由于这种联系比较复杂,需创建一个表以反映它们之间的联系。例如:在教学管理数据库中,通过选课表来表示学生表和课程表之间的联系。

(4)用表的主键和外键反映实体集间的联系。

为反映实体集间(即表与表间)的联系,在实体(表格)的属性(字段)中人为加入另一实体的关键字(主键),该属性(字段)叫做外部关键字或外键。外键用来实现实体间的联系。

在关系型数据库中,外键(Foreign Key)是指表中含有的与另外一个表的主键相对应的字段,它用来与其他表建立联系。

🐟**注意**:外键在本表中不是关键字,或者仅是关键字的一部分。

例如:在图 1-3 所示的教学管理数据库中,学号和课程号分别是学生表和课程表的主键。而在选课表中,它们都是外键。选课表通过它们将学生表和课程表建立了联系。

使用外键的优点是:

● 提供表之间的连接。

● 可以根据外键的值来检查输入数据的合法性,例如,在输入选课数据时,应保证输入的学号在学生表中存在,输入的课程号应在课程表中存在。否则,数据库管理系统将根据表间联系性提示错误信息。

● 保证了外键字段的值都是一个有效的主键,从而可以实施参照完整性。

🐟**提示**:关系型数据库的表间联系,必须借助外键来建立。因为对某一个表的外键而言,其详细数据存储在另外一个表中。

3. **数据库不仅包含表,还包含其他的数据库对象,例如视图、存储过程和索引等。**

数据库是存放数据的地方,数据主要保存在数据库的表中,所以数据表是数据库的基本对象。除此之外,在数据库中还有其他对象,常用的有:

(1)视图:是一个虚拟表,可用于从实际表中检索数据,并按指定的结构形式浏览。

(2)存储过程:是一个预编译的语句和指令的集合,可执行查询或者数据维护工作。

(3)触发器:是特殊的存储过程,可设计在对数据进行插入、修改或删除时自动调用。

(4)索引:用于实现快速对数据表中数据的检索访问,以及增强数据完整性。

(5)规则:通过绑定操作,可用于限定数据表中数据的有效值或数据类型。

在 SQL Server 2000 中,数据对象的引用格式是:

Server. database. owner. object (即:服务器名. 数据库名. 对象的所有者名. 对象名)

在引用对象时,对象名前面的部分可以省略,但若省略中间部分时每个省略的部分要用一个句点指明。如:Server. . owner. object,database. . object,owner. object 等。

对于引用对象时的省略部分,SQL Server 2000 默认为:

(1) 服务器:本地服务器默认值;

(2) 数据库:当前数据库默认值;

(3) 对象所有者:当前登录帐户在数据库中的用户名默认值。

1.2.3　数据完整性

数据完整性(Data Integrity)用来确保数据库中的数据的正确性和可靠性。例如,数据库中某一个表的数据得到了更新,则所有与此相关的数据都要更新。再如,在表1.1～表1.3所示的教学管理数据库中,当输入选课表的记录时,应该保证所输入的学生姓名在学生表中存在,否则,不许输入(因为这将是无效数据)。

数据完整性包括以下几类:

1. 实体完整性

实体完整性是为了保证表中的数据唯一。实体完整性可由设置主键来实现。

(1)主键(Primary Key)约束

表中的主键在所有记录上的取值必须唯一。例如,课程表中的课程号必须唯一,以保证每门课程的唯一性。如果主键约束定义在不止一列上,则其中一列中的值可以重复,但主键约束定义中的所有列组合的值必须唯一。

在 SQL Server 中,在创建或更改表时可定义主键约束。一个表只能有一个主键,主键的值必须是唯一的,而且主键中的列不能接收空值(NULL)。

当为表指定主键约束时,SQL Server 2000 通过为主键列创建唯一索引来强制数据的唯一性。在查询中使用主键时,该索引还可用来对数据进行快速访问。

(2)唯一性(Unique)约束

除了设置主键约束外,在 SQL Server 中还可使用唯一性约束确保在非主键列中不输入重复值。尽管唯一性约束和主键约束都强制唯一性,但在强制以下的唯一性时应使用唯一性约束而不是主键约束:

● 非主键的一列或列组合。一个表可定义多个唯一性约束,但只能定义一个主键约束。

● 允许空值的列。允许空值的列上可以定义唯一性约束(即允许有一条记录该列为空值),而不能定义主键约束(因为主键不允许有空值)。

2. 域完整性

域完整性可以保证数据的取值在有效的范围内。例如,可以限制选课表中成绩字段的取值范围为 0～100。若输入的内容不在此范围内,则不符合域完整性,系统不接收。域完整性是对业务管理或者对数据库数据的限制,它们反映了业务的规则。

在 SQL Server 中,域完整性主要通过设置检查约束(CHECK CONSTRAINT)和非空约束(NOT NULL)等来实现。

(1)检查(CHECK)约束

CHECK 约束通过限制允许输入到列中的值来强制域的完整性,它通常通过逻辑表达式判断。例如,在选课表中创建 CHECK 约束可将成绩列的取值范围限制在 0 至 100

之间,从而防止输入的成绩值超出正常的成绩范围。在学生表中通过创建 CHECK 约束规定性别列只能输入汉字字符"男"或"女",而不能是其他字符。

可以通过任何返回结果为 TRUE 或 FALSE 的逻辑(布尔)表达式来创建 CHECK 约束。例如对上面成绩列的 CHECK 约束,逻辑表达式为:

成绩＞＝0 and 成绩＜＝100 或者:成绩 between 0 and 100。

对于性别列的 CHECK 约束,逻辑表达式为:性别 in ('男','女')。

提示:关于 SQL Server 2000 中的逻辑表达式,将在本书第 4 章具体讨论。

(2)允许空值(NULL)

是否允许列为空决定一行数据的该列是否允许暂时没有数据。指定一列不允许空值(NOT NULL)从而确保行中该列永远有数据,可以保持数据的完整性。注意,空值(NULL)并不等于零(0)或零长度的字符串(如""),NULL 意味着没有输入、没有值。NULL 的存在通常表明值未知或未定义。例如,选课表中成绩列的空值并不表示该学生没有成绩,而是指其成绩未知或尚未设定(如尚未考核)。

如果一列不允许空值,用户在向表中写一行数据时必须在该列中输入值,否则该行记录不能被接收。如果一个列允许空值,在插入一行数据没有为该列指定值时,该列值为NULL(除非存在默认定义)。允许空值的列也接收用户用键盘显示输入 NULL,不论它是何种数据类型或是否有默认值与之关联。

提示:NULL 值不应放在引号内,否则会被解释为字符串"NULL"而不是空值。

SQL Server 允许施加唯一约束(UNIQUE)的列只能包含一个带有 NULL 键值的行,后面带有 NULL 的行将无效。属于主键的任何列中都不能含有 NULL。

由于空值在查询和更新时会使事情变得复杂,而且有其他一些设置(如主键约束等)不能使用允许空值的列,所以对较重要的字段应避免允许空值。

(3)默认值

表中记录的每一列均必须有值,即使它是 NULL。由于有时不希望有值为空的列,或者在大多数情况下,该列的值都是某确定值,因此可为该列定义默认值。

例如,通常将数字型列的默认值指定为零。又如,将某职工家庭住址列的默认值指定为"暂缺"。将某单位各部门的电话号码的默认值设置为本单位总机的电话号码等。

当向表中输入记录时,若没有为指定默认值的列输入值,则是隐性要求 SQL Server 将默认值装载到该列中。如果列不允许空值且没有默认值定义,就必须明确地指定列值,否则 SQL Server 会返回错误信息,指出该列不允许空值。

3. 参照完整性

参照完整性又称引用完整性,用于确保相联系的表间数据一致,避免因一个表的记录修改,造成另一个表的内容成为无效值。一般来说,参照完整性是通过主键和外键来维护的。例如,在选课表中,学号为外键(它是学生表的主键),通过主键和外键的对照关系,可以确保选课表中输入的学号必须在学生表中存在。

(1)外键(Foreign Key)约束

限制插入到表中被约束列的值必须在参照表中已经存在,否则不予插入。

当创建或更改表时,可通过定义外键列来创建外键约束。该列必须是另一表中存在且设置了主键约束或唯一约束的列。外键约束列不允许空值,但是,如果任何组合外键约束的列包含空值,则将跳过外键约束的校验。

尽管外键约束的主要目的是控制存储在外键表中的数据,但它还可以控制对主键表中数据的修改。例如,如果在学生表中删除一个学生,而这个学生的学号在选课表中记录选课的信息时已经使用了,则这两个表之间关联的完整性将被破坏。选课表中该学生的所选课程和成绩因为与学生表中的数据没有链接而变得孤立。设置外键约束可防止这种情况的发生。

如果主键表中数据的更改使之与外键表中数据的链接失效,则这种更改是不能实现的,从而确保了引用完整性。同样,如果试图删除主键表中的行,而该行的主键值与另一个表的外键约束值相关,则该操作不可实现。若要成功更改或删除外键约束的行,可以先在外键表中删除或更改相关的外键数据,然后才可修改主键表中的数据。

(2)使用触发器实现参照完整性

从 SQL Server 中,也可以使用触发器(Trigger)进行相关表中数据的级联更改或删除,从而实现参照完整性。关于触发器的内容我们将在第 5 章具体讨论。

4. 自定义完整性

自定义完整性是由用户自行定义的,不同于前面 3 种完整性,也可以说是一种强制数据定义。例如,在选课表中,规定一个学生所选课程不能多于 5 门。又如,在一个公司员工数据表中,规定员工的起始工资不能低于目前工资,而且如果一个员工所负责的项目超过 3 个,则该员工的工资应大于 5000 等,都是用户自定义完整性的内容。

在 SQL Server 中,自定义完整性也主要由设置表和字段的检查(CHECK)约束来实现。此外,还可以通过设置规则(Rule)、存储过程(Stored Procedure)和触发器(Trigger)等对象来实现。

SQL Server 2000 具有很多强制保证数据完整性的功能,通过它们可以避免数据库中数据的错误。

1.3 SQL 和 SQL Server

1.3.1 关系型数据库标准语言——SQL

SQL 是英文 Structured Query Language 的简称,意为结构化查询语言。SQL 最早是在 IBM 公司研制的数据库管理系统 System R 上实现的。由于它接近于英语口语,简洁易学,功能丰富,使用灵活,受到广泛的支持。经不断发展完善和扩充,SQL 被国际标准化组织(ISO)采纳为关系型数据库语言的国际标准。如今,几乎所有的数据库生产厂家都推出了各自的支持 SQL 的数据库管理系统。

SQL 语言具有以下特点：

1. 一体化

SQL 虽然称为结构查询语言，但实际上它可以实现数据库查询、操纵、定义和控制等全部功能。它把关系型数据库的数据定义语言 DDL(Data Define Language)、数据操作语言 DML(Data Manipulation Language)和数据控制语言 DCL(Data Control Language)，统一在一种语言中。

2. 高度非过程化

用 SQL 语言进行数据操作，只需指出"做什么"，无需指明"怎么做"，这样就非常易于使用。它对数据存取路径的选择和操作的执行都是由数据库管理系统(DBMS)自动完成的。

3. 两种使用方式和统一的语法结构

SQL 语言既是自含式语言，又是嵌入式语言。作为自含式语言，它可单独使用，用户在终端上直接键入 SQL 命令就能实现对数据库的操作。作为嵌入式语言，它又可以嵌入到某一高级语言(如 C、COBOL、VB 等)程序中。两种方式的 SQL 语言语法结构基本上一致，给使用者带来了方便。

例如，在 SQL Server 2000 中，可直接在"查询分析器"中输入 SQL 命令来实现对数据库的操作，也可将 SQL 语句嵌入到 Visual Basic、PowerBuilder、Delphi、. NET 等高级语言编写的应用程序中，使用户通过程序员编写的应用程序方便地访问数据库。

4. 语言简洁，易学易用

SQL 语言由一套命令和命令使用规则构成，其核心功能只用了 9 个动词，如表 1.5 所示。易学易用是它的主要特点。

表 1.5　　　　　　　　　　SQL 核心功能

SQL 功能	动　词
数据定义	CREATE，DROP，ALTER
数据操纵	SELECT，INSERT，UPDATE，DELETE
数据控制	GRANT，REVOKE

1.3.2　SQL Server 2000 简介

SQL Server 2000 是 Microsoft 公司推出的基于 SQL 标准的一个关系型数据库软件产品。

Microsoft SQL Server 起源于 Sybase SQL Server。1988 年，由 Sybase 公司、Microsoft公司和 Ashton-Tate 公司联合开发的，运行于 OS/2 操作系统上的 SQL Server 诞生了。

2000 年 8 月，Microsoft 公司推出了 SQL Server 2000 版。SQL Server 2000 版本在功能上比过去有很大的增强，而且它界面友好，易学易用，与 Windows 2000 完美结合，可以构造网络环境数据库甚至分布式数据库，可以满足企业及 Internet 等大型数据库的应用。

SQL Server 2000 包含企业版、标准版、开发版和个人版 4 个版本，并推出了简体中文版,每个版本对操作系统的要求都有所不同,各版本安装所需的操作系统如表1.6所示。

表 1.6   **SQL Server 2000 软件需求**

SQL Server 版本或组件	操作系统要求
企业版	Windows NT Server 4.0、Windows NT Server 4.0 企业版、Windows 2000 Server、Windows 2000 Advanced Server 和 Windows 2000 Data Center Server 注意:某些功能要求 Windows 2000 Server(任何版本)
标准版	Windows NT Server 4.0、Windows 2000 Server、Windows NT Server 企业版、Windows 2000 Advanced Server 和 Windows 2000 Data Center Server
个人版	Windows Me、Windows 98、Windows XP,Windows NT Workstation 4.0、Windows 2000 Professional、Windows NT Server 4.0、Windows 2000 Server 和所有更高级别的 Windows 操作系统
开发版	Windows NT Workstation 4.0、Windows 2000 Professional 和所有其他 Windows NT 和 Windows 2000 操作系统
仅客户端工具	Windows NT 4.0、Windows 2000(所有版本)、Windows Me、Windows 98 和 Windows XP
仅连接	Windows NT 4.0、Windows 2000(所有版本)、Windows Me、Windows 98 和 Windows 95

提示:"仅客户端工具"选项包括安装管理 SQL Server 的客户端工具和客户端连接组件。而"仅连接"选项仅安装 SQL Server 客户端连接组件,包括连接 SQL Server 2000 命名实例所需的 Microsoft 数据访问组件。

以下简单介绍 SQL Server 2000 的功能特性,详细功能请访问微软网站或参阅 SQL Server 2000 联机丛书。

1. 实现了客户机/服务器模式

客户机/服务器(C/S)计算模式是一种分布式的数据存储、访问和处理技术。SQL Server 是客户机/服务器系统应用的典型例子。这种模式采用服务器集中存放数据,便于维护管理。客户机通过网络与运行 SQL Server 的服务器相连,数据库应用的处理过程分布在客户机和服务器上,由客户机完成数据表示和大部分业务逻辑的实现。

随着网络技术的发展和数据库事务处理要求的不断提高,现在的客户机/服务器模式已由两层结构向多层结构发展。

2. 与 Internet 集成

SQL Server 2000 数据库引擎提供完整的 XML 支持,并具备构造大型 Web 站点的数据存储组件所需的可伸缩性、可用性和安全性。

3. 具备很强的可伸缩性

SQL Server 2000 包含企业版、标准版、开发版和个人版等版本,使同一个数据库引擎可以在不同的操作系统平台上使用,从运行 Windows 9x 的便携式电脑,到运行 Windows 2000 Data Center Server 的大型多处理器的服务器。

4. 具备企业级数据库功能

SQL Server 2000 关系型数据库引擎支持当今苛刻的数据处理环境所需的功能,可同时管理上千个并发数据库用户,其分布式查询使用户可以引用来自不同数据源的数据,同时具备分布式事务处理系统,保障分布式数据更新的完整性。

5. 易于安装、部署和使用

SQL Server 2000 的安装向导可帮助用户方便地实现各种方式的安装,如网络远程安装、多实例安装、升级安装和无人值守安装等。SQL Server 2000 还提供了一些管理开发工具,使用户可以快速开发应用程序。增强的图形用户界面管理工具,使管理更加方便。

6. 数据仓库功能

企业在正常的业务运作过程中需要收集各种数据,包含企业的动态历史记录。数据仓库的目的是合并和组织这些数据,以便能对其进行分析并用来支持业务决策。数据仓库是一种高级、复杂的技术。SQL Server 2000 提供的强大工具可帮助完成创建、使用和维护数据仓库的任务,如:数据转换服务、复制、Analysis Services、English Query 和 Meta Data Services 等。

1.3.3 Transact-SQL

SQL Server 2000 系统所使用的 SQL 语言称为 Transact-SQL。Transact-SQL 是用于管理 SQL Server 2000 实例,创建和管理 SQL Server 2000 实例中的所有对象,并且插入、检索、修改和删除 SQL Server 2000 数据表中数据的命令语言,它是 SQL Server 2000 数据库管理系统的核心。

Transact-SQL 是由国际标准化组织(ISO)和美国国家标准学会(ANSI)发布的 SQL 标准中定义的语言的扩展。它对语法也作了精简,增强了可编程性和灵活性,使其功能更为强大,使用更为方便。Transact-SQL 具有丰富的编程结构,利用 Transact-SQL,可以方便地编写功能强大的存储过程,这些存储过程存放在服务器端,并预先编译过,执行速度非常快。利用 Transact-SQL,还可以编写触发器(一种特殊的存储过程),确保 SQL Server 2000 数据库的数据完整性。

Transact-SQL 对使用 SQL Server 2000 非常重要。以 SQL Server 2000 为后台数据库的所有应用程序都通过向服务器发送 Transact-SQL 语句来进行通讯,而与应用程序的用户界面无关。

我们将在后续章节中介绍常用 Transact-SQL 命令的使用,并在本书的最后任务中,介绍如何在应用程序中使用 Transact-SQL 语句来与数据库服务器进行通信。

学习 Transact-SQL 是本书的主要内容之一。

1.4 SQL Server 2000 实用工具

SQL Server 2000 数据库管理系统提供了许多功能丰富的实用工具,利用这些工具,用户可以更容易地管理和维护 SQL Server 数据库。

1.4.1 启动 SQL Server 2000 实用工具

用鼠标选择 ▣开始 菜单中的"程序"项,然后选择 ⏹ Microsoft SQL Server ▶ 选项,屏幕会显示如图 1-4 所示的程序选项菜单,在此菜单中选择所要使用的工具(如企业管理器等),就可以启动执行该工具。

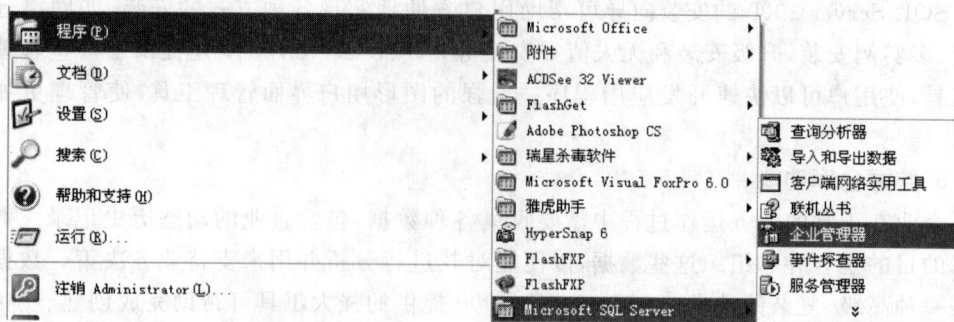

图 1-4 从"开始"菜单启动 SQL Server 实用工具

1.4.2 实用工具简介

1.服务管理器（Service Manager）

服务管理器是 SQL Server 2000 服务器端的一个常用管理工具。利用服务管理器，可以方便地启动和停止数据库服务器的服务，查看服务状态。只要有合适的权限，用户可以像控制音量或者输入法状态一样方便地控制服务器的启停。

2.企业管理器（Enterprise Manager）

企业管理器是 SQL Server 2000 系统的主要图形化操作工具，它提供了一个遵从 Microsoft 管理控制台（Microsoft Management Console，MMC）的用户界面。利用企业管理器，可以完成定义和运行 SQL Server 2000 的服务器组，创建并管理所有 SQL Server 2000 数据库、对象、登录、用户和权限等工作，在企业管理器中也可以调用查询分析器。

我们将在下一章详细介绍企业管理器的工作界面和操作。

3.查询分析器（Query Analyzer）

查询分析器是 SQL Server 2000 提供的一个执行 SQL 脚本、分析查询性能和调试运行存储过程等工作的操作工具。它是 SQL Server 2000 系统中最常用的操作管理工具，利用它可以输入、调试、运行 SQL 语句（如 CREATE、SELECT、INSERT、UPDATE 等），还可以用 Transact-SQL 脚本编写存储过程，完成建立和操作数据库、数据查询、数据管理等工作。

在开发环境中，或者在系统维护时，查询分析器是使用最频繁的工具之一，有时甚至比企业管理器更实用。

查询分析器和企业管理器是本书学习 SQL Server 2000 最主要的工具。我们也将在下一章详细介绍查询分析器的工作界面和操作。

4.联机丛书

联机丛书是系统文档的电子版，几乎提供了有关 SQL Server 2000 管理和开发的所有信息。借助联机丛书，用户可以学习、管理和使用 SQL Server 2000 系统。在使用中遇到问题，也可以通过联机丛书的相关条目得到解决。

从图 1-4 所示的菜单中可启动联机丛书，在使用其他管理工具如企业管理器、查询分析器等时,通过系统的 帮助(H) 菜单或者单击"帮助"按钮 帮助 ,也可以启动联机丛书。

联机丛书提供了多种方法帮助查找需要的内容。例如:利用目录进行查找、利用索引进行查找、输入要查找的关键字进行特定搜索、按书签进行查找等。

联机丛书是了解和学习 SQL Server 2000 性能和技术的一个非常重要和有效的途径。

5.服务器网络实用工具

服务器网络实用工具用于查看和设置本机作为服务器时的服务器属性,包括协议、加密和代理等,以便支持不同配置的客户端。

服务器网络实用工具提供一个标签式的操作界面,其工作界面由"常规"标签和"网络库"标签两部分组成。"常规"标签下,用户可以执行查看和指定服务器上的实例名、禁用和启用协议以及启用代理等操作。"网络库"标签用于显示网络库名称及对应文件名和版本号等信息。

大多数情况下,无需更改服务器网络实用工具的配置。仅在下列情况中才需要重新配置:

- 配置 SQL Server 2000 实例以在特定的网络协议上监听。
- 使用代理服务器连接 SQL Server 2000 实例。
- 使用防火墙系统将包含 SQL Server 2000 实例的网络与 Internet 的其余部分隔开。

6.客户端网络实用工具

客户端网络实用工具与服务器网络实用工具类似,用于设置本机作为客户机访问其他 SQL Server 时的客户机属性,如协议、服务器别名等。具体功能如下:

- 创建到指定服务器的网络协议连接,并更改默认的网络协议。
- 显示当前系统中安装的网络库的有关信息。
- 显示当前系统中安装的 DB-Library 版本,并为 DB-Library 选项设置默认值。

7.导入和导出数据工具

这是一个向导式的数据传递工具 DTS(Data Transformation Services,数据传输服务)。导入/导出向导为在 OLE DB 数据源之间复制数据提供了简单快速的方法。利用导入和导出数据工具,不仅可以在服务器之间传递 SQL Server 数据,而且可以传递异种数据,例如可以将一个 Access 数据库导入到一个 SQL Server 数据库中,也可以将 SQL Server 数据库中的数据导出到 Access 数据库或文本文件中。

我们也将在下一章介绍用该实用工具导入/导出数据的方法。

8.事件探查器

事件探查器是图形化的管理工具,使系统管理员得以监视 SQL Server 2000 实例中的事件。它可以捕获有关每个事件的数据并将其保存到文件或 SQL Server 2000 表中供以后分析。利用事件探查器,可以完成监视 SQL Server 2000 实例的性能、调试 Transact-SQL 语句和存储过程、识别执行慢的查询等工作。例如,可以对运行环境进行监视,了解执行速度太慢而妨碍性能的存储过程,以便采取相应的对策。

9.在 IIS 中配置 SQL XML 支持

可以使用 HTTP 访问 SQL Server 2000。SQL Server 2000 的 HTTP 访问能力允许

使用数据库系统支持的 XML 技术直接在 URL 中指定 SQL 查询,例如:

　　http://IISServer/nwind? sql=SELECT＋＊＋FROM＋Customers＋FOR＋XML ＋AUTO&root=root

在使用 HTTP 指定查询前,必须先用用于 SQL Server 2000 的 IIS 虚拟目录管理实用工具创建一个虚拟根。SQL Server 2000 的 IIS(Internet Information Server,Internet 信息服务器)虚拟目录管理实用工具用于在 Web 服务器的 IIS 中创建专用于 SQL Server 2000 的虚拟根,使其能够使用数据库系统支持的最新的 XML 技术。

可以用以下两种方式与用于 SQL Server 2000 的 IIS 虚拟目录管理应用程序交互:

● 使用用于 SQL Server 2000 的 IIS 虚拟目录管理实用工具以图形方式交互。

● 使用用于 SQL Server 2000 的 IIS 虚拟目录管理对象模型以编程方式交互。

1.4.3　用服务管理器启停 SQL Server 服务

利用 SQL Server 2000 实用工具服务管理器可以启动或停止某个服务器上的指定服务,还可以查看当前服务器及服务的工作状态。

1.启动服务管理器

启动服务管理器有两种方法:

(1)在如图 1-4 所示界面中选择 ▣ 服务管理器 选项。

(2)直接双击屏幕右下角任务栏中的服务管理器图标 ▣。

启动之后的服务管理器界面如图 1-5 所示。服务管理器的工作界面非常简单,以下结合它的使用介绍各部分的功能。

2.使用服务管理器

(1) 在"服务器(V)"下拉列表框中,选择服务器。

图 1-5　服务管理器工作界面

(2) 在"服务(R)"下拉列表框中,选择要启动或停止的服务。

服务主要有:

● SQL Server(SQL Server 服务)

● SQL Server Agent(SQL Server 代理服务)

● Distributed Transaction Coordinator(分布式事务管理)

(3) 启动或停止服务。

● 单击"开始/继续"按钮 ▶ 可以启动上面所选服务器指定的服务。

● 如果服务已启动,单击"停止"按钮 ■ 可以停止该服务;单击"暂停"按钮 ▯▯ 可以暂时停止服务器工作。

暂停服务与停止服务的区别在于暂停服务并不清除内存中的服务代码。当暂停 SQL Server 实例服务时,已连接到服务器的用户可以继续作业,但不允许有新的连接,也就是不接受新的用户。此举可保证原来进行的工作不会被突然中断。一般在停止服务、关闭系统前,系统管理员会先暂停服务,然后对所有用户广播,告之再过多少时间要停止

SQL Server，以提醒用户尽快完成手头作业。

暂停服务后也可单击"开始/继续"按钮 ▶，重新恢复服务。

（4）服务管理器窗口中有一个信号灯图标表示服务器相应服务的当前状态。

● 绿色三角表示服务正在运行。

● 黑色双线表示服务暂停。

● 红色方块表示服务已停止。

（5）设置自动启动服务。

用鼠标勾选服务管理器窗口底部的 ☑ 当启动 OS 时自动启动服务(A) 复选框，可以设置以后每当操作系统启动时系统自动启动该服务。

提示：也可通过企业管理器或 Windows 的"控制面板"启动、停止服务器的服务。还可以从 osql 或其他查询工具发出 SHUTDOWN 命令来停止 SQL Server。

习题与实训

一、单项选择题

1.在关系型数据库中，对于一个关系的行和列，下列说法正确的是_____。

A.可能出现相同两列数据

B.可能出现相同两行数据

C.列的次序不能交换，但行的次序允许交换

D.行的次序不能交换，但列的次序允许交换

2.以下_____不是数据库的模型。

A.网状型　　　　B.关系型　　　　C.实体联系型　　　D.层次型

3.数据库系统的核心是_____。

A.数据库　　　　B.数据库管理系统　C.操作系统　　　　D.文件

4.关系型数据库中不同的实体是根据_____来区分的。

A.名称　　　　　B.属性　　　　　C.数据模型　　　　D.记录

5.关于数据冗余，以下叙述不正确的是_____。

A.冗余是指可以通过基本数据导出的数据　B.存在冗余，容易破坏数据库完整性

C.存在冗余，会造成数据库维护困难　　　D.数据库中不应该存在任何数据冗余

6.以下关于主键的叙述正确的是_____。

A.一个表只能有一个字段是主键　　　　B.一个表可以有多个主键

C.一个表可以由多个字段构成一个主键　D.一个表的主键设置后不能改变

7.在关系型数据库中，对于_____联系，可以将任一个表的主键加入另一个表中来实现两表间的联系。

A.1∶1　　　　　B.1∶n　　　　　C.n∶1　　　　　D.m∶n

8.以下不属于 SQL Server 2000 实用工具的是_____。

A.查询分析器　　B.服务管理器　　C.资源管理器　　　D.企业管理器

二、填空题

1. 数据模型不仅反映了事物本身的数据，而且反映了_____。

2. 在 SQL Server 中，数据完整性可分为实体完整性、_____、
_____和用户自定义完整性。

3. 所谓主键是指_____的一列或几列的组合。主
键的值_____重复。在一个表内可设_____个主键。

4. 设有如下两个关系：学生关系（学号、姓名、课程编号、成绩）和课程关系（课程编号、
课程名、课时数）。

则学生关系的主键是_____，外键是_____。这两个关系通
过_____建立了联系。

5. 对上题关系，假设一个学生只能选修一门课程，则这两个关系之间的联系性质是
_____。若一个学生可以选修多门课程，则这两个关系之间
的联系性质是_____。

6. 在 SQL Server 2000 中，NULL 表示_____。NULL 可以显式输
入，输入时_____放在引号内。

7. 暂停 SQL Server 与 停止 SQL Server 的主要区别为：暂停 SQL Server 将不允许
_____，但允许_____。

三、问答题

1. 简述数据库和数据库系统的区别。简述数据库管理系统的功能。

2. 简述 SQL Server 中唯一约束和主键约束的主要区别。

3. 简述 SQL 语言的特点。

四、操作题

1. 使用服务管理器启动、停止 SQL Server 服务器。

2. 使用联机丛书查找 SQL Server 2000 系统对计算机硬件的需求信息。

第2章

数据库的创建与管理

内容概述

在建立基于 SQL Server 2000 数据库应用系统过程中,创建、管理数据库是重要的基础工作。SQL Server 2000 本身为我们提供了系统数据库和示例数据库,通过系统提供的企业管理器和查询分析器,我们可以创建和管理具体应用的数据库。

本章将介绍 SQL Server 数据库的组成和功能,以及数据库的日常管理。并结合第 1 章描述的教学数据库的创建,详细讲解企业管理器和查询分析器的使用。本章最后还介绍了在实际操作中常用的数据库迁移方法。

2.1 SQL Server 数据库

2.1.1 SQL Server 数据库结构

1. 数据库的物理结构

数据库用于存储数据。SQL Server 数据库的物理表现是操作系统文件,即物理上,一个数据库由一个或多个磁盘(或光盘)上的文件组成。这种物理表现只对数据库管理员是可见的,对用户在实际使用时是透明的。

(1)数据库文件类型

每个 SQL Server 数据库(无论是系统数据库还是用户数据库)在物理上都由至少一个数据文件和至少一个日志文件组成。

● 数据文件:用于存放数据库数据。分为主数据文件和次数据文件两种形式。

主数据文件是数据库的起点,用于存储数据库表的数据和索引。它包含数据库的启动信息,还包含一些系统表,这些表记载数据库中对象及其他文件的位置信息。每个数据库都有且只能有一个主数据文件,主数据文件的默认文件扩展名是.mdf。

次数据文件辅助主数据文件存储数据。它是一个可选项,有些数据库可能没有次数据文件,而有些数据库则有多个次数据文件。使用次数据文件的主要原因是,在不同物理磁盘上创建次数据文件来存储数据,可以将数据横跨存放在多个物理磁盘上。这样,在存取大量数据时多个磁盘驱动器可同时工作,从而提高效率。另外,如果主数据文件的数据容量超过 Windows 操作系统的大小限制,此时也需要用次数据文件来帮助存储数据。次数据文件的默认文件扩展名是 . ndf。

● 日志文件:用来记录 SQL Server 的所有事务以及由这些事务引起的数据库数据的变化。

SQL Server 2000 具有事务功能,以保证数据库操作的一致性和完整性。所谓事务就是一个单元的工作,该单元的工作要么全部完成,要么全部取消。SQL Server 2000 遵守先写日志再执行数据库修改的次序,在数据库数据的任何变化写到磁盘之前,首先在日志文件中做记录,因此如果 SQL Server 系统出错,甚至出现数据库系统崩溃时,数据库管理员(DBA)可以通过日志文件来完成数据库的修复与重建。此外,我们在进行数据库编程时,也可利用相关的事务处理命令,根据情况取消先前的一些操作。

每个数据库必须至少有一个日志文件,但也可以不止一个。日志文件的默认文件扩展名是 . ldf。建立数据库时,SQL Server 会自动建立数据库的事务日志。

一个简单的数据库可以只有一个主数据文件和一个日志文件。如果数据库很大或很重要,则可以设置多个次数据文件或更多的日志文件。

提示: SQL Server 2000 中所有的数据都存储在磁盘(或光盘)的页面(Page)上,页面是数据库的基本数据存储单元,每个页面存储 8 K 数据,它必须是同一数据对象的数据。但 SQL Server 2000 在分配存储空间时,为避免操作过于频繁,将数据以 8 页(即 8×8 K)作为单位——称为一个盘区(Extent)进行分配,只有当最后数据少于 8 页时才放到混合盘区——即多个数据对象混合存储的盘区(最多 8 个,即每个数据对象占用一页)。

(2)文件组

出于分配和管理的目的,可以将数据库文件分成不同的文件组。

一些系统可以通过控制在特定磁盘驱动器上放置的数据和索引来提高自身的性能。这时就需要用到文件组。系统管理员可以为每个磁盘驱动器创建文件组,然后将特定的表、索引,或表中的 text、ntext、image 数据指派给特定的文件组(在 SQL Server 2000 中,创建表和索引时,不能指定将表或索引放到某个文件中,只能指定将表或索引放在某个文件组内)。也可以将不同磁盘上的文件组成一个文件组,提高操作效率。

SQL Server 2000 有两种类型的文件组:主文件组和用户定义文件组。

● 主文件组:包含主数据文件和任何没有明确指派给其他文件组的文件。系统表的所有页均分配在主文件组中。

● 用户定义文件组:是在 CREATE DATABASE (创建数据库)或 ALTER DATABASE (修改数据库)语句中,使用 FILEGROUP 关键字另外指定的文件组。

例如,创建数据库时可以分别在两个磁盘驱动器中创建两个数据文件(Data1. ndf、Data2. ndf),接着将这两个文件指派到文件组 filegroup_1 中,这样做以后,在创建数据库的表时可以明确指明创建在文件组 filegroup_1 中,从而将数据分散到两个磁盘上存储,如果该表的数据量很大,在查询时可明显提高性能。

SQL Server 2000 在没有用户定义文件组时也能有效地工作,因此许多系统不需要指定用户定义文件组。在这种情况下,所有文件都包含在主文件组中,而且 SQL Server 2000 可以在数据库内的任何位置分配数据。

● 默认文件组：每个数据库中都有一个文件组作为默认文件组运行。如果 SQL Server 2000 在创建时没有给指定文件组的表或索引分配页，将从默认文件组中进行分配。如果数据库有多个文件组，可以指定其中一个作为默认文件组，但一次只能有一个文件组作为默认文件组。如果没有指定默认文件组，则主文件组是默认文件组。

使用文件组需要注意以下几点：

● SQL Server 2000 中的文件或文件组不能由一个以上数据库使用；

● 每个数据库中的文件只能是一个文件组的成员；

● 日志文件不属于任何文件组；

● 如果文件组中的某个数据文件遭到破坏，那么整个文件组中的数据都无法使用。

2．数据库的逻辑结构

逻辑上，一个数据库由若干个用户可见的组件构成，如表、视图、角色等，这些组件称为数据库对象。用户利用这些数据库对象存储或读取数据库中的数据，也直接或间接地利用这些对象在不同应用程序中完成数据的存储、操作、检索等工作。

当一个用户连接到 SQL Server 数据库后，他所看到的是这些逻辑对象，而不是物理的数据库文件。逻辑数据库对象可以从企业管理器中查看，如图 2-1 所示。

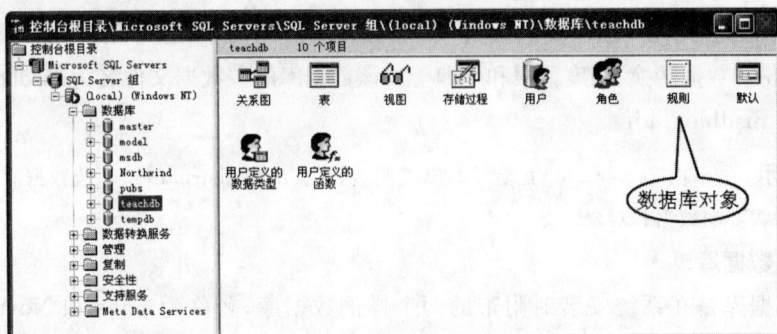

图 2-1　数据库对象

2.1.2　SQL Server 数据库类型

在 SQL Server 2000 数据库管理系统中，数据库可分为系统数据库、示例数据库和用户数据库三类。

1．系统数据库

系统数据库是 SQL Server 2000 内部提供的一组数据库，在安装 SQL Server 时，系统数据库由安装程序自动创建。

系统数据库主要有以下几个：

● master 数据库：是 SQL Server 2000 的总控数据库。该数据库的主数据文件名为 master.mdf，日志文件名为 mastlog.ldf。master 数据库记录了 SQL Server 系统的所有系统级别信息，包括系统其他数据库信息、登录帐户和系统配置，以及用于系统管理的存储过程和扩展存储过程、启动 SQL Server 服务将首先运行的存储过程名等信息，它还记录用户数据库的主文件地址以便于管理,它是最重要的系统数据库。

数据库管理员(DBA)必须经常备份 master 数据库。

● tempdb 数据库:是保存所有的临时表和临时存储过程的系统临时数据库。该数据库的主数据文件名为 tempdb. mdf,日志文件名为 templog. ldf。tempdb 数据库是全局资源,所有连接到系统的用户的临时表和存储过程都存储在该数据库中。tempdb 数据库在 SQL Server 每次启动时都重新创建,因此该数据库在系统启动时总是空的,该数据库中的临时表和存储过程在连接断开时自动清除。

● model 数据库:是建立所有数据库的模板库。该数据库的主数据文件名为 model. mdf,日志文件名为 modellog. ldf。这个数据库相当于一个模板,所有在本系统中创建的新数据库,刚开始都与这个模板数据库完全一样。用户可以向 model 数据库中添加数据库对象,这样,当创建数据库时,model 数据库中的所有对象都将被复制到该新数据库中。

由于 SQL Server 2000 每次启动时都要创建 tempdb 数据库,model 数据库必须一直存在于 SQL Server 2000 系统中。如果 model 数据库不存在,将无法创建 tempdb 数据库,这样会导致客户机无法正常连接。

● msdb 数据库:是 SQL Server 2000 代理服务所使用的数据库,用来执行预定的任务,如数据库备份和数据转换、调度警报和作业等。该数据库的主数据文件名为 msdbdata. mdf,日志文件名为 msdblog. ldf。

提示:在 SQL Server 2000 配置了数据复制后,还会出现 distribution 系统数据库,用于存储数据复制过程中需要的数据和对象。

2. 示例数据库

示例数据库是在系统安装时附带的两个样例数据库,名称为 pubs 和 Northwind。其中 pubs 示例数据库以一个图书出版公司为模型,用于演示 SQL Server 2000 数据库中可用的许多选项;Northwind 示例数据库包含一个名为 Northwind Traders 的虚构公司的销售数据,该公司从事世界各地的特产食品的进出口贸易。

3. 用户数据库

用户数据库是用户在开发具体应用程序时,因实际需要而在 SQL Server 2000 系统中建立的数据库,它们都以 model 系统数据库为样板。用户数据库也可从其他数据库管理系统建立的数据库中转换而来。

创建和管理用户数据库是本章讨论的主要问题。

2.1.3 用户数据库设计应考虑的事项

要创建能够满足业务需要的数据库,要求对如何设计、创建和维护各个组件有深刻的理解,这样才能确保数据库最佳地运行。

设计数据库时,需要理解所创建系统的业务职能和用于表示这些业务职能的数据库的概念及功能。准确地设计数据库以建立业务模型是至关重要的,因为数据库一旦实现完毕,再对其设计进行更改将花费大量的时间;另外,设计良好的数据库其执行情况也会更好。

在设计数据库时,应考虑以下事项:

● 数据库的用途及该用途将如何影响设计,应创建符合用途的数据库。

创建数据库的第一步是制订计划,该计划可在实现数据库时用作指南;也可以在数据库实现完成后,用作数据库的功能说明。数据库设计的复杂性和细节由数据库应用程序的复杂性、大小及用户数决定。在规划数据库时,不管其大小和复杂性如何,都要经过收集信息、标识对象、建立对象模型、标识每个对象的信息类型、标识对象之间的关系几个基本步骤。

● 估计数据库大小。

设计数据库时,可能需要估计填入数据时数据库的大小。估计数据库的大小有助于确定所需要的硬件配置,如应用程序的性能要求和适当的存储数据及索引的物理磁盘空间。估计数据库的大小还可以帮助确定数据库设计是否需要进行精简处理。例如,可能认为数据库的估计值太大,无法在单位中实现,因此需要进行更多的规范化处理。相反,估计值可能比所期望的更小,这样就可以降低数据库的规范化程度以提高查询性能。

若要估计数据库的大小,首先应分别估计每个表的大小,然后累加所得的值。表的大小还取决于表是否有索引,如果有,是哪种类型的索引也有相当大的影响。有关估计数据库大小的方法,可以参照 SQL Server 联机丛书的"估计数据库的大小"选项。

● 数据库规范化规则,防止数据库设计中出现错误。

规范化规则指出了在设计良好的数据库中必须出现或不出现的某些特性。合理的规范化能提高性能。规范化逻辑数据库包括使用正规的方法将数据分为多个相关的表。拥有大量窄表(列较少的表)是规范化数据库的特征。

● 对数据完整性的保护。

强调数据完整性可确保数据库中的数据质量。在第 1 章已介绍过,数据完整性有 4 种类型:实体完整性(将行定义为特定表的唯一实体)、域完整性(指定列的输入有效性)、引用完整性(在输入或删除记录时,保持表之间已定义的关系)和用户自定义完整性(使用户可以定义不属于其他任何完整性分类的特定业务规则)。

● 数据库和用户权限的安全要求。

SQL Server 2000 数据库具有保护数据的功能,可防止某些用户查看或更改高度敏感的数据,以及防止所有用户产生代价高昂的错误。SQL Server 2000 中的安全系统可有效控制用户对数据的访问和用户在数据库中执行活动的权限。

● 应用程序的性能需求。

设计数据库时必须利用 SQL Server 2000 中能够提高性能的功能。对于性能而言,在数据库大小和硬件配置之间的权衡也是很重要的。

● 维护。

数据库创建完成后,所有的对象和数据均已添加且都在使用中,然而还必须对其进行维护。例如,定期备份数据库是很重要的。还可能需要创建一些新索引以提高性能。在设计数据库时,应考虑这些问题,以将它们对用户的影响、执行任务的时间和所付出的代价降到最低。

以上只是简述了数据库设计时要考虑的事项,详细内容请查看相关的数据库设计资料和 SQL Server 2000 的联机丛书。

2.2 使用企业管理器创建数据库

创建数据库是任何数据库应用系统的第一项具体工作。在 SQL Server 2000 中,数据库由包含数据的表集合和其他对象(如视图、索引、存储过程和触发器等)组成,目的是为执行与数据有关的活动提供支持。当数据库创建后,用户可以向其中添加以上对象。所以,创建数据库实际上就是 SQL Server 2000 通过指定相应的文件来分配磁盘空间,以存储数据库对象及数据。

要创建用户数据库,该用户必须具有相应的权限,一般是 SysAdmin 或 DBcreator 服务器角色的成员,或虽不是这些成员但被明确赋予可执行 CREATE DATABASE(创建数据库)语句的权限。有关数据库权限我们将在后面章节中专门讨论。

创建数据库需为数据库提供逻辑名称和物理名称(即操作系统文件名),并指定数据库的大小等参数。数据库的名称必须遵守 SQL Server 2000 的约定:最长不能超过 128 个字符,且第一个字符必须是字母、汉字、下划线(_)或@、♯字符,其余的字符可以是字母、数字和其他符号(如♯、$、@、_等),为了便于管理,数据库的名称最好要简短且有一定的含义。

可以利用企业管理器或编写 Transact-SQL 语句来创建数据库。本节我们以创建第 1 章描述的 teachdb(教学)数据库为例,介绍用企业管理器创建用户数据库的方法。

2.2.1 企业管理器的工作界面

企业管理器的工作界面如图 2-2 所示。

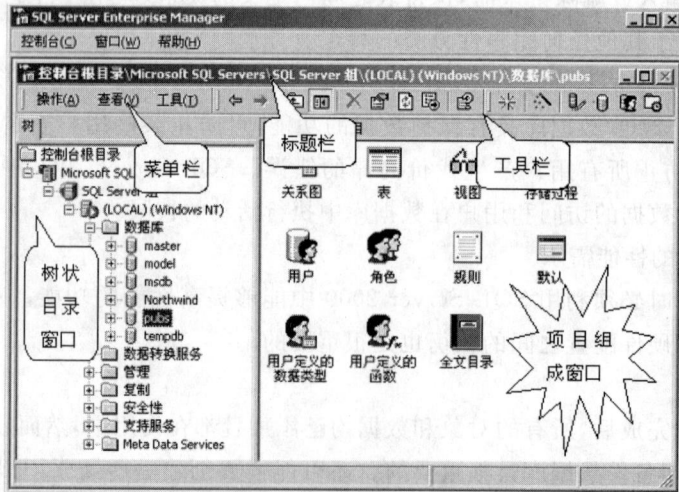

图 2-2 企业管理器工作界面

由图 2-2 可知,企业管理器的工作界面是典型的 Windows 多文档操作界面,其工作窗口由标题栏、菜单栏、工具栏、树状目录窗口和项目组成窗口 5 部分构成。

● 树状目录窗口:以树状显示当前 SQL Server 2000 数据库系统中的操作项目,通过单击项目左侧的⊞或⊟可以展开或收缩该项目。在树状目录窗口中,在所选择的项目上单击鼠标右键将弹出快捷菜单,从中可以选择相应的操作命令。

● 项目组成窗口:当用户在树状目录窗口中选择某一项目时,项目组成窗口会显示指定项目的子项目。在选择的子项目上单击鼠标右键,在弹出的快捷菜单上可以选择相应的操作命令。

提示:通过企业管理器的"工具(T)"菜单,可以启动其他的管理工具,如查询分析器、事件探查器、复制和备份工具等。

2.2.2　利用企业管理器直接创建用户数据库

1. 在 开始 菜单中选择"程序/Microsoft SQL Server/企业管理器"选项,就启动了企业管理器,打开其工作窗口,如图 2-2 所示。

2. 在企业管理器树状目录窗口中展开一个服务器组,选定服务器。然后在该服务器下的 数据库 结点上单击鼠标右键,选择快捷菜单中的 新建数据库(B)... 选项,出现"数据库属性"对话框,如图 2-3 所示。

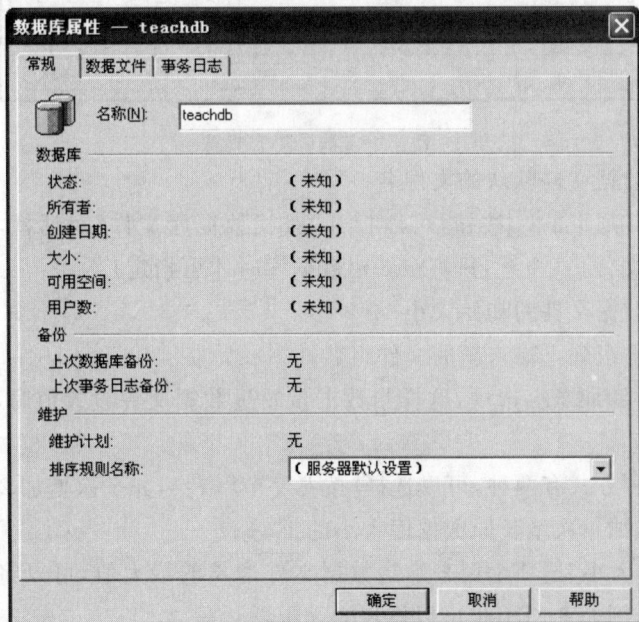

图 2-3　"数据库属性"对话框

3. "数据库属性"对话框有 3 个标签,用来设置数据库名称和数据文件、日志文件的名称、位置、初始大小和属性等内容。

"常规"标签:在该界面下,可以执行设置数据库的名称等操作。也可查看数据库的状态、所有者、创建日期和大小等内容。新建数据库时,一开始这些都无显示(未知),只有在以后修改数据库时才显示相关内容。

在"常规"标签的"名称[N]"文本框中输入数据库的名称"teachdb",选择服务器默认设置的排序规则名称。如图 2-3 所示。

4. 单击"数据文件"标签,进入如图 2-4 所示界面。在这里,可以查看和设置数据文件的各种属性。

图 2-4 "数据文件"标签

● 可以改变数据文件默认的文件名;

● 单击"位置"列下的 ▭ 按钮,可以打开"查找数据库文件"对话框,从中指定数据文件的位置和物理文件名(注意:只有在新建数据库时才可指定);

● 可以设定数据文件的初始大小;

● 可以在文件组列下输入新的文件组名;

● 选中 ☑ 文件自动增长(G) 选项,这样当数据量超过数据文件设置值时,系统可以自动增加其文件长度;

● "文件增长"方式有两种,可以选择"按兆字节"增长,如一次增加 2 MB;也可以选择"按百分比"增长,如一次增长原数据库大小的 10%;

● "最大文件大小"选项组用来确定数据文件增长的最大值,可以将数据文件的大小限制在某一值内,例如 8 MB,也可以设置为无限增长;

● 在第一行主数据文件确定后,可在该行下面继续输入次数据文件的属性参数;

● 选中一行文件,单击 删除(E) 按钮可以删除指定的文件。

作为初步使用,本处各项参数均取系统默认值。

5. 单击"事务日志"标签,进入如图 2-5 所示界面。

在这里,可以查看和设置日志文件的文件名、位置和初始分配的空间,也可以指定日

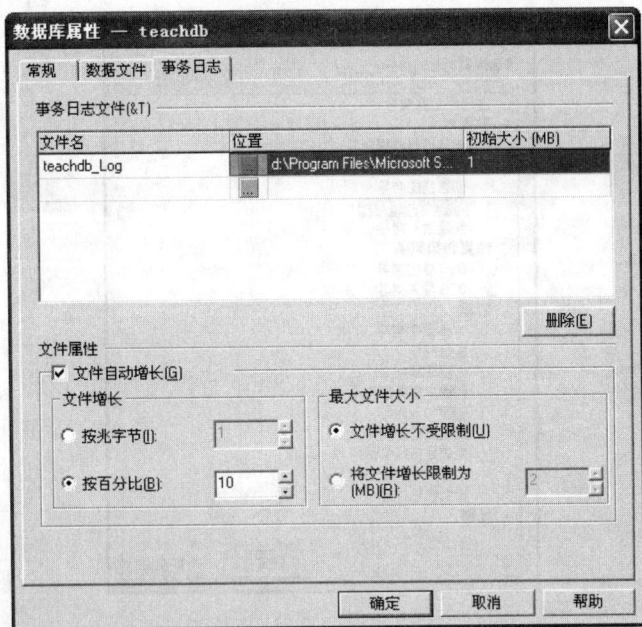

图 2-5　"事务日志"标签

志文件是否自动增长、增长方式以及最大容量的限制等(注意:日志文件无文件组选项)。操作方法和内容与"数据文件"标签类似。

本处各项参数也取系统默认值。

设置好以上三个标签各选项后,单击 确定 按钮返回,就会在树状目录窗口的"数据库"结点下看到新生成的 teachdb 数据库。

2.2.3　利用"创建数据库向导"创建用户数据库

SQL Server 2000 提供了许多向导程序,用户可以很容易地按照向导程序提示完成管理工作。通过企业管理器,可以启动这些向导程序。启动向导程序的步骤如下:

单击 工具(T) 菜单中的 向导(W)... 命令(或者单击工具栏上的"运行向导"按钮),会显示如图 2-6 所示的"选择向导"对话框。在"选择向导"对话框中,选择要执行的向导程序,单击 确定 按钮,系统就会执行相应的向导程序。

现介绍利用向导创建用户数据库的操作:

1.启动企业管理器,打开工作窗口。单击工具栏上的"运行向导"按钮 ,会出现"选择向导"对话框(见图 2-6)。

2.选择 数据库 结点下的 创建数据库向导 选项,单击 确定 按钮,此时会出现"创建数据库向导"对话框,该对话框给出了创建数据库向导可完成的任务提示。

3.单击 下一步(N) > 按钮,系统会显示"命名数据库并指定它的位置"对话框,如图 2-7 所示。在此对话框中,我们可以指定数据库的名称,这里输入"teachdb";还可以通过单击 按钮来指定数据库文件和日志文件的位置(实践时,可以选用系统的默认设置)。

4.单击 下一步(N) > 按钮,系统会显示"命名数据库文件"对话框。在此对话框中,可以指

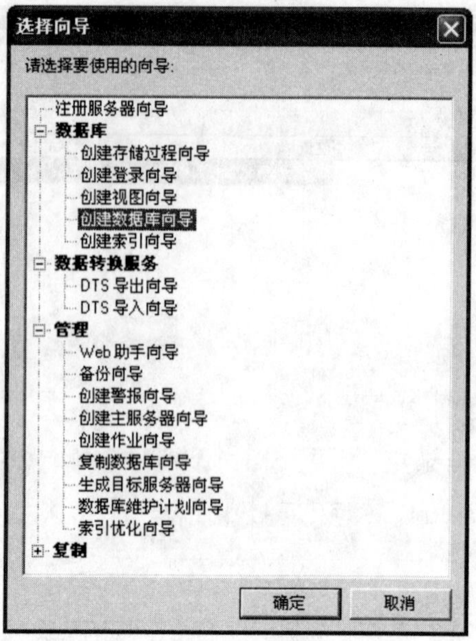

图 2-6 "选择向导"对话框

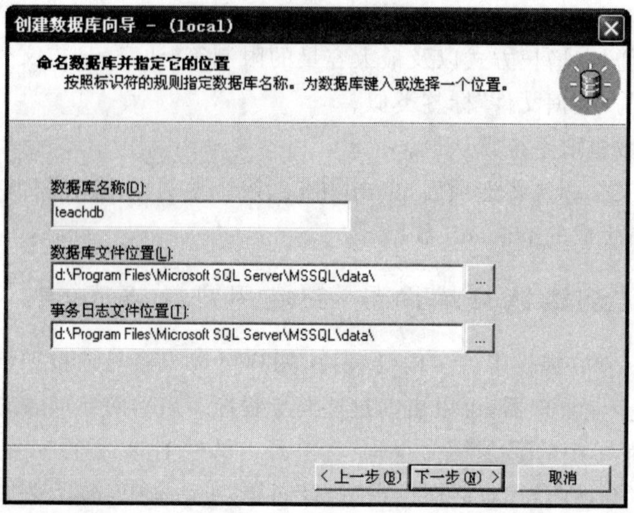

图 2-7 "命名数据库"对话框

定数据库文件的名称和初始大小,这里使用系统的默认设置。

5. 单击 下一步(N) > 按钮,系统会显示"定义数据库文件的增长"对话框。在此对话框中,可以指定数据库文件是否自动增长和它的增长方式等,内容与图 2-4 的"数据文件"标签类似,这里使用系统的默认设置。

6. 单击 下一步(N) > 按钮,系统会依次显示"命名事务日志文件"对话框和"定义事务日志文件的增长"对话框,内容与前两步基本相同,这里也使用系统默认设置。

7. 设置完有关日志文件的内容后,单击 下一步(N) > 按钮,系统会显示"完成向导"对话框。

8. 在"完成向导"对话框中,单击 完成 按钮,创建 teachdb 数据库工作完成。最后系统会显示"您希望为数据库'teachdb'创建维护计划吗?"的信息,选择"是"按钮会启动"数据库维护计划向导";选择"否"按钮,就结束了全部内容。以后可从"工具"菜单选择相应的命令。

2.3 使用 Transact-SQL 语言创建数据库

2.3.1 查询分析器

查询分析器是 SQL Server 2000 提供的一个具有执行 SQL 脚本、分析查询性能和调试存储过程等功能的管理工具。如果了解 Transact-SQL 语言,就可以使用查询分析器编写 SQL 语句来创建数据库。与使用企业管理器相比,使用查询分析器创建数据库更快、更简捷。

1.启动查询分析器

启动查询分析器有两种方法:

● 在 开始 菜单中选择"/程序/Microsoft SQL Server/查询分析器"选项,就可启动查询分析器。

● 在企业管理器中,单击 工具(T) 菜单中的 SQL 查询分析器(Q) 命令,也可启动查询分析器。

启动查询分析器后,系统会显示"连接到 SQL Server"对话框,如图 2-8 所示。

在该对话框中,选定要连接的服务器,输入身份验证名和密码后单击 确定 按钮,就会进入查询分析器工作界面,如图 2-9 所示。

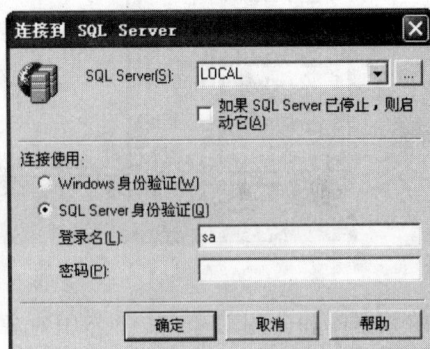

图 2-8　"连接到 SQL Server"对话框

注意:如果没有设置管理员密码,一般情况下,在"连接到 SQL Server"对话框中,不用输入任何信息,直接以默认的 sa 为登录名,单击"确定"按钮就能进入查询分析器。sa 为系统管理员登录名称。

2.查询分析器的工作界面

查询分析器工作界面如图 2-9 所示。它也是一个 Windows 多文档窗口,主要由菜单栏、工具栏、"对象浏览器"窗口和"查询"窗口 4 部分组成。

● 菜单栏:提供大多数的查询分析器操作命令。

其中,"文件"菜单可以实现连接或断开服务器、保存或新建查询、打印和退出查询分析器等操作;"编辑"菜单可以实现撤消、复制、粘贴等操作;"查询"菜单可以实现更改数据库、分析查询、指定查询结果样式等操作;"工具"菜单可以实现管理索引、设置选项等操作;"窗口"菜单可以实现拆分、排列窗口等操作;"帮助"菜单可以帮助解决操作时遇到的问题。

● 工具栏:提供常用操作的快捷按钮,可以快速执行指定的操作。在工具栏上有一个"数据库选择框",可以选择或改变需要的数据库。

● "对象浏览器"窗口:使用对象浏览器可查找选定数据库服务器的数据库对象。

它由两个标签组成: 对象 标签以树状目录结构显示当前 SQL Server 2000 服务器上

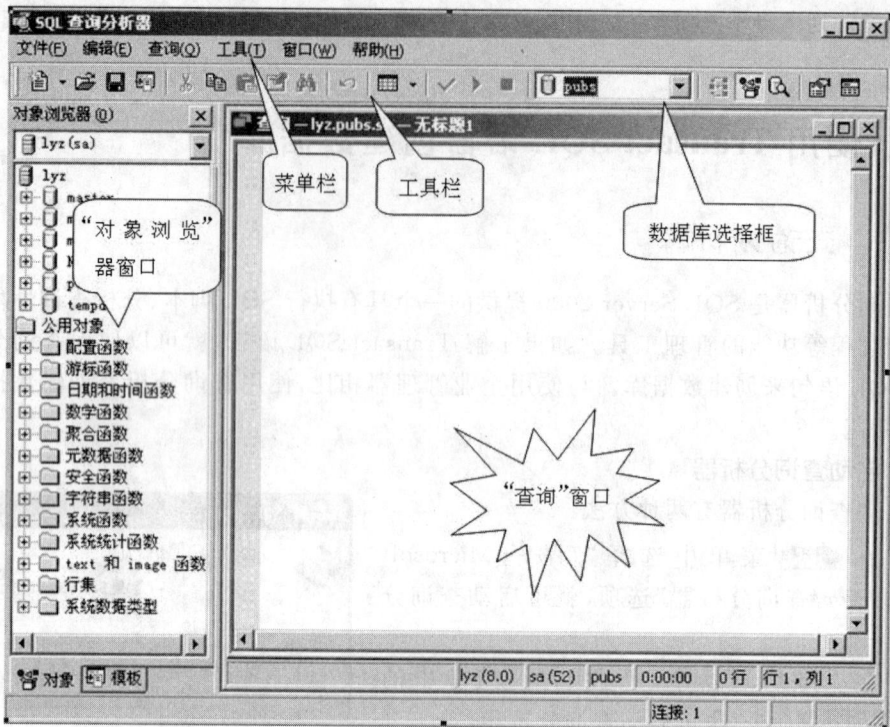

图 2-9 查询分析器工作界面

的数据库和公用对象,其中公用对象有 Transact-SQL 的内置函数和基本数据类型等。
模板标签显示存储在 Templates/SQL Query Analyzer 目录中的模板,可以借助这些模板帮助创建自己的 SQL 语句。

● "查询"窗口:用户可以在"查询"窗口输入、编辑 SQL 语句并查看执行语句后的结果。执行结果显示在"查询"窗口的下方。

提示:可以通过单击工具栏上的按钮或按 F8 键显示或隐藏"对象浏览器"窗口。

3.在查询分析器中执行 Transact-SQL 语句

在查询分析器中进行的最常用的操作就是输入和执行 Transact-SQL 语句并查看执行结果。在查询分析器中执行一条 SQL 语句的具体步骤如下:

● 在工具栏上的"数据库选择框"中选择需要的数据库。例如这里选择 pubs 数据库。
● 在"查询"窗口中输入要执行的 SQL 语句,如"SELECT ＊ FROM authors"。
● 单击工具栏上的"执行查询"按钮▶或按 F5 键,执行 SQL 语句。执行后的结果如图 2-10 所示。

4.指定执行模式

执行模式可以控制执行一条 SQL 语句后显示的结果信息,如结果的显示方式(文本或表格)、是否显示查询客户统计等。系统默认是以表格形式显示结果,有的时候,我们需要指定执行模式来查看更多的结果信息。

指定执行模式的方法是:单击工具栏上"执行模式"按钮的下拉箭头,系统会显示

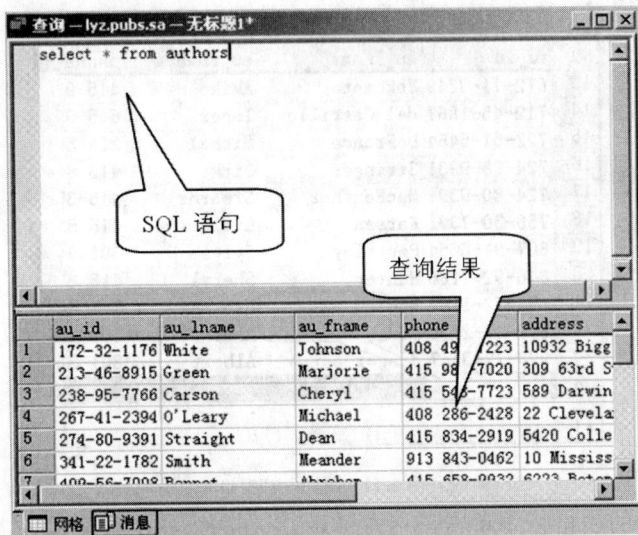

图 2-10　执行 SQL 语句后的结果

一个下拉菜单(如图2-11所示),在该菜单中选择项目,就可
以指定需要的执行模式。

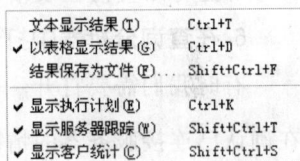

图 2-11　"执行模式"菜单

🔔**注意**:要先指定执行模式,再执行 SQL 语句,这样执行模式
才能生效。另外,根据原先的不同模式,"执行模式"按钮的图标也
不同。

图 2-12 和图 2-13 分别显示默认执行模式和按图 2-11 所示
指定执行模式后的执行结果。

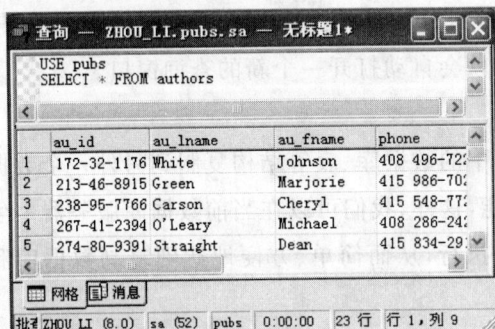

图 2-12　默认执行模式的执行结果

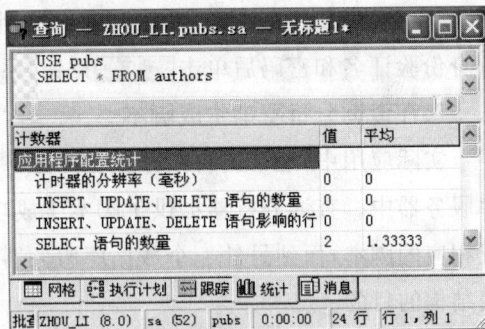

图 2-13　指定执行模式后的执行结果

5. 直接输入或修改指定表数据

在查询分析器中,除了经常使用的"查询"窗口外,还可以利用"打开表"窗口查看和直
接输入或修改指定表中的数据。其操作步骤如下:

● 在对象浏览器中选择指定数据库中的表,这里用的是 pubs 数据库的 authors 表。

● 在指定表上单击鼠标右键,在弹出的快捷菜单中单击 📂**打开(O)** 命令,此时系统会显
示"打开表"窗口,如图 2-14 所示。

● 在"打开表"窗口上单击鼠标右键,在弹出的快捷菜单中单击 **添加(A)** 命令,或者直接

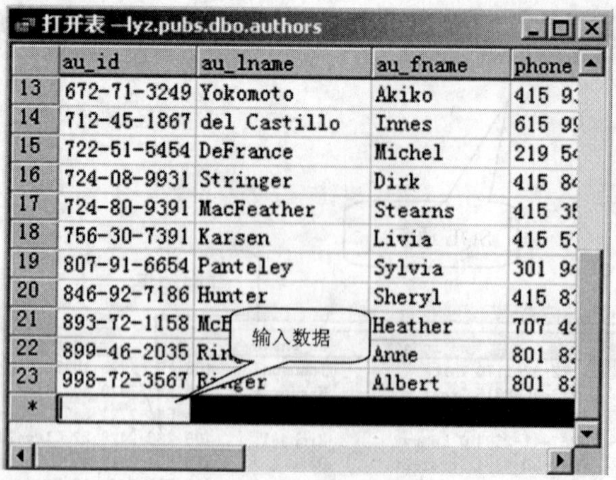

图 2-14 "打开表"窗口

在窗口底部 * 旁的表格行中单击鼠标左键,然后在插入的空行中输入需要的数据。

● 也可以直接在表格中修改数据。

6. 在查询分析器中打开一个新的查询窗口

有时我们需要打开一个新的查询窗口,以便输入另一条查询语句并查看执行结果。在确认已连接服务器的情况下,只需单击工具栏上的"新建查询"按钮 📄 或按Ctrl＋N组合键就可以打开一个新的查询窗口。

如果未与任何服务器连接(或已关闭了服务器连接),需要首先连接到一个 SQL Server 2000 服务器上。方法是:单击"文件"菜单下的 🖳 连接(T)... Ctrl+Q 命令,系统就会显示"连接到 SQL Server"对话框,如图 2-8 所示。在该对话框中,选定要连接的服务器,输入身份验证名和密码后单击 确定 按钮,系统就会自动打开一个新的查询窗口。

7. 在查询分析器中生成脚本

实际应用中,经常要将一个数据库服务器中的数据库、表等结构复制到另外一个数据库服务器中。查询分析器提供了脚本生成功能,这样,我们可以在当前数据库服务器中生成相应的脚本,而到另外一个数据库服务器中执行,从而简单、方便地达到复制数据库和表结构的目的。

生成脚本的具体步骤如下:

● 在对象浏览器中选择指定的数据库或表(一般情况下选择数据表),这里选定 pubs 数据库的 employee 表。

● 在选定的数据库或表(本处为 employee 表)上单击鼠标右键,在弹出的快捷菜单中选择 在新窗口中编写对象脚本(W) 命令,然后再单击 创建(C) 命令,此时系统会在新窗口中生成相应脚本,如图 2-15 所示。

🐭 提示:用户也可以通过 工具(T) 菜单执行此项操作。

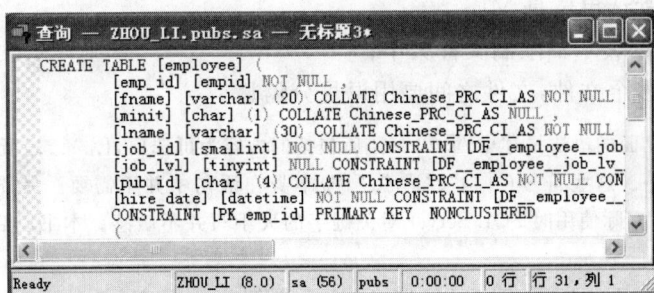

图 2-15　在新窗口中生成脚本

● 单击工具栏上的"保存查询"按钮■，在弹出的"保存查询"对话框中输入保存的脚本文件名称，然后单击 保存(S) 按钮。

以后就可以通过执行保存的脚本来生成相应的数据库或表。通过类似步骤，我们还可以生成查询(SELECT)、插入(INSERT)和删除(DELETE)等脚本。

2.3.2　用 Transact-SQL 语句创建数据库

在 Transact-SQL 中创建数据库使用 CREATE DATABASE 语句，下面介绍该语句的功能和简要语法。

● 功能

建立数据库，并指定数据库及其对应数据文件和文件的名称与位置，还可以指定其他属性，如增长方式、文件大小等。

● 简要语法

CREATE DATABASE 数据库名(数据库名称在服务器中必须唯一，并且符合标识符的规则)

[ON

([NAME=数据文件逻辑文件名，]

FILENAME=′数据文件物理文件名′

[,SIZE=文件初始大小]

[,MAXSIZE={ 文件可以增长到的最大大小 | UNLIMITED }]

[,FILEGROWTH=文件的增长增量])

([,...n])]

[LOG ON

([NAME=日志文件逻辑文件名，]

FILENAME=′日志文件物理文件名′

[,SIZE=文件初始大小]

[,MAXSIZE={ 文件可以增长到的最大大小 | UNLIMITED }]

[,FILEGROWTH=文件的增长增量])

([,...n])]

其中：

数据文件和日志文件逻辑文件名是在创建数据库后执行的 Transact-SQL 语句中引用文件的名称；

数据文件和日志文件物理文件名含有具体位置，即具体路径；

文件大小的默认单位是 MB；

UNLIMITED 表示不限制文件大小；

如果要建立多个文件，文件之间要用逗号分隔。

注意：在上面的语法描述中：[......]所包括的内容为可选项，{......}所包括的内容为必选项，"|"表示二者选一。这些符号（"[ ]"、"{ }"、"|"）本身在语句中并不需要。另外，大写英文单词为 SQL 语言的关键字，实际使用时 SQL Server 对关键字的大小写并不敏感。本书以后 SQL 语句的语法说明均与此相同。

【例 2.1】 使用 CREATE DATABASE 语句创建数据库。

用 Transact-SQL 语句创建一个名为 BOOK 的数据库，它由 5 MB 的主数据文件、2 MB 的次数据文件和 1 MB 的日志文件组成。并且主数据文件以 2 MB 的增长速度增长，其最大数据文件的大小为 15 MB；次数据文件以 10％的增长速度增长，其最大次数据文件的大小为 10 MB；事务日志文件以 1 MB 增长速度增长，其最大日志文件的大小为 10 MB。

程序如下：

```
CREATE DATABASE BOOK
ON
(NAME=book1,
FILENAME='d:\java\book1.mdf',
SIZE=5,
MAXSIZE=15,
FILEGROWTH=2),
(NAME=book2,
FILENAME='d:\java\book2.ndf',
SIZE=2,
MAXSIZE=10,
FILEGROWTH=10%)
LOG ON
(NAME=book_log,
FILENAME='d:\java\book_log.ldf',
SIZE=1,
MAXSIZE=10,
FILEGROWTH=1)
```

在查询分析器中编写并执行上述语句，就可创建 BOOK 数据库，结果如图 2-16 所示。

注意：文件大小的默认单位是 MB，所以程序中均省略了单位。另外，数据文件的物理位置由"FILENAME"指定。对于"FILENAME"后面的文件位置，我们在学习实践时可根据自己机器情况自行指定。指定的路径和文件名必须使用单引号引起来。

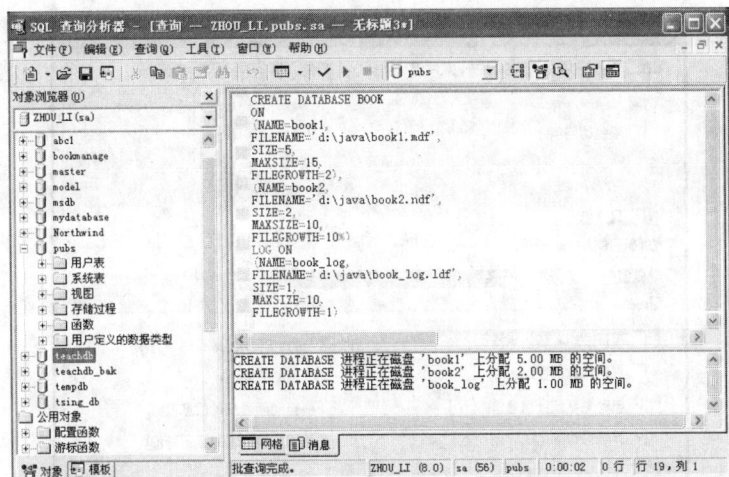

图 2-16 在查询分析器中创建 BOOK 数据库

2.4 数据库的修改和删除

2.4.1 修改数据库

在实际应用中,有时候我们需要修改数据库的属性设置,以适应新的应用要求。通过企业管理器和查询分析器(也可以通过系统存储过程),可以执行修改数据库的有关操作。

1.在企业管理器中设置数据库选项

可以为每个数据库设置若干数据库级选项,从而使数据库更能满足应用的要求。但只有系统管理员、数据库所有者、sysadmin 和 dbcreator 固定服务器角色以及 db_owner 固定数据库角色的成员才能修改这些选项。这些选项对于每个数据库都是唯一的,而且不影响其他数据库。

因为 model 数据库是新建数据库的模板,所以若要更改所有新创建数据库的数据库选项默认值,可更改 model 数据库中的相应数据库选项。例如对于以后创建的任何新数据库,如果希望"自动收缩"数据库选项有效,则可将 model 数据库的"自动收缩"选项设置为 ON。

下面给出在企业管理器中设置数据库选项的步骤:

● 启动企业管理器。

● 在树状目录窗口中选择数据库,如"teachdb"。在指定数据库上单击鼠标右键,在弹出的快捷菜单中选择 属性(R) 命令,在出现的"属性"对话框中单击 选项 标签,如图 2-17所示。

● 在 选项 标签下,选择 ☑ 限制访问(X) 复选框,可以设置只允许数据库拥有者及 dbcreator 和 sysadmin 角色中的成员访问该数据库,也可以控制该数据库为单用户使用模式;选择 ☑ 只读(B) 复选框,可以设置用户只能检索数据库中的数据,而不能修改;在 故障还原 的"模型"下拉列表框中,可以选择系统提供的三种数据库修复模型:简单(Simple)、完全

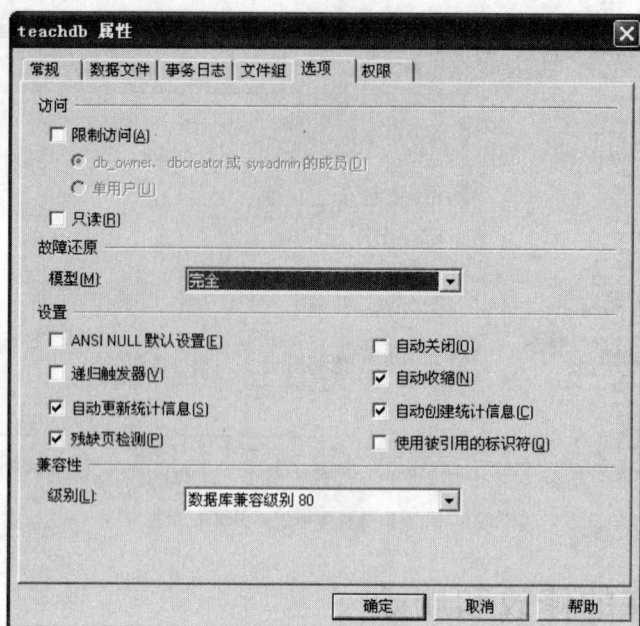

图 2-17　设置数据库选项

(Full)、大容量日志(Bulk-logged),所选模型会影响日志文件的大小以及备份和修复选择;其他的内容一般使用默认设置,因为系统的默认设置通常情况下是最佳性能状态,当然根据实际需要,也可以进行必要的修改,如设置"自动关闭"、"自动收缩"等。

2.在企业管理器中扩大数据库

如果现有的文件已经充满,则可能需要扩充数据或事务日志空间。如果数据库已经用完分配给它的空间而又不能自动增长,则会出现错误。默认情况下,SQL Server 2000可根据在创建数据库时所定义的增长参数,自动扩充数据库。通过新建次数据文件或日志文件,可以达到扩充数据库的目的,还可以手动扩充数据库。

扩充数据库时,必须按至少 1 MB 的容量增加该数据库的大小。扩充数据库的权限默认授予数据库所有者,并自动与数据库所有者身份一起传输。

在扩充数据库时,建议指定文件的最大允许增长值。这样做可以防止文件无限制地增大,以至用尽整个磁盘空间。

下面介绍在企业管理器中扩充数据库的方法与步骤:

● 启动企业管理器。

● 在树状目录窗口中选择数据库,如"teachdb"。在指定数据库上单击鼠标右键,在弹出的快捷菜单中选择 属性(R) 命令,在出现的"属性"对话框中单击 数据文件 标签,如图2-18 所示。

● 在该标签下,用户可以通过以下三种方法来扩充数据库:修改"分配的空间"、新建次数据文件和选择 ☑ 文件自动增长(G) 复选框。如将教学数据库的主文件大小由原来的 1 MB增加到 4 MB,只需在"分配的空间"单元中输入 4 即可(注意:修改的数值不允许比原来的值小)。如果要新建次数据文件,只需在空白的"文件名"单元中输入名称以及该行其他参

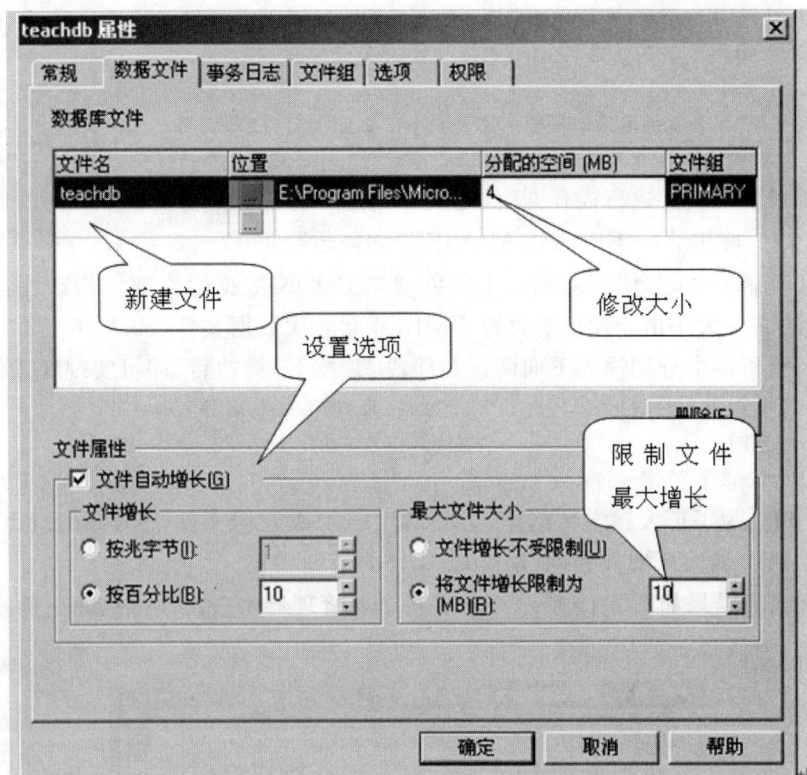

图 2-18　扩充数据库

数即可。

- 使用同样的方法还可以在 事务日志 标签下,扩充日志文件的大小。

3. 用 Transact-SQL 语句修改数据库

在查询分析器中,可以使用 ALTER DATABASE 语句来对数据库进行修改。下面介绍该语句的功能和简要语法。

- 功能

在数据库中添加或删除文件和文件组,更改数据库名称、文件组名称以及数据文件和日志文件的逻辑名称。

- 简要语法

ALTER DATABASE 数据库名

{ ADD FILE <文件选项> [,...n](新增数据文件)

| ADD LOG FILE <文件选项> [,...n](新增日志文件)

| REMOVE FILE 逻辑文件名(删除指定文件)

| ADD FILEGROUP 文件组名(新增文件组)

| REMOVE FILEGROUP 文件组名(删除文件组)

| MODIFY FILE <文件选项> (修改文件属性)

| MODIFY NAME ＝新数据库名 (数据库更名)

}

其中"文件选项"的内容如下:

（NAME ＝逻辑文件名(在创建数据库后执行的 Transact-SQL 语句中引用文件的名称)

[,FILENAME ＝ '物理文件名(含有具体位置)']

[,SIZE ＝ 文件大小]

[,MAXSIZE ＝ { 文件可以增长到的最大大小 | UNLIMITED }]

[,FILEGROWTH ＝ 文件的增长增量])

如果要对多个文件进行操作,文件之间要用逗号分隔。

【例 2.2】 使用 ALTER DATABASE 语句修改数据库。

使用 Transact-SQL 语句对例 2.1 所创建的 BOOK 数据库作如下修改:将主数据文件(book1)的文件大小由 5 MB 增大为 8 MB,并删除次数据文件(book2)。

在查询分析器中分别输入下面两段程序段,并按 F5 键执行,即可实现要求。

```
ALTER DATABASE BOOK          ALTER DATABASE BOOK
MODIFY FILE                  REMOVE FILE book2
(NAME=book1, SIZE=8)
```

【例 2.3】 为了扩大教学数据库,为它新增一个次数据文件(teachdb1.ndf),该文件的大小是 4 MB,最大可增长到 10 MB,以 10％的速度增长。

程序和执行结果如图 2-19 所示。此时在企业管理器中查看该数据库属性,可以看到新增的文件。

图 2-19　新增文件的程序和执行结果

4.收缩数据库

数据库不仅可以扩充,还可以缩小。当数据库中的数据文件或日志文件有大量的可用空间时,可以收缩数据库。SQL Server 2000 允许收缩数据库中的每个文件,以删除未使用的页。数据文件和日志文件都可以收缩。但应注意,收缩数据库仅收缩数据库增长的部分,即不能将一个数据库收缩到比创建时还小。

数据库文件可以进行手工收缩,也可设置为按给定的时间间隔自动收缩。该活动在后台进行,不影响数据库内的用户活动。

通过企业管理器执行收缩数据库操作的方法有两种:

（1）自动收缩

在图 2-17 所示的数据库属性窗口的 选项 标签下，选择 ☑自动收缩(N) 复选框。这种情况下，数据文件和日志文件都可以由 SQL Server 自动收缩。默认情况下，当文件具有 25％以上的可用空间时，该选项将导致收缩操作。

🐌注意：不能收缩只读数据库。

（2）手工收缩

● 启动企业管理器。

● 在树状目录窗口中选择数据库，如 teachdb 数据库。在该数据库上单击鼠标右键，在弹出的快捷菜单中选择 所有任务(K) ▶ 中的 收缩数据库(D)... 命令，出现"收缩数据库"对话框，如图 2-20 所示。

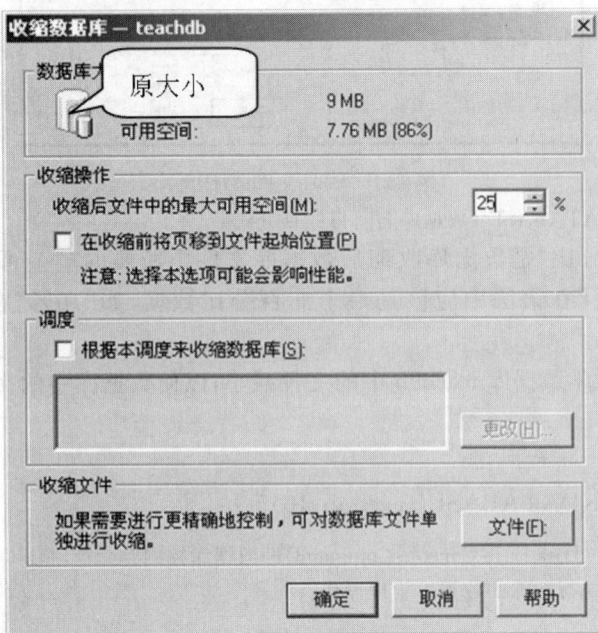

图 2-20　"收缩数据库"对话框

● 在"收缩数据库"对话框中，在 收缩后文件中的最大可用空间(M) 右侧的框中输入要收缩的百分比，如 25％，然后单击 确定 按钮即可完成收缩操作。

● 为了进行更精确的文件收缩控制，可以单击"收缩数据库"对话框中的 文件(F) 按钮，出现"Shrink File"对话框，如图 2-21 所示。在该对话框中的"数据库文件"下拉列表框中，选择要收缩的数据库文件。在"文件详细信息"栏中，根据显示的"当前大小"和"已用空间"可判断出数据文件的空间使用率。在"收缩操作"栏中可选择收缩操作方式。在"延迟收缩"栏中可设置执行收缩的时间（如安排数据库存取不频繁的时间段）。

执行收缩后的结果可以通过数据库的"属性"来查看。

我们也可以用 Transact-SQL 语句收缩数据库，只需在查询分析器中输入"DBCC SHRINKDATABASE(数据库名)"语句，然后执行即可。

该语句的简要语法为：

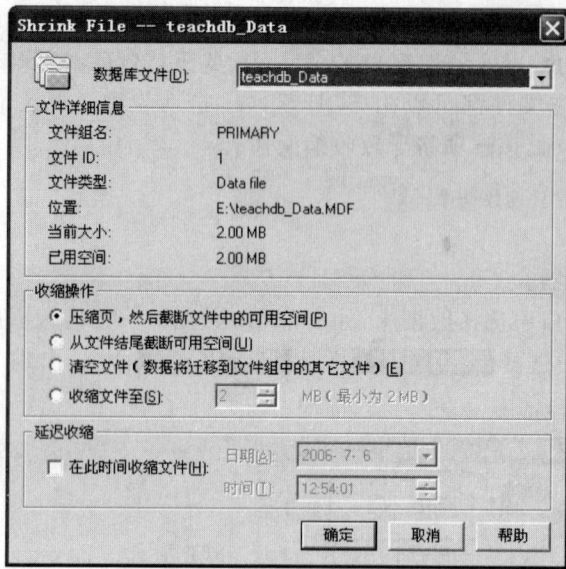

图 2-21 "Shrink File"对话框

DBCC SHRINKDATABASE（数据库名［，目标百分比］）

其中："目标百分比"是数据库收缩后数据库文件中所要的剩余可用空间的百分比。要注意"目标百分比"在语法中应该是一个非百分比数据，如"10％"在语法中应该写为"10"。

【例 2.4】 将教学数据库 teachdb 中的文件减小，以使数据库中的文件有 10％ 的可用空间。

程序如下：

DBCC SHRINKDATABASE（teachdb，10）

提示：DBCC（Data Base Console Command）即数据库控制台命令，是 SQL Server 2000 提供的一类特殊的命令，用于执行特殊的数据库管理操作。

2.4.2 删除数据库

当不再需要某个数据库，或如果它被移动到另一台数据库服务器时，可删除该数据库。数据库被删除之后，对应的文件和数据都将从服务器中清除。一旦数据库被删除，它即被永久删除，并且不能进行检索，除非使用以前的备份。

1.用企业管理器删除数据库

以删除上一节创建的 BOOK 数据库为例，操作步骤如下：

● 启动企业管理器。

● 在企业管理器树状目录窗口中，展开 数据库 结点，选择 BOOK 数据库。

● 单击工具栏上的"删除"按钮 ，也可以单击鼠标右键，在弹出的快捷菜单中选择 删除(E) 命令，此时会显示"删除数据库"消息框进行确认，单击 是(Y) 按钮即可删除该数据库。

2.用 Transact-SQL 语句删除数据库

使用 Transact-SQL 中的 DROP DATABASE 语句，可以删除数据库。

该语句的简要语法为：

DROP DATABASE 数据库名［,...n］

如果要删除多个数据库,数据库名之间要用逗号分隔。

需要注意的是,不能删除当前正在使用(正打开供用户读写)的数据库。如果数据库的属性为"只读",也将无法删除该数据库。另外,系统数据库(master、tempdb、msdb、model)是无法删除的。

在"查询"窗口中输入"DROP DATABASE BOOK"这一条语句,按下 F5 功能键或单击工具栏上的"执行查询"按钮 ▶ ,执行查询语句,系统就会删除 "BOOK"数据库。

提示：从系统维护的角度出发,因为 master 数据库记录了系统所有数据库的信息,任何时候删除了数据库后,都应备份 master 数据库。

2.5 数据库迁移

2.5.1 分离和附加 SQL Server 数据库

1.分离和附加数据库的作用

在 SQL Server 2000 中新建一个数据库时,系统数据库 master 记载了此数据库的相应信息,从而将它附加到 SQL Server 中。此时,服务器拥有对该数据库的一切管辖权,包括对它的所有访问和管理操作。

但出于以下原因,有时需要将一个数据库从 SQL Server 中分离出来,使其中的所有数据文件和日志文件脱离服务器独立存在,然后将它加到另一台计算机的服务器中或经某些操作后重新加到原 SQL Server 中。

● 将数据库移到其他计算机的 SQL Server 中使用。

例如,我们在家里计算机上的 SQL Server 中创建的数据库,现要在学校的计算机中运行,就必须在家里先分离该数据库,然后将该数据库所有文件通过可移动存储介质复制到学校计算机中,再将它附加到学校计算机的 SQL Server 中才能使用。仅靠简单的文件复制是不能在另一台计算机上运行原计算机中的 SQL Server 数据库的。

当然,我们也可以在另一台计算机上先建立一个与原数据库结构相同的数据库,然后再将数据从原数据库导入到新数据库中。如果数据库的容量不是很大的话,这种方法没有用分离和附加数据库的方法简便。

● 改变存放数据库数据文件和日志文件的物理位置。

当一个数据库创建后,SQL Server 不允许改变它的数据文件和日志文件的存放位置。在上一节介绍数据库修改时我们没有做这方面的介绍,请大家在企业管理器中试着从一个数据库的"属性"窗口中改变数据文件或日志文件的存储路径或物理文件名,结果肯定是失败的。

但实际使用中,有时却需要改变数据库的物理位置。常见的一个原因是需要在一个更大的磁盘空间中存放数据库。为了达到这一目的,可先分离数据库,然后通过复制方法迁移数据文件和日志文件(或修改文件名),最后再将它们附加到原 SQL Server 中。

2．分离数据库

可以在企业管理器中方便地实施分离数据库的操作。操作步骤如下：

● 启动企业管理器。

● 在企业管理器树状目录窗口中，展开 □ **数据库** 结点，选择要分离的数据库。

● 在该数据库名上单击鼠标右键，在弹出的快捷菜单中选择 **所有任务(K)** ▶ 中的 **分离数据库(H)...** 命令，出现"分离数据库"对话框，如图 2-22 所示。

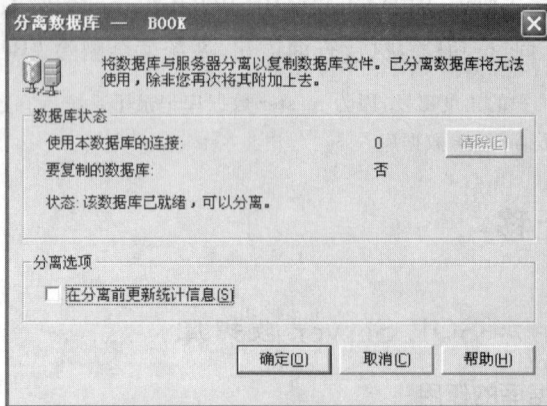

图 2-22 "分离数据库"对话框

● 在"分离数据库"对话框中将显示目前连接该数据库的用户数目，若为非 0 值，即存在正联机使用该数据库的用户，则不能马上分离该数据库。可以按旁边的"清除"按钮强制断开这些联机用户。

● 单击 **确定(0)** 按钮即显示消息框，提示分离数据库顺利完成。

数据库分离以后，在企业管理器树状目录窗口中就找不到该数据库了。此时，可将该数据库对应的数据文件和日志文件移动到其他磁盘或计算机中，再进行附加数据库操作。

根据以上介绍的操作，作为实践练习，我们将例 2.1 创建的 BOOK 数据库从当前服务器中分离出来，然后将原保存在 D 盘 java 文件夹下的主数据文件 book1.mdf 移到 D 盘根目录下，并改名为 bookshop.mdf。将 D 盘 java 文件夹下的次数据文件在原地改名为 bookshop.ndf，下一节再附加到原数据库上。

3．附加数据库

在企业管理器中将一个独立的数据库附加到 SQL Server 中的操作步骤如下：

● 启动企业管理器。

● 在企业管理器树状目录窗口中，在 □ **数据库** 结点上单击鼠标右键，在弹出的快捷菜单中选择 **所有任务(K)** ▶ 中的"附加数据库"命令，出现"附加数据库"对话框，如图 2-23 所示。

● 在"附加数据库"对话框中的"要附加数据库的 MDF 文件：[M]"文本框中输入主数据文件的存放路径及文件名，也可单击 按钮选择对应的.mdf 文件。这里找到已通过 Windows 资源管理器移到 D 盘根目录并改名为 bookshop.mdf 的主数据文件。

● 选定主数据文件后，在中间框中将显示原数据库中各文件名和当前文件位置。如果在当前主数据文件所在的位置找不到原来的文件，则在该文件的当前位置行会出现红色"×"提示,如图 2-23 所示。这时就应重新输入正确的路径和文件名。

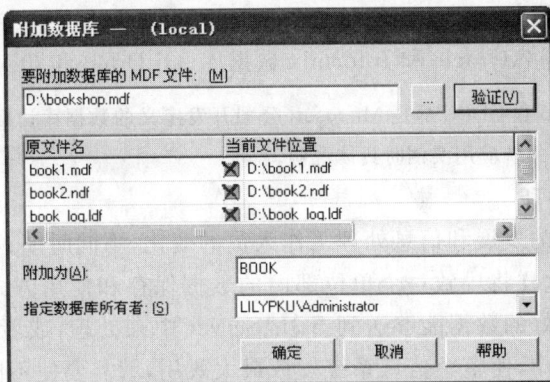

图 2-23 "附加数据库"对话框

- 用鼠标和键盘手工修正了错误的文件位置和文件名后,原来的"×"将变成"√"。

如本处我们分别修正主数据文件的文件名、次数据文件的位置和文件名以及日志文件的存放位置,将 D:\book1.mdf 改为 D:\bookshop.mdf,将 D:\book2.ndf 改为 D:\java\bookshop.ndf,将 D:\book_log.ldf 改为 D:\java\book_log.ldf。此时,所有的"×"都变成了"√"。如图 2-24 所示。

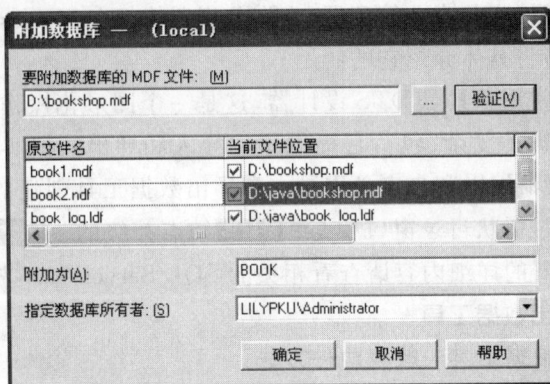

图 2-24 修正文件位置和文件名使"×"变成"√"

- 可在"附加为[A]"右边的文本框中输入该数据库附加到 SQL Server 后的新文件名。也可在"指定数据库所有者:[S]"右边的列表框中选择一个用户帐号作为该数据库的所有者。

- 单击 确定(O) 按钮即显示消息框,提示附加数据库顺利完成。

提示:SQL Server 2000 中,也可以使用系统存储过程 sp_detach_db 来分离数据库,用 sp_attach_db 来附加数据库。

2.5.2 导入和导出数据

在 SQL Server 2000 系统中,我们不但可以通过分离和附加数据库实现对 SQL Server 数据库的迁移,还可以利用系统工具在 SQL Server 数据库和其他异种数据库之间进行数据的导入和导出。SQL Server 2000 系统提供的导入和导出数据工具允许用户导入和导出数据库并转换异类数据，为在 OLE DB 数据源之间复制数据提供了简便的方法。

使用导入和导出数据工具可以连接到许多数据源，如文本文件、Access 数据库、FoxPro 数据库、Excel 电子表格、Oracle 和 Informix 数据库、OLD DB 和 ODBC 数据源等等。

🐭 提示：OLD DB 和 ODBC 都是 Microsoft 公司开发定义的数据库访问接口标准，本书将在后面介绍 SQL Server 2000 系统应用实例时具体说明。

1. 数据转换与 DTS

随着计算机技术的发展和信息处理工作人员的变化，不同时期、不同人员对数据处理的方式也各有不同，这样将导致一个单位部门的数据保存和使用方式有多种形式。为了让其他系统已经建立好的数据能够送到 SQL Server 中来处理，或者让 SQL Server 数据库系统与其他系统合作，使整个信息系统发挥最大效用，就需要使不同的数据系统能够流畅地沟通、方便地交换数据以形成集成的完善的信息系统。

SQL Server 中的导入和导出数据就是实现以上目标的工具。数据的导入或导出不仅涉及数据传输，还存在数据格式转换等问题。SQL Server 提供了名为数据传输服务（Data Transform Services）的方法用于实现 SQL Server 之间或 SQL Server 数据库与其他数据库（数据源）的数据交换，简称 DTS。

SQL Server 2000 的 DTS 提供了许多完成数据传输转换的工具，其中最基本的是导入和导出数据实用工具，它与企业管理器、查询分析器等都在 Microsoft SQL Server 2000 程序选项菜单中，本节将具体介绍它的使用。

除此之外的一个常用工具是 DTS 设计器，这是一个图形化操作工具，用于生成带有工作流和事件驱动逻辑的复杂"包"，它提供了比导入和导出数据实用工具更强的功能。也可以通过 DTS 设计器编辑和自定义用导入和导出数据工具创建的"包"。DTS 设计器可在企业管理器中通过树状目录窗口中与 数据库 结点并级的 数据转换服务 调用。限于篇幅，关于 DTS 设计器的详细内容请查看相关的 SQL Server 2000 资料或联机丛书。

2. 启动导入和导出数据工具

启动导入和导出数据工具一般有两种方法：

● 从 开始 菜单选择"程序/Microsoft SQL Server/ 导入和导出数据 "选项，就会启动导入和导出数据工具。

● 在企业管理器中对应的数据库结点上单击鼠标右键，在 所有任务(K) ▶ 菜单上单击 导入数据(I)... 或者 导出数据(E)... 选项。

启动后，显示初始工作界面，系统用向导形式提供数据的导入和导出服务。

3. 使用导入和导出数据工具

下面通过从 Access 数据库导入和导出数据的实例介绍导入和导出数据工具的使用。

（1）首先要确认有一个 Access 数据库。然后启动导入和导出数据工具，在"DTS 导入/导出向导"界面中单击 下一步(N) > 按钮，出现"选择数据源"对话框，如图 2-25 所示。

（2）在"数据源"下拉列表框中，选择指定数据源，这里用的是"Microsoft Access"数据源，此时系统出现选择 Access 数据源界面，如图 2-26 所示。

（3）单击"文件名"文本框右侧的 按钮，可以打开"选择文件"对话框，在对话框中选

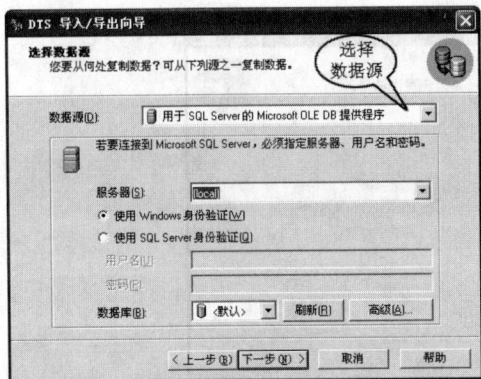

图 2-25　"选择数据源"对话框(1)　　　　图 2-26　"选择数据源"对话框(2)

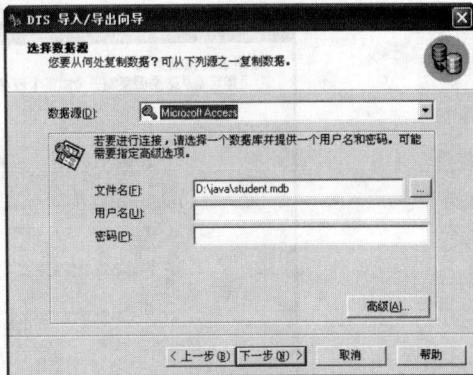

择指定的 Access 数据库文件,然后单击 打开(O) 按钮,回到图 2-26 所示界面。如果数据库文件设置了用户名和密码,要在相应的文本框中输入必要的信息。用户一般不需要设置高级选项。

(4)单击 下一步(N)> 按钮,出现"选择目的"对话框,如图 2-27 所示。在"目的"下拉列表框中选择"用于 SQL Server 的 Microsoft OLE DB 提供程序"即选择 SQL Server 类型的数据库;使用服务器指定的身份验证方式(如果采用 SQL Server 身份验证还需输入系统帐号和密码);在"数据库"下拉列表框中选择 《新建》 选项(也可以选择服务器中的其他数据库,如果没有显示其他数据库,可以单击 刷新(R) 按钮)。

(5)选择"新建"后,在弹出的"创建数据库"对话框(如图 2-28 所示)中,输入数据库名称并设置数据文件和日志文件大小,然后单击 确定 按钮,回到"选择目的"对话框,此时系统会建立新的数据库。

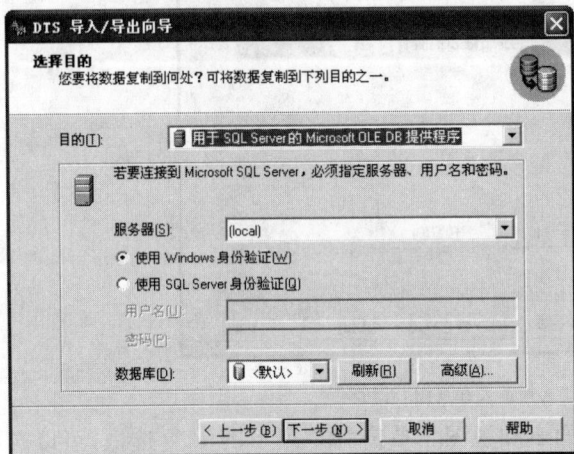

图 2-27　"选择目的"对话框　　　　图 2-28 "创建数据库"对话框

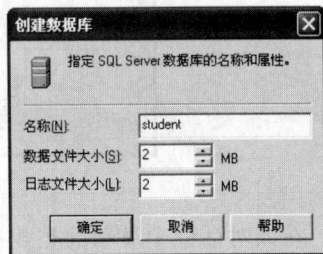

(6)单击 下一步(N) 按钮,系统出现"指定表复制或查询"对话框,如图 2-29 所示。该对话框提供三个选项:

● 从源数据库复制表和视图;

● 用一条查询指定要传输的数据;

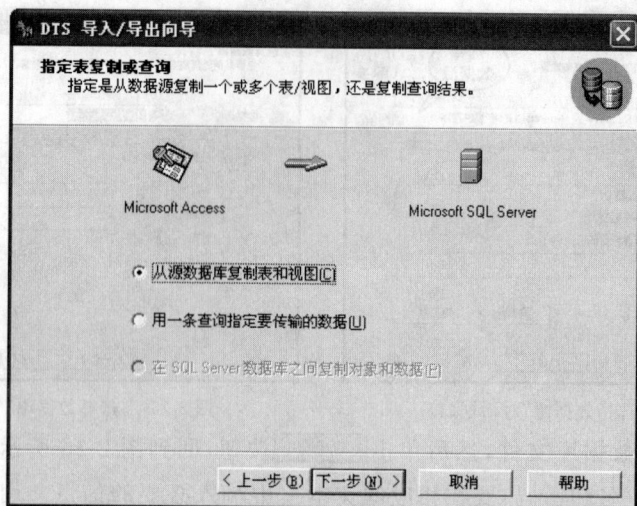

图 2-29 "指定表复制或查询"对话框

● 在 SQL Server 数据库之间复制对象和数据。

其中第三项只有当数据源和目的都是 SQL Server 数据库时才可选。以下分别说明前两项的操作。

(7)选择○从源数据库复制表和视图(C)，单击下一步(N)>按钮，会出现"选择源表和视图"对话框，如图 2-30 所示。

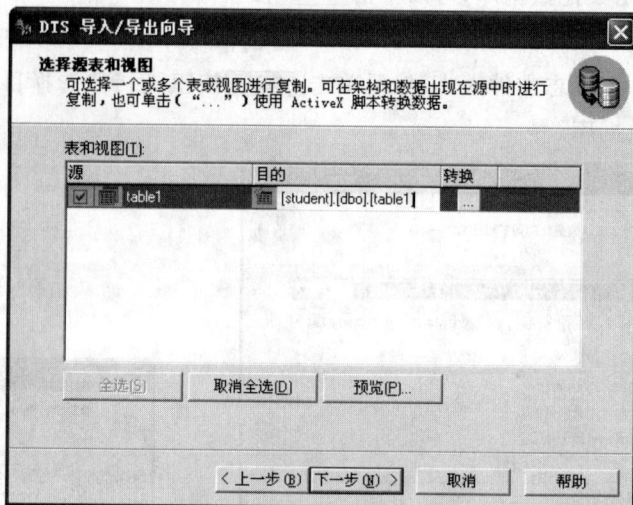

图 2-30 "选择源表和视图"对话框

在该对话框中显示的是数据源中的表和视图。单击"源"列下的☑复选框，可以选择指定的表和视图。此时，单击 预览(P)... 按钮，可以浏览指定表中的记录；单击 全选(S) 按钮，可以选择全部的表和视图；单击 取消全选(D) 按钮，可以取消选择。

单击"表和视图"框中"转换"列下的□按钮，可以打开"列映射和转换"对话框（如图 2-31所示）。在该对话框中可以指定"列映射"和"转换"选项，如修改目的列名称和属性，编辑 SQL 等操作。

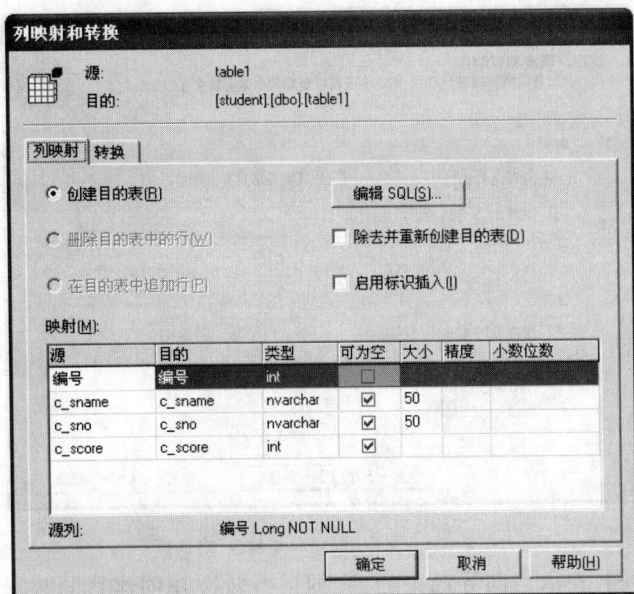

图 2-31　"列映射和转换"对话框

（8）如果在图 2-29 中选择 ⊙ 用一条查询指定要传输的数据(U)，表示要用一条 SQL 查询语句从所选数据库中生成数据。单击 下一步(N) > 按钮，会出现"键入 SQL 语句"对话框，如图 2-32 所示。

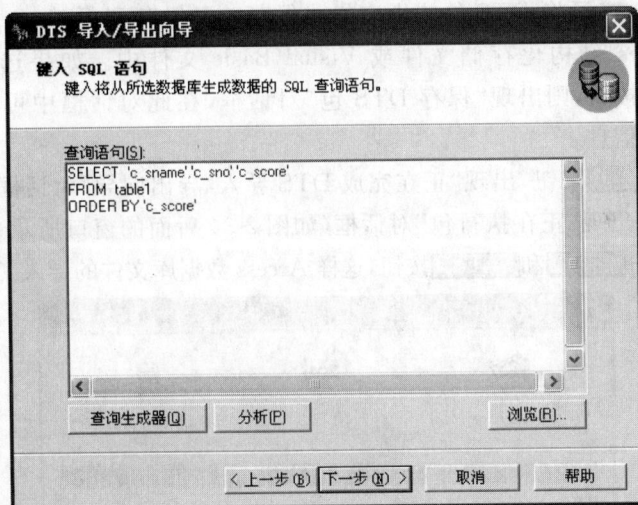

图 2-32　"键入 SQL 语句"对话框

在该对话框中，单击 查询生成器(Q) 按钮，可以出现一系列向导对话框，帮助用户在图形界面下选择指定表中的列，然后生成 SQL 语句。单击 分析(P) 按钮，可以校验生成语句的有效性。单击 浏览(R) 按钮，出现"打开"对话框，可以选择已准备好的 SQL 脚本文件。

单击 下一步(N) > 按钮，进入如图 2-30 所示的"选择源表和视图"对话框。但此时中间的"表和视图"框中显示的是一个查询。

（9）选择好表、视图或查询后，单击 下一步(N) > 按钮，会出现"保存、调度和复制包"对话框，如图 2-33 所示。

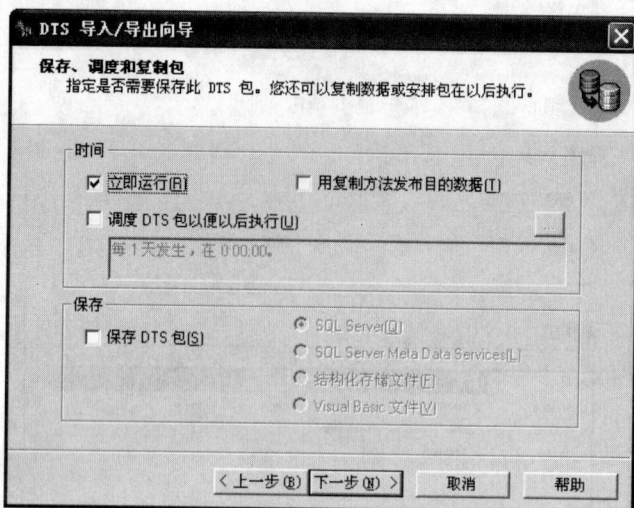

图 2-33 "保存、调度和复制包"对话框

选择 ☑ 立即运行(R)，表示当向导结束后，立即运行转换并创建目的数据；

选择 ☑ 用复制方法发布目的数据(T)，表示导入/导出向导结束后将启动创建发布向导；

选择 ☑ 调度 DTS 包以便以后执行(U)，表示调度该文件包按预定义的时间间隔（每天、每周或每月的固定时间）运行，通过右侧的 ▦ 按钮可加以详细设置；

选择 ☑ 保存 DTS 包(S)，可将 DTS 包按指定格式保存。可保存到 SQL Server、SQL Server Meta Data Services、结构化存储文件或 Visual Basic 文件中。如果选择了"保存 DTS 包"，单击 下一步(N) > 按钮，则出现"保存 DTS 包"对话框，在此对话框中可设置有关包的名称、所有者密码等信息。

（10）单击 下一步(N) > 按钮，出现"正在完成 DTS 导入/导出向导"对话框，在该对话框中，单击 完成 按钮，出现"正在执行包"对话框（如图 2-34 后面的窗口所示），完成之后，会出现提示框，依次单击 确定 和 完成 按钮，这样 Access 数据库文件的导入工作就完成了。

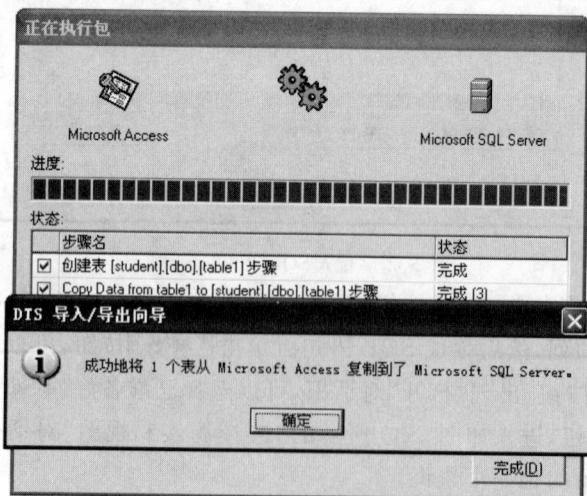

图 2-34 "正在执行包"对话框

　　以上我们介绍了如何从 Access 数据库导入数据到 SQL Server 数据库中,如果要从 SQL Server 向 Access 数据库导出数据,其操作步骤与导入数据相似,只是将 SQL Server 数据库作为数据源,而 Access 数据库作为目的。根据系统向导不难完成。

　　通过类似步骤,我们还可以实现其他数据源与 SQL Server 之间的导入和导出数据。

　　提示:数据库迁移也可使用 SQL Server 2000 中的复制数据库向导来实现。复制数据库向导可以在服务器之间复制或移动数据库。也可以在 Microsoft SQL Server 2000 的不同实例之间移动和复制数据库,还可将数据库从 SQL Server 7.0 版升级到 SQL Server 2000。更多有关信息,请参见 SQL Server 2000 联机丛书。

习题与实训

一、单项选择题

　　1. SQL Server 中,可以交互执行 SQL 语句的窗口工具是＿＿＿＿＿＿。管理 SQL Server 对象、并可从中启动其他管理工具的图形化工具是＿＿＿＿＿＿。

　　A. 服务管理器　　　　B. 企业管理器　　　　C. 查询分析器　　　　D. 项目管理器

　　2. 以下＿＿＿＿＿是 SQL Server 数据库的可选文件;＿＿＿＿＿不是 SQL Server 数据库的组成文件。

　　A. 索引文件　　　　B. 日志文件　　　　C. 主数据文件　　　　D. 次数据文件

　　3. 以下关于 SQL Server 日志文件的叙述,正确的是＿＿＿＿＿＿。

　　A. 一个数据库可以没有日志文件

　　B. 每个数据库必须至少有一个日志文件

　　C. 每个数据库只能有一个日志文件

　　D. 每个数据库可以有多个日志文件,其中有一个是主日志文件

　　4. 以下关于文件组的叙述,错误的是＿＿＿＿＿和＿＿＿＿＿。

　　A. 日志文件不隶属于任何文件组

　　B. 一个文件可隶属于多个文件组

　　C. 一个文件组内可有多个数据库使用的文件

　　D. 一个文件组内可有存放在多个硬盘上的文件

　　5. 以下关于数据库的叙述,错误的是＿＿＿＿＿＿。

　　A. 数据库既可以扩充,也可以收缩

　　B. 数据库文件可以手工收缩,也可以定期自动收缩

　　C. 数据文件可以收缩,日志文件不能收缩

　　D. 数据收缩不影响该数据库内的用户活动

　　6. 如果当前有用户连接在数据库上,＿＿＿＿＿进行分离数据库的操作。在进行附加数据库操作时,数据库的主、次数据文件＿＿＿＿＿在同一个文件夹内。

　　A. 允许　　　　　B. 不允许　　　　　C. 必须　　　　　D. 不必

二、多项选择题

　　1. 在建立数据库时,对数据文件有如下设置内容＿＿＿＿＿＿＿＿＿。

（1）文件的名称

（2）文件的存放路径

（3）文件的初始大小

（4）文件是否允许增长、增长的方式

（5）文件是否允许收缩、收缩的比例

（6）文件最大是多少

（7）文件最小是多少

（8）文件是否加索引

2.数据库创建后，在企业管理器中通过其属性窗口不能修改它的＿＿＿＿＿＿＿＿。

（1）逻辑文件名

（2）物理文件名

（3）文件的大小

（4）文件所属组

（5）文件是否允许增长、增长的方式

（6）文件的最大限制

（7）文件的只读属性

（8）索引

三、填空题

1.SQL Server 2000 的 4 个系统数据库是＿＿＿＿＿＿＿、＿＿＿＿＿＿＿、＿＿＿＿＿＿＿和 msdb 数据库。

2.通过企业管理器的＿＿＿＿＿＿＿＿菜单，可以启动查询分析器。在查询分析器中，按＿＿＿＿＿＿快捷键可以执行查询。

3.在查询分析器中，系统默认是以＿＿＿＿＿＿形式显示结果。查询分析器中保存的文件默认扩展名为＿＿＿＿＿＿。

4.在对象浏览器中的某数据库或表上右击，在弹出的快捷菜单中选择＿＿＿＿＿＿，再选择＿＿＿＿＿＿命令，就会在一个新窗口中生成创建该数据库或表的命令脚本。

5.可以使用 Transact-SQL 语言中的＿＿＿＿＿＿＿＿＿＿＿＿＿＿语句来修改数据库，如果要删除数据库中的文件，在该语句中使用＿＿＿＿＿＿＿＿＿＿＿＿＿选项。

6.当数据库中＿＿＿＿＿＿＿＿＿＿＿＿＿＿＿＿＿＿＿＿＿时，可以收缩数据库。但收缩数据库仅收缩＿＿＿＿＿＿＿＿＿＿＿＿＿＿＿＿＿＿＿＿＿＿。

四、操作题

1.使用企业管理器创建本章所述的教学数据库（teachdb）。

2.使用 Transact-SQL 语句创建一个数据库 test1。该数据库包含一个数据文件和事务日志文件。数据文件的逻辑名和物理文件名分别为 test1_dat 和 test1_dat.mdf，存放在 D 盘 SQL 文件夹下，文件的初始大小为 2 MB，最大容量为 10 MB，按 10％递增量增加。事务日志文件的逻辑名和物理文件名分别为 test1_log 和 test1_log.ldf，存放在 D 盘根目录下，文件的初始大小也为 2 MB，不允许增长。

3.使用 Transact-SQL 语句修改上题建立的数据库 test1，为数据库新增一个次数据文件,其逻辑名与物理文件的主文件名均为 test1,但文件存放在 D 盘根目录下,文件的初始大小为 3 MB,可按每次 3 MB 的大小最大增长到 15 MB。

4. 使用分离和附加数据库的方法将上面创建的 test1 数据库的次数据文件迁移到 D 盘 SQL 文件夹下。

5. 在 Access 中创建一个数据库,然后导入到 SQL Server 中。

6. 创建一个文本文件,然后导入到 SQL Server 中。

第 3 章

数据表和索引

内容概述

　　数据表是数据库存储数据的主要容器。在建立基于 SQL Server 2000 数据库应用系统过程中,创建、管理数据表是重要的基础工作。数据表创建后,为了提高系统使用和查询的性能,通常还要在表上创建索引。

　　本章将详细讨论 SQL Server 数据表的结构以及如何创建和管理数据表问题。首先从表中数据的数据类型开始,逐渐深入到创建和管理表的各个方面。在介绍了数据表的创建和管理后,还将讨论 SQL Server 索引的概念以及索引的创建和管理等内容。

3.1　SQL Server 数据表

3.1.1　数据表的概念

　　实际的工作中,具体应用所需要的数据都存储在用户所建立的数据表中。所以当数据库建立以后,还必须在数据库中创建表,输入数据。只有这样数据库才能使用。

　　本书第 1 章已介绍了关系型数据库中表的概念。表是存储数据的数据库对象,是一个实体集。表定义为列的集合。与电子表格相似,数据在表中是按行和列的格式组织排列的。每行代表唯一的一条记录,表示一个实体。而每列代表记录中的一个域(也叫字段),表示实体的一种属性。

　　例如,在包含学校学生数据的表中每一行代表一名学生,各列分别表示学生的详细资料,如学号、姓名、性别、出生日期、所在班级(或所在系)等。根据每一列存放数据的特点,规定该列具有特定的数据类型。如学生表中学号可以为数字型数据(也可定义为字符型数据),姓名为字符型数据,出生日期为日期型数据等。

　　SQL Server 2000 每个数据库中最多可有 2 147 483 647 个对象,数据库对象包括所有的表、视图、存储过程、扩展存储过程、触发器、规则、默认值及约束等,所以每个数据库的数据表个数尽管受数据库中对象个数的限制,但实际使用时是绰绰有余的。每个表最多可包含 1024 个列(字段)。表的行数(记录个数)只受可用存储资源的限制。

SQL Server 2000 中的表有以下类型：

● 系统表

同数据库相似，SQL Server 2000 中的表也分为系统表和用户表。系统表存储有关 SQL Server 系统行为信息的数据。无论是系统数据库还是用户数据库，都包含系统表。用户数据库里的系统表是在创建数据库时从 Model 系统数据库中复制而来的。

例如，图 3-1 所示是在例 2.1 新建 BOOK 数据库后，在企业管理器中显示的该数据库中的表，图中右边除第一行外都是系统表。

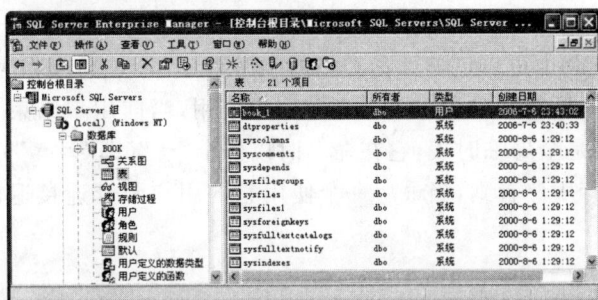

图 3-1　在企业管理器中显示的表

由图可见，系统表的表名都以"sys"作前缀，且它的类型都为"系统"。

每个系统表都记录了数据库设计和使用某一方面的情况。例如：

syscolumns：表中每行记录对应数据库表或视图中的一列，或者存储过程中的每个参数；

syscomments：数据库中的每一个视图和触发器、存储过程等对象都在该表中对应于一行或几行 SQL 语句；

sysdepends：记录数据库中被其他视图、表或存储过程引用的表、视图和存储过程；

sysfiles：记录数据库每个文件的信息；

sysfilegroups：记录每个文件组的信息；

sysindexes：记录数据库中的索引信息；

sysobjects：数据库中每一个表、视图和触发器、存储过程等都对应一行记录；

sysusers：每一个有权限访问该数据库的用户都对应一行记录。

我们可以设置权限规定只有哪些用户才能查看系统表。在后面章节中，我们还将介绍在建立某些数据库对象（如视图、存储过程）时，可以通过设置参数使它们定义的文本加密，在系统表里不被显示。

🐾提示：master 数据库中的 sysaltfiles 系统表内含有其他数据库的数据文件和日志文件的存储信息，这些数据库据此可定位自己的数据文件和日志文件。而 master 数据库的数据文件和日志文件的信息参数则设置在操作系统注册表中。在企业管理器中通过查看服务器的属性，在属性窗口的"常规"标签中单击"启动参数"按钮，可查看或者设置 master 数据库的相关文件的存储信息（亦即启动信息），在其中设置的参数将被写入 Windows 操作系统的注册表中。

● 用户表

用户表是数据库中真正存放用户数据的"容器"，是数据库设计的关键。实际工作中，具体应用所需要的数据都存储在用户所建立的数据表中。

用户表在企业管理器窗口的类型列中标有"用户"二字,如图 3-1 右边第一行所示。

本章所介绍的表的创建和管理主要是针对用户表而言的。

● 临时表

SQL Server 2000 中的表又有临时表和永久表之分。临时表存储在 tempdb 系统数据库中,当不再使用时会被自动删除。可以用临时表存储那些在永久保存前还需处理的数据。例如,可将多个表的数据组合成临时表,在当前操作中访问该临时表,使对各个表中数据的访问就在同一个(临时)表中进行。

SQL Server 2000 中可以创建两种类型的临时表:一种是局部临时表,它在命名时以一个"#"字符开头。局部临时表只能被当前用户使用,当前用户结束工作(会话)时它就被自动删除;另一种是全局临时表,它在命名时以两个"#"(即"##")字符开头。全局临时表创建后能被所有用户看到,当最后一个使用它的用户断开连接退出系统时才被自动删除掉。

3.1.2 表的设计

设计数据库时,应先确定需要什么样的数据表、各数据表中有哪些数据、各个表之间的关系以及用户对各个表数据的存取权限等。在创建和操作数据表的过程中,将对数据表进行更为细致的设计。

最好在创建数据表及其对象时预先将设计写在纸上。设计时应注意以下内容:

● 每个表所包含的数据内容。

● 表的各列及每一列的数据类型(如果必要,还应注意列宽)。

● 哪一列或哪几列的组合为主键。

● 哪些列允许空值。

● 是否要使用约束、默认设置等来限制列。

● 是否要设置外键约束表与表之间的联系。

● 哪里需要索引,所需索引的类型。

关于数据类型我们将在下一节详细讨论。

本书第 1 章曾介绍了关系型数据库中数据完整性的概念。数据完整性主要是在数据表内实施。在 SQL Server 2000 中,实施数据完整性的主要工具是添加各种约束,包括以下几种:主键约束、唯一性约束、检查约束和外键约束。除此之外,还可规定表中字段是否允许为空(NULL)和有无默认值等。这些是建立数据表时的重要工作。有关这些约束的具体操作设置,将在后面结合数据表的创建一起介绍。

创建一个数据表最有效的方法是将表中所需的信息一次定义完成,包括数据约束和附加成分。也可以先创建一个基础数据表,然后向其中添加一些数据并使用一段时间,最后才形成最终设计。这种方法使我们可以在添加各种约束、索引、默认设置和其他对象,形成最终设计之前,发现哪些事务最常用,哪些数据经常输入,哪里最容易出错等,从而可获得最佳设计。

虽然 SQL Server 2000 允许用户在表已创建或使用后对其进行修改,但由于表创建后可能已被某些程序使用,这样,再对表结构进行改动时,可能需要对整个程序进行修改,不但工作量大,稍有不慎就可能带来意想不到的错误。所以最好在创建表时进行仔细考虑斟酌,力求设计出最合理、以后改动最少的表结构。

数据库中表的设计是一项非常重要的基础工作,它涉及关系型数据库的关系规范化理论,有专门的范式(Normal Forms)衡量。

由于本书着重点是 SQL Server 2000 数据库应用,关于数据库设计方面的详细内容请参考其他有关书籍资料。

3.1.3　数据类型

在创建用户数据表时,要指定表中各列(字段)的数据类型。例如,如果列用于记录姓名,可以将该列定义为字符型;如果列中只含有数值,可以将该列定义为数字数据类型。数据类型规定了各列所允许的数据值以及运算。因此,我们有必要了解 SQL Server 2000 系统的数据类型。

SQL Server 2000 的数据类型分为系统数据类型和用户定义数据类型两种,系统数据类型是 SQL Server 系统固有的、可直接使用的数据类型,而用户定义数据类型是基于系统数据类型和有关参数修改整合而来的,用于增强基本数据类型的功能,或方便用户在多个列中设置的数据类型和参数保持一致。

系统数据类型和用户定义数据类型也是强制实施数据完整性的重要手段。因为所输入或更改的数据都必须与创建表时所指定类型一致,否则系统拒绝接收输入或所作的修改。例如,不能在定义为 datetime 类型的列中存储姓名,因为 datetime 类型的列只能接收有效日期。

1. 常用系统数据类型

SQL Server 2000 提供了丰富的系统数据类型供用户使用。简单介绍如下:

(1)数字类型数据

数字类型数据只包含数字和正负号(对非整型还有小数点),可进行算术运算或直接放入表达式中。数字类型数据又具体包括整型数据、小数数据和浮点数据三种。

● 整型数据

整型数据由负整数或正整数组成,如 -15、0、5 和 2509。在 SQL Server 2000 中,整型数据使用 bigint、int、smallint、tinyint 和 bit 数据类型存储。

bigint 数据类型存储从 -2^{63} ($-9\,223\,372\,036\,854\,775\,808$) 至 $2^{63}-1$ ($9\,223\,372\,036\,854\,775\,807$) 范围内的数值,存储大小为 8 个字节。

int 数据类型的存储范围是 -2^{31} ($-2\,147\,483\,648$) 至 $2^{31}-1$ ($2\,147\,483\,647$),存储大小为 4 个字节。

smallint 数据类型的存储范围是 $-32\,768$ 至 $32\,767$ ($-2^{15} \sim 2^{15}-1$),存储大小为两个字节;tinyint 数据类型只能存储 0 至 255 ($2^{8}-1$) 范围内的整数,存储大小为 1 个字节。

可见,从存储数值的范围比较,有下面的关系式:

bigint 数据类型＞ int 数据类型＞ smallint 数据类型＞ tinyint 数据类型

在 SQL Server 中,int 数据类型是主要的整数数据类型,当整数值超过 int 数据类型支持的范围时,可以采用 bigint 数据类型。

bit 数据类型只能包括 0 或 1。可以用 bit 数据类型表示 TRUE 或 FALSE、YES 或 NO 这样的逻辑数据。例如,询问学生是否住宿、教师是否已婚、客户是否为初次访问等问题都可存储在 bit 列中。

● 小数数据

在 SQL Server 中,带小数的数据使用 decimal 或 numeric 数据类型存储。存储 decimal 或 numeric 数值所需的字节数(长度)取决于该数据的数字总数(精度)和小数点右边的小数位数(位数)。例如,存储数值 19283.29383 比存储 1.1 需要更多的字节。

这种数字类型的描述,一般要用圆括号内的数字指出精度和小数位数。如需要一个精度为 7,小数位数为 3 的带小数类型,可描述为 decimal(7,3) 或 numeric(7,3)。在 SQL Server 中,numeric 数据类型等价于 decimal 数据类型。

● 浮点数据

浮点数据包括按二进制计数系统所能提供的最大精度保留的数据。在 SQL Server 中,浮点数据以 float(双精度)和 real(单精度)数据类型存储,这两种数据类型被称为近似数据类型。例如,分数 1/3 表示成小数形式为 0.333333(循环小数),该数字不能以近似小数数据精确表示。因此,从 SQL Server 获取的值可能并不准确代表存储在列中的原始数据。又如,以 .3,.6,.7 结尾的浮点数均为数字近似值。

real 数据类型的数据范围是 $-3.40E+38 \sim 3.40E+38$,float 数据类型的数据范围是 $-1.79E+308 \sim 1.79E+308$。

由于在实际使用中,对大多数使用浮点数据类型的应用程序,指定的精确值与近似值之间的差异并不明显,且浮点类型的字段不适于进行大小比较,所以应尽可能使用 decimal 或 numeric 类型而避免用浮点数据类型。

(2)货币类型数据

在 SQL Server 2000 中使用 money 和 smallmoney 数据类型存储货币数据。货币数据存储的精确度为四位小数。

可以存储在 money 数据类型中的值的范围是 $-9\,223\,372\,036\,854\,775\,808(-2^{63})$ 至 $9\,223\,372\,036\,854\,775\,807(2^{63}-1)$,需 8 个字节的存储空间;可以存储在 smallmoney 数据类型中的值的范围是 $-2\,147\,483\,648(-2^{31})$ 至 $2\,147\,483\,647(2^{31}-1)$,需 4 个字节的存储空间。它们都精确到货币单位的千分之十。如果数值超过了上述范围(或需超过 4 位小数的精度),则可使用 decimal 数据类型代替。

(3)字符类型数据

字符类型数据由字母、数字和符号组成。例如,"928"、"张三"和"(0 ∗ & (％B99nh jkJ"等。对于邮政编码、职工编号这类数据,尽管它们都是数字,但由于一般系统对数字型数据会自动删除整数最前面的 0,所以为避免这类错误,常常将它们指定为字符类型。

在 SQL Server 2000 中,字符数据又分为 char、varchar 和 text 等数据类型。

当列中各项的字符长度数不固定时可用 varchar 类型,但一列的长度不能超过 8 KB。当列中各项为固定长度时使用 char 类型(最多也为 8 KB)。即 char 类型的数据不论实际存储几个字符,其所占用的存储空间固定不变。因此,当一列中字符数据长短差异较大时,使用 varchar 类型可节省存储空间。

当在表中定义某列为 char 或 varchar 字符类型时,还必须指定它的实际宽度。字符类型列宽度的定义必须超过实际所存储的字符数据可能的最大长度。

text 数据类型的列用于存储大于 8 KB 的 ASCII 字符。例如,由于 HTML 文档由 ASCII 字符组成,且一般长度大于 8 KB,在用浏览器查看之前,应存储在 SQL Server 的 text 列中。

注意:若要在 SQL Server 中存储全球通用字符集数据(Unicode 数据),请使用 nchar、nvarchar 和 ntext 数据类型。它们的相互区别同 char、varchar 和 text 类型一样。

(4)日期时间类型数据

日期时间类型数据由有效的日期和时间组成。当然,在输入时也可以只输入日期或时间。如果只指定日期,默认时间是"00:00:00.000",如果只指定时间,默认的日期是"1899-12-30"。

在 SQL Server 2000 中,日期和时间数据使用 datetime 和 smalldatetime 数据类型。

datetime 数据类型存储从 1753 年 1 月 1 日至 9999 年 12 月 31 日的日期(每个数值要求 8 个字节的存储空间)。而 smalldatetime 类型存储从 1900 年 1 月 1 日至 2079 年 6 月 6 日的日期(每个数值要求 4 个字节的存储空间)。

可见,一般的日期用 smalldatetime 数据类型即可,但 smalldatetime 类型存储日期和时间的精确度(精确到分钟)低于 datetime 类型。

在键盘输入时,日期的年月日之间可用斜杠(/)或连字符(-)分隔,时间的时分秒之间可用冒号(:)或英文句点(.)分隔,日期和时间中间用一个空格分隔。有效日期和时间数据如"4/01/98 12:15:00 PM"、"1:28:29 AM 8/17/98"等。

(5)二进制数据

在 SQL Server 2000 中,二进制数据使用 binary、varbinary 和 image 数据类型存储。

binary 数据类型的列在每行中都是固定长度(最多为 8 KB)。varbinary 类型的列所包含的位数可以根据实际存储而变化(最多为 8 KB)。image 数据类型的列可以用来存储超过 8 KB 的二进制数据,如 Microsoft Word 文档、Excel 电子表格、位图图像、GIF 图像和 JPEG 图像等。

因为一位十六进制数与四位二进制数有着一一对应的关系,在 SQL Server 2000 中,二进制数据是用十六进制数形式来表示的(在数字前面加"0x"),例如,十进制数 245 的二进制值为 11110101,等于十六进制数(0x)F5。

注意:除非数据长度超过 8 KB 时用 image 数据类型,一般宜用 varbinary 类型来存储二进制数据。

2.几个特殊的系统数据类型

(1)uniqueidentifier

uniqueidentifier 数据类型存储 16 字节的二进制值,该值的使用与全局唯一标识符(GUID)一样。GUID 是一个唯一的二进制数字,世界上的任何两台计算机都不会生成重复的 GUID 值。这些数字都很长,无规则,很难记忆。GUID 主要用于在拥有多个结点、多台计算机的网络中,分配必须具有唯一性的标识符。

uniqueidentifier 列的 GUID 值通常由以下方式获得:

● 在 Transact-SQL 语句、批处理或脚本中调用 NEWID()函数;

● 在应用程序代码中,调用返回 GUID 值的应用程序 API 函数或方法。

Transact-SQL 的 NEWID()函数以及应用程序 API 函数和方法从它们网卡上的标识数字以及 CPU 时钟的唯一数字生成新的 uniqueidentifier 值。每个网卡都有唯一的标识号。由 NEWID()返回的 uniqueidentifier 使用服务器上的网卡生成。由应用程序 API 函数和方法返回的 uniqueidentifier 使用客户机上的网卡生成。

一般不将 uniqueidentifier 定义为常量,因为很难保证实际创建的 uniqueidentifier 具有唯一性。常在创建 uniqueidentifier 类型的列时将 NEWID()函数作为其默认值。

(2)timestamp

这种数据类型表现为自动生成的二进制数,确保这些数在数据库中是唯一的。timestamp一般用作给表行加版本戳的机制。存储大小为 8 字节。

每次插入或更新包含 timestamp 列的行时,timestamp 列中的值均会更新。这一属性使我们可以依据该列的值判断原数据是否已被改动过。例如,当我们读取一条记录,根据读取的值决定要修改时,可在修改的语句中指定原读取记录的 timestamp 列值为允许更新条件。如果该记录在我们读取后又被别人更改过,则将会改变 timestamp 列的值,因此我们的修改语句将因条件不满足而使操作失败,从而避免了错误操作。

但 timestamp 的这一属性也使这种类型的列不适合作为主键使用。因为对行的任何更新都会更改 timestamp 列值,如果该列属于主键,那么旧的键值将无效,进而引用该旧值的外键也将不再有效。如果该列属于索引键,则对数据行的所有更新还将导致索引更新。

一个表只能有一个 timestamp 列。

(3)sql_variant

sql_variant 是一种可混合存储 SQL Server 支持的各种数据类型(除 text、ntext、image、timestamp 和 sql_variant 之外)数值的数据类型,是 SQL Server 2000 新增加的一种数据类型。

sql_variant 可以用在列、参数和变量中并返回用户定义函数的值。sql_variant 允许这些数据库对象支持其他数据类型的值。通过使用 sql_variant 数据类型,可以在同一列或同一个参数或变量中存储不同类型的数据值,如 int、decimal、char、nchar 和 binary 等类型的数据。

在将一个 sql_variant 类型的对象赋值到另外一种数据类型时,sql_variant 值必须明确地转换为目标数据类型。此外,必须先将 sql_variant 数据类型转换为其基本数据类型值,才能使其参与加和减这类运算。SQL Server 2000 提供了函数 SQL_VARIANT_PROPERTY()用于返回有关 sql_variant 数据的属性信息,如数据类型、精度、小数位数和其他信息。

一个数据表可以有任意多个 sql_variant 列。sql_variant 的最大长度可达 8016 个字节。

3.用户定义数据类型

用户定义数据类型基于 SQL Server 2000 中的系统数据类型。当多个表的列中要存储同样类型的数据,且想确保这些列具有完全相同的数据类型、长度和允许为空性(NULL/NOT NULL)时,可将这些要求组合为一个用户定义数据类型。例如,可以基于 char 数据类型并规定长度,创建名为邮政编码的用户定义数据类型。

创建用户定义数据类型时必须提供以下三个参数:名称、新数据类型所依据的系统数据类型、允许为空性(数据类型是否允许空值)。如果为空性未明确定义,系统将依据数据库默认设置进行指派。

下面介绍用企业管理器创建用户定义数据类型的方法。

● 启动企业管理器。

● 在树状目录窗口中选择要创建用户定义数据类型的数据库,如"teachdb"。在指定数据库上单击鼠标右键,在弹出的快捷菜单中选择"新建"命令中的"用户定义的数据类型(Y)"选项,如图 3-2 所示。

也可在树状目录窗口中选择对应数据库结点文件夹下面的 ▥用户定义的数据类型项目,在该

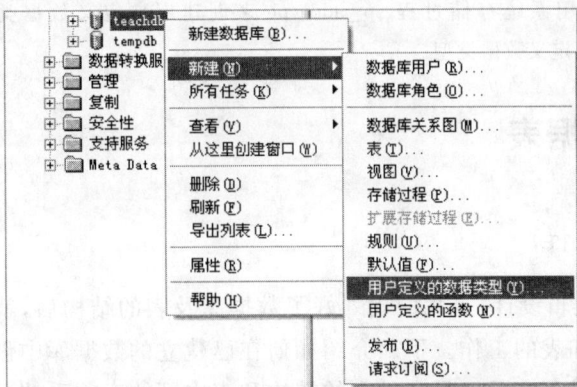

图 3-2　在企业管理器中创建用户定义数据类型

项目上单击鼠标右键,在弹出的快捷菜单中选取 新建用户定义数据类型(U)... 。

通过以上两种操作都可使系统显示"用户定义的数据类型属性"对话框。如图 3-3 所示。

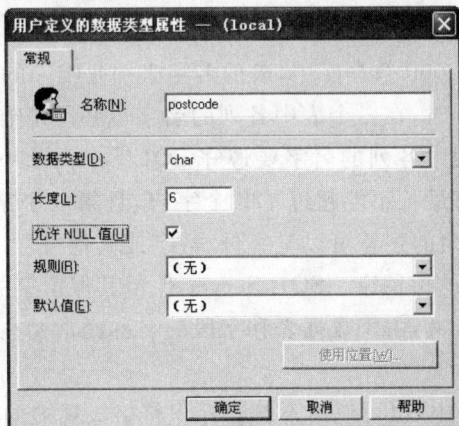

图 3-3　"用户定义的数据类型属性"对话框

● 在"用户定义的数据类型属性"对话框中,可以指定所定义数据类型的名称、其所基于的系统数据类型、是否允许为空、有无默认值等属性。如果需要对所定义的数据类型定义规则,还可以在"规则"下拉列表框中选择需要的规则名称,这里设定为无规则。

提示:规则是与数据约束具有相似功能的实施数据完整性的手段。规则的概念及使用将在稍后介绍。

● 上述设置完成后,单击 确定 按钮,即可在数据库中生成对应的用户定义数据类型。

在企业管理器树状目录窗口中的相应数据库文件夹下,可以看到所创建的用户定义数据类型。以后,在定义表中列的数据类型时,从"数据类型"下拉列表框中就能够找到该用户定义数据类型。如同使用系统数据类型一样。

如果用户定义的数据类型不再有用,可以删除它。只需在企业管理器树状目录窗口中相应数据库文件夹下选择 用户定义的数据类型 项,在右边的项目窗口中选择要删除的自定义数据类型,单击鼠标右键,在弹出的快捷菜单中选择 删除(D) 命令,然后在显示的"除去对象"对话框中单击 全部除去(D) 按钮,即可将该用户定义的数据类型删除。

提示:也可用系统存储过程 sp_addtype 来创建用户定义数据类型,用系统存储过程 sp_droptype 来删除用户定义数据类型。

3.2 创建数据表

3.2.1 准备工作

根据数据库的逻辑设计,当我们规划好了数据库及表的结构后,就可以在 SQL Server 中着手创建数据库和表的工作。下面介绍如何在已建立的数据库中创建用户表。

创建用户表的过程实际上是定义表的结构和表内部约束关系的过程。表结构包括表的名称,表中各字段的名称、数据类型及其他属性,如该列是否允许为空(NULL),是否有默认值,是否是标识(自动编号)字段,是否是计算字段等。除此之外的一个重要内容是实施数据完整性约束,如设置主键、外键、唯一性约束、检查约束等,其中主键和外键的设置也建立了表与表之间的联系。

在一个 SQL Server 2000 数据库中,表的名字必须是唯一的,即同一个数据库中不允许出现两个同名的表。同时,在一个表中各列的名字也必须是唯一的,但不同表中可以出现同名的列。数据表和表中各列的名字要遵守 SQL Server 2000 标识符的约定(如同对数据库命名一样):标识符最长不能超过 128 个字符,且第一个字符必须是字母、汉字、下划线(_)或@、#字符,其余的字符可以是字母、数字或其他符号(如#、$、@、_等)。标识符不能是 Transact-SQL 的保留字。SQL Server 保留其保留字的大写和小写形式。名称最好要简短且有一定的含义,由于数据表和字段的名称经常要在应用程序语句中引用,为方便操作,通常不用汉字。

在 SQL Server 2000 中,也可使用不符合标识符格式规则的标识符,当不符合标识符格式规则的标识符用于 Transact-SQL 语句时,必须用双引号或括号分隔。

提示：在 SQL Server 2000 中，以@、♯字符开头的标识符分别有特殊的含义：以@ 和@@ 开头的标识符表示局部变量（或参数）和全局变量（或参数）；以 ♯ 和 ♯ ♯ 开头的标识符表示局部临时表（或过程）和全局临时表（或过程）。因此，一般的表或字段最好不要这样取名。

在 SQL Server 2000 中，创建数据表的工作既可以用企业管理器完成，也可在查询分析器中执行 Transact-SQL 中的 CREATE TABLE 语句完成。下面将结合实例分别介绍这两种方法的具体操作。

根据系统功能及 SQL Server 2000 的数据类型和数据完整性的要求，现将第 1 章中提到的教学数据库（teachdb）中的几个表的逻辑设计列表如下：

表 3.1　　　　　　　　　　　　　　学生表（student）结构

列名	含义	数据类型	宽度	允许空值	说明
s_no	学号	char	4	否	主键
s_name	姓名	char	10	是	
s_sex	性别	char	2	是	默认值:男
s_birthday	出生日期	datetime	8	是	
s_department	所在系	char	10	是	

表 3.2　　　　　　　　　　　　　　课程表（course）结构

列名	含义	数据类型	宽度	允许空值	说明
c_no	课程号	char	4	否	主键
c_name	课程名	char	10	是	
c_score	学分	tinyint	1	是	

表 3.3　　　　　　　　　　　　　　选课表（choice）结构

列名	含义	数据类型	宽度	允许空值	说明
s_no	学号	char	4	否	主键、外键
c_no	课程号	char	4	否	主键、外键
score	成绩	decimal	9	是	约束:成绩 0～100

注:本表主键是 s_no 和 c_no 的组合。通过本表可建立学生表和课程表的联系。

另外，我们再增加以下两个有关教师情况的表：

表 3.4　　　　　　　　　　　　　　教师表（teacher）结构

列名	含义	数据类型	宽度	允许空值	说明
t_no	职工号	char	4	否	主键
t_name	姓名	char	10	是	
t_sex	性别	char	2	是	默认值:男
t_duty	职称	char	10	是	

表 3.5　　　　　　　　　　　　　　授课表（teaching）结构

列名	含义	数据类型	宽度	允许空值	说明
t_no	职工号	char	4	否	主键、外键
c_no	课程号	char	4	否	主键、外键

注:本表主键是 t_no 和 c_no 的组合。通过本表可建立教师表和课程表的联系。

3.2.2 用企业管理器创建数据表

在企业管理器中创建数据表的主要工作，是在系统提供的表设计器窗口图形界面下，按照事先设计好的数据表的逻辑结构输入有关数据，并进行必要的参数设置。下面结合 teachdb 数据库中有关表的建立，介绍如何利用企业管理器创建数据表。

1. 表设计器

表设计器是一种可视化工具，允许用户对数据库中的单个表进行设计和处理。

表设计器窗口界面如图 3-4 所示。整个窗口分两部分：上半部分显示网格的每一行

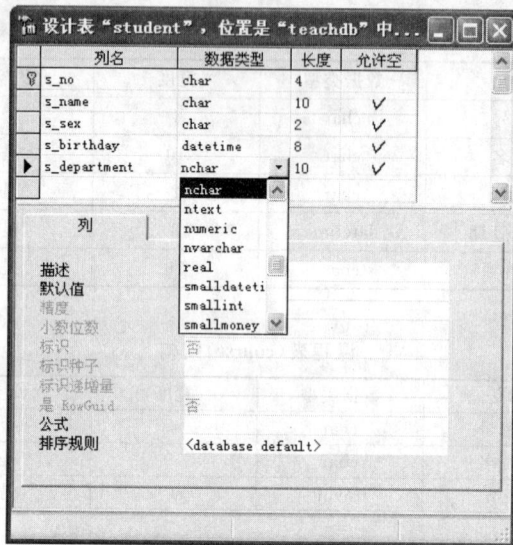

图 3-4　企业管理器中表设计器窗口界面

描述数据表的一个列。网格中显示每个数据列（即字段）的基本特征，包括列名、数据类型、长度和是否允许空值设置。在创建表时需由用户自己键入或选择。

表设计器的下半部分显示的是上半部分网格中选定列的附加属性，如该列的描述、默认值等。对这些附加属性，根据需要可以自行设置。下面对各个附加属性作简单介绍：

● 描述：设置和显示对选定列的文本描述。添加描述可以起到对列的辅助说明作用。

● 默认值：当在表中插入该列为空值的行时，用此默认值。设置该值能够起到默认输入的作用。如设置性别的默认值为"男"。

● 精度和小数位数：当列的类型为小数类型（numeric 和 decimal）时有效。其中精度用于显示和设置该列值的最大数字位数；小数位用于显示和设置该列值小数点后的最大数字位数。

● 标识、标识种子和标识递增量：当列的类型为整数类型（bit 类型除外）或小数位数设为 0 的小数类型（numeric 和 decimal）时有效。设置为标识的列，可以由系统自动操作计数（不用用户输入）。其中标识用于显示和设置表中是否将该列用作标识列；标识种子用于设置和显示标识列的种子值（该列的初始值）；标识递增量用于设置和显示标识列的数字递增量。对于一些具有递增或递减自动编号性质的项目，如订单号、发票号等可以设置此附加属性。

● 是 RowGuid：如果需要生成在整个数据库或世界各地所有网络计算机的全部数据库中均为唯一的标识符列，则可设置该属性。一个表只能有一个 RowGuid 列，且该列必须定义为 uniqueidentifier 数据类型。

● 公式：用于显示或设置计算列的公式。即该列数据由其他列或函数表达式经计算而来。

● 排序规则：当对查询结果的行进行排序时，显示默认情况下 SQL Server 应用到列的排序规则。当列类型为字符数据时（char、varchar、text 和 nchar、nvarchar、ntext），用户可以设置排序规则。

通过表设计器工具栏按钮或单击右键还可以在表设计器中访问属性页。通过属性页可以创建和修改表的关系、约束、索引和键等。这些内容将在下面结合操作实例介绍。

2. 建立数据表

以建立 teachdb 数据库的学生表（student）为例，介绍在企业管理器中的具体操作。

● 启动企业管理器，在树状目录窗口中，选取指定的服务器，展开 🗄数据库 结点，选择 teachdb 数据库，然后在展开的 ▦表 项目上单击鼠标右键，在弹出的快捷菜单中选择 新建表(B)... 命令，打开表设计器。

此项操作也可在单击 ▦表 项目后，通过 操作(A) 菜单中的"新建表(B)"命令来完成。

● 在表设计器中的 列名 处输入"s_no"作为第一个列名（也叫字段名或域名）；在 数据类型 的下拉列表框中选取"char"作为此列的数据类型；在 长度 处输入"4"作为此列的数据宽度；在 允许空 处，单击 ☑取消选定，设置不允许为空，如图 3-4 所示。

● 重复以上步骤，根据表 3.1 输入 student 数据表中其他列的内容。注意要在 s_sex（性别）列的"默认值"处输入"男"。

● 选择"s_no"列，单击右键，在弹出的快捷菜单中选择 设置主键(Y) 命令（也可在选择该列后，单击工具栏上的"设置主键"按钮 🗝），将该列设为 student 表的主键。此时，可以看到"s_no"列名左侧出现钥匙图标，表明该列已为主键，如图 3-5 所示。

🐭 提示：如果要将多个列组合成主键，先按住 Ctrl 键同时选中它们，然后再用上面的操作方法设置。

● 各列设置完毕后，单击工具栏上的"保存"按钮 🖫，在弹出的对话框中输入数据表的名称"student"，单击 确定 按钮保存数据表。

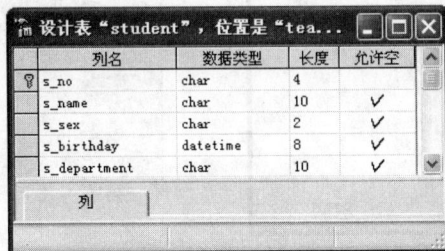

	列名	数据类型	长度	允许空
🔑	s_no	char	4	
	s_name	char	10	✓
	s_sex	char	2	✓
	s_birthday	datetime	8	✓
	s_department	char	10	✓

图 3-5　设置主键

用类似的步骤可以创建教学数据库（teachdb）中的其他数据表。

3.标识字段和计算字段

在定义表中字段的时候,有两种特殊但十分常用的字段,这就是标识字段和计算字段。

(1)标识(IDENTITY)字段

每个表中可以有一个标识字段,该字段的值是在插入记录时由系统自动生成的序列数字(如:1、2、3、4…或 100、150、200、250…),可以用来标识表中每一行,或者说给每一行自动编号(所以我们又将其称为自动编号字段)。SQL Server 能够在标识字段自动插入具有唯一值的序列数字,不仅方便了用户操作(不需输入该字段的值),而且还可避免人工输入序列号可能带来的差错及由此产生的序号冲突问题。

将一个字段设置为标识字段,该字段必须是以下数据类型之一:int、bigint、smallint、tinyint 或小数位数为 0 的 decimal、numeric 字段。该字段不允许为空,且不能有默认值。当对表中某一列作了以上设置后,要使它成为标识字段,还必须在该列的附加属性中作如下设置:

● 将"标识"栏设置为"是";

● 在"标识种子"栏输入种子值,即添加到表中的第一条记录中该列的值(起始数字);

● 在"标识递增量"栏输入一个数字,即下一条记录与本条记录在本列数值上的递增量。

如图 3-6 所示,标识种子为 100,标识递增量为 10,则该字段的值将依次为:100、110、120、130…

(2)计算字段

除标识字段外,在实际数据库操作中,会遇到将某些字段的内容加以计算而求得结果。如在一个公司数据库的销售表中,单价字段乘以数量字段即得销售金额,如果要在表中创建一个销售金额字段,则可将该字段设为计算字段,只需在该字段的附加属性中的公式栏中输入相应的公式即可,如图 3-7 所示。

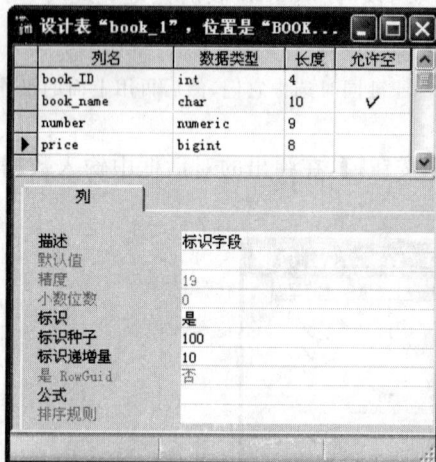

图 3-6　设置标识字段　　　　　图 3-7　设置计算字段

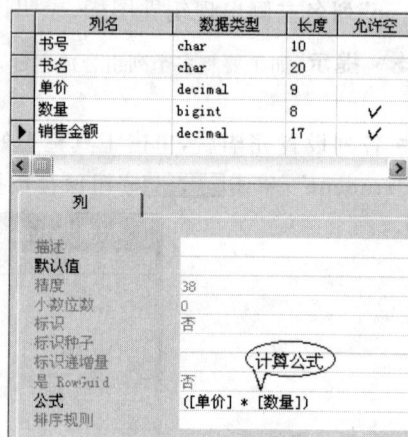

计算字段公式中的表达式可以是常量、函数、变量、非计算列的列名等,也可以是用一个或多个运算符连接的上述元素的组合。

计算字段实际上是一个虚拟的字段,它并未将计算结果实际存储在表中,而只是在运行时才立即计算出结果。在设置计算字段时,不需指定该字段的数据类型,保存表结构时,SQL Server 会自动决定计算字段的数据类型。

计算字段的特性决定了我们不可以直接向计算字段输入数据,也不能直接修改其中的数值。

4.设置约束

创建表时的一项重要工作是为字段设置约束条件,从而保证数据完整性。上面已经介绍了在企业管理器中为字段设置主键约束的方法,下面将介绍其他约束的设置方法。

(1)设置唯一性约束

唯一性约束可保证一个非主键列(或几个列的组合)中的数据不重复。SQL Server 中的唯一性约束是通过索引来实现的。

在企业管理器中设置唯一性约束的方法是:

● 在表设计器中,选取要建立唯一性约束的列,这里选 student 表中的"(s_name)姓名"列。

● 单击鼠标右键,在弹出的快捷菜单中选择 ▉索引/键(X)...▉命令,出现"属性"对话框(此步骤也可以通过单击工具栏上的"管理索引/键"按钮 ▉ 完成)。

● 如图 3-8 所示,选择"索引/键"标签。单击 ▉ 新建(N) ▉ 按钮,创建新的索引。此时系统自动给出索引名称(在"索引名"栏中),可根据需要修改。

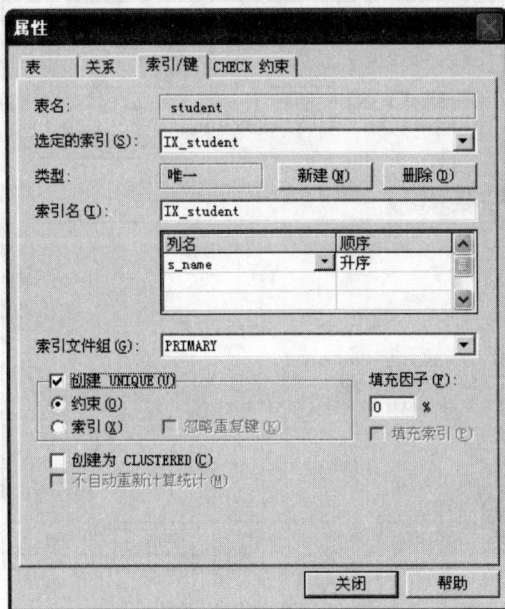

图 3-8 创建唯一性约束

● 在"列名"下面的下拉列表框中选择需要设置唯一性约束的字段,这里选择"s_name"字段,在旁边的"顺序"栏中可选择升序或降序。

● 选中 ▉ 创建 UNIQUE(U) 复选框,再选定下面的"约束"单选钮,表示在该字段上创建唯一性约束。

● 单击 关闭 按钮即完成创建此唯一性约束的工作。

如果想删除已创建的唯一性约束,可在"索引/键"标签中"选定的索引"下拉列表框中选择索引名,然后单击 删除(D) 按钮。该索引连同唯一性约束即删除。

(2)设置 CHECK 约束

在数据库中设置检查约束(CHECK 约束)以限制输入到列中的值,是实施域完整性的主要手段。CHECK 约束通过逻辑表达式来判断并控制列中数据的有效性。

创建数据表时设置 CHECK 约束的步骤如下(以创建 choice 表时对 score 列设置 CHECK 约束为例):

● 在表设计器中,选取要建立约束的列,这里选取"score(成绩)"列。

● 单击鼠标右键,在弹出的快捷菜单中选择 CHECK 约束(N)... 命令,出现"属性"对话框(此步骤也可以通过单击工具栏上的"管理约束"按钮 ⊞ 完成)。

● 在图 3-9 所示的"属性"对话框的 CHECK 约束 标签下,单击 新建(N) 按钮,然后在"约束名"文本框中输入约束名称(也可采用系统提供的默认名)。

● 在"约束表达式"文本框中输入该列的约束条件,这是输入"score>=0 and score<=100"(表示限定输入的数值只能在 0~100 之间),如果条件表达式有错,会出现错误提示,可重新编辑条件,直到正确为止,如图 3-9 所示。

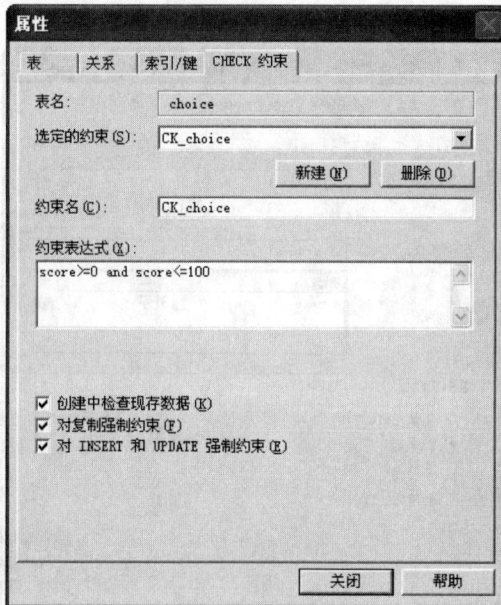

图 3-9　建立 CHECK 约束

● 如果选择 ☑ 创建中检查现存数据(K),将根据约束对表中所有已在创建该约束前存在的数据进行验证,这是对已有表添加 CHECK 约束可能存在的情况;如果选择 ☑ 对复制强制约束(F),将在把表复制到另一个数据库中时强制该约束;如果选择 ☑ 对 INSERT 和 UPDATE 强制约束(E),表示在将数据插入表或更新表中的数据时强制该约束。

● 单击 关闭 按钮即完成创建 CHECK 约束的工作。

如果想删除已创建的 CHECK 约束,可在"CHECK 约束"标签中的"选定的约束"下拉列表框内选择约束名,然后单击 删除(D) 按钮。

创建 CHECK 约束的操作也可以在创建数据表结束之后进行。在企业管理器中只需选择指定数据表,单击鼠标右键,在弹出的快捷菜单中选择 设计表(S) 命令,就可以打开表设计器,然后执行与上述一样的操作。

下面我们在企业管理器中验证刚才设置的 CHECK 约束的有效性。

在企业管理器中,选择 teachdb 数据库中的 choice(选课)表,单击鼠标右键,在弹出的快捷菜单中选择 打开表(O) ▶ 中的 返回所有行(A) 命令,出现表的输入窗口。在输入窗口的相应列(s_no、c_no、score)中分别输入 101、1011、120,然后按回车键,系统出现错误提示,如图3-10所示。原因是输入的成绩(score)120 大于 CHECK 限定的 0~100 范围。

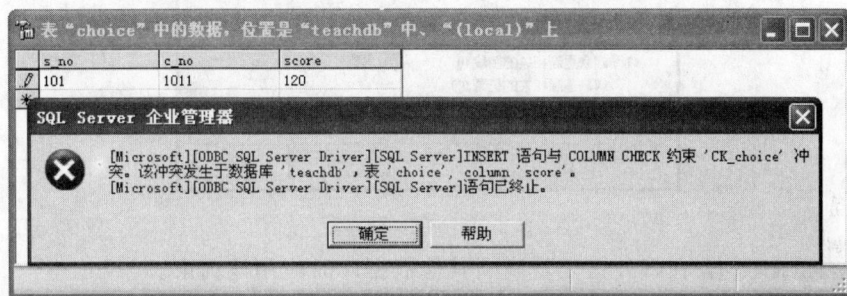

图 3-10 验证 CHECK 约束

5.创建表间联系

表间联系是表与表之间的联接,即用一个表中的外键值引用另一个表中的主键值(如选课表 choice 中的学号 s_no 引用的是学生表 student 中的学号 s_no),因此可以说创建表间的联系也就是创建表的外键约束。

创建表间联系有两种方法。下面结合实例,介绍这两种方法。

(1)在表设计器中创建表间联系

以在 teachdb 数据库中创建选课表—学生表间联系为例介绍操作过程。

● 启动企业管理器,在树状目录窗口中,展开教学数据库 teachdb。

● 单击 表 结点,在右侧的项目窗口中,选择作为关系外键方的表(这里选择选课表 choice),单击鼠标右键,在弹出的快捷菜单中选择 设计表(S) 命令,打开表设计器。

● 单击工具栏上的"管理关系"按钮 🔗,系统显示"属性"对话框的 关系 标签。在该标签下,单击 新建(N) 按钮,系统会为新建关系创建一个以 FK_开头的名称,显示在"关系名"文本框中。如图 3-11 所示。

● 从"主键表(P)"的下拉列表框中,选择将作为关系主键方的表(这里选择 student 表),在下面的网格中选定该表主键的列(这里选择 s_no 列)。在"外键表(O)"下拉列表框及下面的网格中选定作为外键方的表(此处为 choice 表)和相应外键列(这里选择 choice 表中的 s_no 列)。

● 如果要选择进一步的约束,可以设置"关系"标签下面的几个复选框。

☑ 创建中检查现存数据(K):在外键表上添加关系时,对表中已存在的数据应用约束。

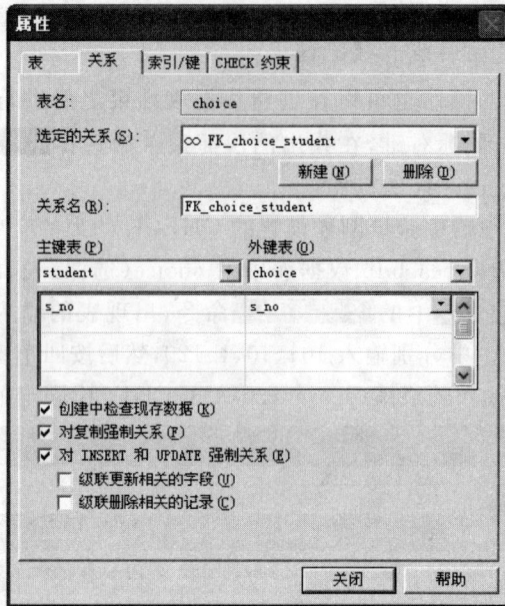

图 3-11　创建表间联系

☑ **对复制强制关系(F)**：在将外键表复制到其他数据库时应用该约束。

☑ **对 INSERT 和 UPDATE 强制关系(E)**：对在外键表中插入或更新的数据应用该约束。如果知道新数据将违反约束或约束仅应用于数据库中的现有数据，则需取消该选项以在 INSERT 和 UPDATE 事务期间禁用外键约束。

□ **级联更新相关的字段(U)**：选中此项，无论何时更新主键值都自动更新该关系的外键值。

□ **级联删除相关的记录(C)**：无论何时删除主表的被引用行，都自动删除外键表的匹配行。

● 单击 关闭 按钮，即可创建关系。此处建立了选课表与学生表间的联系。

🔔 **注意**：如果打算使用触发器执行数据库操作，则必须禁用外键约束才能使触发器运行。

（2）在数据库关系图中创建表间联系

以在 teachdb 数据库中创建选课表—课程表间联系为例介绍操作过程。

● 启动企业管理器，在树状目录窗口中，展开教学数据库 teachdb。

● 在展开的项目中右击 关系图 项，在弹出的快捷菜单中选择 新建数据库关系图(M)... 命令，系统显示"创建数据库关系图向导"初始窗口。

● 单击该窗口的 下一步(N) > 按钮，系统显示"选择要添加的表"窗口，如图 3-12 所示。从"可用的表[V]"列表中选择要建立联系的表（这里分别选择 choice 表和 course 表），然后单击 添加(A) > 按钮，将它们加入到"要添加到关系图中的表[D]"中。

● 单击 下一步(N) > 按钮，系统显示"正在完成数据库关系图向导"窗口。单击该窗口中的 完成 按钮，此时会显示关系图设计窗口，如图 3-13 所示。窗口中包含已添加的两个表：choice 表和 course 表。

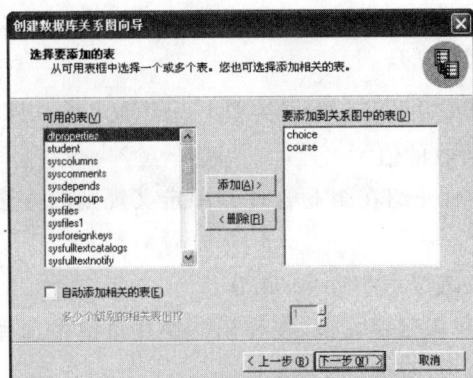

图 3-12　添加关系图中的表

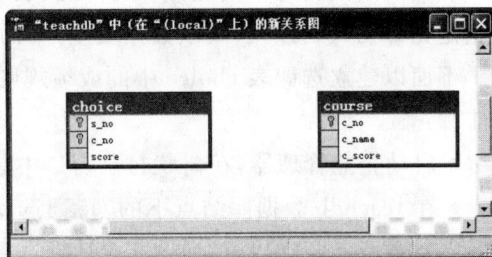

图 3-13　关系图设计窗口中的相关表

● 由于 choice 表中的 c_no 列引用的是 course 表中的 c_no 列,需要在这两个表之间建立外键联系。单击 choice 表中 c_no 列左侧的▨(在 choice 表中主键是 s_no 和 c_no 的组合)选择该列,然后按住鼠标左键拖动到 course 表的对应列(c_no)上。

● 释放鼠标之后,系统会显示"创建关系"对话框,如图 3-14 所示。在该对话框中可以修改关系的名称和进一步约束(与前面在表设计器中创建关系类似)。单击 确定 按钮,即可完成关系的建立。

● 完成后的关系图如图 3-15 所示。在关系图上,关系的主键方由一个钥匙符号表示,关系的外键方由一个链状 ∞ 符号表示。

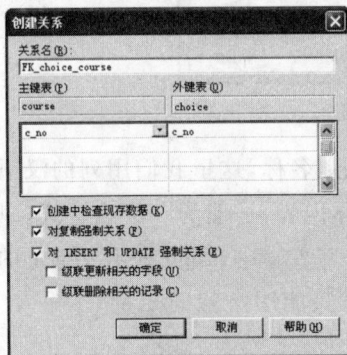

图 3-14　"创建关系"对话框

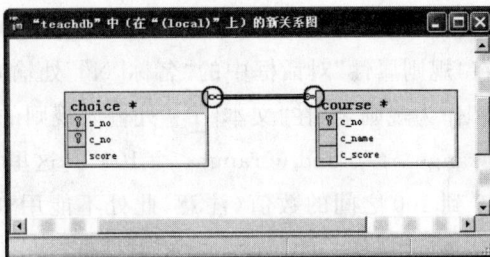

图 3-15　完成后的关系图

● 单击工具栏上的"保存"按钮,保存该关系图,即可完成整个工作(完成关系表的同时即设置了表间的联系)。

提示:在关系图中,已强制关系用实线表示。未强制关系用虚线表示,这种关系的外键约束被禁用。

3.2.3　使用规则对象和默认(值)对象

通过上一节学习可看到,创建数据表的一项重要工作是建立数据约束。在 SQL Server 2000 中还可以使用规则来完成相同的功能。

在介绍创建用户定义数据类型操作时,我们曾提到"规则"这一概念。所谓规则也是

SQL Server 2000 中对输入数据实施完整性约束的手段,它与数据约束特别是检查约束有着相似的功能,但又有其自身的特点。

规则以单独的对象创建,然后绑定到表的列或用户定义数据类型上。当绑定时,规则将指定允许插入到该列(或该数据类型)中的可接收的值。

下面以建立选课表 choice 中的成绩规则为例,介绍在企业管理器中定义规则的方法和步骤:

● 启动企业管理器,在树状目录窗口中,展开教学数据库 teachdb。

● 在 teachdb 数据库结点下的 规则 选项上单击鼠标右键,在弹出的快捷菜单中选择 新建规则(R)... 命令,出现"规则属性"对话框,如图 3-16 所示。

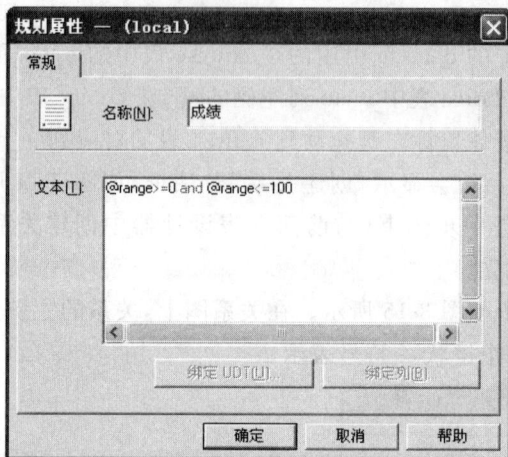

图 3-16 建立规则

● 在"规则属性"对话框中的"名称[N]"处输入规则名称,这里我们用列的汉语含义,即"成绩"作为规则名,在"文本[T]"处输入规则的具体内容,一般为一个表达式。如本处输入"@range>=0 and @range<=100"。这里用局部变量@range 表示要绑定的对象,只接收 0 到 100 之间的数值(注意,此处不能用列名,只能用类似的变量)。输入完成之后,单击 确定 按钮关闭"规则属性"对话框。

● 规则对象定义完成之后,还要对其进行绑定。在企业管理器中,选择 teachdb 数据库结点下的 规则 选项,此时在右侧的项目窗口中可以看到新建的规则。在该规则上单击鼠标右键,在弹出的快捷菜单中选择 属性(R) 命令,再次出现"规则属性"对话框,如图 3-16 所示,只是此时两个绑定按钮不再是灰色。

● 单击右边的 绑定列(B)... 按钮,出现"将规则绑定到列"对话框,如图 3-17 所示。在该对话框的"表[T]"下拉列表框中选择"[dbo].[choice]"(选择选课表),在其下面左边的"未绑定的列[U]"列表框中选择 score 列,单击 添加(D)>> 按钮将 score 列添加到"绑定列[B]"列表框中。若有需要,可重复添加需要绑定的数据列。最后单击 确定 按钮即完成规则的定义。

注意:单击图 3-16 左边的 绑定 UDT(U)... 按钮,可以将规则绑定到用户自定义数据类型。

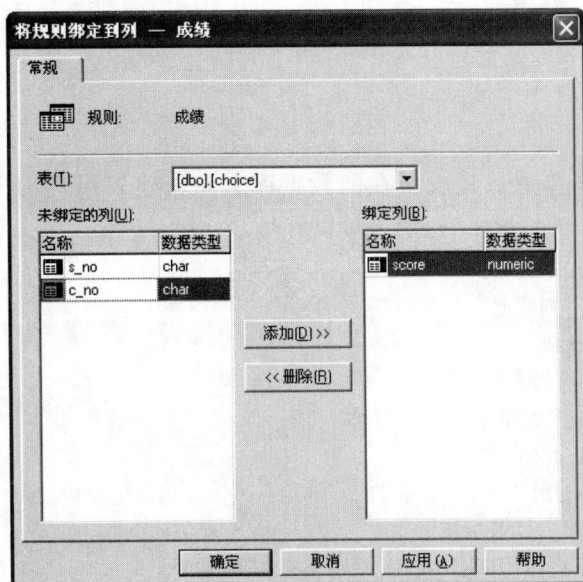

图 3-17 绑定数据列

需要指出的是,规则是一个 SQL Server 2000 向前兼容的功能,用于执行一些与 CHECK(检查)约束相同的功能。检查约束是对表中列的值进行限制的首选标准方法。因为检查约束比规则更直接简明,且一个列上可以应用多个 CHECK(检查)约束。但每个列或用户定义数据类型只能有一个绑定的规则。

一个列可同时具有规则和多个与其关联的检查约束。在这种情况下,将检查所有的限制。

除了规则对象之外,SQL Server 2000 中还有一个默认(值)对象,用于提供一个常量、函数或表达式,然后可将其绑定到列或用户定义数据类型上。其操作与规则对象类似。这也是一个 SQL Server 2000 向前兼容的功能。实际使用中,一般都是在定义字段的时候,在字段的附加属性中设置默认值。

3.2.4 用 Transact-SQL 语句创建数据表

用 Transact-SQL 语句创建数据表比使用企业管理器更加直接、有效。实际的应用系统中,常常是在程序中使用 CREATE TABLE 语句创建数据表。这样在系统移植或重建时,通过运行程序,可快速得到同样的数据表结构。

1. 创建数据表的 Transact-SQL 语句

在 Transact-SQL 中,创建数据表使用 CREATE TABLE 语句。

● 功能

创建指定的数据表。使用该语句可以完成企业管理器中的所有建表操作。

● 简要语法

CREATE TABLE

[数据库名.[所有者.]| 所有者.] 表名

({<列定义> [,...n]}

[,<表约束>]

)

其中：

数据库名和所有者是新建表所在的数据库名和创建表用户的 ID 号（一般默认为 dbo）。在指定数据库的情况下，这两项可以省略。

<列定义>的格式如下：

{列名 列数据类型 [列宽度]}

　[DEFAULT 默认值]

　[<列约束>] [,...n]

<列约束>的格式如下：

[CONSTRAINT 约束名]

{[NULL | NOT NULL]

　|[PRIMARY KEY | UNIQUE]

　|[[FOREIGN KEY] REFERENCES 参照表 [(参照列)]]

　| CHECK (约束逻辑表达式)

}

<表约束>的格式如下：

[CONSTRAINT 约束名]

{[PRIMARY KEY(列名称)]|[UNIQUE(列名称)]

　|[[FOREIGN KEY(列名称)] REFERENCES 参照表[(参照列)]]

　| CHECK (约束逻辑表达式)

}

由列约束和表约束的格式来看，它们的功能是基本相同的。区别是列约束在定义完指定列后直接定义，而表约束是在定义完所有列之后定义，可以适用于表中一个以上的列。一般情况下，对于单列的约束使用列约束定义比较简明，但对牵涉多列的约束（如多列主键、外键），应该使用表约束定义。

列约束和表约束中的"CONSTRAINT"约束名均可以省略，但如果使用的话，约束名在数据库内必须是唯一的。

2. 用 CREATE TABLE 语句创建数据表

根据上面介绍的 CREATE TABLE 语法，就可以方便地编写 Transact-SQL 命令创建用户数据表。下面仍然以创建 teachdb 数据库的学生数据表 student（参照表 3.1）为例，介绍相应的命令及其操作，然后再举几个实例介绍 CREATE TABLE 语句的使用。

● 启动查询分析器。

● 在"查询"窗口中输入以下语句，如图 3-18 所示。

● 输入以上语句后，按下 F5 功能键或单击工具栏上的"执行查询"按钮 ▶，执行查询语句，系统就会创建 student 数据表。在对象浏览器中，展开 teachdb 数据库就会看到建立的 student 表。

注意：在列定义时，同一列的列名、数据类型和约束之间用空格分隔，各列之间要用逗号分隔。另外，图 3-18 中的 / *……* /部分为注释内容。

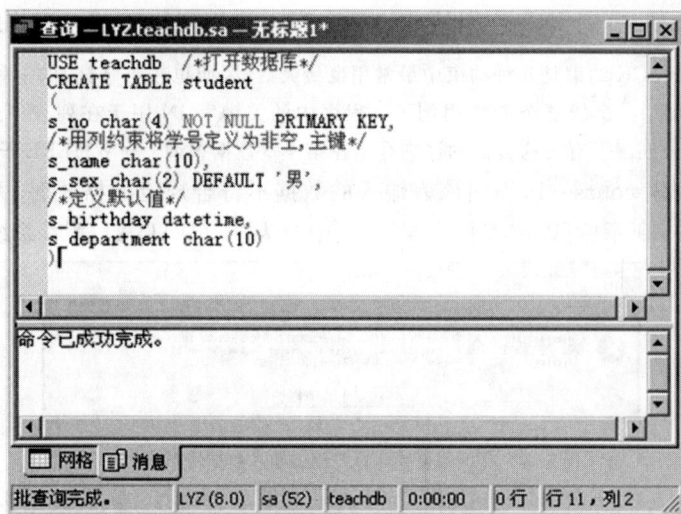

图 3-18 用 CREATE TABLE 语句创建数据表

【例 3.1】 用 CREATE TABLE 语句创建课程表 course(参照表 3.2)。

程序如下:

```
USE teachdb        /*打开数据库*/
CREATE TABLE course
( c_no char (4) NOT NULL PRIMARY KEY,     /*用列约束将课程号定义为非空,主键*/
  c_name char (10),      /*允许为空,NULL 可省略*/
  c_score tinyint CHECK(c_score>=0 and c_score<=5)     /*给列添加检查约束*/
)
```

在查询分析器中输入以上语句,按 F5 功能键或单击工具栏上的"执行查询"按钮 ▶ ,系统就创建了 course 表。

现对本题做些修改,用 CREATE TABLE 语句创建课程表 course_1,参照表 3.2,但要求将 c_no(课程号)改为标识字段(smallint 类型),c_score(学分)只能为整数 1、2 或 4。c_name(课程名)中的数据规定为如下格式:"B-(××××××)"或"Z-(××××××)",其中 B 表示本科课程,Z 表示专科课程,括号内为具体课程名称,规定为 6 个字符。

程序如下:

```
USE teachdb
CREATE TABLE course_1
( c_no smallint IDENTITY(111,1)PRIMARY KEY,
  c_name char(10),
  c_score tinyint CHECK(c_score IN (1,2,4)),     /*定义 CHECK 约束,学分只能为 1、2、4*/
  CONSTRAINT ck_course CHECK(c_name LIKE 'B-(_ _ _ _ _ _)'
     OR c_name LIKE 'Z-(_ _ _ _ _ _)')     /*表约束,约束课程名的输入格式*/
)
```

上面语句中用关键字 IDENTITY 指示该列为标识列,IDENTITY 后面的括号内分别为标识种子(装入表的第一行所使用的值)和标识递增量(前一行标识值的增量值),必须同时指定种子和增量,或者二者都不指定。如果二者都未指定,则取默认值 (1,1)。

对后面两个列,分别创建了 CHECK 约束,前一个用列约束,后一个用表约束形式。

🐟**注意**:CHECK 约束是几种约束中最常用也最灵活(因而也较难掌握)的一种约束设置。为开阔大家思路,本处特举一个较复杂的使用例子。程序中的关键字 IN 用于在列表中进行匹配,关键字 LIKE 用于字符模式匹配。有关这方面的详细介绍在第 4 章数据查询——WHERE 子句的使用中。

如果创建了表 course_1,当向该表输入的数据不符合规定的格式时,系统将拒绝接收并报错,如图 3-19 所示(可以试着将 c_name 列中改为"B_(WAI_YU)"看系统能否接收)。

图 3-19 不满足 CHECK 约束的输入数据使系统报错

【例 3.2】 用 CREATE TABLE 语句创建选课表 choice(参照表 3.3)。
程序如下:

```
USE teachdb
CREATE TABLE choice
( s_no char(4) NOT NULL,
  c_no char(4) NOT NULL,
  score decimal CHECK(score>=0 and score<=100),        /* 定义 CHECK 约束 */
  CONSTRAINT pk_choice PRIMARY KEY(s_no,c_no),
  /* 用表约束创建多列主键 */
  CONSTRAINT fk_choice_student FOREIGN KEY(s_no) REFERENCES student(s_no),
  /* 用表约束创建外键 */
  CONSTRAINT fk_choice_course FOREIGN KEY(c_no) REFERENCES course(c_no)
  /* 用表约束创建外键 */
)
```

🐟**注意**:由于本例的主键约束和外键约束都牵涉到多个列,所以将它们作为表约束创建。另外,对 score 字段的小数数据类型,采用默认的精度和小数位数。

当然,我们也可以将本例中的外键约束作为列约束处理,请看以下程序:

```
USE teachdb
CREATE TABLE choice_1
( s_no char(4) NOT NULL FOREIGN KEY REFERENCES student(s_no),
  /* 用列约束创建外键 */
  c_no char(4) NOT NULL FOREIGN KEY REFERENCES course(c_no),
  /* 用列约束创建外键 */
  score decimal(7,2) CHECK(score>=0 and score<=100),
  /* 定义 CHECK 约束,且小数类型的精度为 7,小数位数为 2 */
  CONSTRAINT pk_choice_1 PRIMARY KEY (s_no,c_no)
  /* 用表约束创建多列主键 */
)
```

🐟**注意**:为了不造成新建表名和约束名与系统已经存在的表名和约束名(pk_choice)冲突,本处修改了原程序的表名(choice_1)和约束名(pk_choice_1)。

根据以上两例，我们不难创建教学数据库中的其他表。

CREATE TABLE 语句的语法格式比较复杂，这里只介绍了简单的语法和几个例子。详细的语法和参数说明，请参照联机丛书的语句介绍(在"索引"标签下，输入"CREATE TABLE"关键字即可)。

3.3 对数据表的操作

数据表创建后仅是一个空的结构，需要向其中添加数据。另外，数据表的修改与删除是管理和维护数据库时常要做的工作。当需要增加表中列或删除某列时，或需要为表添加约束或修改约束时，都要修改表的结构；当表不再需要时，可以删除表。

3.3.1 修改数据表

数据表的修改一般包括结构修改和记录修改两种操作。记录修改一般包括记录内容的修改或记录的插入、删除，我们将在稍后讨论。

结构修改一般包括：

- 添加、修改、删除列。例如，列的名称、长度、数据类型、精度、小数位数以及为空性等均可进行修改；

- 添加或删除约束。例如，PRIMARY KEY(主键)和 FOREIGN KEY(外键)约束、UNIQUE(唯一性)、CHECK(检查)约束及 DEFAULT(默认值)定义等。

修改数据表结构的操作既可以在企业管理器中进行，也可以在查询分析器中用 Transact-SQL 语句完成。

1. 在企业管理器中修改数据表的结构

在企业管理器中修改表结构与创建数据表的操作类似。下面介绍具体的操作。

- 启动企业管理器，在左侧的树状目录窗口中展开指定的数据库结点(如 teachdb 数据库)，并且单击其下的圈 表项。

- 在右侧的项目窗口中，选择指定的表(如学生表 student)，然后单击鼠标右键，在弹出的快捷菜单中选择 设计表(S) 命令，此时会打开表设计器窗口(如图 3-4 所示)。

- 若要添加一列，只需在表下方的空行处输入相应的定义即可。

- 若要删除一列，只需选择指定的列定义(鼠标单击行首处的灰色游标块即可选中一个列，按住 Ctrl 键后单击可以选择多个不相邻的列，拖拽鼠标可以选择多个相邻的列)，然后按键盘上的 Delete 键。

- 若要修改列的名称、类型和宽度等，单击相应的表格单元，然后进行修改。

- 若要修改表的主键，可采用与设置主键相同的操作方法。

- 若要修改其他属性(如外键、CHECK 约束等)，可以在表设计器中单击右键，在弹出的快捷菜单上选择 属性(R) 命令，系统会显示"属性"对话框，如图 3-20 所示。然后在对话框中选择需要的标签，再进行相应的修改即可。其操作与定义相应内容时类似。

- 修改完成之后，单击工具栏上的"保存"按钮圄，将所做修改进行保存。

2. 用 Transact-SQL 语句修改数据表结构

在查询分析器中,使用 Transact-SQL 中的 ALTER TABLE 语句可以修改数据表的结构。

● 功能

更改、添加、删除数据表中的列和约束,也可以通过启用或禁用约束和触发器来更改表的定义。

● 简要语法

ALTER TABLE 表名

{〔ALTER COLUMN 列名 {〔<新数据类型>〕〔NULL | NOT NULL}〕〕(修改列定义)

| ADD{<列定义>[,...n]} (增加列定义)

|〔CONSTRAINT 约束名〕<约束定义>

| DROP { COLUMN 列名 [,...n]} (删除列定义)

|〔CONSTRAINT〕约束名

| { CHECK | NOCHECK } CONSTRAINT { 约束名 | ALL }

}

其中:

<列定义>与 CREATE TABLE 语句中的<列定义>内容相同。

NOCHECK 子句可使原已定义的约束无效,CHECK 子句使之重新有效。

注意:如果更改列的数据类型,要更改列的新数据类型应符合下列准则:原来的数据类型必须可以隐式转换为新数据类型且不能为 timestamp 类型。

详细的语法和参数说明请参照联机丛书中的语句介绍(在"索引"标签下,输入"AL-TER TABLE"关键字即可)。

下面通过举例说明 ALTER TABLE 语句的使用(各例语句前均省略语句(USE teachdb)。

【例 3.3】 在课程数据表(course)中添加一列:列名为 c_period(学时)、数据类型为 smallint 并且允许为空。

可使用语句:

ALTER TABLE course

ADD c_period smallint NULL   / * 增加新列 * /

【例 3.4】 课程表 course 已经创建,但是没有设主键,请将课程号(c_no)设置为主键。

可使用语句:

ALTER TABLE course

ADD PRIMARY KEY(c_no)   / * 增设主键 * /

注意:增设主键时,一定要将主键列放在括号中。

【例 3.5】 将课程表 course 中新添加的学时列"c_period"删除。

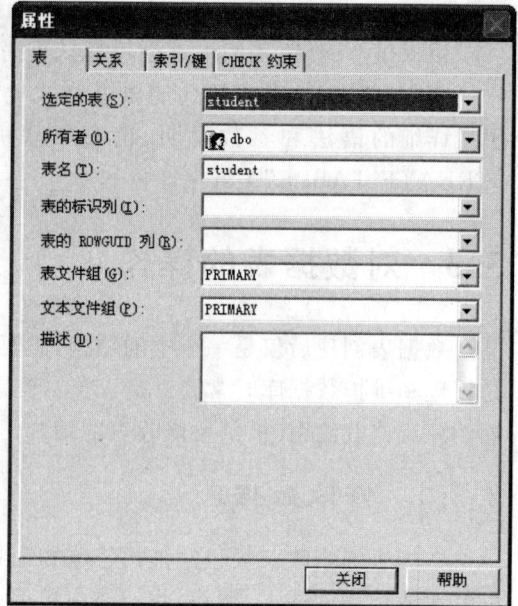

图 3-20 "属性"对话框

可使用语句:

ALTER TABLE course

DROP COLUMN c_period   / * 删除列 * /

【例3.6】 将课程表 course 中课程名列(c_name)的宽度由 10 改为 16。

可使用语句:

ALTER TABLE course

ALTER COLUMN c_name char(16)   / * 更改列宽 * /

【例3.7】 对课程表 course 中课程名列(c_name)增加一默认值"暂未定"。

可使用语句:

ALTER TABLE course

ADD DEFAULT '暂未定' FOR c_name

【例3.8】 修改表 course_1(见例 3.1),使其中的 ck_course 约束无效(但不删除)。

可使用语句:

ALTER TABLE course_1

NOCHECK CONSTRAINT ck_course

该语句执行后,再向 course_1 表输入不满足 ck_course 约束(即例 3.1 中规定的输入格式)的数据时,系统将不再报错。

为了使约束重新有效,可使用如下命令再次修改表:

ALTER TABLE course_1

CHECK CONSTRAINT ck_course

3.3.2 删除数据表

如果一个数据表不再具有使用价值,可以将此表删除。在企业管理器和查询分析器中都可以完成删除数据表的操作。

1. 在企业管理器中删除表

● 启动企业管理器,在树状目录窗口中展开数据库结点,如教学数据库 teachdb,然后单击 表 项目。

● 在右侧的项目窗口中,选择指定的数据表,如学生表 student,然后按 Delete 键(也可以在选定表上单击右键,在弹出的快捷菜单中选择 删除(D) 命令)。此时系统会显示"除去对象"对话框,如图 3-21 所示。

● 如果确定数据表已不再需要,在"除去对象"对话框中单击 全部除去(D) 按钮即可。

● 如果要删除通过外键和主键(或唯一性)约束相关的表,必须首先删除具有外键约束的表。单击 显示相关性(S)... 按钮会打开"相

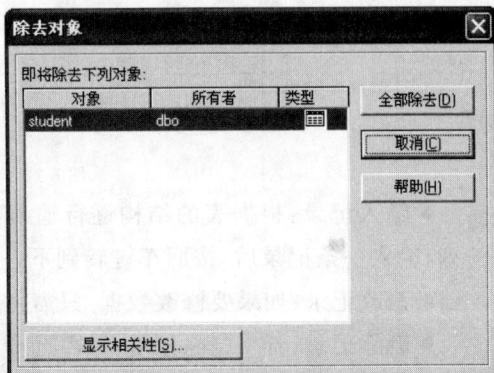

图 3-21 "除去对象"对话框

关性"对话框,从中可以查看该表的相关性信息。

注意:删除表时,表的结构定义、数据、约束和索引等都将永久地从数据库中删除。执行删除之后,就不能恢复已删除的表。所以执行删除操作一定要慎重。

2. 用 Transact-SQL 语句删除数据表

在查询分析器中可以用 DROP TABLE 语句删除数据表。

● 功能

删除表定义及该表的所有数据、索引、触发器、约束和权限规范。

● 语法

DROP TABLE 表名

如果要删除多个表,表名之间用逗号分隔。

【例 3.9】 删除数据库 teachdb 中的表 course_1(由例 3.1 创建)。

代码如下:

```
USE teachdb
DROP TABLE course_1
```

3.3.3 更新表中数据

数据表创建后,可以向表中输入数据,也可以修改或删除表内的数据。这些操作既可在企业管理器中直接进行,也可使用 Transact-SQL 语句完成。SQL Server 提供了 IN-SERT、UPDATE 和 DELETE 语句用于向数据表插入、修改和删除记录。

1. 在企业管理器中操作数据表数据

在企业管理器中对表中数据进行插入、删除和修改等操作非常简单,只需在系统提供的表格中直接操作即可。下面介绍其操作方法:

● 打开企业管理器。在树状目录窗口下,展开对应数据库,选择 表 结点。例如,这里展开教学数据库 teachdb,并单击其 表 结点。

● 在右侧的项目窗口中,选择指定的表,这里选学生表 student。

● 在选择的数据表上单击右键,在弹出的快捷菜单中选择 打开表(O) ▶ 中的 返回所有行(A) 命令,出现表格窗口显示该表的全部记录,如图 3-22 所示。

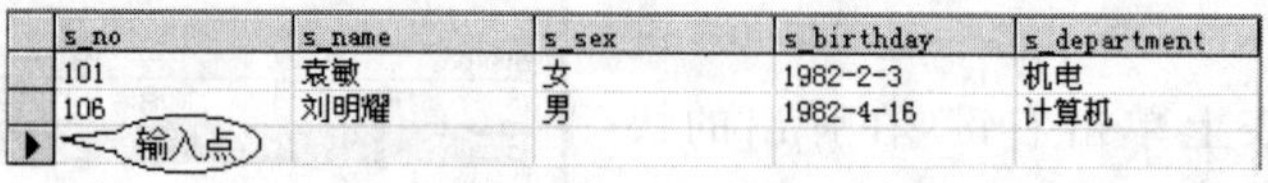

s_no	s_name	s_sex	s_birthday	s_department
101	袁敏	女	1982-2-3	机电
106	刘明耀	男	1982-4-16	计算机
▶ 输入点				

图 3-22　向表中输入数据

● 输入记录:根据表的结构逐行输入数据。输入一列,按 Tab 键或回车键转移到下一列;输入一条记录后,按回车键转到下一行。直到输入完毕。

● 修改记录:如果要修改数据,只需将光标定位于要修改的位置,直接修改即可。

● 删除记录:若要删除记录,只需选择指定记录(用鼠标单击行首处的灰色游标块即可选中一条记录;按住 Ctrl 键后单击,可以选择多个不相邻的记录;按住鼠标拖拽可以选择多个相邻的记录),然后按 Delete 键。此时,系统会显示提示框,单击 是(Y) 按钮确认,就可完成删除操作。

提示：也可以在查询分析器的对象浏览器窗口中插入、修改和删除数据表数据。

2. 用 Transact-SQL 语句向数据表添加记录

虽然用企业管理器插入记录比较简单，但在实际的应用中，很多时候都是在程序中使用 INSERT 语句向数据表插入记录。下面介绍该语句的使用。

● 功能

向指定数据表（或视图）中添加记录。

● 语法

INSERT［INTO］〈表名|视图名〉

{［(列清单)］　{VALUES({DEFAULT|NULL|表达式}[,...n]（值列表))|<查询>}}

其中：

列清单是插入数据的列名清单，各列名间要用逗号分隔。值列表是对应列清单各列的值，各个值间也要用逗号分隔。两者相对应。在值列表中的字符类型和日期时间类型数据要用单引号引起来。列清单是可选项，如果省略列清单，表示向所有列按顺序添加数据。关键字 INTO 也可以省略。

在 VALUES 后面的值有多种形式，DEFAULT 表示使用列定义的默认值，NULL 表示空值，表达式是一个常量、变量或由它们用运算符或函数组合的式子（表达式不能包含 SELECT或 EXECUTE 语句）。

VALUES 后的<查询>是由 SELECT 语句构成的对表或视图查询所得的数据，根据查询结果插入数据的内容将在第 4 章作介绍。

用 INSERT 语句向数据表中插入记录的具体操作过程是：

● 启动查询分析器。

● 在"查询"窗口中输入相应的 INSERT 语句（之前要用 USE 语句打开数据库），如图 3-23 所示。

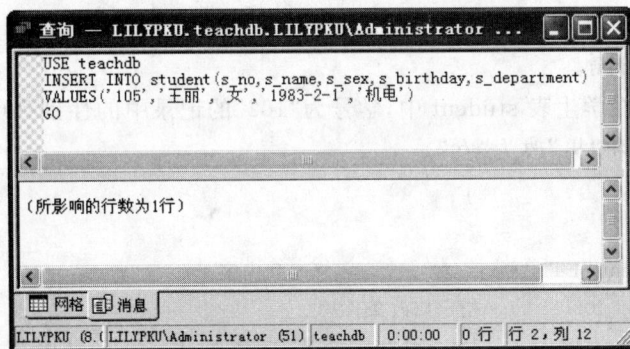

```
查询 — LILYPKU.teachdb.LILYPKU\Administrator ...
USE teachdb
INSERT INTO student(s_no,s_name,s_sex,s_birthday,s_department)
VALUES('105','王丽','女','1983-2-1','机电')
GO

（所影响的行数为1行）

网格  消息
LILYPKU (8.(LILYPKU\Administrator (51) teachdb  0:00:00  0行  行 2，列 12
```

图 3-23　用 INSERT 语句插入记录

● 按下 F5 功能键或单击工具栏上的"执行查询"按钮 ▶，执行查询语句，系统就会向相应的数据表插入一条新记录。

【例 3.10】　向学生表 student 插入一条记录。

学号：1058，姓名：周力，性别：男，出生日期：1950 年 3 月 20 日，所在系数据暂无。

程序清单如下：

```
USE teachdb
INSERT student(s_no,s_name,s_birthday)
VALUES ('1058','周力','1950-3-20')
```

说明：由于 student 表性别字段的默认值为"男"，所以不需在语句中给出。另外，表中所在系（s_department）字段允许为空，所以语句中也不出现。在本例中还省略了关键字 INTO。

【例 3.11】 将职工号为"0511"，姓名为"张大维"，性别为"男"，职称为"副教授"的一条教师记录添加到教师表 teacher 中。

程序清单如下：

```
USE teachdb
INSERT INTO teacher
VALUES ('0511','张大维',default,'副教授')
```

说明：本例中因为向所有字段按顺序添加数据，所以省略了列清单。由于 teacher 表性别字段的默认值为"男"，所以用 default 表示该列取默认值。

3. 用 Transact-SQL 语句修改和删除记录

相对于企业管理器来说，Transact-SQL 语句的功能更加强大，我们可以在语句中指定条件来修改数据表记录，实现批量修改。也可以指定条件批量删除表中记录。

（1）记录的修改

在 Transact-SQL 中用于修改记录的是 UPDATE 语句。

● 功能

更改表或视图中现有的数据。可以指定条件批量修改。

● 语法

```
UPDATE {表名|视图名}
SET {列名＝{表达式|DEFAULT|NULL}[,...n]}
[WHERE<条件>]
```

其中：<条件>为更新记录所满足的条件，由逻辑表达式构成。当要修改多列时，各列之间要用逗号分隔。

【例 3.12】 在学生表 student 中，学号为"102"的记录中的性别列（s_sex）输入错误，现在要求改正（即将"男"改为"女"）。

代码如下：

```
USE teachdb
UPDATE student SET s_sex='女'      /＊修改列内容＊/
WHERE s_no='102'    /＊指定修改条件＊/
```

【例 3.13】 在数据库 teachdb 中有一个职工工资表 salary，其中包括工资（t_salary）、职称（t_duty）等列，现要求将所有职称为"副教授"的职工的工资增加 100 元。这里指定用 WHERE 条件实现批量修改。

代码如下：

```
USE teachdb
UPDATE salary SET t_salary＝t_salary＋100
```

WHERE t_duty=′副教授′

🐾提示：有关 WHERE＜条件＞，将在第 4 章详细讨论。如果不指定 WHERE＜条件＞，将更新表中所有记录。

（2）记录的删除

在 Transact-SQL 中用于删除记录的是 DELETE 语句。

● 功能

从表或视图中删除指定记录。可以指定条件批量删除。

● 语法

DELETE [FROM]{ 表名|视图名}[WHERE＜条件＞]

其中：＜条件＞是删除记录时指定的条件，由逻辑表达式构成。关键字 FROM 可以省略。

【例 3.14】　删除学生表 student 中学号为"102"的记录。

代码如下：

```
USE teachdb
DELETE FROM student
WHERE s_no=′102′      /＊删除符合条件的记录＊/
```

【例 3.15】　删除学生表 student 中的所有记录。

代码如下：

```
USE teachdb
DELETE student        /＊删除所有记录＊/
```

🐾说明：省略条件即表示要删除所有记录。另外，本例省略了 FROM 关键字。

3.4　索　引

3.4.1　索引概述

数据表建立后的一项重要工作是创建索引。数据库的索引与书籍的目录类似，如果想在一本书中快速查找所需的信息，可以利用目录快速定位，无须整本书逐页翻阅。类似地，在数据库中，如果想在某个表中快速查找满足条件的记录，可以创建索引。索引使数据库程序无须对整个表进行扫描，就可以快速找到所需数据。

1. SQL Server 2000 索引的特点

索引是为加速数据检索而建立且针对一个表而存在的存储结构。在 SQL Server 2000 中，索引由索引页面组成，索引页面不同于存放表的数据页面，在索引页面中包含了数据表中一列或者若干列值的集合，以及这些值的记录在数据表中存储的物理地址。通过它们可以快速检索到表中的数据。

当 SQL Server 进行数据查询时，查询优化器会自动计算现有的几种查询方案，看哪种方案的开销最小，速度最快，SQL Server 就按照该方案查询。如果没有建立索引，在数据库表中查询符合某种条件的记录时，系统将会从第一条记录开始，对表中的所有记录逐行进行扫描,这将花费较长的时间。但如果有索引存在,就可以通过索引快速地找到查询的结果。因为索引是有序排列的,所以,可以通过高效的有序查找算法(如折半查找等)找到索引项,再根据索引项中记录的物理地址,直接找到查询结果的存储位置。

除此之外,在 SQL Server 中,通过创建唯一索引,还可以保证表中数据不重复。所以,索引也是实施数据完整性必不可少的手段。

值得指出的是,虽然索引具有很多优点,但也需花费一定的代价。例如,创建索引要花费一定时间并占用存储空间。此外索引虽然加快了数据检索速度,但也减慢了数据更新时间。因为当执行数据插入、修改或删除操作的同时,也需要对索引中的信息进行更新维护,这样势必增加系统开销。所以,在一个应用系统中,索引也不是越多越好。对那些很少用作查询条件的列,不需创建索引。此外,如果一个列只有很少数据取值范围(如性别字段),在这样的列上创建索引也意义不大。

2. 聚集索引和非聚集索引

SQL Server 2000 中,按照存储结构的不同,可以将索引分为聚集索引和非聚集索引。

(1)聚集索引

聚集索引对表在物理数据页中的数据按索引列进行排序,然后再重新存储到磁盘上。即数据的实际存储按索引列值的大小顺序安排。由于表中的数据行只能以一种排序方式存储在磁盘上,所以一个表只能有一个聚集索引。

图 3-24 为聚集索引的示意图(图中仅列出表示索引键值的字母)。由图可知,聚集索引文件含有索引页和实际数据页,数据页组成聚集索引的最底层(叶子节点),且数据已按键值的大小排列。索引页由根结点逐级指向下层的分支结点(可以有多层)。最后一层指向叶子结点——也就到达了实际数据页。

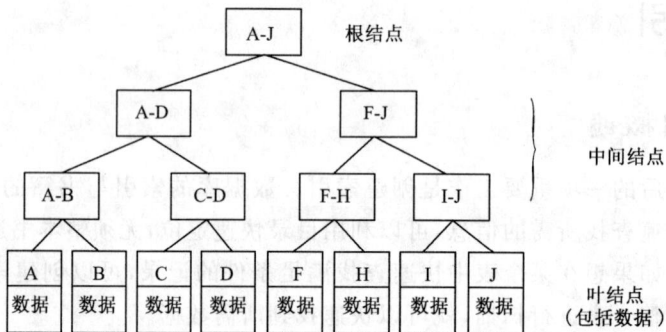

图 3-24　聚集索引示意图

聚集索引对表中的实际数据进行排序,因此用聚集索引查找数据很快。但由于聚集索引需要将表的所有数据完全重新排列,所需要的空间也就特别大。创建聚集索引要求数据库中的可用空间大约为数据大小的 1.2 倍。该空间不包括现有表占用的空间。

聚集索引一般创建在表中经常搜索的列或者按顺序访问的列上。创建聚集索引时应该考虑以下几个因素:

● 每个表只能有一个聚集索引。

- 表中记录的物理顺序和索引中行的物理顺序是相同的。

- 创建任何非聚集索引之前要首先创建聚集索引,因为聚集索引改变了表中行的物理顺序。

- 关键值的唯一性使用 UNIQUE 关键字或者由内部的唯一标识符明确维护。

- 在聚集索引的创建过程中,SQL Server 临时使用当前数据库的磁盘空间,所以要保证有足够的空间创建聚集索引。

（2）非聚集索引

非聚集索引具有完全独立于数据行的结构,使用非聚集索引不会影响数据表中记录的实际存储顺序。

非聚集索引中存储了组成索引的关键字值和行指针。它将行指针按关键字的值用一定的方式排序,这个顺序与表的行在数据页中的排列并不一致。

图 3-25 为非聚集索引的示意图（图中仅列出表示索引键值的字母）。由图可知,与聚集索引不同的是非聚集索引的叶子结点不包含实际数据,仅含有行指针（行 ID）指向实际数据存储位置。所以按索引结构从根结点查到叶子结点的行 ID 后,只需根据其地址就可读取实际数据行。

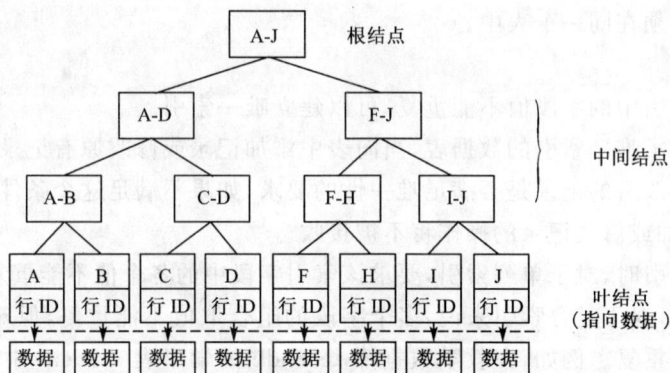

图 3-25　非聚集索引示意图

注意:如果数据表上已经存在聚集索引,则非聚集索引的叶子结点中存放聚集索引的键值作为行定位器,根据该键值就可定位对应的聚集索引叶子结点,从而找到实际数据。由此可知,删除聚集索引会导致所有的非聚集索引被重建,因为需要用行指针来替换聚集索引键。如果再重建聚集索引,那么非聚集索引又会重建一次,以便用聚集索引键来替换行指针。

可以拿生活中的事例来理解聚集索引和非聚集索引的概念。一本汉语字典中的字是按读音字母顺序（A－Z）排列的,但同时又有一个按偏旁笔画建立的索引,因为这是读者查找信息的两种最常用的方法。有些书籍还包含多个索引。类似地,在 SQL Server 数据库中,除了建立按实际数据大小关系存储的聚集索引外,可以为在表中查找数据常用的列创建非聚集索引,并且可以创建多个（每个表最多可创建 249 个非聚集索引）。

为一个表创建索引,在默认情况下都是非聚集索引。在一个列上设置唯一性约束时,系统也将自动在该列上创建非聚集索引。

由于非聚集索引使用索引页存储,因此比聚集索引需要较少的存储空间,但检索效率比聚集索引低。由于一个表只能创建一个聚集索引,却最多可创建 249 个非聚集索引,当需要建立多个索引时,就只能使用非聚集索引了。此外在下列情况下可以考虑使用非聚集索引:

- 表中含有大量唯一值的字段。例如姓名列。
- 返回很小的或者单行结果的检索。返回大量结果的查询的列不太适合非聚集索引。
- 使用 ORDER BY 子句的查询。

3. 单列索引和复合索引

如果创建的索引只针对表中一列,称为单列索引。如果需要对多个字段的组合创建索引,即一个索引中含有多个字段,可以建立复合索引。多个字段的前后顺序决定复合索引中数据的排列关系。

例如,在教学数据库 teachdb 的选课表 choice 中,根据学号创建的索引为单列索引,根据课程号和成绩的组合创建的索引为复合索引。在该复合索引中,首先按课程号次序排序,在课程号相同的情况下(即同一门课程),再按成绩的大小排序。

在 SQL Server 2000 中,一个复合索引中最多可以有 16 个字段组合,并且复合索引中的所有字段必须在同一个表中。

4. 唯一索引

如果要求索引中的字段值不能重复,可以建立唯一索引。

对于已建立了唯一索引的数据表,当向表中添加记录或修改原有记录时,系统将检查添加的记录或修改后的记录是否满足唯一性的要求,如果不满足这个条件,系统会给出提示信息,此次添加或修改记录的操作将不被接收。

创建唯一索引时,对于单列索引,要求该索引字段中的各个值不能重复。复合索引也可以是唯一索引,对于复合索引来说,多个字段的组合取值不能重复,但对其中某个单独字段的取值可以重复。例如,在教学数据库 teachdb 的学生表 student 中,如果以姓名和所在系的组合建立唯一索引,则该表中允许存在同名的记录,但是不允许出现同名同系的记录。

建立唯一索引的字段最好设置为 NOT NULL,因为两个 NULL 值将被认为是重复的字段值。

3.4.2 填充因子及其作用

在本章后面介绍索引的创建时,将提到"填充因子"这个概念,现简单介绍如下。

在创建聚集索引时,表中的数据按照索引列中的值的大小顺序存储在数据库的数据页中。在表中插入新的数据行或更改索引列中的值时,SQL Server 2000 可能必须重新组织表中的数据存储,以便为新行腾出空间,保持数据的有序存储。

这种情况同样适用于非聚集索引。添加或更改数据时,SQL Server 可能不得不重新组织非聚集索引页中的数据存储。向一个已满的索引页插入新行导致添加一个新页时,SQL Server 把大约一半的行移到新页中以便为要添加的新行腾出空间。这种重组称为页拆分。

页拆分会降低性能并使表中的数据存储产生碎片。为了减少这种情况的发生,创建索引时,可以指定一个填充因子,以便在索引的每个叶级页上留出额外的间隙和保留一定百分比的空间,供将来表的数据存储容量进行扩充,从而减少页拆分的可能性或频率。

填充因子的值是从 0 到 100 的百分比数值,指定在创建索引后对(索引)数据页的填充比例。值为 100 时表示页将填满,所留出的存储空间量最小。只有当不会对数据进行更改时(例如,在只读表中)才会使用此设置。值越小则页上的空闲空间越大,这样可以减少在索引增长过程中对(索引)数据页进行拆分的机会,但需要更多的存储空间。对于那些频繁进行大量数据插入或者删除的表,在建立索引时应该为将来生成的索引数据预留较大的空间,即将填充因子设得较小。否则,索引页会因数据的插入而很快填满,将不得不产生分页,而分页会大大增加系统的开销。但如果设得过小,又会浪费大量的磁盘空间,并降低查询性能。因此,对于此类表通常设一个大约为 10 的填充因子。对数据较少更改、高并发的表,填充因子可以设到 50 以上。

提供填充因子选项是为了对索引性能进行微调。但是,使用 sp_configure 系统存储过程指定的服务器范围的默认填充因子,在大多数情况下都是最佳的选择。只有当在表中根据现有数据创建新索引,并且可以精确预见将来会对这些数据进行哪些更改时,将填充因子选项设置为另一个值才有用。

填充因子只在创建索引时执行。索引创建后,当表中进行数据的添加、删除或更新时,不会保持填充因子。如果试图在数据页上保持额外的空间,则将有悖于使用填充因子的本意,因为随着数据的输入,SQL Server 必须在每个页上进行页拆分,以保持填充因子指定的空闲空间百分比。因此,如果表中的数据进行了较大的变动,添加了新数据,可以填充数据页的空闲空间。在这种情况下,可以重新创建索引,重新指定填充因子,以重新分布数据。

📎**注意**:填充因子的设置只是在索引首次创建时应用。SQL Server 并不会动态保持页上可用空间的指定百分比。

3.4.3 SQL Server 2000 创建索引的方法

在 SQL Server 2000 中,索引可以由系统自动创建,也可以由用户手工创建。

1. 系统自动创建索引

SQL Server 2000 系统在创建表中的其他对象时,可以附带地创建新索引。例如新建表时,在创建主键或唯一性约束的同时就创建了相应的索引。

对数据表中的某个字段设置主键约束时,系统会在该字段上自动创建唯一索引,该索引可以是聚集的,也可以是非聚集的。系统自动创建的索引名也会因为创建主键的场所和方法不同而有所不同。

如果在企业管理器中设置主键,系统会自动创建一个唯一索引,索引名为"PK_表名"。如果在查询分析器中使用 Transact-SQL 语句添加主键约束,也会创建一个唯一索引,但索引名称为"PK_表名_××××××××",其中×表示系统自动生成的数字或英文字母。这个索引可以是聚集的,也可以是非聚集的,取决于在 PRIMARY KEY 后面使用的关键字,如果使用 NONCLUSTERED 关键字,将生成非聚集的唯一索引;如果使用

CLUSTERED关键字,则生成聚集的唯一索引。不使用关键字时,如果此表已存在聚集索引,则生成非聚集的唯一索引,否则生成聚集的唯一索引。

2.用户创建索引

除了系统自动生成的索引外,用户也可以根据实际需要,使用以下几种方法创建索引:

- 利用企业管理器直接创建索引。
- 利用 Transact-SQL 语句中的 CREATE INDEX 命令创建索引。
- 利用企业管理器中的索引向导创建索引。
- 利用企业管理器中的索引优化向导创建索引。

提示:只有表或视图的所有者才能为表创建索引,并且无论表中是否有数据都可以创建索引。只要有特定的权限,用户还可以通过指定的数据库名称,为另一个数据库中的表或视图创建索引。视图是一个虚拟表,关于视图的概念将在后面章节介绍。

3.5 创建和管理索引

3.5.1 使用企业管理器创建和管理索引

1.创建索引

使用企业管理器直接创建索引的操作步骤如下:

- 在企业管理器中,展开指定的服务器和数据库,选择要创建索引的表。这里选择 teachdb 数据库,并右击其中的某个数据表。从弹出的快捷菜单中选择"所有任务"中的"管理索引"命令,出现"管理索引"对话框,如图 3-26 所示。

- 在"管理索引"对话框中,可以选择要处理的数据库和表。显示在"现有索引[E]:"栏中的是对应数据表下已经存在的索引信息。

- 选择 teachdb 数据库中的 student 数据表,然后单击 新建(N) 按钮,出现"新建索引"对话框,如图 3-27 所示。

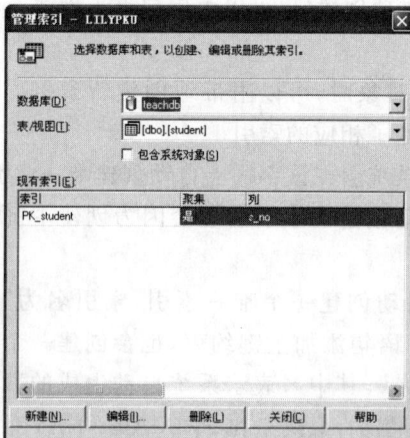

图 3-26 "管理索引"对话框　　　　图 3-27 "新建索引"对话框

● 在"新建索引"对话框中的"索引名称"文本框内输入新建索引的名称,在下面的复选框中选择用于创建索引的字段和排序次序(升序或降序),可以选择多个字段建立复合索引,也可以设定索引的属性,如是否是聚集索引、是否是唯一索引等,还可指定填充因子属性。这里写入索引名称为I_student,选中 s_name 字段前面的复选框,并选中该行"排序次序"列中的复选框,使对姓名中的字符按降序排列。如图 3-27 所示。

● 各相关选项设置完成,单击 确定 按钮,即可生成新的索引。单击 取消 按钮,则取消本次新建索引的操作。

提示:可以在企业管理器中调用"创建索引向导"来创建索引。"创建索引向导"的调用方法与第 2 章介绍的"创建数据库向导"类同。

2. 查看、修改和删除索引

● 在图 3-26 所示的"管理索引"对话框中,在"现有索引[E]"栏中显示当前选择的数据表中已经存在的索引信息,包括索引名称及对应的字段、是否是聚集索引等内容。

● 在该对话框中,选择要查看或者修改的索引,这里选择前面已创建的T_choice1索引(先选择 teachdb 数据库中的 choice 数据表),单击下面的"编辑"按钮,出现"编辑现有索引"对话框,如图 3-28 所示。

● 在该对话框中,可以修改创建索引时的大部分设置。还可以直接修改其 SQL 脚本,只需单击"编辑 SQL"按钮,即可出现"编辑 Transact-SQL 脚本"对话框,在该对话框中可以编辑、分析和执行索引的 Transact-SQL 脚本。

● 在图 3-26 所示的对话框中,选择要删除的索引,单击 删除(L) 按钮,即可删除索引。

3. 更改索引名

企业管理器中修改索引的名称是在表的"属性"对话框中进行的。

在企业管理器中,右击要修改索引名称的表,这里右击 student 表,在弹出的快捷菜单中选择"设计表"选项,打开设计表窗口。在该窗口中,单击工具栏中的"管理索引/键"按钮,打开表的"属性"对话框,从中选择"索引/键"标签,如图 3-29 所示。

在此对话框中,先选定要修改索引名称的索引,然后直接在"索引名"文本框中输入新的索引名称以替换原有的索引名。例如这里从"选定的索引"下拉列表框中选择I_student 索引,并将其名称修改为I_student_1,然后在关闭设计表窗口时保存对表的修改。

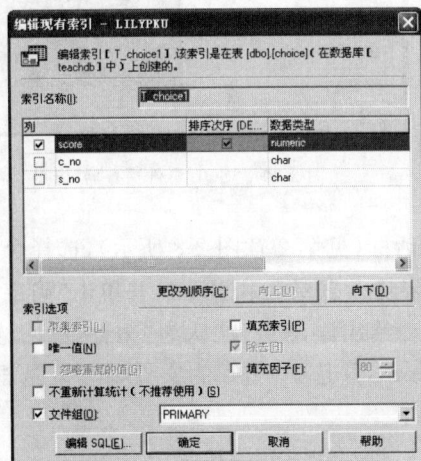

图 3-28 "编辑现有索引"对话框   图 3-29 表的"属性"对话框

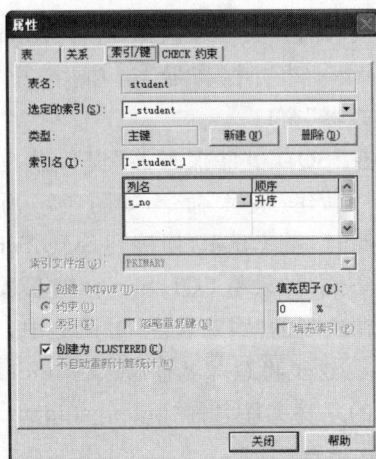

🔔 **提示**：在表的"属性"对话框中，也可以修改、新建或删除索引。

3.5.2　利用索引优化向导优化索引

在 SQL Server 2000 中，索引优化向导使用查询优化器分析工作中的查询任务，向有大量工作负荷的数据库推荐最佳的索引方式，以加快数据库的查询速度，优化整个查询语句的性能。

索引优化向导总是基于一个定义好的负荷。工作负荷来源于 SQL Server 捕捉的轨迹和包含 SQL 语句的文件。索引优化向导的查询优化器使用所有可能的组合评定这个工作负荷中各个查询语句的性能，然后推荐那些可以在整个工作负荷上提高查询语句性能的索引。索引优化向导对工作负荷进行分析后，显示一系列报告，并可以用该向导立即建立推荐的索引，或者将该工作生成一种可以调度的作业，还可以生成一个包含建立该索引的 SQL 语句的文件。

索引优化向导允许为 SQL Server 数据库选择和创建一种理想的索引组合和统计，而不要求用户深入了解数据库结构或 SQL Server 内部的工作情况。归纳起来，索引优化向导可以完成以下几方面工作：

（1）根据给定的工作负荷，通过使用查询优化器分析该工作负荷中的查询，为数据库推荐最佳索引组合。

（2）分析所建议的更改将会产生的影响，包括索引的使用、查询的表之间的分布以及查询在工作负荷中的性能。

（3）推荐为执行一个小型的问题查询集而对数据库进行优化的方法。

（4）设定高级选项，如磁盘空间约束、最大查询语句数和每个索引最多对应字段数等，允许定制推荐方式。

利用索引优化向导创建和优化索引的具体步骤如下：

● 从"开始"菜单中选择"程序/Microsoft SQL Server/事件探查器"选项，打开"SQL 事件探查器"窗口。

● 在"SQL 事件探查器"窗口菜单中选择"文件/新建/跟踪"命令，如图 3-30 所示。

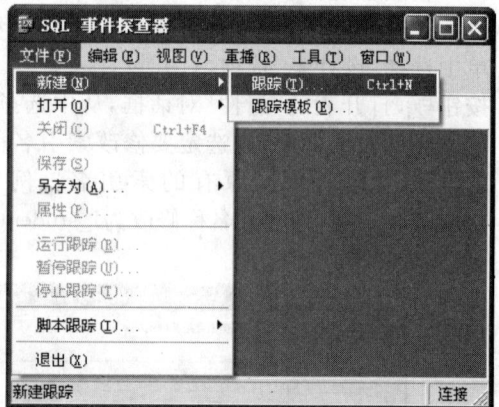

图 3-30　"SQL 事件探查器"窗口

● 此时，系统显示"连接到 SQL Server"对话框（见第 2 章图 2-8 所示），选择合适的身份验证方式（如果是 SQL Server 身份验证，还要输入登录名和口令），并单击"确定"按钮。

● 在出现的"跟踪属性"对话框中，系统自动给出跟踪名，默认为"无标题-1"，如图 3-31 所示。这里将跟踪名称修改为"index_student"，并选中"另存为文件(S)"复选框，输入要创建的跟踪文件名称"index_student. trc"。

🔔 **提示**：SQL Server 事件探查器可从服务器捕获事件。捕获的数据保存在一个跟踪文件中（跟

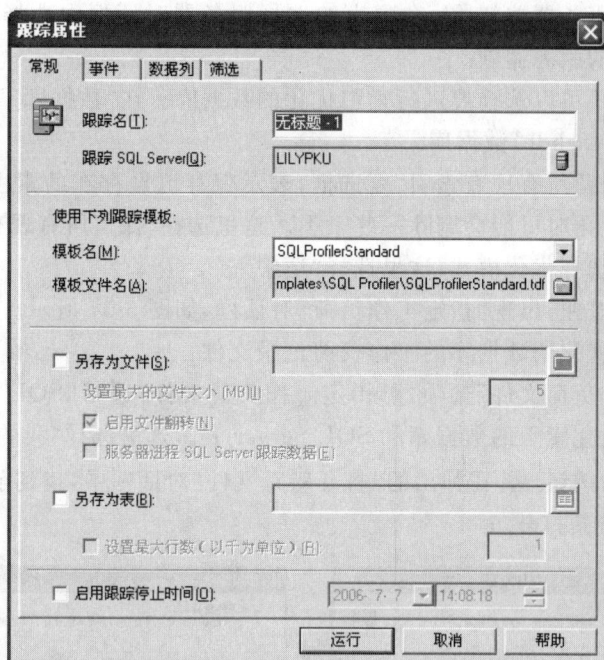

图 3-31 "跟踪属性"对话框

踪文件的扩展名为.trc)。可在以后对该文件进行分析,也可以在试图诊断某个问题时,用它来重播某一系列的步骤。

● 单击"运行"按钮,系统将打开一个新的窗口,在窗口下部的状态栏中出现"跟踪正在运行"提示信息。如图 3-32 所示。

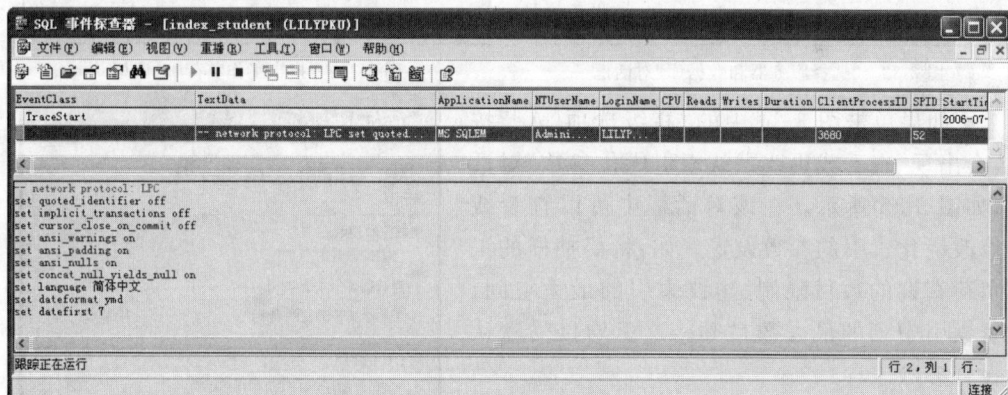

图 3-32 跟踪运行窗口

● 切换到企业管理器窗口。在企业管理器中选中 teachdb 数据库,然后选择工具菜单中的"向导"命令,出现"选择向导"对话框(见第 2 章图 2-6 所示)。单击"管理"选项旁边的加号将"管理"选项展开,选择其中的"索引优化向导"选项。单击"确定"按钮(或双击"索引优化向导"选项),出现"欢迎使用索引优化向导"对话框。

● 单击 下一步(N)> 按钮,出现"选择服务器和数据库"对话框,如图 3-33 所示。

　　可以单击选择服务器按钮▣，在弹出的选择服务器对话框中选择 SQL Server 服务器。这里接受默认的服务器项。

　　在该对话框中还可以选择要进行索引优化的数据库。在"数据库"下拉列表框中选择数据库，这里选择"teachdb"数据库。

　　如果选择了"保留所有现有索引"复选框，表示保存已经存在的索引。如果不选择此选项，在进行索引优化时可能会删除一些索引。这里选择"保留所有现有索引"复选框。

　　在对话框中可选择优化模式，这里选择"适中"。

　　● 单击 下一步(N)> 按钮，出现"指定工作负荷"对话框，如图 3-34 所示。在该对话框中，可以选择要进行索引优化的数据库的工作负荷记录文件。

　　选择"我的工作负荷文件"选项，可指定工作负荷文件；选择"SQL Server 跟踪表"选项，用来选择用于优化索引的数据库和 SQL Server 表。这里选择"我的工作负荷文件"选项，再单击其下方的按钮┉，在弹出的"打开跟踪文件"对话框中，找到前面创建的 index_student. trc 文件，将其打开。

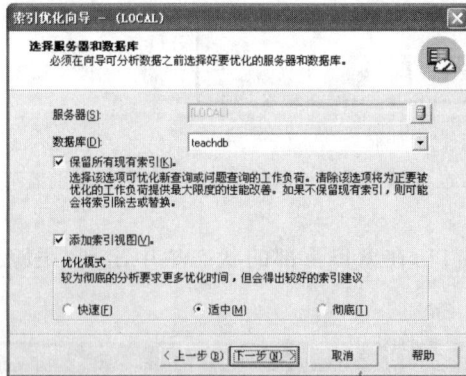

图 3-33　"选择服务器和数据库"对话框　　　　　图 3-34　"指定工作负荷"对话框

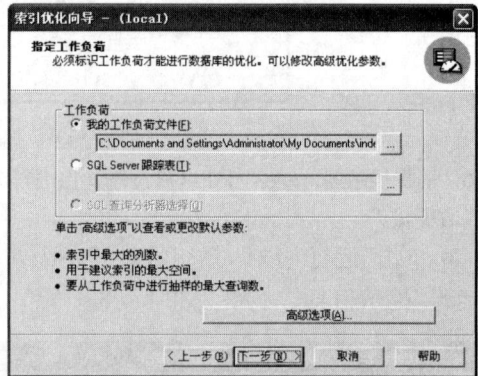

　　● 如果单击图 3-34 中的"高级选项[A]"按钮，会出现"查看或更改默认索引优化参数"对话框，如图 3-35 所示。在该对话框中可以查看或者修改优化索引的参数设置。如：将要抽样的工作负荷查询的数目限制、建议索引的最大空间、设置索引中列的最大数目等。这里均接受默认的设置参数。

　　● 单击 下一步(N)> 按钮，出现"选择要优化的表"对话框，如图 3-36 所示。在该对话框中可以选择需要优化的表，这里选中 student 表前的复选框。

　　● 单击 下一步(N)> 按钮，SQL Server 将对数据库和工作负荷进行分析，并出现提示"正在优化…"。

图 3-35　"查看或更改默认索引优化参数"对话框

优化完成后，系统会出现"索引建议"对话框，如图 3-37 所示。在该对话框中，显示了经过

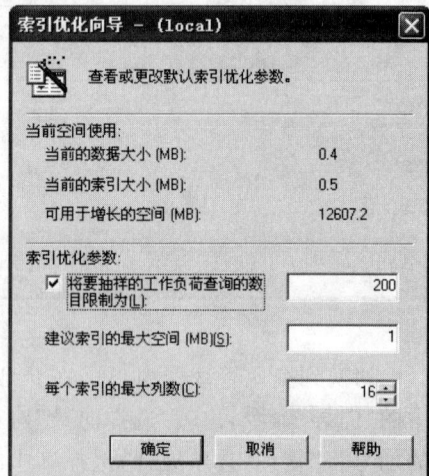

分析后系统对创建索引的建议。在"建议的索引"栏中包括是否建立聚集索引、索引名称、表/视图名称、索引对应字段(列名)等信息。

- 单击 分析(A)... 按钮,可以查看分析的详细信息。
- 单击 下一步(N)> 按钮,出现确认对话框,单击其中的"完成"按钮,就完成了向导优化工作。

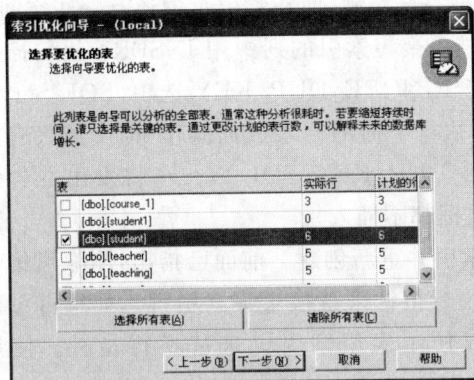

图 3-36 "选择要优化的表"对话框   图 3-37 "索引建议"对话框

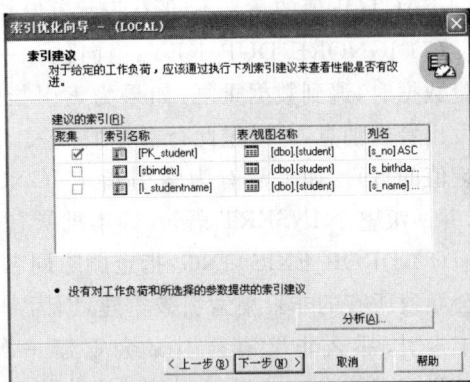

3.5.3 使用 Transact-SQL 语言管理索引

1.创建索引

利用 Transact-SQL 语句中的 CREATE INDEX 命令可以创建索引。既可以创建可改变表的物理顺序的聚集索引,也可以创建提高查询性能的非聚集索引。

- 语法格式

CREATE [UNIQUE] [CLUSTERED|NONCLUSTERED]
INDEX 索引名 ON 〈表 | 视图〉(列名 [ASC | DESC] [,...n])
[WITH [PAD_INDEX] [,FILLFACTOR=填充因子]
[,IGNORE_DUP_KEY] [,DROP_EXISTING]] [ON 文件组]

- 参数说明

(1) UNIQUE:用于指定为表(或视图)创建唯一索引,即不允许存在索引值相同的两行。在索引列已包含重复值时,不能创建唯一索引。

(2)CLUSTERED|NONCLUSTERED:用于指定创建的索引是聚集索引还是非聚集索引。如果此选项默认,则创建的索引为非聚集索引。

(3) 列名:用于指定被索引的列。注意:由 ntext、text 或 image 数据类型组成的列不能指定为索引列。另外,指定两个或者多个列名组成复合索引时,在圆括号中按排序优先级列出要包括的列。一个复合索引中最多可以指定 16 个列,但列的数据类型的长度之和不能超过 900 字节。

(4) ASC|DESC:用于指定某个具体索引列的升序或降序排序方向。默认值为升序(ASC)。

(5) PAD_INDEX:用于指定索引中间级中每个页(结点)上的填满程度。

PAD_INDEX 选项只有在指定了 FILLFACTOR 时才有效,因 PAD_INDEX 使用由

FILLFACTOR 所指定的百分比。

（6）FILLFACTOR＝填充因子：指定在创建索引的过程中，索引叶级各页的填满程度。即指定每个叶子结点索引页保留的自由空间占索引页大小的百分比。填充因子的值为 1～100。如果 FILLFACTOR 为 100，SQL Server 将创建叶级页 100％填满的索引。

如果没有指定此选项，SQL Server 默认其值为 0。0 是个特殊值，与其他较小FILLFACTOR值的意义不同，0 表示其叶结点被完全填满，而在索引页中还有一些空间。

（7）IGNORE_DUP_KEY：当向包含一个唯一聚集索引的列中用 INSERT 语句插入批量数据时，遇到数据重复，如果为索引指定了 IGNORE_DUP_KEY 选项，SQL Server将发出警告消息，并跳过此行数据的插入，继续执行下面的插入数据操作（即不插入有重复键值的行）。如果没有为索引指定 IGNORE_DUP_KEY，SQL Server 将发出警告消息，并回滚整个 INSERT 语句（即本批所有行数据都不插入）。

（8）DROP_EXISTING：指定删除同名的索引并重新创建。前面已指出，删除聚集索引会导致所有的非聚集索引被重建，因为需要用行指针来替换聚集索引键。如果再重建聚集索引，那么非聚集索引又会重建一次，以便用聚集索引键来替换行指针。使用DROP_EXISTING 选项可以使非聚集索引只重建一次。

（9）ON 文件组：用于指定存入索引的文件组。该文件组必须已经通过 CREATEDATABASE 或 ALTER DATABASE 创建。

默认情况下，索引创建在基表所在的文件组上，但可以通过本选项在另外的文件组中创建非聚集索引。如果文件组定义在不同的磁盘上，则可使数据和索引信息通过多个磁头并行读取，提高系统性能。

【例 3.16】 在教学数据库 teachdb 中新建一个数据表，名称为 class，并为它创建一个唯一聚集索引，索引字段为 c_no，索引名为 I_class_no，要求成批插入数据时忽略重复值，填充因子取 40。

程序清单如下：

```
USE teachdb
GO
CREATE TABLE class
(c_no int,c_name char(8),c_sex char(2) )
GO
CREATE UNIQUE CLUSTERED INDEX I_class_no
ON class(c_no)
WITH PAD_INDEX, FILLFACTOR＝40,IGNORE_DUP_KEY
```

说明：如果没有 PAD_INDEX 子句，SQL Server 将创建填充 40％ 的叶级页，但是叶级之上的中间级页几乎被完全填满。使用 PAD_INDEX 时，中间级页初始也只填满 40％。

程序中的 GO 语句为批处理命令的结束标志。批处理是指一次性发送到 SQL Server 服务器中去执行的语句组。

【例 3.17】 为表 student 创建一个复合索引 I_student3_sexandbirthday，使用 s_sex字段和 s_birthday 字段组合，填充因子取 50（仅对叶级页）。

程序清单如下：

```
USE teachdb
GO
CREATE INDEX I_student3_sexandbirthday
ON student(s_sex,s_birthday)
WITH FILLFACTOR＝50
```

2. 删除索引

当不再需要某个索引时,可以使用 Transact-SQL 语句中的 DROP INDEX 命令删除索引。

DROP INDEX 命令可以删除一个或者多个当前数据库中的索引,但该命令不能删除由 CREATE TABLE 或者 ALTER TABLE 命令创建的主键或者唯一性约束所自动产生的索引,也不能删除系统表中的索引。

其语法格式如下:

DROP INDEX 表.索引名|视图.索引名[,...n]

【例 3.18】 删除学生表 student 中的索引 I_student3_sexandbirthday。

程序清单如下:

```
USE teachdb
GO
DROP INDEX student. I_student3_sexandbirthday
```

习题与实训

一、单项选择题

1. 当某字段期望最多输入 80 个字符,最少输入 1 个字符,应设置该字段的数据类型为_____。

 A. char(8) NOT NULL   B. varchar(80) NULL

 C. char(80) NOT NULL   D. varchar(80) NOT NULL

2. 当列中各项的字符长度差异较大时,一般用_____类型,当列中各项字符为固定长度时,可采用_____类型,当列中字符采用 Unicode 数据时,采用_____类型。

 A. char   B. varchar   C. text   D. nchar

3. 以下关于计算字段的叙述,不正确的是_____。

 A. 计算字段是一个虚拟字段,并不实际存储在表中

 B. 计算字段实际上就是一个表达式

 C. 计算字段的数据类型一定是 decimal 类型

 D. 计算字段不能受 DEFAULT 或 NOT NULL 约束

4. 以下关于标识字段(identity 列)的叙述,不正确的是_____。

 A. 每个表只允许有一个标识字段

 B. 标识字段不允许有 NULL 值

 C. 标识字段中的值不可以由用户进行修改

 D. 标识字段不能设为表的主键

5. 以下_____是 SQL Server 2000 中修改数据表 t1 的命令。

A. create table t1　　　　　　　　　　B. alter table t1

C. modify table t1　　　　　　　　　　D. edit table t1

6. 以下关于约束和规则的说法正确的是_____。

A. 创建的规则必须命名

B. 创建的约束必须命名

C. 约束和规则不能用在同一个列上

D. 一个列上可以绑定多个规则

7. 以下关于唯一索引的说法不正确的是_____。

A. 唯一约束自动创建唯一索引

B. 主键约束自动创建唯一索引

C. 唯一索引不能是复合索引

D. 唯一索引和唯一约束不是一回事

8. 以下关于主键约束和唯一约束说法不正确的是_____。

A. 在一列上设置主键约束后,不允许添加该列为 NULL 的记录

B. 在一列上设置唯一约束后,不允许添加该列为 NULL 的记录

C. 在两列上设置主键约束后,不允许添加其中一列为 NULL 的记录

D. 在两列上设置一个唯一约束后,允许至少三条该两列中有 NULL 的记录

9. 以下说法正确的是_____。

A. 在一个表中,可以同时有两个列分别为主键

B. 在一个表中,可以同时对两个列分别设置唯一约束

C. 索引文件必须和该索引的基表数据文件放在同一个文件组中

D. 可以在两个文件组中分别存放一个表的数据文件和聚集索引文件

10. 以下关于索引的说法正确的是_____。

A. 删除聚集索引,所有该表的非聚集索引将重建

B. 删除聚集索引,所有该表的非聚集索引将同时被删除

C. 重建聚集索引,所有该表的非聚集索引仍然存在,内部也没有变化

D. 一个表上没有聚集索引,不可以先有非聚集索引

二、多项选择题

1. 在建立数据库的表时要设置的内容有_____。

(1)表的名称

(2)表的初始大小

(3)表中需要的列

(4)每一列的数据类型

(5)列的数据长度和精度,是否允许为空

(6)列的存储地址

(7)是否需要在列上使用约束、默认值或规则

(8)需要使用什么样的索引

2. 以下适合创建索引的有＿＿＿＿＿＿＿＿＿。

(1)性别字段

(2)text 数据类型的字段

(3)WHERE 条件中频繁使用的字段

(4)按排序顺序频繁检索的字段

(5)表联接中频繁使用的字段

(6)不允许有重复值的字段

三、填空题

1. SQL Server 每个表最多可有＿＿＿＿＿＿＿＿个自动编号字段,＿＿＿＿＿＿＿＿个 timestamp字段,＿＿＿＿＿＿＿个 sql_variant 字段。

2. 如果一个字段要存放超过 8 KB 的二进制数据(如 GIF 文件、声音文件等),应采用 ＿＿＿＿＿＿＿＿＿数据类型。如果一个字段要存放多种数据类型的数据(如 int、char 和 binary 等),应采用＿＿＿＿＿＿＿数据类型。

3. 如需一个精度为 7、带两位小数点的数据类型,可描述为＿＿＿＿或＿＿＿＿。

4. 每次插入或更新包含＿＿＿＿＿列的数据行时,该列的值会自动更新。

5. 在 SQL Server 2000 中以"@@"开头的标识符表示＿＿＿＿＿＿＿＿＿＿；以 "#"开头的标识符表示＿＿＿＿＿＿＿＿＿＿。

6. SQL Server 2000 每个表中最多可创建＿＿＿＿＿个聚集索引,＿＿＿＿个非聚集索引。

7. 关键字 FILLFACTOR 表示创建索引时,各＿＿＿＿＿＿的填满程度。对一个只读的表,其 FILLFACTOR 应设为＿＿＿＿＿。

8. 创建索引加快了数据＿＿＿＿＿的速度,但同时减慢了数据＿＿＿＿＿的速度。

9. 在 teachdb 数据库的教师表(teacher)中添加一列:列名为 birthday(出生日期),数据类型为 smalldatetime,允许为空,对应的语句为＿＿＿＿＿＿＿＿＿＿＿＿＿。

10. 在 teachdb 数据库的课程表(course)中,将课程名为"数据库"的记录的学分 (c_score)提高 1 分,对应的语句为＿＿＿＿＿＿＿＿＿＿＿。

四、问答题

1. SQL Server 2000 提供了哪些强制列中数据完整性的机制?

2. 简述 SQL Server 2000 规则与 CHECK 约束的区别。

3. 简述 timestamp 数据类型的作用。

4. 简述 DELETE 语句和 DROP TABLE 语句的区别。

5. 简述聚集索引和非聚集索引的区别。

6. 简述填充因子的作用。

五、操作题

1. 在计算机上按本章表 3.1～表 3.5 所示结构创建教学数据库 teachdb 各表,并按第 1 章的表 1.1～表 1.3 所示输入三个表的数据。

2. 利用企业管理器中的向导工具为教学数据库 teachdb 中的选课表 choice 按 score 字段的降序建立一个索引,索引名为 T_choice1。

3. 使用 Transact-SQL 语句为第 2 章"习题与实训"操作题中创建的数据库 test1 建立一个名为 employees 的数据表。该表包含三个字段:"员工编号"、"员工姓名"和"工资",其中"员工编号"为整型,要求设置为主键;"员工姓名"为字符型,最长为 20 个字符,要求为其设置唯一性约束;"工资"为货币类型,要求设置一个名字为"CK_Es"的约束,使输入的工资在 800～6000 之间。

4. 使用 Transact-SQL 语句再为数据库 test1 创建一个名为 project 的数据表,该表包含以下三个字段:"项目编号"、"项目名称"和"项目负责人",它们均为字符型。其中"项目编号"最大长度为 10 个字符,要求设置为主键;"项目名称"最长 30 个字符,其默认值为"暂未定","项目负责人"最长 20 个字符,将该字段设置为外键,其参考字段为上题创建的 employees 表的"员工姓名"字段。

5. 为上题建立的 project 数据表添加一个名为"CK_Pt"的约束,规定"项目编号"字段必须以大写英文字母开头,后面是用小括号括起来的两位数字,其后的各位任意。

6. 使用 Transact-SQL 语句向数据表 employees 插入如下一条记录:

员工编号:1001   员工姓名:张大海   工资:2400

使用 Transact-SQL 语句向数据表 project 插入如下一条记录:

项目编号:P(01)   项目名称:×××   项目负责人:张大海

(项目名称使用默认值。)

第4章

数据库查询

内容概述

数据库建立后主要的用途就是查询数据。如何进行数据查询？怎样使数据查询更方便快捷？SQL Server 提供了非常强大的功能。此外，通过查询操作也可以改变数据库表中的数据。本章将详细介绍这些问题。

视图是与数据查询紧密相关的内容。视图是一种虚拟表，它不占用物理空间，所包含的列和行的数据只是来源于视图所查询的表。使用视图能够屏蔽数据的复杂性，既可以简化用户对数据库的操作，也可以提高系统的安全性能。

4.1 SELECT 语句结构

对 SQL Server 数据库进行数据查询主要使用 SELECT 语句。SELECT 语句从数据库中检索出数据，然后以一个或多个结果集的形式返回给用户。结果集是一种表形式，由行和列组成，它可直接显示，也可组成数据库的新表。

4.1.1 SELECT 语句的语法

为了完整掌握 SELECT 语句的使用，也便于今后的复习查阅，现将完整的 SELECT 语句语法列出如下：

SELECT ＜查询表达式＞
[ORDER BY{order_by_expression[ASC|DESC]}[,...n]]
[COMPUTE{{AVG|COUNT|MAX|MIN|SUM}(expression)}[,...n][BY expression[,...n]]]
[FOR{BROWSE|XML{RAW|AUTO|EXPLICIT}[,XMLDATA][,ELEMENTS][,BINARY base64]}]
[OPTION(＜query_hint＞[,...n])]
其中：
＜查询表达式＞::=
{＜查询详细说明＞}[UNION[ALL]＜查询详细说明＞[...n]]
＜查询详细说明＞::=
SELECT[ALL|DISTINCT]
[{TOP n| TOP n PERCENT}[WITH TIES]]
＜select_list＞
[INTO new_table]

```
[FROM{<table_source>}[,...n]]
[WHERE<search_condition>|<old_outer_join>]
[GROUP BY[ALL]group_by_expression[,...n]
[WITH{CUBE|ROLLUP}]]
[HAVING<search_condition>]
```

完整的 SELECT 语句语法比较复杂、子句很多，我们将在本章后面详细介绍以上语法中的大部分内容。

4.1.2 SELECT 语句的基本结构

在 SELECT 语句中最基本的关键字只有三个：SELECT、FROM 和 WHERE。SELECT用于从数据库中检索数据；FROM 用于指定要检索的表名；WHERE 用于指定检索条件。

例如：查询 teachdb 数据库 student 表中所有女同学的姓名及所在系，可使用如下语句：

```
USE teachdb
SELECT s_name, s_department
FROM student
WHERE s_sex='女'
```

☞注意：使用 SELECT 语句前，必须先用 USE 语句指定当前数据库。语句中的大小写不影响执行过程。

在实际使用中，除了 SELECT、FROM 和 WHERE 三部分外，还经常用到完整语法中的另外几部分，它们构成了 SELECT 语句的基本结构：

```
SELECT select_list
[INTO new_table]
FROM table_source
[WHERE search_condition]
[GROUP BY group_by_expression]
[HAVING search_condition]
[ORDER BY order_by_expression[ASC|DESC]]
```

参数说明：

(1)select_ list(SELECT 子句)

查询列表，指明要查询的列。该列表中各项用逗号分隔。

(2)INTO new_table(INTO 子句)

指定用查询的结果集来创建一个新表。new_table 为新表的名称。

(3)FROM table_source(FROM 子句)

指出所查询各表的表名以及各表间的逻辑关系。

(4)WHERE search_condition(WHERE 子句)

指明查询条件，定义由源表向结果集中返回数据的行所要满足的要求。

(5)GROUP BY group_by_expression(GROUP BY 子句)

根据 group_by_expression 中指定的列对结果集进行分组。

(6)HAVING search_condition(HAVING 子句)

根据 search_condition 中指定的条件,从 FROM、WHERE 或 GROUP BY 子句创建的中间结果集对行进行附加筛选。它通常与 GROUP BY 子句一起使用。

(7)ORDER BY order_by_expression[ASC|DESC](ORDER BY 子句)

定义查询结果集中行的排列顺序。order_by_expression 指定排序依据。ASC 或 DESC 关键字指定是按升序还是按降序排序。

下面将分别对以上各部分进行详细分析介绍。

4.2 SELECT 子句的使用

SELECT 子句的主要结构是查询列表(select_list),查询列表用于定义 SELECT 语句的结果集中的列或表达式。当有多个列或表达式时,中间用逗号分隔。每个表达式定义结果集中的一列。表达式的形式可以多种多样。

● SELECT 子句的语法

SELECT[ALL|DISTINCT]

[TOP n[PERCENT][WITH TIES]]

<select_list>

其中:

<select_list>::=

{[表名|视图名|表别名.]*

|{列名|表达式|IDENTITYCOL|ROWGUIDCOL}[[AS]列别名]|列别名=表达式}[,...n]

● 参数说明

(1)ALL:指定在查询返回的结果集中可以显示重复行,为默认设置。

(2)DISTINCT:指定在查询返回的结果集中删除重复的行(注意:所有 NULL 认为均相等)。

(3)TOP n[PERCENT]:指定只返回查询结果集中的前 n 行。如果加了PERCENT,n 只能取 0~100 的整数,表示只返回查询结果集中的前 n% 行。

(4)WITH TIES:指定从结果集中返回附加的行。如果指定了 ORDER BY 子句,则用 TOP n[PERCENT] WITH TIES 可返回最后并列的行。

(5)表达式:由列名、常量、函数及运算符构成的任意组合。

(6)IDENTITYCOL:返回标识列。如果 FROM 子句中有多个表包含 IDENTITY 属性的列,则必须用<表名.IDENTITYCOL>形式限定 IDENTITYCOL。

(7)ROWGUIDCOL:返回行全局唯一标识列。如果在 FROM 子句中有多个具有 ROWGUIDCOL 属性的表,则必须用<表名.ROWGUIDCOL>形式限定 ROWGUIDCOL。

(8)列别名:查询结果集内替换列名的可选名。该参数还可用于为表达式结果指定名称。

以下通过举例介绍这些参数项的具体使用。

4.2.1 指定查询列

在 SELECT 子句中,关键字" * "表示返回 FROM 子句内指定表(或视图)中的所有列。结果集中各列的排列顺序与所查询表(或视图)中相同。

【例 4.1】 简单的 SELECT * 查询。

USE teachdb

SELECT * FROM student

该例使用 SELECT 对数据库 teachdb 中的表 student 进行查询,由于使用了 *,且没有使用 WHERE 子句,返回的结果集为表 student 中的所有记录。

由于有可能在被 SELECT 语句查询的表(或视图)中添加新列,所以在一个与结果集中的列数具有逻辑相关性的应用程序或脚本中,使用 SELECT 语句查询最好不要简单地用 *,而是指定所有列名。

通过在查询列表中明确指定需要查询的列,可以剔除不需要查询的列,返回指定列。

【例 4.2】 在 student 表中查询学生的学号、姓名和所在系。

该例查询语句及查询结果如图 4-1 所示。由图可以看到,结果集中只包含了 3 列:s_no、s_department、s_name,且显示的顺序与查询语句中列的排列一致。

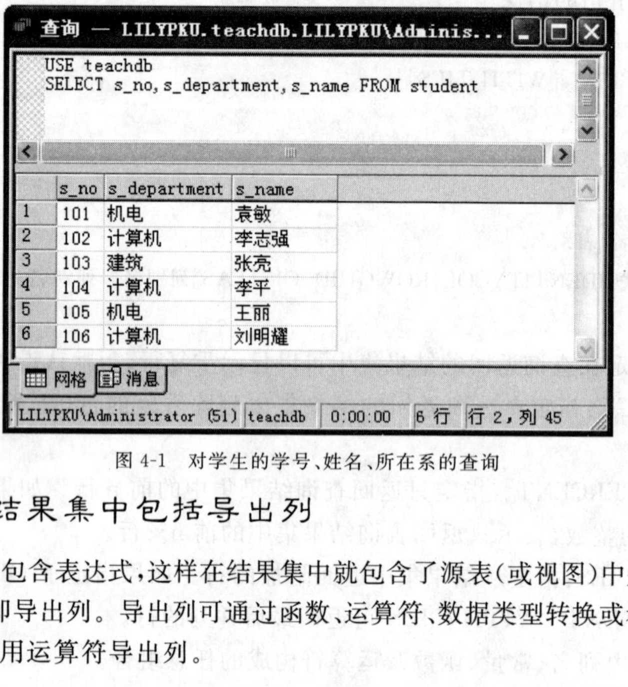

图 4-1 对学生的学号、姓名、所在系的查询

4.2.2 查询结果集中包括导出列

查询列表中可包含表达式,这样在结果集中就包含了源表(或视图)中并不存在、而是通过计算得到的列,即导出列。导出列可通过函数、运算符、数据类型转换或者子查询等获得。

【例 4.3】 使用运算符导出列。

USE teachdb

SELECT s_no,c_no,score,score+10,ROUND((score * 0.8),2)

FROM choice

该例对 choice 表中的成绩(score)列进行计算,分别加上 10 分和降低 20%(乘 0.8),导出新列。为方便对比,同时列出了原来的 score 列。结果如图 4-2 所示(注意,此时这些导出列无列名)。

注意:表达式中使用 ROUND 函数对(score * 0.8)的返回值按照精度 2 进行四舍五入。在 SELECT 语句中不能直接使用"%"运算。

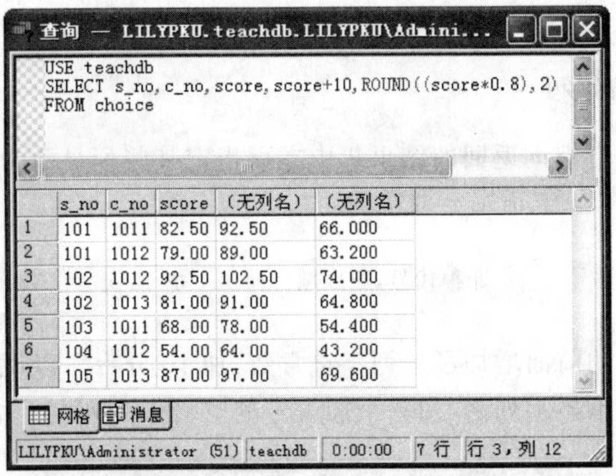

图 4-2 查询结果集中包括导出列

4.2.3 指定结果集中列的别名

对表(或视图)进行查询返回的结果集中,列的名称与所查询的列名称默认是相同的,但是如果需要让结果集的某些列增加可读性,可以指定别名。另外,也可为没有名称的导出列指定名称。

定义列的别名有两种方法:

● 列 AS 别名(其中关键字 AS 也可省略,即使用"列 别名"形式。)

● 别名=列

【例 4.4】 为结果集的列指定别名。

USE teachdb

SELECT s_no AS 学号,c_no 课程代号,原成绩＝score,'加分后成绩'＝score＋10

FROM choice

该例中将显示的四列分别指定别名为学号、课程代号、原成绩和加分后成绩,并分别用了不同的定义别名方法。执行结果如图 4-3 所示。

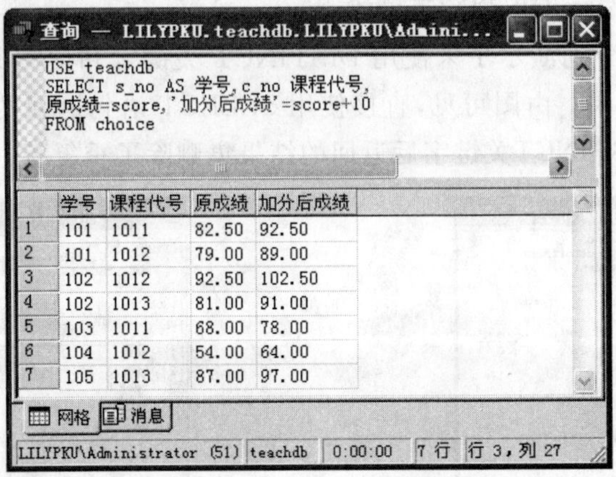

图 4-3 为结果集的列指定别名

由本例还可看出,指定的别名不一定要加引号。

4.2.4 显示常数列

对表(或视图)进行查询返回的结果集中亦可指定某些列显示为常数,以增加可读性。

【例 4.5】 在结果集中指定一列常数。

```
USE teachdb
SELECT s_no AS 学号,c_no 课程代号,原成绩=score,'加 10 分='AS '',修改成绩=score+10
FROM choice
```

该例在最后一列的前面增加了一列字符常数"加 10 分=",以说明最后一列成绩的依据。为了使该常数列不显示列名,用一个加引号的空格作为列名。结果如图 4-4 所示。

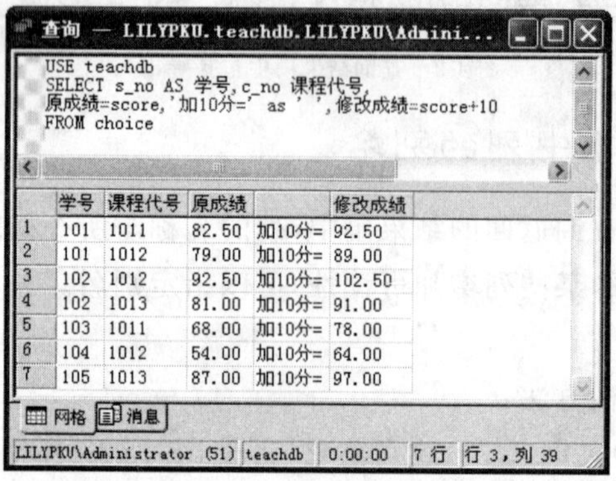

图 4-4 在结果集中指定常数列

4.2.5 删除重复行

由于在结果集中允许选择表的部分字段的内容,因此可能会出现重复的行。如果需要删除结果集中重复的行,可以使用 DISTINCT 关键字,否则返回的结果集将包括所有行。

当 SELECT 子句中包含多列时,DISTINCT 可使列的组合不重复,即不出现重复的行。另外需要指出的是,所有的空值被认为是相等的。

【例 4.6】 对比显示 DISTINCT 的作用。

图 4-5 和图 4-6 分别演示了未使用 DISTINCT 关键字和使用 DISTINCT 关键字相同查询语句的运行结果。由图可见,直接使用 SELECT 语句返回的结果集包括重复行,共计 6 行,而使用 DISTINCT 关键字后返回的结果集删除了重复行,只有 3 行。

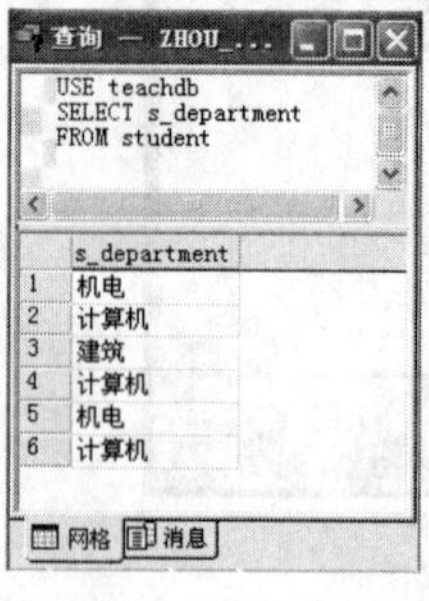

图 4-5 不用 DISTINCT 语句的执行结果

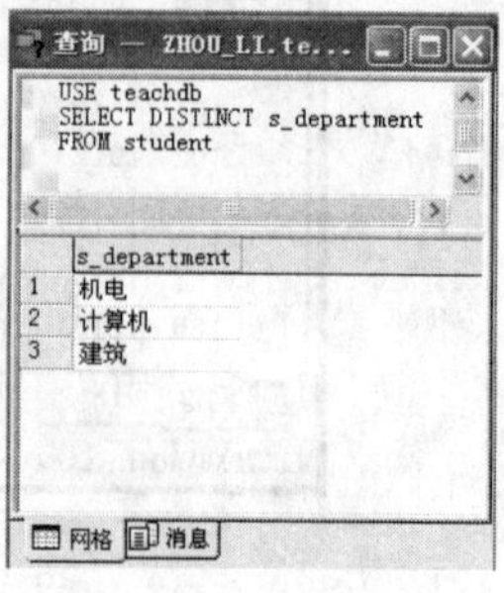

图 4-6 使用 DISTINCT 语句的执行结果

注意：DISTINCT 必须放在 SELECT 关键字之后，而不能在 select_list 列表中或列表后面。

4.2.6 排序(ORDER BY 子句)

SELECT 语句中的 ORDER BY 子句用于对返回的结果集内容进行排序。尽管该子句不属于 SELECT 子句的内容，但由于它常与 SELECT 子句中的 TOP 选项联合使用，故将它放在这里介绍。

● ORDER BY 子句的语法

ORDER BY{order_by_expression[ASC|DESC]}

● 参数说明

(1)order_by_expression：指定要排序的列，可以是列名、别名或表达式，也可以包括未出现在此查询列表中的项，但是如果指定了 SELECT DISTINCT 或者 SELECT 语句中包含了 UNION 运算符，则指定的排序列必须出现在查询列表中。

(2)ASC|DESC：指定按递增(从最低值到最高值)还是递减(从最高值到最低值)顺序进行排序。默认为递增。

提示：空值被视为最低的值。

【例 4.7】 按出生日期的降序显示 student 表中学生的姓名和出生日期。

程序和执行结果如图 4-7 所示。

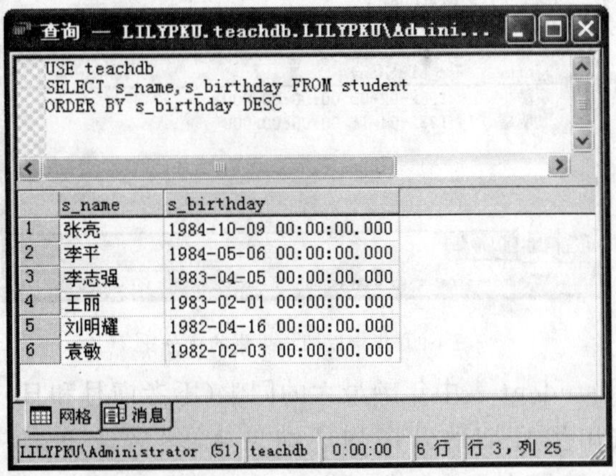

图 4-7 使用 ORDER BY 子句排序

这里需要指出：除非同时指定了 TOP，否则 ORDER BY 子句在视图、内嵌函数、派生表和子查询中无效。此外在 ORDER BY 子句中不能使用 ntext、text 和 image 等数据类型的列。

4.2.7 限制返回行数

对某些情况，尤其是在对结果集进行了排序后，有时只需返回查询结果集的前一部分，此时可以使用 TOP 选项。

【例 4.8】 使用 TOP 选项指定返回 student 表中的前 3 行。

程序及执行结果如图 4-8 所示。其中 ORDER BY s_birthday 表示对 s_birthday 进行升序排列。TOP 3 表示只显示结果集中的前 3 行。

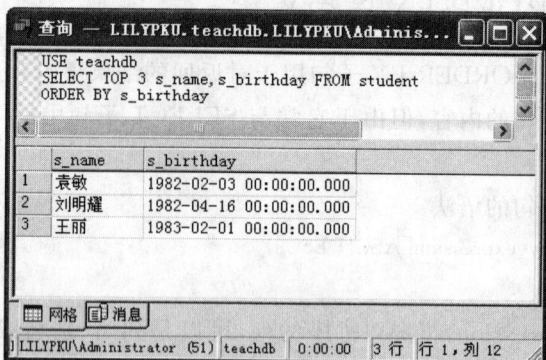

图 4-8　使用 TOP 子句指定返回前 3 行

除指定返回行数目外,还可使用 TOP n PERCENT 指定返回行占结果集总量的百分比。

【例 4.9】　指定返回结果集的 20%。

程序及执行结果如图 4-9 所示。由例 4.7 可知,student 数据库中共有 6 条记录,本例显示 20%,即 6×20%=1.2,取整为 2 条记录。

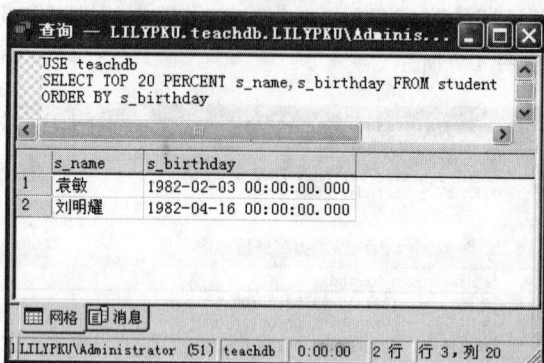

图 4-9　指定返回结果集的百分比

【例 4.10】　显示 student 表中年龄最大的同学(不考虑月和日)。

我们可以考虑按出生日期的升序构成结果集,然后取出第一条记录即可。使用 YEAR() 函数可从出生日期中取出年份。由例 4.7 可知,student 数据库中年龄最大者为 1982 年出生,但有 2 条记录,为了将它们都显示出来,需加上 WITH TIES 选项。

程序如下:

```
USE teachdb
SELECT TOP 1 WITH TIES
s_name,s_birthday
FROM student
ORDER BY YEAR(s_birthday)
```

执行结果仍如图 4-9 那样显示 2 条记录。由此可知,WITH TIES 选项可返回并列的行。

4.3　WHERE 子句的使用

很多情况下,用户只需查询满足某些条件的数据行,虽然前面使用 TOP 选项可以只返回结果集的部分数据行,但是它只能返回前若干行数据,而不能根据用户的需要选择特定的行。WHERE 子句就能够满足这一要求。它能指定检索条件,从而获得需要的特定行。

● WHERE 子句的语法

WHERE ＜search_condition＞|＜old_outer_join＞

● 参数说明

(1)＜search_condition＞:指定需要的数据行的检索条件。

(2)＜old_outer_join＞:指定表的外联接条件。使用 WHERE 子句可以指定表的联接情况。关于表的联接我们将在后面专门讨论。

WHERE 子句中使用的检索条件包括比较运算、逻辑运算、范围、列表、模式匹配、空值判断等。

4.3.1　比较运算

WHERE 子句的检索条件中,比较运算是相当常用的一种限定方式,SQL Server 中可用于比较的运算符为:

＝(等于)、＜＞或!＝(不等于)、＞(大于)、＜(小于)、!＞或＜＝(不大于、小于等于)、!＜或＞＝(不小于、大于等于)。

比较运算符两边所比较数据的数据类型必须匹配。即文本只能比较文本,数字只能比较数字,等等。另外,ASCII 字符也不能与 Unicode 字符进行比较。

当用 WHERE 子句搜索 Unicode 字符串时,需要在字符串前加字符 N,例如:WHERE CompanyName＝N′Berglunds snabbkop′。

比较运算符不能用于 text、ntext 或 image 类型的数据。比较数字数据时应避免使用 float 或 real 类型的数据作大小比较。另外,如果比较值是空值,则结果未知。即空值不与任何值匹配。

【例 4.11】　显示 choice 表中成绩小于 60 分的学生信息。

```
USE teachdb
SELECT * FROM choice
WHERE score<60
```

注意,本例中条件不可写为:WHERE score!＞60,因为这样将包含 60 分者。

4.3.2　逻辑运算

WHERE 子句中可以利用逻辑运算符(AND、OR 和 NOT)连接查询条件。

NOT 用于对搜索条件取相反的返回结果;AND 用于两个条件表达式的"与"连接,即当这两个条件表达式均成立(逻辑表达式值为真)时,返回结果才成立;OR 用于两个条件表达式的"或"连接，即当这两个条件表达式中有一个成立（逻辑表达式值为真），返回结果就成立。

【例4.12】 使用逻辑运算符 AND 和 OR 查询 choice 表中成绩（score）大于 80 或小于 60，且课程号（c_no）等于 1012 的记录。

```
USE teachdb
SELECT s_no,c_no,score
FROM choice
WHERE (score > 80 OR score < 60) AND c_no = '1012'
```

图 4-10 显示程序和查询结果。

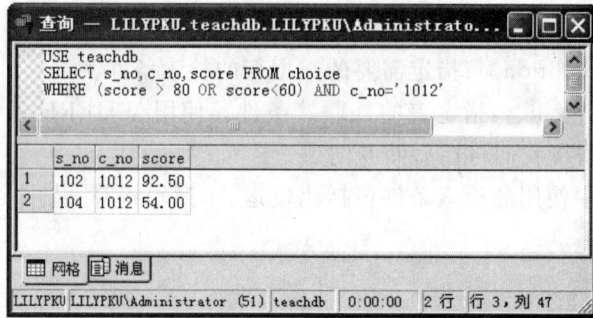

图 4-10 使用 AND 和 OR 逻辑运算符

逻辑运算符的优先级并不相同。当一个语句中包含多个逻辑运算符时，取值的优先顺序依次为：NOT、AND 和 OR。

如果对本例的查询条件语句进行修改，去掉表达式中的括号，改为如下程序段：

```
WHERE score > 80 OR score < 60 AND c_no='1012'
```

则返回的查询结果将大不相同，如图 4-11 所示。这是由于 AND 的优先级高于 OR，所以修改后的语句相当于 WHERE score > 80 OR（score < 60 AND c_no='1012'）。这样，不管 c_no 是否为 1012，只要 score＞80 者都将显示出来。

提示：由于优先级的区别，最好使用括号以减少不必要的错误，并增加查询条件语句的可读性。

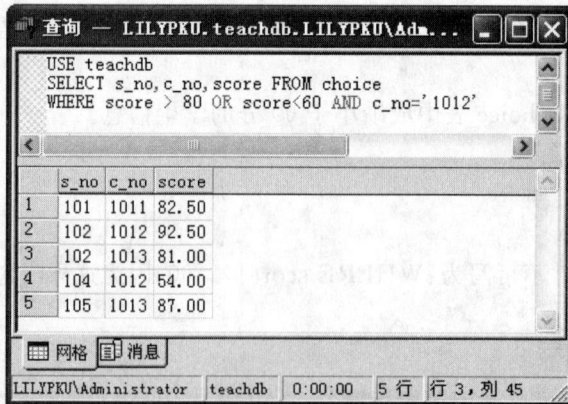

图 4-11 不加括号改变 AND 和 OR 的运算次序

4.3.3 范围

可以将比较运算符与逻辑运算符(AND、OR 和 NOT)组合来表示一定的范围。但在 SQL Server 中还提供了[NOT]BETWEEN…AND… 运算符来确定检索范围。

BETWEEN…AND…表达式返回界定范围以内(包括上界和下界)的所有值;NOT BETWEEN…AND…表达式返回界定范围以外(不包括上界和下界)的所有值。

需要注意的是:BETWEEN…AND…并不等同于大于和小于("＞…AND＜…")运算,因为前者包括上下界限的值,而后者不包括。

【例 4.13】 用 BETWEEN…AND…确定检索范围。

USE teachdb
SELECT c_no, c_name, c_score
FROM course
WHERE c_score BETWEEN 4 AND 6
ORDER BY c_score

本例限定只返回 course 表的 c_score 列中值为 4 至 6 之间(包括 4 和 6)的行。

【例 4.14】 用 NOT BETWEEN…AND…确定检索范围。

USE teachdb
SELECT s_no, c_no, score
FROM choice
WHERE score NOT BETWEEN 60 AND 90
ORDER BY score

本例限定只返回 choice 表中 score 列的值为 60 至 90 以外(不包括 60 和 90)的行。

4.3.4 列表

如果要检索一组分散的值,可以使用 IN 关键字构成列表。IN 关键字允许用户选择与列表中的值相匹配的行,指定项必须用圆括号()括起来,各项之间用逗号分隔。

【例 4.15】 使用 IN 关键字指定数值列表。

如图 4-12 所示,本例指定查询 choice 表中 score 列的值为 68、81 和 87 的行。

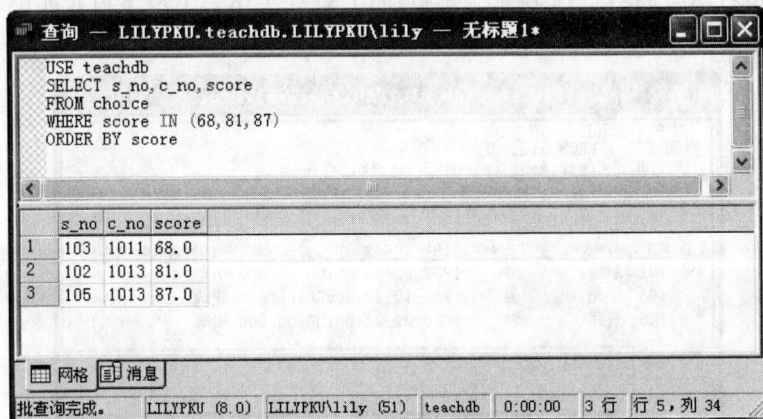

图 4-12 使用 IN 关键字指定数值列表

上面的语句也可以用比较运算符(＝)和逻辑运算符(OR)的组合来表达,语句如下:

USE teachdb

SELECT s_no, c_no, score

FROM choice

WHERE score ＝ 68 OR score ＝ 81 OR score ＝ 87

ORDER BY score

显然这要比使用 IN 关键字复杂。

【例 4.16】 使用 IN 关键字指定字符列表。

如图 4-13 所示,本例使用 Transact-SQL 函数 LEFT()获取 student 表的 s_name 列中的第一个字符(姓氏),并指定查询列值为姓"李"和姓"张"的记录。

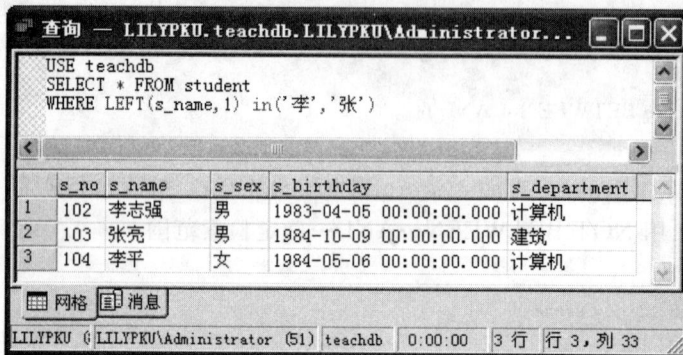

图 4-13　使用 IN 关键字指定字符列表

提示:IN 关键字也可以用于子查询。

4.3.5　模式匹配

在 WHERE 子句中使用 LIKE 关键字可以查询并返回与指定的字符串、日期、时间等表达式匹配的数据行,还可以使用通配符进行模糊匹配。LIKE 关键字后面的表达式必须用单引号括起来。NOT LIKE 关键字为 LIKE 关键字的逻辑非(反)。

【例 4.17】 显示 student 表中除计算机系之外的其他同学的信息。

程序及执行结果如图 4-14 所示。本例使用 NOT LIKE 关键字模式匹配将"计算机"系同学排除在外。

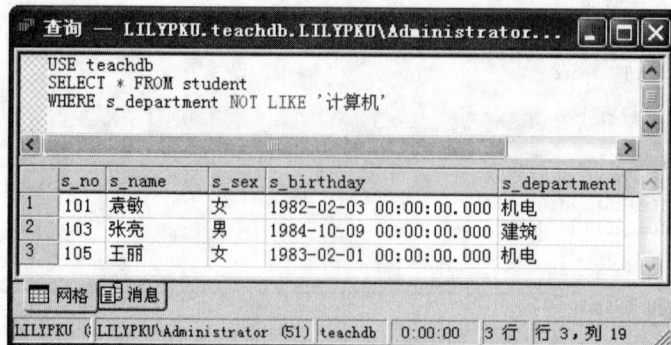

图 4-14　使用 NOT LIKE 关键字进行模式匹配

为了增加模式匹配的灵活性,表达式中可以使用匹配通配符。通配符有四种,如表 4.1 所示。指定的表达式中可以包含四种通配符的任意组合。

表 4.1 模式匹配通配符

通 配 符	含 义
%	匹配任意类型和长度的字符
_	匹配任意单个字符
[ ]	指定一定范围内的任意单个字符
[^]	不在指定范围内的任意单个字符

【例 4.18】　使用%通配符进行模式匹配。

本例查询 course 表中所有课程(c_name 列)中含有 "数"字符的行,程序及查询结果如图 4-15 所示。

如果将本例模式匹配中的第一个"%"去掉(即……LIKE '数%'),则图 4-15 中第三行("高等数学"所在的行)将不会出现。

【例 4.19】　试比较图 4-16 和图 4-17 所示两段程序的差别。

图 4-15　使用%通配符进行模式匹配

这两段程序的差别仅在 WHERE 子句中使用 LIKE 进行模式匹配的通配符不同,前者用"%",后者用"_"。根据它们的查询结果我们不难看出通配符"%"和"_"的区别。

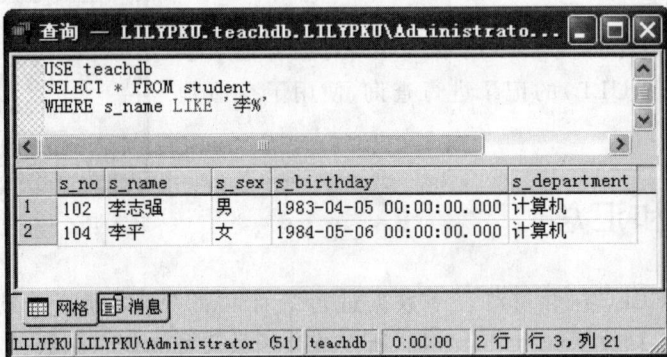

图 4-16　使用%通配符查找所有姓李同学

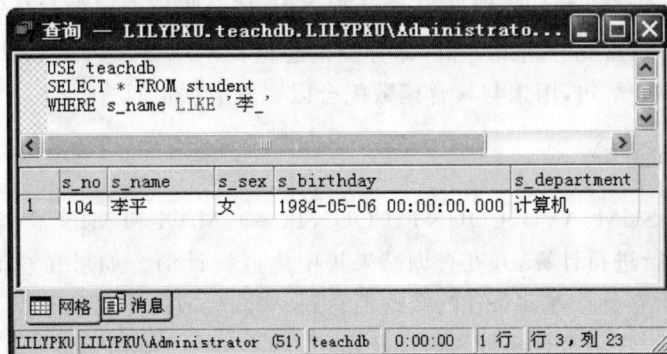

图 4-17　使用_通配符查找所有姓李的单名同学

【例 4.20】 如果在 student 表中增加一个"政治面貌"字段（polity），试写出查询所有党员和团员信息的语句。

程序如下：

```
USE teachdb
SELECT * FROM student
WHERE polity LIKE '[党团]员'
```

提示：如果使用 LIKE 进行模式匹配，表达式中的所有字符（包括空格）都有意义。

最后必须指出，对于同一个查询问题，可能会有多种方式实现。如对本例查询中的条件也可表示为：WHERE polity IN（'党员'，'团员'），当然也可以用比较运算和逻辑运算来实现：WHERE polity='党员'OR polity='团员'。

4.3.6 空值判断

前面已介绍，空值（NULL）并不代表空格或 0，而是表示数据值未知或不可用。所有空值皆相等，它与任何数据进行运算或比较返回的结果仍为 NULL。

空值无法用比较运算符或者模式匹配进行判断，只能使用空值判断符 IS［NOT］NULL 来判断表达式的值是否为空。

【例 4.21】 假设在课程表（course）中新插入了两条记录，其学分（c_score）暂未定（即为空值），要求检索所有学分为空值的记录。

程序及查询结果如图 4-18 所示。本例对没有输入学分（即 c_score 为 NULL）的记录进行查询，使用了空值判断符（IS NULL）。

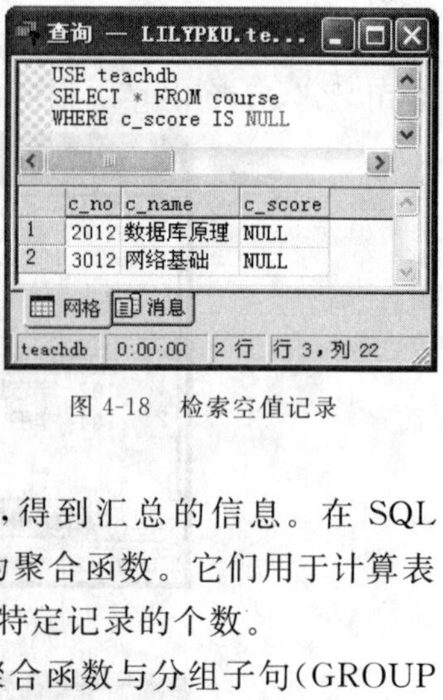

图 4-18 检索空值记录

4.4 聚合和汇总

可以使用 SELECT 语句对表中数据进行统计和计算，得到汇总的信息。在 SQL Server 中，统计汇总数据称为聚合数据，所以统计函数又称为聚合函数。它们用于计算表中某列数据的总和、平均值或最大值、最小值等，还可以统计特定记录的个数。

聚合函数可直接放在 SELECT 子句的列表中，通过将聚合函数与分组子句（GROUP BY）有效组合，可以得到分组统计值，即分类汇总值。SQL Server 还提供了 COMPUTE 和 COMPUTE BY 子句，用来与聚合函数配合以完成数据汇总。

4.4.1 聚合函数

聚合函数有 SUM、AVG、COUNT、COUNT（*）、MAX 和 MIN 等，它们可以对表中指定的若干列或行进行计算，并在查询结果集中生成统计值。如果在查询列表中只使用聚合函数，则将所有符合查询条件的数据汇总到一起，生成一个新的数据记录。

表 4.2 列出了常用聚合函数的语法及作用。

表 4. 2   常用聚合函数

聚 合 函 数	作　用
SUM([ALL|DISTINCT]expression)	对数字表达式 expression 中的所有值求和
AVG([ALL|DISTINCT]expression)	对数字表达式 expression 中的所有值求平均值
COUNT([ALL|DISTINCT]expression)	计算表达式 expression 中值的个数
COUNT(＊)	计算所选定行的行数
MAX(expression)	求表达式 expression 中的最大值
MIN(expression)	求表达式 expression 中的最小值

【例 4. 22】 使用聚合函数得到选课表成绩统计信息。

USE teachdb
SELECT 'total'＝SUM(score),'average'＝AVG(score),
'max'＝MAX(score),'min'＝MIN(score)
FROM choice

本例返回表 choice 中总成绩(SUM)、平均成绩(AVG)、最高成绩(MAX)和最低成绩
(MIN),程序运行结果如图 4-19 所示。

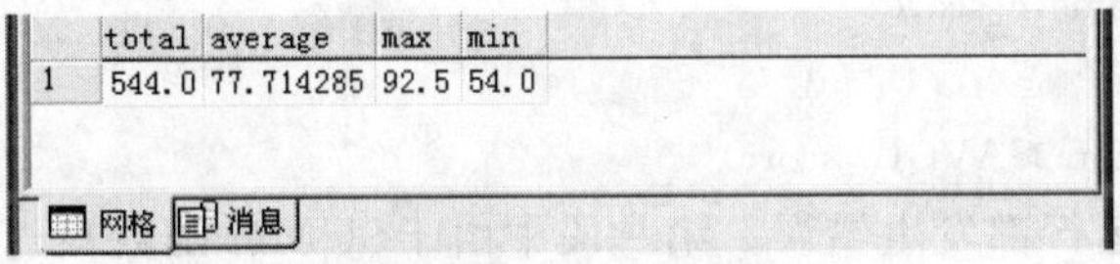

图 4-19　使用聚合函数得到成绩统计信息

除 COUNT(＊)函数之外,聚合函数在计算中均忽略空值,但不忽略重复值。如果需
要忽略重复值,可以使用 DISTINCT 关键字。

【例 4. 23】 使用 COUNT(expression)和 COUNT(＊)函数分别统计 course 表的总
记录数、学分字段值非空的记录数和学分字段值不相同的记录个数。

程序及执行结果如图 4-20 所示。为了便于对照,图中先用查询语句将 course 表的全
部记录都显示出来。

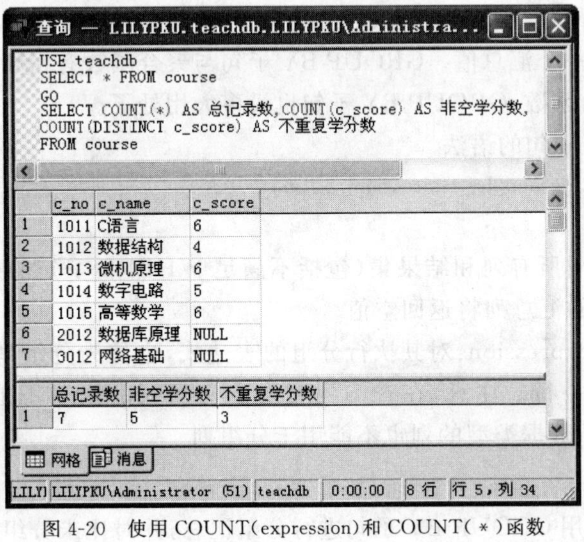

图 4-20　使用 COUNT(expression)和 COUNT(＊)函数

由图 4-20 可见,总记录数为 7,学分字段不为空的记录为 5 条,学分值只有 4、5、6 三种。通过本例不难区分 COUNT(expression) 和 COUNT(＊) 的区别,以及在聚合函数中使用 DISTINCT 关键字的作用。

注意:在聚合函数中使用 DISTINCT 和在 SELECT 子句中使用 DISTINCT 是有较大差别的。另外,DISTINCT 不能用于 COUNT(＊) 函数中,因为 COUNT(＊) 计算的是表中含有的记录数,并不对特定列进行计算。

由于聚合函数只返回单一值,如果某个查询列表中使用了聚合函数,则该查询列表只能包含聚合函数或由 GROUP BY 子句分组的列,以及为结果集中每一行返回同一值的表达式。

【例 4.24】 分析以下程序是否正确。

(1)USE teachdb

　　SELECT c_name AS 课程名,SUM(c_score) AS 总学分

　　FROM course

(2)USE teachdb

　　SELECT c_name,c_score

　　FROM course

　　WHERE c_score＞AVG(c_score)

本例两段程序运行都发生错误。第一段中由于SUM()函数只返回单一值,无法与多个课程名组合(事实上这样组合也无意义),即聚合函数和普通字段不能放在同一个查询列表中。而第二段程序告诉我们一个重要规则:**在 WHERE 子句中不能直接使用聚合函数**。这是初学者经常容易犯的错误。

提示:如果要在 WHERE 后面使用聚合函数,必须重新构造一个 SELECT 语句,构成子查询。我们将在稍后作介绍。

4.4.2　分组(GROUP BY 子句)

聚合函数只返回单个汇总,但通过使用 GROUP BY 子句可以进行分组汇总,为结果集中的每一行产生一个汇总值。GROUP BY 子句与聚合函数有密切关系,在某种意义上来说,如果没有聚合函数,GROUP BY 子句也没多大用处了。

● GROUP BY 子句的语法

GROUP BY[ALL] group_by_expression[,...n]

● 参数说明

(1)ALL:表示对所有列和结果集(包括不满足 WHERE 子句的列)进行分组。对组中不满足搜索条件的汇总列将返回空值。

(2)group_by_expression:对其执行分组的表达式,也称为分组列。分组列中的每个重复值将被汇总为一行。注意,在查询列表内定义的列的别名不能用于指定分组列,text、ntext 和 image 数据类型的列也不能用于分组列。

提示:ALL 关键字不支持远程表查询。

【例 4.25】 使用 GROUP BY 子句进行分组汇总,并对比未分组汇总返回的结果。

比较图 4-21 和图 4-22 所示的两段程序及查询结果,图 4-21 程序段使用 GROUP BY 子句对 choice 表的 c_no 进行分组汇总,共计 3 个记录行。由于按 c_no 字段进行了分组,所以在列表项中允许将该字段与聚合函数 SUM()一起使用。而图 4-22 程序段没有使用 GROUP BY 子句分组(当然也就不能在列表项中使用聚合函数),所以显示全部 7 个记录。

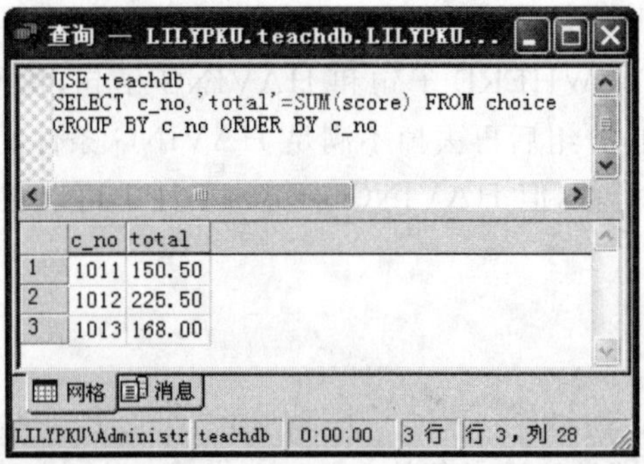

图 4-21 使用 GROUP BY 子句进行分组汇总 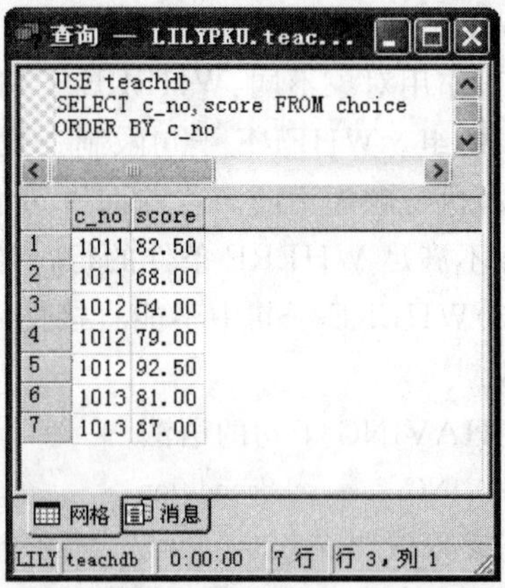　　图 4-22 未使用 GROUP BY 子句的程序段

在 GROUP BY 子句中还可以使用 ALL 关键字,表示无论组是否符合 WHERE 子句指定的搜索条件,返回结果集都包括所有组别。

【例 4.26】 对比演示 ALL 关键字的作用。从 choice 表中显示学号小于"104"的学生的平均成绩。

使用 ALL 关键字的程序段及查询结果如图 4-23 所示。在 GROUP BY 子句中使用了 ALL 关键字,表示返回所有组——包括不符合 WHERE 子句指定的搜索条件的组(图中最后两行)。

不用 ALL 关键字的程序段及查询结果如图 4-24 所示。由于在 GROUP BY 子句中没有使用 ALL 关键字,删除了不符合 WHERE 子句指定的搜索条件的组。

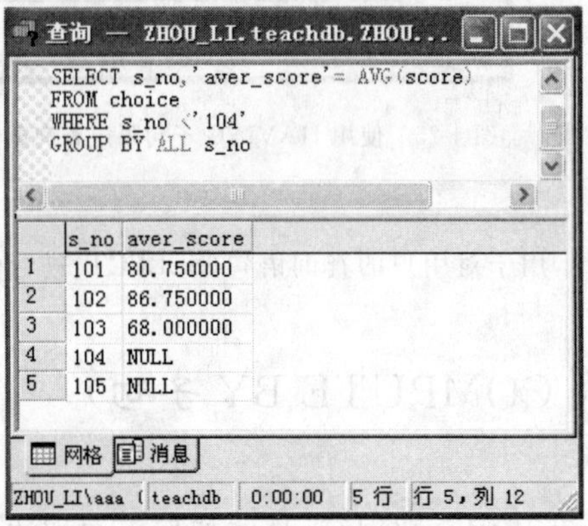

图 4-23 使用 ALL 关键字程序段 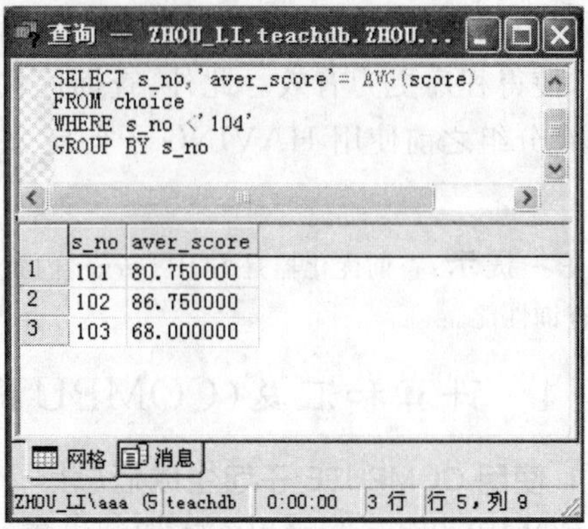　　图 4-24 不用 ALL 关键字程序段

提示:在 GROUP BY 子句中还可使用 WITH CUBE 或 ROLLUP 选项,指定在结果集内不仅包含 GROUP BY 提供的正常行,还包含汇总行。具体请参考 SQL Server 联机丛书。

4.4.3 分组筛选(HAVING 子句)

如果使用 GROUP BY 子句分组,则还可用 HAVING 子句进行分组后的过滤筛选。HAVING 子句通常与 GROUP BY 子句一起使用。用于指定组或合计的搜索条件,其作用与 WHERE 子句相似,二者的区别是:

(1)作用对象不同:WHERE 子句作用于表(或视图)中的行,而 HAVING 子句作用于形成的组。WHERE 子句限制查找的行,HAVING 子句限制查找的组。

(2)执行顺序不同。若查询语句中同时有 WHERE 子句和 HAVING 子句,执行时,先去掉不满足 WHERE 条件的行,然后分组,分组后再去掉不满足 HAVING 条件的组。

(3)WHERE 子句中不能直接使用聚合函数,但 HAVING 子句的条件中可以包含聚合函数。

● HAVING 子句的语法

HAVING <search_condition>

● 参数说明

<search_condition>:指定组或合计应满足的搜索条件。

提示:当 HAVING 与 GROUP BY ALL 一起使用时,HAVING 子句替代 ALL。

【例 4.27】 使用 HAVING 子句筛选查询组。

程序及查询结果如图 4-25 所示。

本例先用 GROUP BY 子句对 c_no(课程号)进行分组汇总,然后用 HAVING 子句限定返回分组汇总后 SUM(score)>160 的组,过滤掉不满足条件的组。

对于那些用在分组之前或之后都不影响返回结果集的搜索条件,在 WHERE 子句中指定较好。因为这样可以减少 GROUP BY 子句分组的行数,使得程序更为有效。此外,查询优化器无法识别在分组之前使用 HAVING 子句定义的搜索条件。

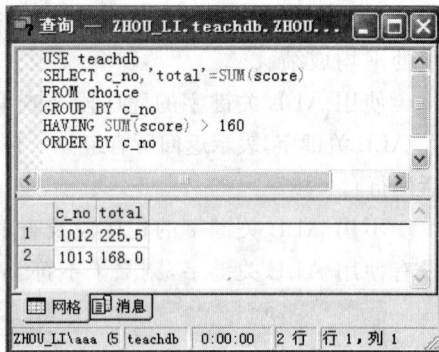

图 4-25　使用 HAVING 子句限定查询条件

提示:查询优化器是 SQL Server 内置的工具,用于对用户的查询语句(SELECT)进行优化,提高查询性能。

4.4.4 计算和汇总(COMPUTE 和 COMPUTE BY 子句)

1.使用 COMPUTE 子句生成汇总行

COMPUTE 子句可以在查询结果集的最后生成汇总数据行,具体如何汇总取决于子句中采用的聚合函数,如 SUM、AVG、COUNT、MAX、MIN 等,还可以是统计方差或标准偏差等。

【例 4.28】 用 COMPUTE 子句生成汇总行。

本例显示 choice 表中以"10"开头的课程的课程号和成绩,并使用 COMPUTE 子句对这些成绩(score)求和,返回结果包括明细行和最后的汇总行,程序及查询结果如图 4-26 所示。

使用 COMPUTE 子句要注意以下几点:

● COMPUTE 子句中指定的列必须是 SELECT 子句中已有的。

● COMPUTE 子句中的聚合函数内不能使用 DISTINCT 关键字。

● 因为 COMPUTE 子句产生了非标准行,所以使用了 COMPUTE 子句后就不能使用 SELECT INTO 子句生成新表。

🔔 提示:使用 SELECT INTO 子句生成新表将在稍后介绍。

2. 使用 COMPUTE BY 子句生成分组汇总行

当 COMPUTE 与 BY 一起使用时,将对结果集进行分组汇总,返回各明细行和汇总行。

【例 4.29】　用 COMPUTE BY 生成分组汇总行。

本例使用 COMPUTE BY 子句对表 choice 中以"10"开头的课程的成绩(score)分组求和,返回结果包括各明细行和分组汇总行,程序及查询结果如图 4-27 所示。

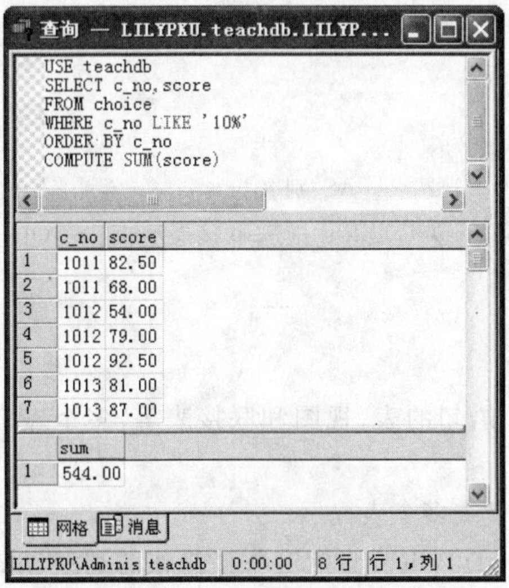

图 4-26　用 COMPUTE 子句生成汇总行 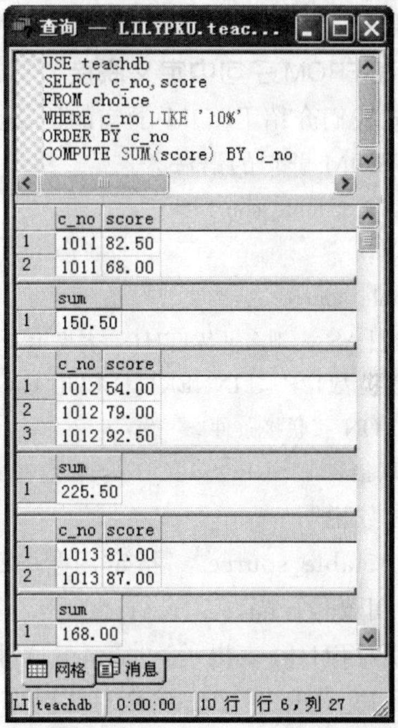　　　图 4-27　用 COMPUTE BY 子句生成分组汇总行

使用 COMPUTE BY 子句要注意以下几点:

● COMPUTE BY 子句必须与 ORDER BY 子句一起使用,且 COMPUTE BY 子句指定的列必须与 ORDER BY 子句指定的列相同,或者为其子集,而且两者之间从左到右的顺序也必须相同。

● COMPUTE 和 COMPUTE BY 子句可出现在同一条 SELECT 语句中,以得到分组汇总值和总汇总值。

● COMPUTE 和 COMPUTE BY 子句中,不能使用 ntext、text 或 image 数据类型。

4.5　多表查询

4.5.1　多表查询与表联接

到目前为止我们的查询都是仅对一个表进行的。由于一个数据库存在相互关联的多个表,往往要从多个表中获取相应的信息。这就需要在查询语句中使用联接。联接可以实现从两个或多个表中查询数据。联接条件可以通过指定每个表中要用于联接的列及指定比较各列值时使用的运算符(<、>、=等)和表达式来定义。用户通过联接可以使用一个表中的数据来查询其他表的数据,也可以将多个表中的数据在一起显示,从而大大增加了灵活性。

SELECT 语句中的联接可以在 FROM 子句或 WHERE 子句中定义,即 WHERE 子句中既包含记录行检索条件,又可以有数据表的联接条件。但由于在 FROM 子句中指定联接条件有助于与 WHERE 子句中指定的检索条件区分开来,所以建议在 FROM 子句中使用联接。

1. 在 FROM 子句中定义联接

首先我们介绍 FROM 子句的语法。

● FROM 子句的语法

FROM{<table_source>}[,...n]

其中:

<table_source>::=

表名[[AS]表别名][WITH(<表提示>[,...n])]|视图名[[AS]别名]

|<联接表 1> <[INNER|{{LEFT|RIGHT|FULL}[OUTER]}] [<联接提示>]> JOIN <联接表 2> [ON <联接条件>]

|<联接表 1> CROSS JOIN <联接表 2>

● 参数说明

(1)<table_source>:指定用于 SELECT 语句的表、视图和联接表等,多个表(或视图)中间用逗号分隔。

(2)WITH(<表提示>[,...n]):指定一个或多个表提示。

(3)[INNER|{{LEFT|RIGHT|FULL}[OUTER]}]:指定联接操作的类型,默认为INNER。当使用后三种类型时,既可加关键字 OUTER,也可省略关键字 OUTER。

(4)<联接提示>:指定联接提示。如果指定了本项,则必须明确指定 INNER、LEFT、RIGHT 或 FULL。

(5)ON<联接条件>:指定联接所基于的条件。一般使用列和比较运算符构成的表达式。

(6)CROSS JOIN:指定两个表交叉联接。

由上可知,FROM 子句中的参数较多,这里我们重点讨论与数据表联接有关的基本参数。在 FROM 子句中定义联接的基本语法格式为:

FROM <联接表 1> <[INNER |{{LEFT|RIGHT|FULL}[OUTER]}][<联接提示>]> JOIN <联接表 2> [ON <联接条件>]

其中：关键字 INNER 指定所执行的联接类型为内联接。关键字 LEFT[OUTER]、RIGHT[OUTER]、FULL[OUTER] 指定所执行的联接类型为外联接。

【例 4.30】 在 FROM 子句中定义联接。

本例在 FROM 子句中定义了一个(内)联接,将 course 表和 choice 表中相同课程号(c_no)的行组成一行,返回 course 表的课程名(c_name)和 choice 表的学生学号(s_no)及成绩(score)信息,在 WHERE 子句中限定成绩大于 60 分者。程序及查询结果如图 4-28 所示。

由于联接涉及多个表及其之间的引用,所以列的引用必须明确,对于重复的列名必须用表名加以限定。例如本例对两个表的 c_no 字段在前面分别加上它们的表名限定。

🐭 提示:对于那些不从数据库内的任何表中选择数据的 SELECT 语句,不需要使用 FROM 子句。例如,SELECT @MyIntVariable、SELECT @@VERSION、SELECT DB ID('Northwind')等。这些 SELECT 语句只从变量或不对列进行操作的 Transact-SQL 函数中选择数据。

2. 在 WHERE 子句中定义联接

在 WHERE 子句中定义两个表联接的语法为:

FROM 表1,表2 WHERE <old_outer_join>

其中:

<old_outer_join>::=表1.列名 <联接操作符> 表2.列名

联接操作符有:=(内联接)、= *(右外联接)、* =(左外联接)等。

🐭 提示:可以定义多个表的联接,即在 FROM 后面有两个以上的表名,此时可使用逻辑运算符 AND 或 OR 将多个<old_outer_join>连起来形成多表联接条件。

【例 4.31】 在 WHERE 子句中定义(内)联接。

```
SELECT s_no,c_name,score
FROM course,choice
WHERE course. c_no=choice. c_no AND score>60
```

该例实际上是例 4.30 的另一种写法。即在 WHERE 子句中定义表的联接条件 (WHERE 子句中既包含记录行检索条件,又有数据表的联接条件)。查询结果与例 4.30 相同。

🐭 注意:如果我们将本例 WHERE 子句中的联接条件遗漏,则会使一个表(course)中的所有行和另一个表(choice)中的所有行产生联接,这种情况称为交叉联接。如图4-29所示。

交叉联接用 FROM 子句表示的形式为:FROM 表1 CROSS JOIN 表2,如图 4-29 的交叉联接查询可用 FROM 子句表示为:

SELECT s_no,c_name,score FROM course cross join choice WHERE score>60

当然,本例的交叉查询结果并无实际意义,但在某些情况下,可利用交叉查询了解两个表中相关列数据的所有组合情况,从而获得特定的信息。

图 4-28　在 FROM 子句中定义联接

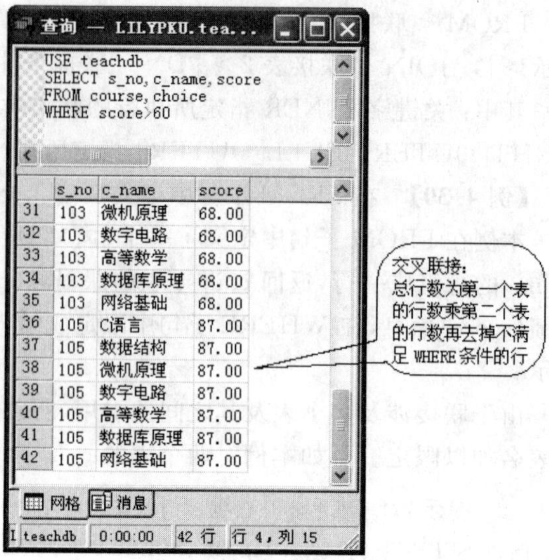

图 4-29　WHERE 子句中未定义联接条件

4.5.2　内联接

例 4.30 和例 4.31 所表示的联接均为内联接(在 FROM 子句中定义内联接时,JOIN 前可用关键字 INNER,即 INNER JOIN,但常省略 INNER)。

内联接是用比较运算符比较表中列值,返回符合联接条件的数据行,从而将两个表联接成一个新表(数据集)。在形成的数据集中没有不满足联接条件的数据行。

内联接又分为以下几种情况:

1. 等值联接

在联接条件中使用等于运算符(=)比较联接列的列值。如上小节例 4.30 和例 4.31 即为等值联接。

两表中进行联接的列必须具有相同的或可自动进行转换的数据类型。例如,不能将一个 datetime 类型的列和另一个表中的 char 类型的列作为联接比较条件。如果联接的列具有相同的列名(因为它们在不同表中,这是允许的),则要在语句中加上表名作为限制,否则会产生混淆,系统报错。

提示:在内联接中使用等于运算符(=)比较联接两表所有名称相同列的列值,并返回两表不重复的列(删除重复列)称为自然联接。

下面举一个多表等值内联接的例子。

【例 4.32】　从 student、course 和 choice 三个表中获取学生选修各门课的成绩,显示学生姓名、选修课程和该课的成绩。

程序及查询结果如图 4-30 所示。

本例为一个三个表的等值内联接,通过 s_no(学号)字段实现 student 表与 choice 表的联接,又通过 c_no(课程号)实现 course 表与 choice 表的联接,从而得到每个同学各门课的对应成绩。

在多表联接时,通常使用 WHERE 子句定义联接条件,如果使用 FROM 子句定义联接条件则比较繁琐。另外，为了使语句更简洁清晰，可给不同的表创建别名。如图 4-31所示。

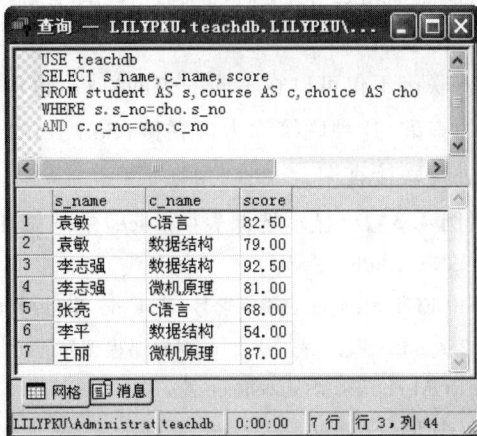

图 4-30 多表联接   图 4-31 联接时使用别名

注意：在查询语句中创建了别名后，就不能再用数据表名作限定，必须使用别名来限定。

2.不等值联接

在联接条件中使用除等于运算符(＝)以外的其他比较运算符(＞、＜、＞＝、＜＝、! ＞、! ＜、＜＞等)来比较联接列的列值，称为不等值联接。

【例 4.33】 不等值联接。

本例查询学号为 103 和 104 的两位同学的未选修的课程。由前面数据表(第 1 章表1.3)给出的数据可知，学号为 103 的同学仅选修了课程号为 1011 的一门课。同样，学号为 104 的同学也仅选修了课程号为 1012 的一门课。故此处他们分别与其他课程号的记录实现了联接。

程序及查询结果如图 4-32 所示。

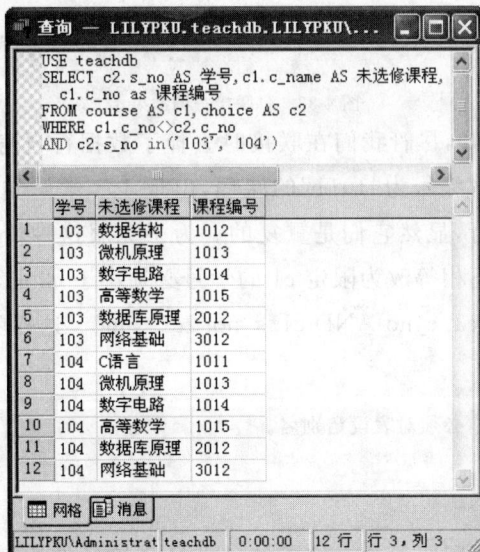

图 4-32 不等值联接

提示：本例在 SELECT 子句的列表项中也使用了别名作限定，使各项归属更清晰。列表项中的 c_no 项也可用 c2 作限定，但不能没有限定，否则会因归属不明确而报错。

3. 自联接

内联接不仅可以在不同的表间进行，也可让一个表同其自身进行内联接，以完成某种特殊的查询，这种联接称为自联接（Self Join）。自联接将同一个表看做是两张完全相同的表进行联接查询。

【例 4.34】 显示选课表（choice）中选修相同课程的学生的学号和课程编号。

```
USE teachdb
SELECT c1.s_no AS 甲学号,c1.c_no AS 课程编号,
c2.s_no AS 乙学号,c2.c_no AS 课程编号
FROM choice AS c1,choice AS c2
WHERE c1.c_no＝c2.c_no AND c1.s_no＜＞c2.s_no
ORDER BY c1.c_no
```

本例将 choice 表看做相同的两张表，分别命名为 c1 和 c2，然后将 c1 和 c2 表根据相同的课程号（c_no）进行联接。为了避免表中数据行与本行自身联接，又设置了一个不等值联接，要求联接行的学号（s_no）不相等。程序执行结果如图 4-33 所示。

	甲学号	课程编号	乙学号	课程编号
1	103	1011	101	1011
2	101	1011	103	1011
3	101	1012	104	1012
4	102	1012	104	1012
5	102	1012	101	1012
6	104	1012	101	1012
7	101	1012	102	1012
8	104	1012	102	1012
9	105	1013	102	1013
10	102	1013	105	1013

□ 网格 □ 消息

图 4-33 自联接查询结果

仔细观察图 4-33 可知，尽管我们在联接时去掉了数据行自身的无用联接，但还是有重复的数据行出现。如对编号为"1011"的课程，出现 103 学号与 101 学号联接行及 101 学号与 103 学号的联接行，显然它们是重复的。为了克服这种情况，可以将 WHERE 语句中限定两学号（s_no）不相等改为限定 c1 的学号必须小于 c2 的学号，即：

WHERE c1.c_no＝c2.c_no AND c1.s_no＜c2.s_no。这样就可筛掉图 4-33 中的重复行。

提示：在自联接时，必须对表设定别名。

4.5.3 外联接

内联接的结果集只返回既符合查询条件又满足联接条件的行，它删除所有不符合联

接条件的行。而外联接返回的结果集除包括符合联接条件的行外，还会返回 FROM 子句中至少一个表（或视图）的所有行——只要这些行满足查询检索条件，而无论它们是否满足联接条件。

在外联接的两个表中，一个是主表，另一个是从表。联接时，主表的每一行数据去匹配从表，如果从表的数据行满足与主表中该行的联接条件，则将相关数据返回数据集中；如果从表的所有数据行都不满足与主表某行的联接条件，主表该行的数据仍会在数据集中，但在数据集中该行涉及的从表列的数据用 NULL 填充。

根据引用的不同，外联接分为 3 种：

1.左外联接（LEFT OUTER JOIN）

主表在联接符的左边（前面），通过左向外联接引用左表的所有行。

格式：

FROM 主表 LEFT OUTER JOIN 从表 ON……

WHERE 主表.列表达式 ＊＝从表.列表达式

左外联接指定所有由内联接返回的行和所有来自左表的行（包括不符合指定条件的行），来自左表的不符合指定条件的行的输出列设置为 NULL。

2.右外联接（RIGHT OUTER JOIN）

主表在联接符的右边（后面），通过右向外联接引用右表的所有行。

格式：

FROM 从表 RIGHT OUTER JOIN 主表 ON……

WHERE 从表.列表达式＝＊主表.列表达式

右外联接指定所有由内联接返回的行和所有来自右表的行（包括不符合指定条件的行），来自右表的不符合指定条件的行的输出列设置为 NULL。

3.全外联接（FULL OUTER JOIN）

返回两个表的所有行，此时两表均为主表。

格式：

FROM 表 1 FULL OUTER JOIN 表 2 ON……

全外联接指定所有由内联接返回的行和所有来自左表或右表的、不符合指定条件的行。两表不符合指定条件的行的输出列设置为 NULL。由此可知，外联接不仅返回联接匹配的行，而且还列出左表、右表或两个表中的所有行（这些行并不满足联接条件，只需满足 WHERE 中的搜索条件）。

提示：实际使用时可以忽略关键字 OUTER，即简化为：LEFT JOIN、RIGHT JOIN、FULL JOIN。

下面通过举例来说明外联接的使用。为了便于说明不同外联接的差别，我们在本书示例数据库 teachdb 的 student 表和 choice 表中各插入两条新的记录，它们的 s_no 字段的值在另一表中均不存在。如图 4-34 最后两行所示(注意,在插入数据前必须先去掉表的外键约束)。

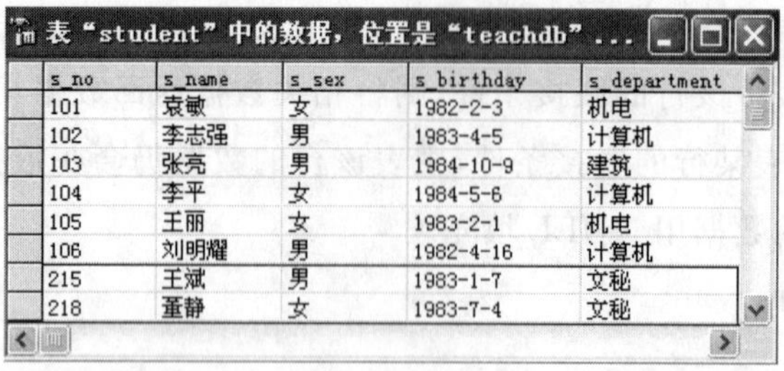

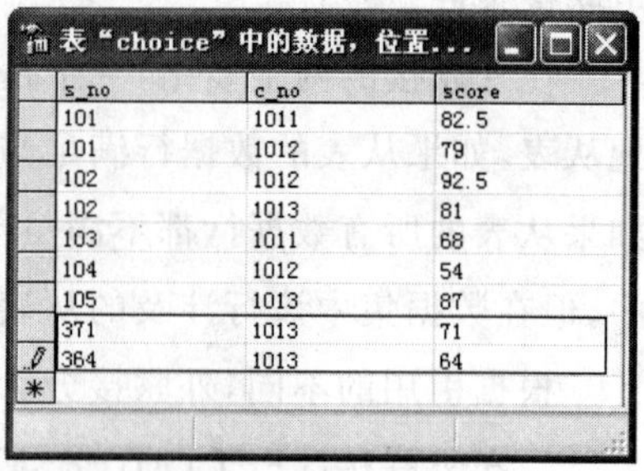

图 4-34　在 student 表和 choice 表中分别插入两条记录

【例 4.35】　使用左外联接。

本例对表 choice 和表 student 通过 s_no 列建立联接。由于使用了左外联接,对于表 choice(主表)中的所有列,不论是否满足联接条件,在与表 student 中的 s_no 列匹配时,都将返回到结果集中,程序及查询结果如图 4-35 所示。

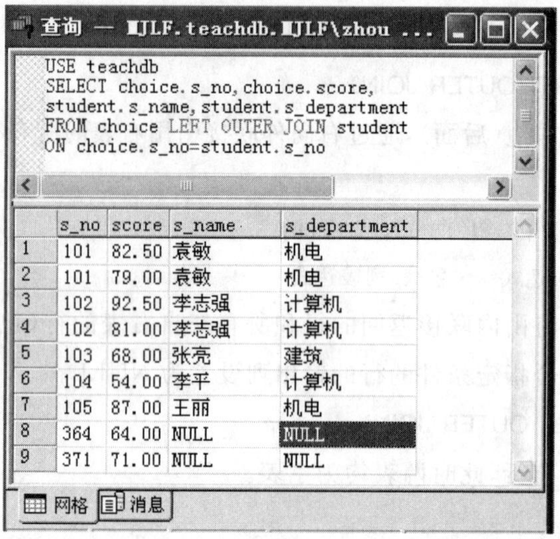

图 4-35　使用左外联接

注意:本例的 SELECT 语句也可写成如下形式,即在 WHERE 子句中定义左外联接。

SELECT choice. s_no,choice. score,student. s_name,student. s_department

FROM choice,student WHERE choice. s_no * = student. s_no

【例 4.36】　使用全外联接。

如图 4-36 所示,本例中使用了全外联接,不管一个表的行是否匹配另一个表的数据,均返回到结果集中,所以结果集包括了表 choice 和表 student 的所有行。

请特别注意图 4-36 数据集中最后 5 行,由于这些行无法找到另一表相匹配的行,所以其数据仅为本表中的数据,这些行对应另一表的字段值为空(NULL)。

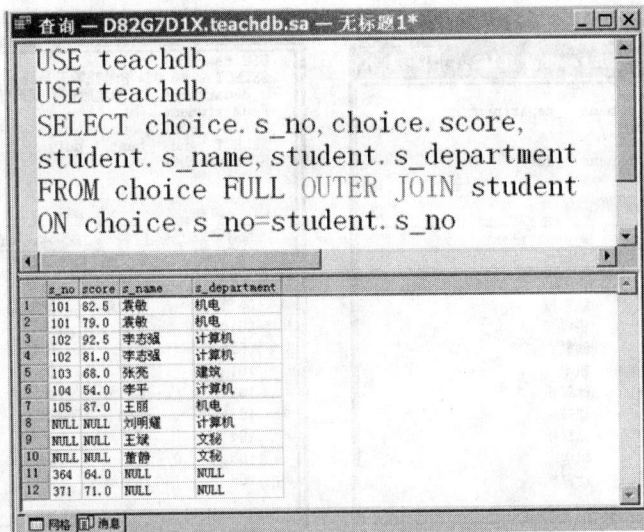

图 4-36　使用全外联接

4.5.4　使用 UNION 合并多表查询结果

使用 UNION 关键字可以将多个查询结果合并到一个数据集中。通常这些查询分别是针对不同的表进行的，因此使用 UNION 关键字也可实现多表查询。特别是有些数据库使用多个表分别保存不同部门的数据，这时使用 UNION 合并这些表中的数据就显得特别有用。

使用 UNION 进行多表查询不是将各表的相关列并排显示出来，而是各表（各查询数据集）中的查询数据行按顺序排列在同一个数据集中，如图4-37所示。

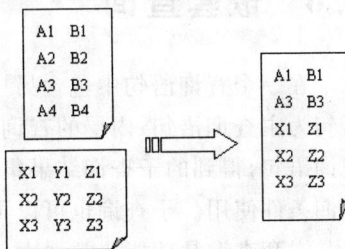

图 4-37　UNION 合并查询结果示意图

由图 4-37 可知，要求对合并的表分别选择相同数目的列，对应顺序列的数据类型也应该一致或相互兼容。

【例 4.37】　使用 UNION 子句。

本例将 student 表和 teacher 表的信息合并在同一个数据集中显示。第一列显示学生学号或教师职工编号，第二列显示学生或教师姓名，第三列显示学生所在系或教师职称（尽管它们含义不同，但由于数据类型一样，所以允许在同一列显示）。如图 4-38 所示。

由图 4-38 可以看到，在使用 UNION 运算符时，除要求各结果集列的数目相同，数据类型相互兼容外，合并后的结果集中的列名取第一个查询结果集的列名。因此，一般需在第一个查询语句中创建列的别名。如图 4-39 所示。

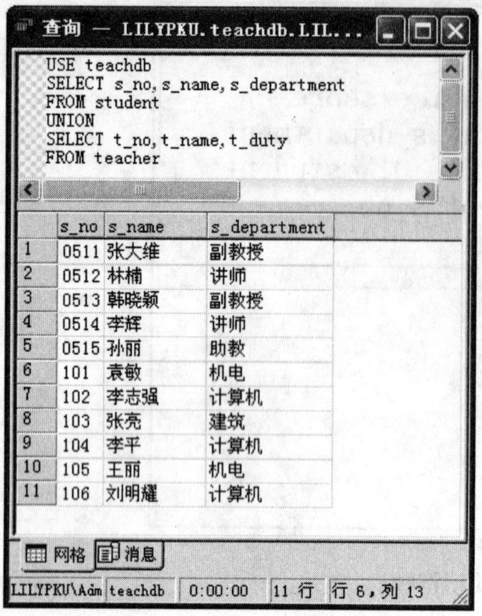

图 4-38　使用 UNION 合并查询结果集

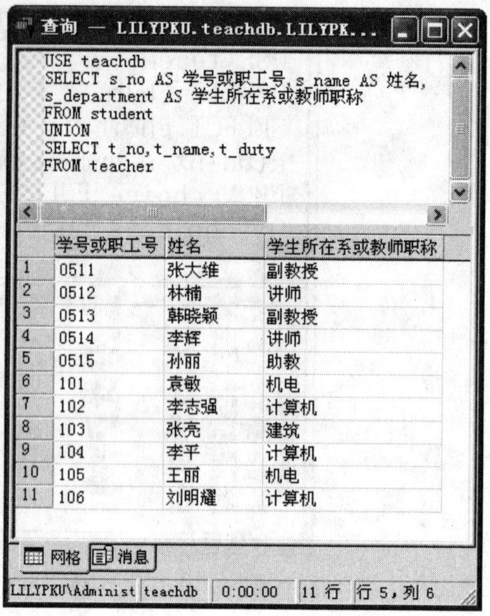

图 4-39　在合并结果集中使用列别名

提示：每个查询语句可以有自己的 WHERE 子句,但整个集合(即所有查询语句)只使用一个 ORDER BY 子句,该子句应放在最后一个查询中。

4.6　嵌套查询

在一个查询语句中包含另一个(或多个)查询语句称为嵌套查询。其中,外层的查询语句为主查询语句,内层的查询语句为子查询语句。嵌套查询的执行过程是:首先执行子查询语句,得到的子查询结果集传递给外层主查询语句,作为外层查询语句中的查询项或查询条件使用。子查询也可以再嵌套子查询。

嵌套查询是功能非常强大但也较复杂的查询。可用来解决一些难于解决的问题(如需在 WHERE 条件中使用聚合函数等问题)。使用嵌套查询也可完成很多与多表联接查询同样的功能。

4.6.1　子查询的位置

嵌于主查询中的子查询通常出现在外层主查询的 WHERE 子句中,也可出现在外层主查询的 SELECT 子句以及 HAVING 子句中,下面分别举例说明。

【例 4.38】　在 SELECT 子句中嵌入子查询。

本例显示 student 表中各位同学选修的课程数。在 SELECT 子句中统计 choice 表中相应学号同学的记录数,并把它作为一个子查询嵌入。程序及查询结果如图 4-40 所示。

注意：子查询必须用圆括号括起来,而且在子查询中不能有 COMPUTE 子句。

【例 4.39】　在 WHERE 子句中嵌入子查询。

本例显示 choice 表中分数(score)低于平均分者的学号。在 WHERE 子句中将求分

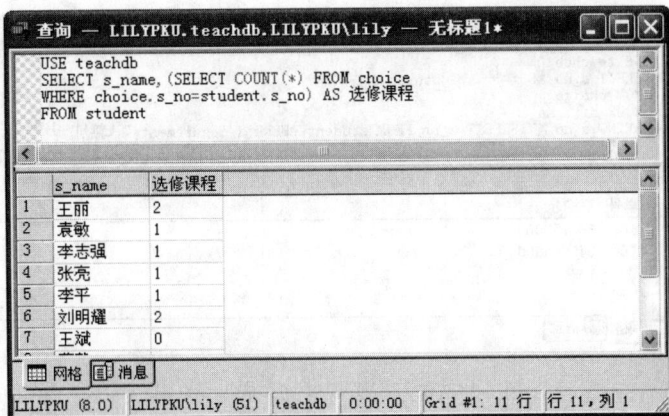

图 4-40　在 SELECT 子句中嵌入子查询

数平均值作为一个子查询嵌入。程序及查询结果如图 4-41 所示。

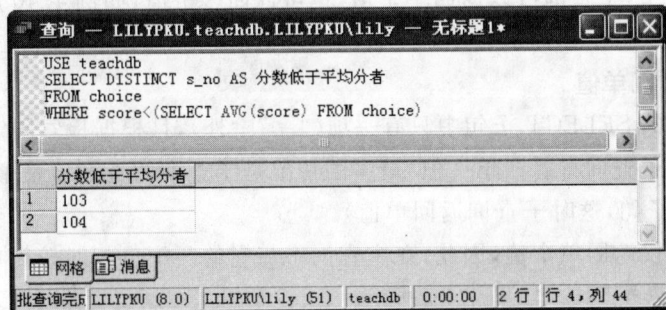

图 4-41　在 WHERE 子句中嵌入子查询

这里要特别强调，不能将聚合函数直接用在 WHERE 子句中，如像下面这样系统将报错：

USE teachdb

SELECT DISTINCT s_no AS 分数低于平均分者

FROM choice

WHERE score＜AVG(score)　　--错误！

【例 4.40】　在 HAVING 子句中嵌入子查询。

本例显示计算机系每个同学的平均分数。在主查询中根据学号分组计算平均分数（即每人各门课的平均分），在子查询中选择 student 表中所在系为"计算机"的学生的学号作为 choice 表中分组后的筛选条件。因为子查询返回多个值，所以在 HAVING 子句中用 IN 关键字匹配结果集中的多个值。程序及查询结果如图 4-42 所示。

这里需要指出，如果某个表只出现在子查询中而不出现在外部查询中，那么该表中的列不能出现在外部查询 SELECT 子句的查询列表中。如本例不能在外部查询中显示 student 表中的学生姓名（s_name）。

提示：子查询还可以嵌套在 INSERT 语句、UPDATE 语句和 DELETE 语句中，甚至子查询中再嵌套子查询。

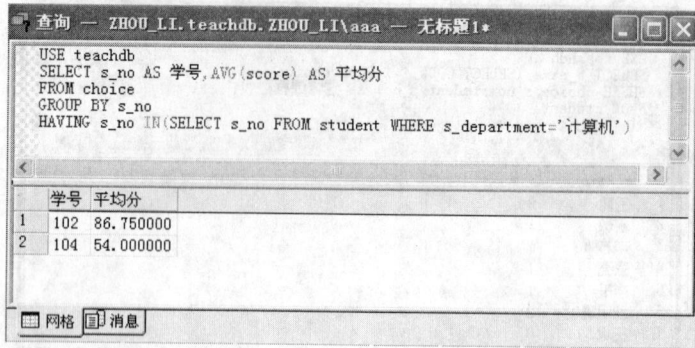

图 4-42 在 HAVING 子句中嵌入子查询

4.6.2 子查询的返回值

在嵌套查询中,子查询可以返回单个值,也可返回多个值,如例 4.40 所示。甚至返回多行多列的表。这样主查询语句中与子查询返回值的匹配也有不同的处理方法。

1. 子查询返回单值

如果子查询的 SELECT 子句中只有一项(" * "除外),且根据检索限定条件只有一个值相匹配,这样,子查询将返回单一值(更多的情况是子查询的查询项是聚合函数,且未使用 GROUP BY 子句,这时子查询返回单值)。

由于子查询仅返回单个值,因此,在主查询中与它的匹配也相对较简单。可直接使用比较运算符进行匹配筛选,如例 4.39 所示。

2. 子查询返回多值

如果子查询的 SELECT 子句只有一项(" * "除外),但可能返回多个值(即值列表),这时就不能直接使用比较运算符进行简单的匹配筛选。相应的处理方法有以下几种:

(1)用 IN(或 NOT IN)在列表中选择

IN(或 NOT IN)关键字用于确定查询条件是否在(或不在)子查询的返回值列表中,如例 4.40 所示。由该例可知,实际上这就是外层主查询语句使用本章 4.3 节所述的 WHERE 子句中列表的情况。下面再举一例。

【例 4.41】 用 NOT IN 引入子查询值列表。

本例查询在 choice 表中不存在(当然没有成绩)的学生的姓名和所在系信息(为了便于说明问题,本处未考虑在 choice 表中存在但成绩 score 为空的学生情况)。在主查询的 WHERE 子句中使用 NOT IN 与子查询返回的多个值相匹配。程序及查询结果如图 4-43 所示。

如果我们将 NOT IN 换为比较运算符"<>",则系统报错,如图 4-44 所示。

(2)在比较运算符后加关键字 ANY 引入子查询值列表

用 IN 关键字引入子查询值列表也可用"=ANY"来代替。即在比较运算符后加关键字 ANY 也可引入子查询返回的值列表,它的功能比 IN 及 NOT IN 更强。因为除用"="外,还可以用其他比较运算符(如<、>=、! >等)与 ANY 组合。

用 ANY 引入子查询时,外层查询按特定的比较运算符,用指定数据与子查询值列表中的每个值进行比较,只要有一个比较为真,返回值就为真(即条件成立)。

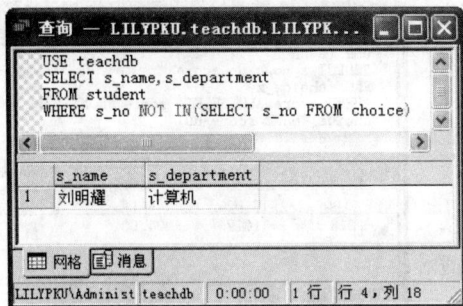

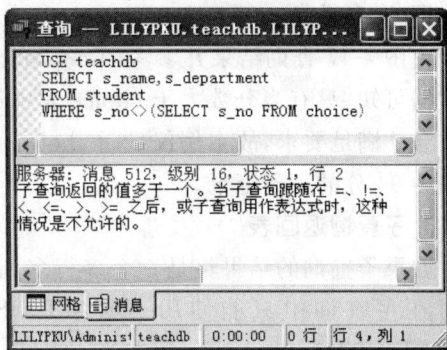

图 4-43 用 NOT IN 引入子查询值列表　　　图 4-44　用"＜＞"不能引入子查询值列表

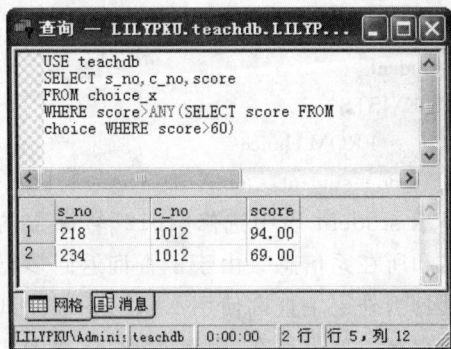

【例 4.42】 用比较运算符加 ANY 引入子查询值列表。

为了说明问题,我们在 teachdb 数据库中另外新建一个表 choice_x,输入如图 4-45 所示数据。

现在,我们执行如图 4-46 所示程序查询 choice_x 表中的成绩。

该程序首先在子查询中检索 choice 表所有成绩(score)大于 60 的同学的成绩,然后将 choice_x 表中成绩大于任何一个子查询返回值的记录显示出来。对照图 4-45 中 choice_x 表数据和图 4-46 中的查询结果可发现,在 choice_x 表中的第二条记录并未在主查询结果中显示出来,原因是子查询(choice 表)中成绩大于 60 分者的最低分为 64(参见图 4-34)。所以尽管该条记录成绩 62 大于 60,但小于 64,所以不满足查询要求。

图 4-45　新建一个 choice_x 表　　　图 4-46　用比较运算符加 ANY 引入查询值列表

提示:关键字 ANY 也可用 SOME 替代。SOME 是在 SQL-92 标准中定义的,与 ANY 含义相同。

(3)在比较运算符后加关键字 ALL 引入子查询值列表

关键字 ALL 引入子查询值列表时,外层查询按特定的比较运算符,用指定数据与子查询值列表中的每个值进行比较,只有所有的比较结果都为真,返回值才为真(即条件成立)。

下面用一个简单的例子说明 ALL 与 ANY 的区别。

＞ALL(1,3,5):表示大于列表中所有值(需大于 5);

＞ANY(1,3,5):表示大于列表中的任一个值(大于 1 即可)。

如果将例 4.42 中的 ANY 改为 ALL,用比较运算符加 ALL 引入子查询值列表。结果如图 4-47 所示。

由图 4-47 查询结果并参考图 4-34 的 choice 表数据可知,只有当分数大于 choice 表中最高分 (92.5)才满足要求,故本例仅显示 choice_x 表中成绩为 94 分的一条记录。

3.子查询返回表

如果子查询的结果集是一个多行多列的表,这时在主查询中只能使用关键字 EXISTS 或 NOT EXISTS 引入该子查询的结果集。EXISTS(NOT EXISTS)用于测试是否存在满足 (不满足)子查询条件的数据行,如果子查询至少返回一行数据记录,则判断存在,EXISTS 成立,NOT EXISTS 不成立;反之,如果子查询没有一行数据记录返回,则 NOT EXISTS 成立,EXISTS 不成立。

图 4-47 用比较运算符加 ALL 引入子查询值列表

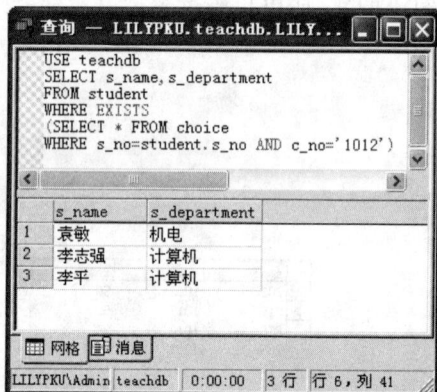

EXISTS 或 NOT EXISTS 一般直接跟在外层主查询语句的 WHERE 后面,其形式为:

WHERE [NOT] EXISTS(子查询)

需注意:在 WHERE 和 EXISTS(或 NOT EXISTS)中间没有任何列名或表达式。

【例 4.43】 用 EXISTS 引入子查询结果集。

```
USE teachdb
SELECT s_name,s_department
FROM student
WHERE EXISTS
(SELECT * FROM choice
WHERE s_no=student. s_no AND c_no='1012')
```

本例显示 student 表中选修"1012"号课程的学生的姓名和所在系信息。由于子查询返回多行多列数据,因此,外层主查询使用 EXISTS 来测试是否有数据存在。如果存在,则将 student 表中相应学号(s_no)的学生的名字和所在系显示出来。程序及查询结果如图 4-48 所示。

图 4-48 用 EXISTS 引入子查询结果集

从集合的角度看,本例实际上是求主查询与子查询部分的交集,即查找同时在主查询 (student 表)和子查询(choice 表)中存在(且课程号为"1012")的数据行记录。这样考虑有助于我们更好地理解 EXISTS 的作用。

提示:因为只是测试子查询满足条件的记录是否存在,所以用 EXISTS(或[NOT]EXISTS)引入的子查询中的查询项常使用" * "。

【例 4.44】 改写例 4.41,用 NOT EXISTS 引入子查询。

如图 4-49 所示,本例与例 4.41 完成相同的功能,即显示在 choice 表中不存在的学生

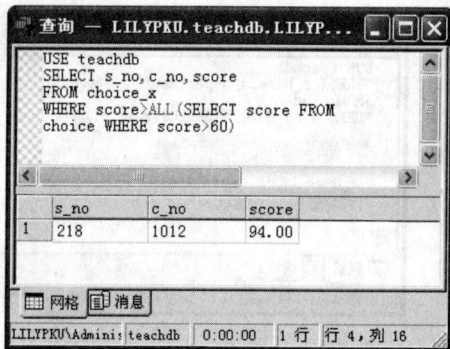

的姓名和所在系信息。二者有异曲同工之妙。

从集合的角度看,本例实际上是求主查询与子查询的差集,即从主查询(student 表)的数据集中减去子查询(choice 表)的数据。这样考虑有助于我们更好地理解 NOT EXISTS 的作用。

通过本例可知,在 SQL Server 中完成某项任务可用不同的方法。为了给大家开阔思路,以下再用一种方法完成本例的功能,请大家思考它的奥妙。

```
USE teachdb
SELECT s_name,s_department
FROM student
WHERE (SELECT COUNT( * ) FROM choice WHERE s_no＝student. s_no)＝0
```

图 4-49 用 NOT EXISTS 引入子查询结果集

4.6.3 嵌套查询与表联接

1. 嵌套查询和表的联接查询可实现相同功能

许多查询既可以用嵌套查询完成,也可以用表的联接完成。请看下面一例。

【例 4.45】 查询 course 表中哪些课程的学分(c_score)与"C 语言"课相同。要求分别用嵌套查询和表的联接来完成。

① 用嵌套查询

程序及查询结果如图 4-50 所示。

② 用表的联接

程序及查询结果如图 4-51 所示。

图 4-50 用嵌套查询完成查询功能

图 4-51 用表的联接完成查询功能

2. 嵌套查询和表的联接查询分别有自己的长处和短处

使用表的联接查询可以在查询列表中显示多个表中的数据,但嵌套查询如果某个表只出现在子查询中而不出现在外部查询中,则该表中的列不能出现在外部查询列表中。

另一方面,使用子查询可以计算一个变化的聚合函数值并返回到外围查询中进行比较,表联接查询就做不到。所以它们分别有自己的长处和短处。要考虑它们的不同适宜场合。

3. 将嵌套查询与表的联接查询组合,最大限度发挥作用

如果同时使用嵌套查询和表的联接查询,就可以使它们取长补短,最大限度地发挥作用。

例如:例 4.33 中查询同学未选修课程的语句,仅对选一门课的学生有效(如 103、104),对选修一门以上课程的学生(如 102),可使用如下查询语句:

select distinct c2. s_no,c1. c_name,c1. c_no from course as c1,choice as c2 where c1. c_no not in(select c_no from choice where s_no='102') and c2. s_no='102'

这里,就同时出现了嵌套查询和两个表的联接。

【例 4.46】 查询成绩(score)大于平均分数的学生的姓名、性别、课程编号和成绩信息。

程序及查询结果如图 4-52 所示。本例用一个子查询生成分数平均值,在外层查询中显示 student 表和 choice 表的相关信息,并通过学生学号实现两表的联接。

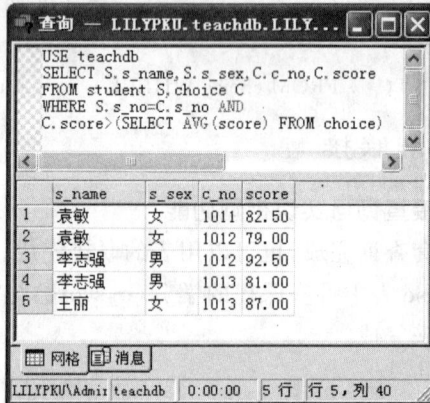

图 4-52 嵌套查询与表联接组合完成查询功能

4.7 通过查询改变数据表数据

前面我们讨论的 SELECT 语句,仅产生供显示的结果集。实际上,通过查询也可以改变存储在数据库表中的数据。

4.7.1 查询结果插入已有表中

SELECT 语句可以嵌套在 INSERT 语句中,将查询返回的结果集插入到某个已存在的数据表中。当然要求被插入数据的表与 SELECT 语句返回的结果集必须兼容,即二者的列数、对应顺序的列的数据类型要一致或相容。

【例 4.47】 向 choice_x 表中插入 choice 表内所有课程号为"1013"的记录。

程序及运行结果如图 4-53 所示。通过查询 choice_x 表可知已将两条记录插入该表中。

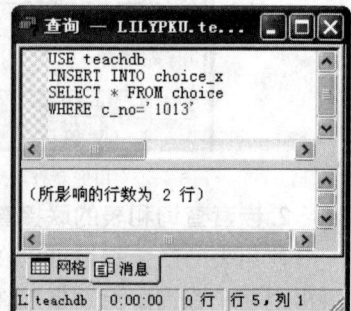

图 4-53 INSERT 语句中嵌套查询语句

4.7.2 根据查询结果修改或删除表中数据

也可以将 SELECT 语句嵌入 UPDATE 语句或 DELETE 语句中,以便根据查询结果修改数据表,或将查询结果作为删除表中数据的依据。

【例 4.48】　将 choice_x 表中计算机系和机电系学生的成绩加 0.5 分。

　　程序及运行结果如图 4-54 所示。由于在 choice_x 表中只有学生的学号，没有所在系的信息，所以通过子查询从 student 表中获取所有计算机系和机电系学生的学号，作为 choice_x 表中修改记录的依据。通过查询 choice_x 表可知已修改了两条记录。

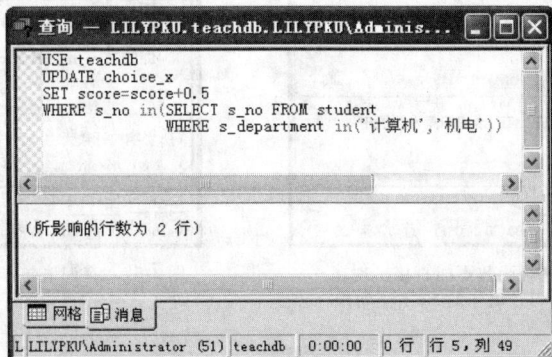

```
USE teachdb
UPDATE choice_x
SET score=score+0.5
WHERE s_no in(SELECT s_no FROM student
             WHERE s_department in('计算机','机电'))


(所影响的行数为 2 行)
```

图 4-54　UPDATE 语句的 WHERE 中嵌套查询语句

【例 4.49】　将 course 表中学分(c_score)字段为空值的记录，用表中学分的平均值填充。

　　程序及运行结果如图 4-55 所示。上一个例子是在 UPDATE 语句的 WHERE 条件检索中嵌套查询语句，本例则是在 UPDATE 语句的 SET 子句中嵌套查询语句，用聚合函数 AVG() 的值来更新所有原学分字段为空值的记录。

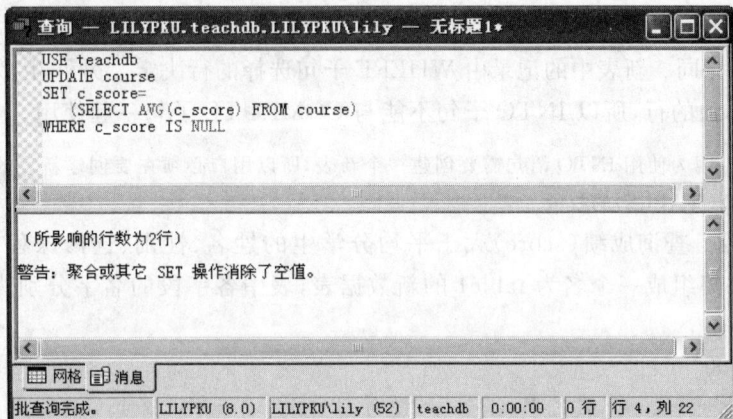

```
USE teachdb
UPDATE course
SET c_score=
    (SELECT AVG(c_score) FROM course)
WHERE c_score IS NULL


(所影响的行数为2行)
警告：聚合或其它 SET 操作消除了空值。
```

图 4-55　在 UPDATE 语句的 SET 子句中嵌套查询语句

　　通过查询 course 表可知，原来两条学分(c_score)为空的记录在该字段均有了值。

　　这里必须注意，本例的子查询语句不能简单地用 AVG(c_score)代替。否则系统报错。如图 4-56 所示。

　　🔔 提示：嵌套在 UPDATE 语句 SET 子句内的 SELECT 语句也可返回多列。用 SET 列名 1，列名 2……＝(子查询)形式使子查询返回值分别修改列 1，列 2……

【例 4.50】　从 student 表中删除在 choice 表内没有对应学号(s_no)的记录。

　　程序及运行结果如图 4-57 所示。本例由查询语句返回 choice 表中的所有学号，然后在 student 表中查找数据记录中的学号有没有与之相对应的,如果有记录找不到对应的学号,则将它删除。通过查询 student 表可知删除了 1 条记录。

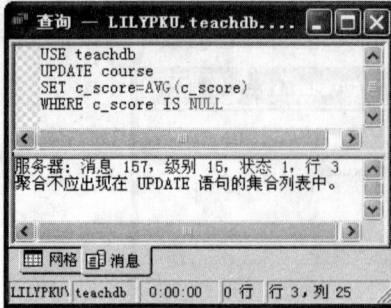

图 4-56 聚合函数不能直接出现在 UPDATE 语句的 SET 子句中

图 4-57 查询语句作为 DELETE 语句的子查询

4.7.3 查询结果创建新表(INTO 子句)

SELECT 语句中的 INTO 子句可以自行创建一个新表,并将查询返回的结果集插入到新表中。

INTO 子句的语法: INTO new_table

其中:new_table 为插入查询结果集而创建的新表名称。

INTO 子句创建的新表中,表的结构由查询语句中的查询项决定。在新表中列的名称取决于查询语句中的查询列表。如果某列加了别名,则新表中该列的名称即为该别名,否则与原列名相同。新表中的记录由 WHERE 子句选择的行决定。另外,因为 COMPUTE 语句将产生单独的行,所以 INTO 子句不能与 COMPUTE 子句一起使用。

提示:因为使用 INTO 语句需要创建一个新表,所以用户必须在要创建新表的数据库中拥有创建表(CREATE TABLE)的权限。

【例 4.51】 查询成绩(score)大于平均分学生的姓名、性别、选修课程编号和成绩。并将查询结果集组成一个名为 table1 的新数据表,表中各字段的名字分别为上面所述的中文名。

```
USE teachdb
SELECT S. s_name AS 姓名,S. s_sex AS 性别,C. c_no AS 选修课程号,C. score AS 成绩
INTO table1
FROM student S,choice C
WHERE S. s_no=C. s_no AND C. score>(SELECT AVG(score) FROM choice)
```

本例基本上是由例 4.46 加上 INTO 子句后所形成。只不过例 4.46 的程序运行后在屏幕显示结果,而本例程序运行后创建一个新表 table1。

我们再用语句:SELECT * FROM table1 来查询新产生的数据表 table1,可以验证它确实存在,并且列名是中文名字。如图 4-58 所示。

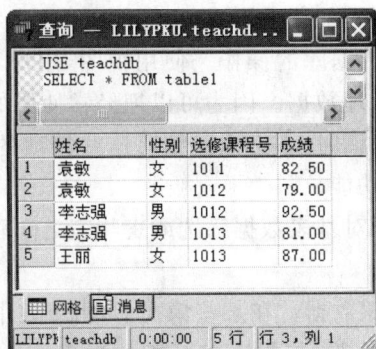

图 4-58 查询新生成的数据表

提示：如果在查询中没有任何满足 WHERE 条件的记录，则只创建新表的结构。

4.8 视 图

4.8.1 视图的概念

1. 什么是视图

在 SQL Server 2000 中，当创建了数据库及表以后，可以根据实际需要创建视图。

视图是一种数据库对象，其中保存的是对一个或多个数据表（或其他视图）的查询定义。因此，视图可看做是从一个或者多个数据表（或其他视图）中导出的虚拟表，它所对应的数据并不真正地存储在视图中，而是存储在所引用的数据表中，被引用的表称为基表，视图的结构和数据是对基表进行查询的结果。

和真实的表一样，视图在显示时也包括被定义的数据列和多个数据行。在视图中最多可以定义 1024 个字段，这些字段可从一个或者多个基表中来获得。视图的记录数只受基表中被引用的记录数的限制。

视图可以用来访问表的一部分、整个表或者多个表，这取决于视图的定义。根据创建视图时给定的条件，视图可以是一个基表的一部分，也可以是多个基表的联合。视图的内容可以是基表中字段或者记录的子集、两个或多个基表的联合或者联接、基表的统计汇总数据、视图的视图以及视图和基表的混合等。

视图被定义后便存储在数据库中。对视图中数据的操作与对表的操作一样，可以进行查询、修改和删除等，但要满足一定的条件。当对视图中的数据进行修改时，相应基表的数据也将发生变化，同样，若基表的数据发生了变化也会自动地反映到视图中来。

2. 视图的优点

使用视图有如下优点：

● 视图可以屏蔽数据的复杂性。可以使用户只关心自己感兴趣的某些特定数据，而那些不需要的或者无用的数据则不在视图中显示出来。视图还可以让不同的用户以不同的方式看同一个数据集的内容。体现数据库的"个性化"要求。

例如，某外贸公司驻全球各地的分公司，可将同一个基表中的数据通过视图分别显示为美元、英镑、日元、马克等不同的货币形式,以方便工作。

● 视图可以简化用户对数据库的操作。使用视图,用户不必了解数据库及实际表的结构,就可以方便地使用和管理数据。因为可以把经常使用的、复杂的查询语句定义为视图,这样在每一次执行相同查询时,不必重新编写这些繁琐的语句,只要一条简单的查询视图语句就可以实现相同的功能。

可见,视图向用户隐藏了对基表数据筛选或表与表之间联接等复杂的操作,简化了对用户操作数据的要求。

● 可以使用视图重新组织数据。在某些情况下,由于表中数据量太大,因此需要对表中的数据进行水平或者垂直分割,如果直接分割数据表,可能会引起应用程序的执行错误。可以使用视图对数据表中的数据进行分块显示,从而使原有的应用程序仍可以通过视图来重载数据。

● 视图提供了一个简单而有效的安全机制。在 SQL Server 中,可以定制不同用户对数据对象的访问权限。通过限制用户直接访问数据库基表的权限,仅允许访问视图,使用户只能查看和修改他们在视图中所能看到的数据,其他表中数据既不可见也不可访问。从而消除了安全隐患。此外,视图所引用表的访问权限与视图权限的设置互不影响。视图的定义语句也可加密。这些都有利于系统的安全性。

3. 对视图的要求

(1)视图的名称必须满足 SQL Server 2000 中规定的标识符的命名规则,且对每个用户必须是唯一的。此外,该名称不得与用户拥有的数据表的名称相同。

(2)只能在当前数据库中创建视图。

(3)一个视图中最多只能引用 1024 个列,视图中记录行的数目限制只由其表中的记录数决定。

(4)如果视图中某一列是函数、数学表达式、常量,则必须为列定义名称。如果来自多个表的列名相同,也必须为列定义名称。

(5)如果视图引用的基表或者视图被删除,则该视图也不能再被使用,直到创建新的基表或者视图。

(6)不能在视图上创建索引,不能在规则和默认对象定义中引用视图。

(7)当通过视图查询数据时,SQL Server 要进行检查,以确保语句中涉及的所有数据库对象都存在,每个数据库对象在语句的上下文中有效。

(8)通过视图修改表中数据时,不能违反数据完整性规则。

4.8.2 使用企业管理器管理视图

1. 创建视图

在 SQL Server 2000 中创建视图有 3 种方法:用企业管理器创建视图,用企业管理器的创建视图向导来创建视图,以及用 Transact-SQL 语句中的 CREATE VIEW 命令创建视图。本节讨论使用企业管理器创建视图的方法。

● 打开企业管理器窗口,打开视图设计窗口。

在企业管理器左边的树状结构窗口中选择指定的 SQL Server 组,展开指定的服务器,打开要创建视图的数据库文件夹,选中指定的数据库。

接着有两种操作方法:

方法一:右击该数据库图标,在弹出的快捷菜单中依次选择"新建(N)"→"视图(V)"命令,打开视图设计窗口。

方法二:在数据库文件夹中,用鼠标右击下一层的"视图"项,在弹出的快捷菜单中选择"新建视图(V)"命令,打开视图设计窗口。

● 在图 4-59 所示的视图设计窗口中,可以直接键入建立视图的 SQL 语句。

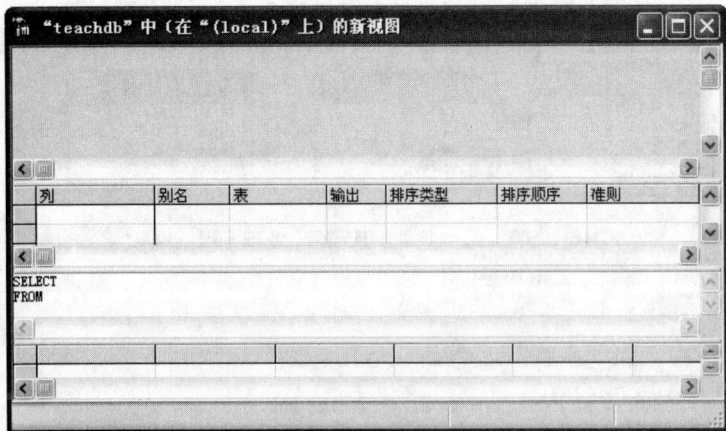

图 4-59 视图设计窗口

右击窗口上部的空白部分,在弹出的快捷菜单中选择"添加表"选项,或者单击工具栏的 按钮,将出现"添加表"对话框,如图 4-60 所示,在该对话框中可以选择需要添加的基表。

图 4-60 "添加表"对话框

● 在"添加表"对话框中有 3 个标签,可以分别用来选择表、视图和函数。在"表"标签的列表框中列出了所有可用的表,选择相应的表作为创建视图的基表,单击"添加(A)"按钮,就可以添加进去;也可以双击某个表名来添加表。使用同样的方法可以切换到"视图"

或"函数"标签,从中选择需要的视图或函数,并依此创建新的视图。

这里利用 Ctrl 键和鼠标配合,同时选中前面建立的 3 个表 student、choice 和 course,并单击"添加"按钮,即可将 3 个表添加到视图设计窗口中。

● 在视图设计窗口中,通过单击加入的基表的字段名左边的复选框,可以选择所需要的字段。这里选择 student 表中的 s_no 和 s_name 字段、course 表中的 c_name 字段以及 choice 表中的 score 字段,此时,在视图设计窗口的中间窗格内出现这些列名,如图 4-61 所示。

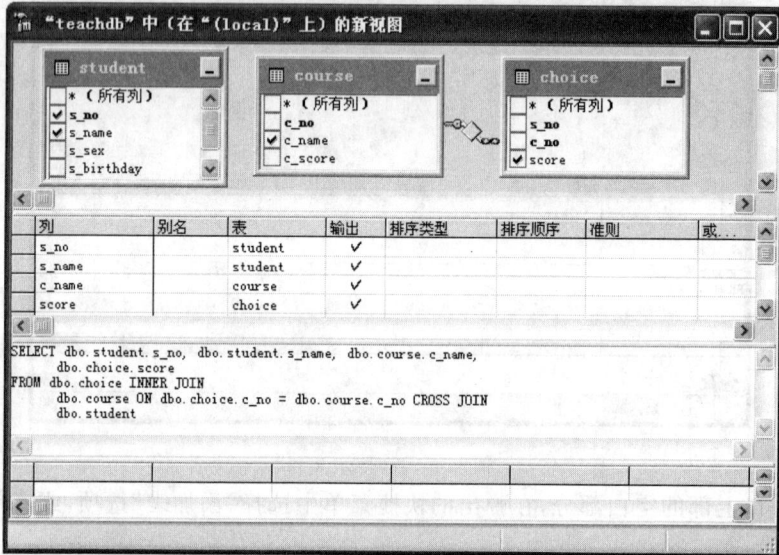

图 4-61 选择视图字段

窗口内的其他的选项说明如下:

①选中"输出"复选框,可以在输出结果中显示该字段。也就是在定义视图的查询语句中作为 SELECT 子句的列表项。

②在"准则"复选框中输入对应字段的限制条件,可以选择输出的记录。在定义视图的查询语句中该限制条件对应 WHERE 子句。

③可在"排序顺序"中指定组合排序的先后顺序,在"排序类型"中指定升序或降序。在定义视图的查询语句中它们对应 ORDER BY 子句。

● 右击窗体,在弹出的快捷菜单中选中"分组"选项,可出现"分组"列,用于设置分组条件,在定义视图的查询语句中它们对应 GROUP BY 子句。

● 右击窗体,在弹出的快捷菜单中选择"属性"选项,出现视图"属性"对话框,如图 4-62 所示。在该对话框中,"DISTINCT 值"可以设置不输出重复的记录,"加密浏览"可以实现对视图定义加密,选中"顶端"复选框可以限制视图最多输出的记录条数。在定义视图的查询语句中它对应 TOP n[PERCENT]选项。

● 要运行并输出该视图结果,可以在视图设计窗口中单击工具栏中的"运行"按钮,或者右击窗口空白区域,在弹出的快捷菜单中选择"运行"命令,则可根据设置的查询语句,在本窗口最下面的数据结果区显示生成的视图内容。如图 4-63 所示。

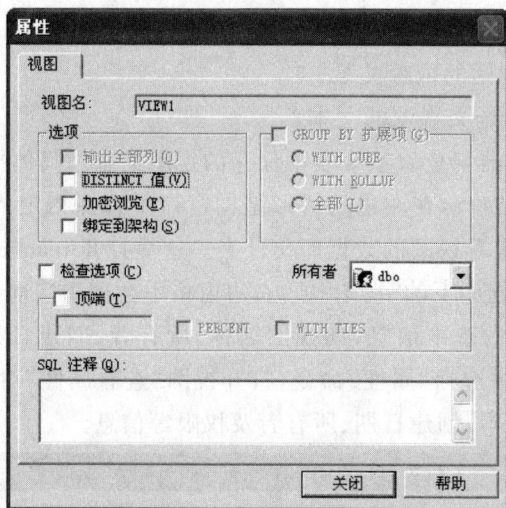

图 4-62 视图"属性"对话框

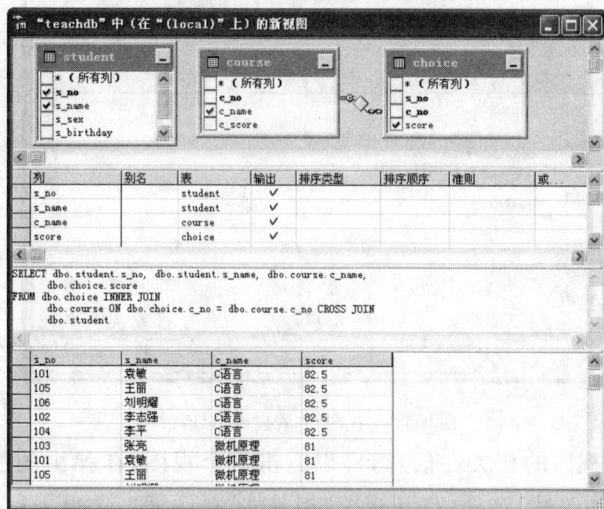

图 4-63 视图运行结果

● 如果想保存视图的定义,可以单击工具栏中的"保存"按钮,或者在窗口上部显示数据表的窗格内单击右键,在弹出的快捷菜单中选择"保存"命令保存视图。

这里输入"V-score"作为视图名,并单击"确定"按钮,即可完成本例中视图的创建。

提示:在企业管理器中也可以创建数据查询,生成 SELECT 语句。以上介绍的在企业管理器中创建视图的过程与创建查询的过程大体相同。

2.查看视图

每当创建了一个新的视图后,会在系统表中保存该视图的信息。SQL Server 2000允许用户通过查看系统表获得视图的名称、视图的所有者、创建视图的时间以及视图定义等有关信息。存放视图信息的系统表主要有以下几个:

sysobjects:存放视图的名称等基本信息。

syscolumns：存放视图中定义的列。

sysdepends：存放视图的依赖关系。

syscomments：存放定义视图的文本。

可以通过企业管理器来查看系统表中保存的视图信息。具体操作步骤如下：

● 打开企业管理器窗口，在左边的树形结构窗口中选择指定的 SQL Server 组，展开指定的服务器，打开要查看视图的数据库文件夹。这里打开 teachdb 数据库文件夹。

● 选择 teachdb 数据库下的"视图"项，右边窗格中会列出当前数据库中的所有视图。

● 如果要查看视图的基本信息，如视图名称、所有者、创建日期等，可以右击某个视图，在弹出的快捷菜单中选择"属性"命令，打开视图"查看属性"对话框，如图 4-64 所示。从中查看视图的定义文本、创建日期、所有者及权限等信息。

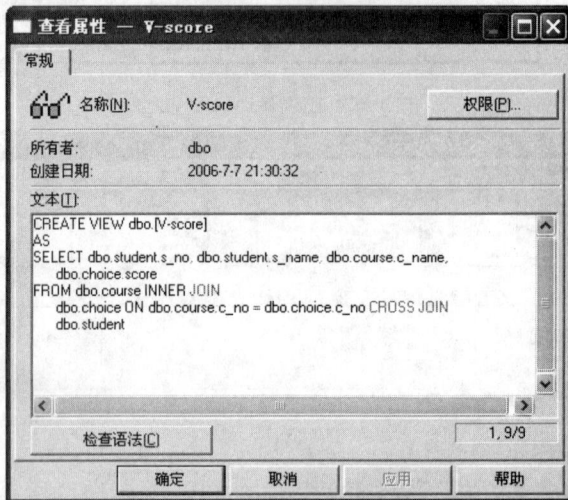

图 4-64　视图"查看属性"对话框

● 如果要查看视图的相关性信息，可以右击某个视图，在弹出的快捷菜单中依次选择"所有任务/显示相关性"选项，打开视图"相关性"对话框。这里用鼠标右击 V-score 视图，打开它的"相关性"对话框，如图 4-65 所示。

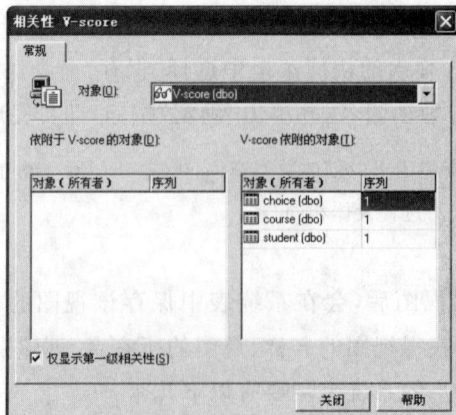

图 4-65　视图"相关性"对话框

在"相关性"对话框的上部,显示当前视图对象的名称及所有者,在下面的两个列表框中分别显示依附于视图的对象和该视图所依附的对象。本例中没有其他对象依附于 V-score 视图,而 V-score 视图依附的对象是表 course、choice 和 student。

如果在相关性对话框中选中下部的"仅显示第一级相关性"复选框,则表示只查看选定对象的第一级相关性。

● 如果要查看视图的输出数据,可以右击某个视图,在弹出的快捷菜单中依次选择"打开视图/返回所有行(或者返回特定行)"命令,就会显示该视图的输出数据。

这里右击 V-score 视图名称,在弹出的快捷菜单中选择"打开视图/返回所有行"命令。显示的结果如图 4-66 所示。

图 4-66　视图输出数据窗口

3. 修改视图

如果已经定义的视图不能满足要求,可以使用企业管理器修改视图。

在企业管理器中,右击要修改的视图名称,在弹出的快捷菜单中选择"设计视图"命令,即出现视图设计窗口,该窗口与创建视图时的窗口相同,如前面图 4-61 所示。可以按照创建视图的方法修改视图。

4. 重命名视图

可以在企业管理器中对现有的视图重新命名。右击要修改名称的视图,在弹出的快捷菜单中选择"重命名"命令(或鼠标双击要修改名称的视图),该视图的名称就变成可输入状态,可以直接输入新的视图名称。

修改完成后,会弹出"重命名"对话框,确认是否真要重命名,如图 4-67 所示,单击"是"按钮即可完成重命名操作。也可单击"查看相关性"按钮,查看与视图有关的其他数据库对象情况。

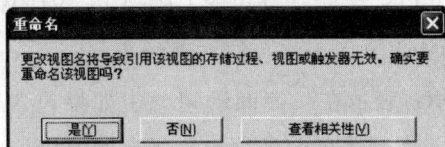

图 4-67　"重命名"对话框

5. 删除视图

对于不再使用的视图，可以用企业管理器删除它。右击该视图名称，在弹出的快捷菜单中选择"删除"命令，出现"除去对象"对话框，如图 4-68 所示。

在确认删除之前，应该查看视图的相关性窗口，查看是否有数据库对象依赖于将被删除的视图。如果存在这样的对象，那么首先确定是否还有必要保留该对象，如果不必继续保存，可以直接删除掉该视图，否则应

图 4-68 "除去对象"对话框

该放弃删除，或者把该对象的依赖关系改成对数据库表的依赖（一般来说，表是数据库中相对稳定的对象，不会被轻易删除）。在"除去对象"对话框中，单击"显示相关性"按钮，可显示与视图有关的数据表和视图。

检查了数据相关性后，单击"全部除去"按钮，即可删除该视图。

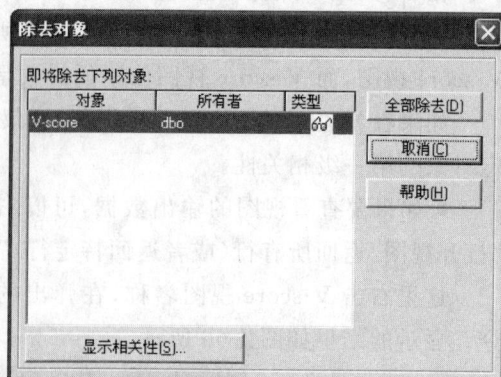

4.8.3　使用 Transact-SQL 语言管理视图

1. 创建视图

除了可以利用企业管理器创建视图外，也可使用 Transact-SQL 语言中的 CREATE VIEW 语句创建视图。

● 语法格式

CREATE VIEW ［＜数据库名＞.］［＜所有者＞.］视图名［(列[,...n])]

[WITH ＜{ENCRYPTION|SCHEMABINDING|VIEW_METADATA}＞[,...n]]

AS

查询语句

[WITH CHECK OPTION]

● 参数说明

(1)数据库名：用于指定创建视图的数据库。如果不指定数据库名，默认为当前数据库。

(2)所有者：用于指定创建视图的用户名。所有者必须是数据库名所指定的数据库中的现有用户，默认为数据库名所指定的数据库中与当前连接相关联的用户名。

(3)列：用于指定视图中的字段名称。

(4)WITH ENCRYPTION：表示加密包含 CREATE VIEW 语句文本在内的系统表列。WITH ENCRYPTION 主要用于将存储在系统表 syscomments 中的语句加密。

(5)SCHEMABINDING：表示在＜查询语句＞中如果包含表、视图或者引用用户自定义函数，则表名、视图名或者函数名前必须包含所有者前缀。

（6）VIEW_METADATA：表示如果某一查询中引用该视图且要求返回浏览模式的元数据时，那么 SQL Server 将向 DBLIB、ODBC 和 OLE DB API 返回视图的元数据信息，而不是返回基表。

（7）查询语句：用于创建视图的 SELECT 语句。利用 SELECT 命令可以从多个表中或者视图中选择列构成新视图的列，也可以使用 UNION 关键字联合多个SELECT语句。但是，在 SELECT 语句中，不能使用 ORDER BY、COMPUTE、COMPUTE BY 语句和 INTO 关键字以及临时表。

（8）WITH CHECK OPTION：用于强制以后在视图上执行的所有数据修改语句都必须符合由＜查询语句＞设置的准则。通过视图修改数据行时，WITH CHECK OPTION 选项可确保提交修改后，仍可通过视图看到修改后的数据。

【例 4.52】 使用 Transact-SQL 语句创建一个新视图，命名为 v_abf。要求基表的来源为 teachdb 数据库的 student、course 和 choice 表。选择的字段为：student 表中的 s_no 和 s_name 字段、course 表中的 c_name 字段及 choice 表中的 score 字段。

程序清单如下：

```
USE teachdb
GO
CREATE VIEW v_abf
AS
SELECT student. s_no,student. s_name,
course. c_name,choice. score
FROM student,course,choice
WHERE student. s_no＝choice. s_no AND
course. c_no＝choice. c_no
```

在查询分析器中执行上面的程序，将生成视图 v_abf。为了查看视图中的数据，在查询分析器中输入语句：SELECT ＊ FROM v_abf。

查询结果如图 4-69 所示。

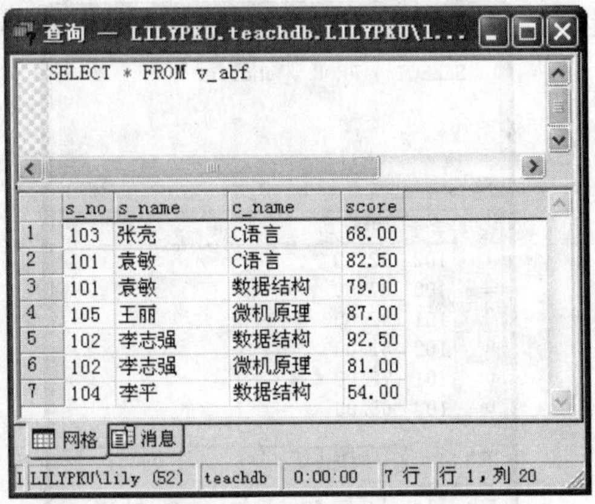

图 4-69　查询视图 v_abf 结果显示

注意：CREATE VIEW 必须是批处理中的第一条语句。所以，使用 USE 语句指定数据库后必须加 GO 语句来分隔，否则运行时将出错。

【例 4.53】 使用 Transact-SQL 语句创建一个新视图，命名为 v_choice1。基表的来源为 teachdb 数据库的 choice 表。选择该表成绩大于 60 分的记录，视图只选取 s_no 和 score 两个字段并用中文命名。要求对视图加密，并且强制以后在视图上执行的所有数据修改都必须符合由 WHERE 设置的条件（即成绩大于 60）。

程序清单如下：

```
USE teachdb
```

```
GO
CREATE VIEW v_choice1(学号,成绩)
WITH ENCRYPTION
AS
SELECT s_no,score
FROM choice
WHERE score>60
WITH CHECK OPTION
```

在查询分析器中执行上面的程序,将生成视图 v_choice1。

为了查看视图中的数据,在查询分析器中输入语句:SELECT ＊ FROM v_choice1。查询结果如图 4-70 所示。由图可见,列名已为中文名称了。

需要指出的是,视图定义语句中的 WITH 参数的位置是不能任意放置的。例如,我们将本例中的 WITH CHECK OPTION 放到前面去,则运行时系统报错,如图 4-71 所示。

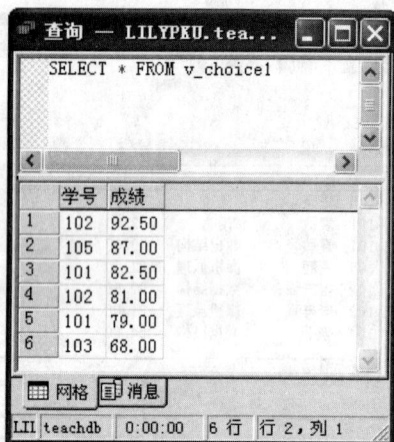

图 4-70　查询视图 v_choice1 结果显示

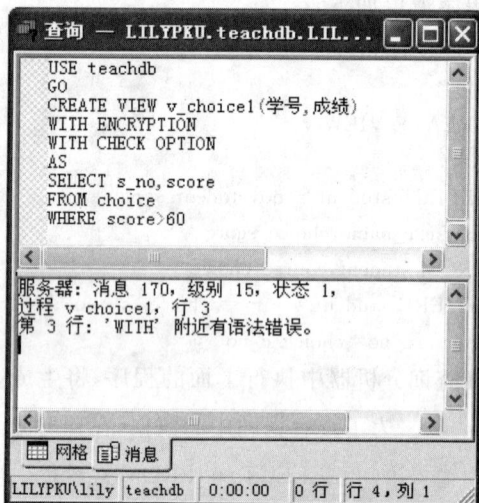

图 4-71　视图定义中的参数位置不能颠倒

提示:由于已经创建了视图对象,如果我们再次运行该视图定义语句将会出错。需先将该视图对象删除后才可重新运行。可在查询分析器窗口的对象浏览器中直接删除创建的视图。如果相应视图看不到,可先刷新一下(右击数据库文件夹下的"视图",然后在弹出的快捷菜单中选择"刷新"命令)。

现在,我们用系统提供的存储过程 sp_helptext 分别查看上两个例子定义的视图文本。在例 4.52 中创建的视图 v_abf 能顺利显示视图定义的文本内容,如图 4-72 左图所示(当然,必须要有相应的权限)。但例 4.53 由于在创建视图时使用了 WITH ENCRYPTION参数,所以即使有可查看视图定义文本的权限,也不能显示文本的内容,如图 4-72 右图所示。

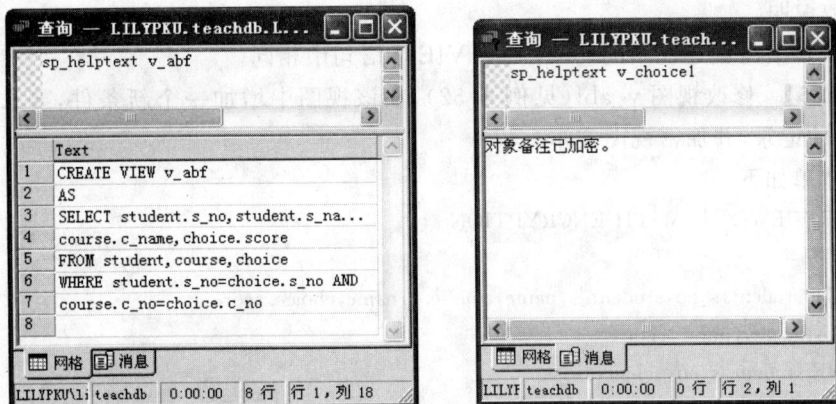

图 4-72　视图定义中 WITH ENCRYPTION 参数的作用

【例 4.54】　使用 Transact-SQL 语句创建一个新视图，命名为 v_choice2。要求基表的来源为 teachdb 数据库的 choice 表。查询每个学生的平均分数，显示学号(s_no)和平均分(列标题为 average)。

程序清单如下：

USE teachdb
GO
CREATE VIEW v_choice2
AS
SELECT s_no,AVG(score) AS average
FROM choice
GROUP BY s_no

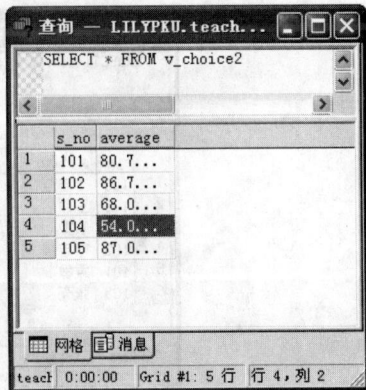

图 4-73　查询视图 v_choice2 结果显示

在查询分析器中执行上面的程序，将生成视图 v_choice2。

为了查看视图中的数据，在查询分析器中输入语句：SELECT ＊ FROM v_choice2。

程序的执行结果如图 4-73 所示。

2. 修改视图

可以使用 Transact-SQL 语言中的 ALTER VIEW 语句修改视图(但必须拥有使用视图的权限)。

● 语法格式

ALTER VIEW 视图名
［(列［,...n])］
［WITH ENCRYPTION］
AS
＜查询语句＞
［WITH CHECK OPTION］

● 参数说明

各参数含义与创建视图的 CREATE VIEW 语句中相同。

【例 4.55】 修改视图 v_abf(见例 4.52),在该视图中增加一个新条件,要求只显示 score>60 的记录,并加密视图文本。

程序清单如下:

```
ALTER VIEW v_abf WITH ENCRYPTION
AS
SELECT student. s_no,student. s_name,course. c_name,choice. score
FROM student,course,choice
WHERE student. s_no=choice. s_no
AND course. c_no=choice. c_no
AND choice. score>60
```

在查询分析器中执行上面的程序,将修改已创建的视图 v_abf。

为了查看修改后的视图,在查询分析器中输入语句:SELECT * FROM v_abf。

查询结果如图 4-74 所示。

对照图 4-69 可知,原来 54 分的记录现在已不再显示出来。

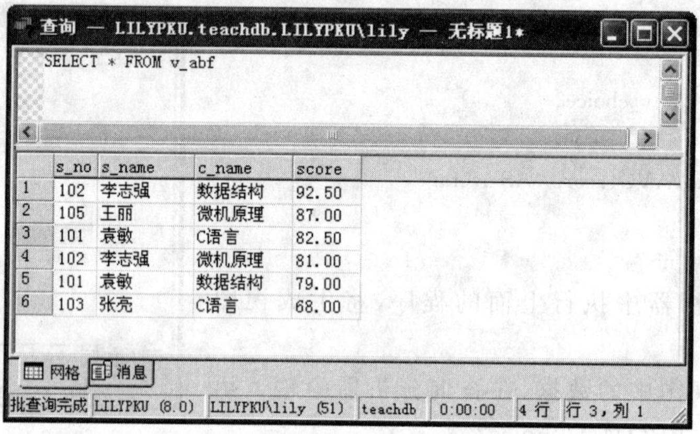

图 4-74 修改后的视图

3. 删除视图

对于不再使用的视图,可以使用 Transact-SQL 语句中的 DROP VIEW 命令删除它。

● 语法格式:DROP VIEW 视图名 [,...n]

● 参数说明

可以使用该命令同时删除多个视图,要删除的各视图名称之间用逗号分隔。

【例 4.56】 删除视图 v_abf。

程序清单如下:

```
DROP VIEW v_abf
```

在查询分析器中执行上面的语句即可删除视图 v_abf。刷新查询分析器左边的对象浏览器窗口,或打开企业管理器对应数据库的视图窗口,会发现该视图已从对应数据库中删除。

4.8.4 使用视图操作表数据

由于视图是一个虚拟表,对视图中数据的操作将直接影响基表,所以会有一定的限制。本节将讨论这些问题。首先简单介绍使用企业管理器插入、更新、删除视图中数据的基本操作方法。

在企业管理器中向视图插入记录的方法是:打开要插入记录的视图,如图 4-75 所示。然后在返回的视图数据记录表格的最下面一行中直接插入新记录即可。

如果要修改记录,亦可在返回的视图数据记录表格中直接修改。同样,在返回的视图数据记录表格中选中某行后直接按 Delete 键,就可删除记录。

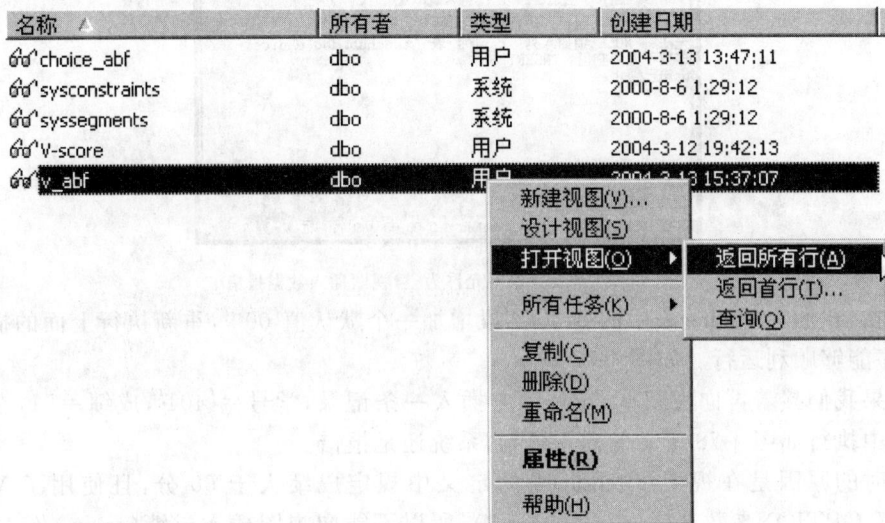

名称 ▲	所有者	类型	创建日期
choice_abf	dbo	用户	2004-3-13 13:47:11
sysconstraints	dbo	系统	2000-8-6 1:29:12
syssegments	dbo	系统	2000-8-6 1:29:12
V-score	dbo	用户	2004-3-12 19:42:13
v_abf	dbo	用户	2004-3-13 15:37:07

新建视图(V)...
设计视图(S)
打开视图(O) ▶ 返回所有行(A)
　　　　　　　 返回首行(T)...
　　　　　　　 查询(Q)
所有任务(K) ▶
复制(C)
删除(D)
重命名(M)
属性(R)
帮助(H)

图 4-75　打开视图快捷菜单

1. 插入数据记录

可以向视图插入新的记录,但应该注意新插入的数据实际存放在与视图相关的基表中。

通过视图向基表插入数据有以下的限制:

(1)由于视图只取基表中的部分列,通过视图添加的记录也只能传递这些列的数据,故要求其他在视图中不存在的列允许为空(NULL),如果不允许为空(NOT NULL)则要有默认值或其他能自动计算或自动赋值的属性(如 IDENTITY)。否则,不能向视图插入数据。

(2)如果在定义视图的查询语句中使用了聚合函数或 GROUP BY、HAVING 子句等,则不允许对视图进行插入或更新。在定义视图的查询语句中使用了 DISTINCT 选项,也不允许对视图进行插入或更新操作。

(3)如果在视图定义中使用了 WITH CHECK OPTION 选项,则在视图上插入的数据必须符合定义视图的 SELECT 语句所设定的条件。

(4)不能在一个插入语句中向多个基表插入数据。如果视图引用了多个数据表,通过该视图向这些基表添加数据时应书写多个插入语句。

在满足以上要求的情况下,就可使用企业管理器向视图插入数据记录,也可用

Transact-SQL 语句向视图插入记录,其命令与向数据表插入记录的命令相同,也是用 INSERT 语句,只是将表名改为视图名。

【例 4.57】 向视图 v_choice1 中插入一条记录,学号 = '401',成绩 = 99。

程序如图 4-76 所示,但在查询分析器中执行时,系统报错。原因是视图 v_choice1 对应的基表 choice 中除了学号(s_no)和成绩(score)字段外,还有一个课程号字段(c_no),该字段不允许为空且无默认值设置(本题的视图 v_choice1 见例 4.53)。

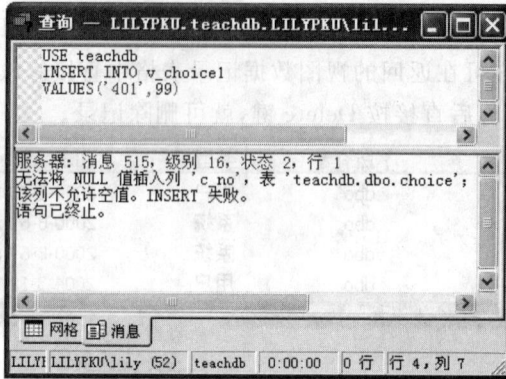

图 4-76 基表字段不允许为空,视图插入数据报错

现在,我们为 choice 表中的 c_no 字段增加一个默认值'000',重新执行上面的插入语句,程序能够顺利运行。如图 4-77 所示。

如果我们接着再向视图 v_choice1 中插入一条记录,学号 = '401',成绩 = 51,在查询分析器中执行如图 4-78 所示的插入语句,系统还是报错。

此时的原因是在视图 v_choice1 的定义中规定成绩大于 60 分,且使用了 WITH CHECK OPTION参数选项(参看例 4.53),所以不能向视图插入成绩(score)不大于 60 分的记录。

图 4-77 添加默认值后视图插入数据成功

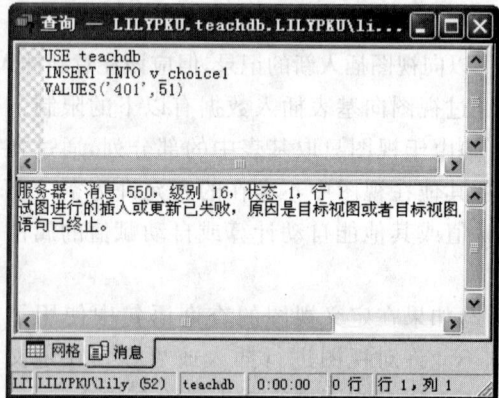

图 4-78 WITH CHECK OPTION 参数使视图
不能插入不满足条件的记录

为了能通过视图向基表插入不满足视图 WHERE 条件的记录,我们修改视图 v_choice1的定义,去掉原来定义中的 WITH CHECK OPTION 选项,然后重新向该视图插入成绩为 51 分的记录,程序运行成功,如图 4-79 所示。

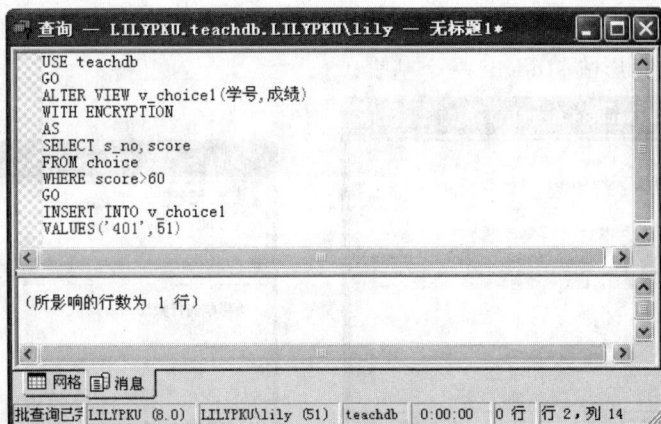

图 4-79 去掉 WITH CHECK OPTION
后能插入不满足条件的记录

刷新查询分析器左边的对象浏览器窗口,右击 choice 表,在弹出的快捷菜单中选择"打开"命令,显示 choice 表的数据。可发现成绩为 51 分的记录确实已插入表中。

【例 4.58】 向视图 v_choice2 插入一条记录,s_no='402',average=90。

程序及运行结果如图 4-80 所示。在查询分析器中执行该程序,系统报错,如图 4-80 所示。原因是视图 v_choice2 的定义中包含了聚合函数 AVG(score)及 GROUP BY 子句(参见例 4.54),所以不能插入记录。

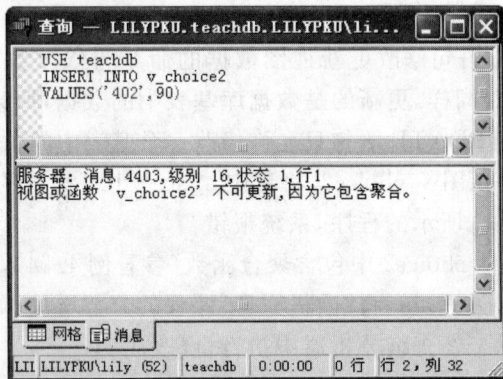

图 4-80 不能向包含聚合函数的视图插入数据

【例 4.59】 在例 4.52 中已创建一个基于表 student、course、choice 的视图 v_abf,该视图选取 teachdb 数据库中 student 表的 s_no 和 s_name 字段、course 表的 c_name 字段及 choice 表中的 score 字段。问能否用以下程序向该视图插入一行数据:

s_no='107',s_name='敖冰峰',c_name='网页制作',score=88

程序清单如下:

```
USE teachdb
INSERT INTO v_abf
VALUES('107','敖冰峰','网页制作',88)
```

在查询分析器中执行该程序,系统报错,如图 4-81 所示。原因是程序中一条 INSERT 语句影响多个基表,这是不允许的。

将程序作如图 4-82 所示的修改,则在查询分析器里程序执行成功。原因是程序中一条 INSERT 语句只影响 student 一个基表。

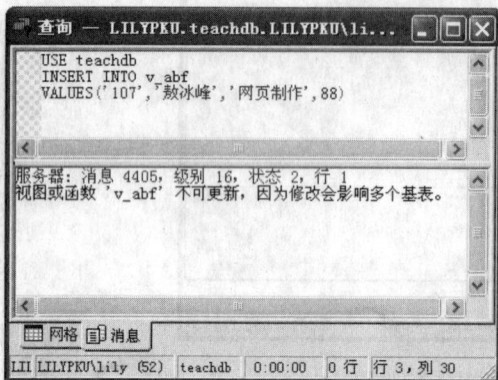

图 4-81 INSERT 语句影响多个基表,系统报错   图 4-82 INSERT 语句影响一个基表,数据插入成功

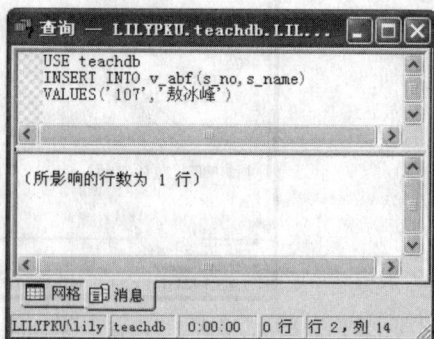

通过查看 student 表可知确实已在该表中插入了这条记录。

值得指出的是,由于原程序中的后两个数据('网页制作',88)所对应的基表(course 表和 choice 表)中均存在不能为空的字段,所以无法通过视图 v_abf 插入数据。此外,因为根据视图 v_abf 的定义,在 student 表中单独插入的学号为 107、姓名为"敖冰峰"的记录不满足表的联接条件,所以该记录在视图 v_abf 中也不存在。

2. 更新数据记录

只要有相应的权限,就可以修改更新视图中的数据记录。

使用 Transact-SQL 语句修改更新视图数据的命令与修改数据表数据的命令相同,也是用 UPDATE 语句。同样,更新的是数据库基表中的数据,所以也应该注意与插入数据类似的限制,如一条 UPDATE 语句只允许修改一个基表中的数据等。

【例 4.60】 欲修改视图 v_choice2,将其中 s_no='101'记录的 average 设为 70,在查询分析器中执行如图 4-83 所示的程序,系统报错。

出错的原因是视图 v_choice2 中包含聚合函数(参看例 4.54),所以它不能更新。

【例 4.61】 修改视图 v_abf,将"微机原理"课程的分数增加 0.5 分。

程序如图 4-84 所示。在查询分析器中执行,修改成功。

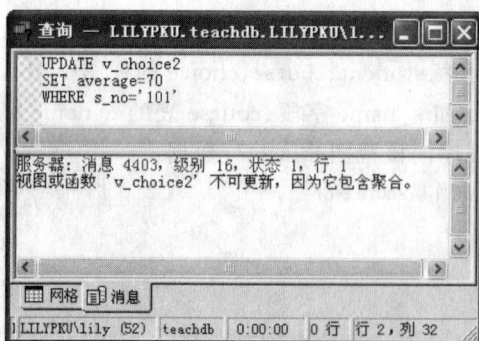

图 4-83 视图有聚合函数不能更新数据   图 4-84 用 UPDATE 语句修改一个基表数据

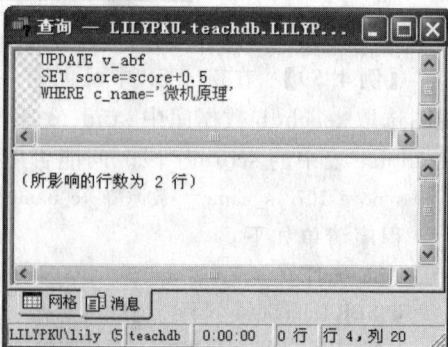

注意:这里仅修改了一个基表中的数据,所以是允许的。如果在一条 UPDATE 语句中修改多

个基表中的数据,系统同样要报错。

3. 删除数据记录

可以删除视图的数据记录,删除的实际是数据库基表中的数据记录。

使用 Transact-SQL 语句删除视图数据的命令与删除数据表数据的命令相同,也是用 DELETE 语句。只是 DELETE 语句中 WHERE 条件引用的字段是视图中定义过的字段。同时应注意,如果视图数据来自两个或两个以上的数据基表,则不允许删除该视图数据。

【例 4.62】　使用如图 4-85 所示的程序删除视图 v_abf 中的数据失败。原因是该视图中的数据来自三个表(解决对策参见第 5 章例 5.38)。

【例 4.63】　使用如图 4-86 所示的程序删除视图 v_choice1 中学号为'401'的数据行。在查询分析器中执行该程序顺利完成。

可以检查,该记录确实在视图 v_choice1 和对应基表 choice 中都删除了。

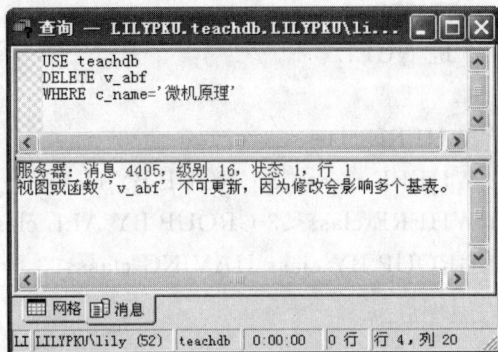

图 4-85　DELETE 不能删除多个基表的数据　　　图 4-86　DELETE 语句删除单表的视图数据

提示:请注意以上程序中的学号用中文名字,因为在定义视图 v_choice1 时用的是中文名。

习题与实训

一、单项选择题

1. 以下不是 SQL Server 查询语句中关键字的是_____。

A. OUTER　　　　B. FOR　　　　C. FROM　　　　D. UNION

2. 在查询时指定结果集中列的别名不能使用_____形式。

A. 列 AS 别名　　　B. 列 别名　　　C. 别名=列　　　D. 别名 列

3. 以下聚合函数中,除_____外在计算中均忽略空值。

A. SUM()　　　　B. COUNT()　　　C. AVG()　　　D. COUNT(*)

4. 以下_____中不能直接使用聚合函数。

A. SELECT 子句　　　　　　　B. WHERE 子句

C. HAVING 子句　　　　　　　D. 以上三者

5. 以下叙述正确的是_____。

A. SELECT 可以简化为 SELE

B. 查询时可以对 text 数据类型的列排序

C. 在 SELECT 语句中可以直接使用"％"求百分比

D. 指定列的别名时不一定要用引号将别名字符串括起来

6. 以下不是 SQL Server 数据表联接方式的是_____。

A. 内联接　　　　B. 外联接　　　　C. 交叉联接　　　　D. 隐含联接

7. 在 SQL Server 中不能在_____中嵌入子查询。

A. SELECT 子句　　　　　　　B. WHERE 子句

C. GROUP BY 子句　　　　　　D. HAVING 子句

8. 在 SQL Server 查询中,以下除_____外的三种方式引入子查询列表具有相同的效果。

A. IN　　　　　　B. ＝ANY　　　　C. ＝ALL　　　　D. ＝SOME

9. 某查询语句运行后返回的结果集为:1 班 72

2 班 75

3 班 NULL

则最有可能的查询语句是以下_____。

A. SELECT AVG(score) FROM test WHERE class＜3

B. SELECT AVG(score) FROM test WHERE class＜3 GROUP BY class

C. SELECT AVG(score) FROM test WHERE class＜3 GROUP BY ALL class

D. SELECT AVG(score) FROM test GROUP BY class HAVING class＜3

10. 以下关于视图的叙述,不正确的是_____。

A. 可以使视图的定义不可见

B. 可以在视图上创建视图

C. 可以在视图上创建索引

D. 将视图的基表从数据库删除后,视图也一并删除

二、填空题

1. 如果希望查询时在返回的结果集中不出现重复行,可以在 SELECT 子句中使用关键字_____;如果希望在分组后将不满足 WHERE 子句条件的组也列出来,可以在 GROUP BY 子句中使用关键字_____。

2. 通过将_____与分组子句(GROUP BY)组合,可以得到分组统计值;将_____放入 COMPUTE BY 子句中也可得到分组统计值,但 COMPUTE BY 子句必须与_____子句一起使用。

3. 在 SQL Server 中既可以在_____子句中定义表的联接,也可以在_____子句中定义表的联接。

4. 一个表和其自身进行内联接称为_____。在进行这种联接查询时,必须对表_____。

5. 数据表的外联接可分为_____、_____和_____。

6. 在 SQL Server 2000 中,用 LIKE 匹配字符时,可使用通配符_____、_____、_____和[＾]。

7. 使用_____关键字可以合并多个查询结果集数据,合并后的结果集中的列名取自_____查询结果集的列名。

8. 在 SQL Server 查询中,如果子查询的结果集是一个多行多列的表,则在主查询中用关键字_____或_____来引入该子查询的结果集。

9. 视图中的数据存储在_____中,SQL Server_____在不同的表上建立视图。

10. 在视图中最多可定义_____个字段,视图的记录数_____。

三、操作题

(以下第 1～6 题对教学数据库 teachdb 进行操作,第 7～10 题对第 1 章和第 2 章课后练习中创建的 test1 数据库及相关表进行查询操作)

1. 编写一条查询语句,从课程表(course)中检索出所有课程名(c_name)中含有"数"字的记录,显示 c_name 和 c_score 两个字段,列标题名分别为"课程名称"和"学分"。

2. 编写一条查询语句,从学生表(student)中检索所有 1982 年 10 月以后出生的学生的信息。显示内容第一列为 s_name(列标题为"姓名")、第二列为 s_department(列标题为"专业")、第三列为常数"现在年龄"(无列标题)、第四列为该学生现在的年龄(列标题为"年龄")。并按"年龄"从大到小排序(提示:计算年龄用第 5 章 SQL Server 函数)。

3. 根据教师表(teacher)和讲授表(teaching)两数据表通过查询生成一张新的数据表inquire,该数据表保存 t_name(教师姓名)和 c_no(讲授课程)两个字段。

4. 编写一条查询语句,使用右外联接方式从课程表(course)和选课表(choice)中检索所有课程被学生选修的情况。显示课程名(c_name)和选修该课学生的学号(c_no)。

5. 将上一题的查询结果生成一个名为"V_EM1"的视图。

6. 编写一条查询语句,根据课程表(course)、选课表(choice)和学生表(student)显示"数据结构"课程成绩高于该课程平均成绩的学生信息。显示课程名称(c_name)、学生姓名(s_name)和成绩(score)。

7. 写一条 SELECT 语句,对 test1 数据库使用右外联接方式显示 employees 表中的所有职工姓名以及所负责的项目名称。要求分别用 FROM 和 WHERE 中定义联接的形式写出命令。

8. 写一条 SELECT 语句,按从高到低的顺序显示 test1 数据库的 employees 表中所有工资不为空的员工的姓名和工资,并在最后显示平均工资值。

9. 写一条 SELECT 语句,显示 test1 数据库中工资最高的职工所负责的项目,显示项目名称、项目负责人、工资三列信息。

10. 创建一个基于表 employees 的视图(V_EM2),按从高到低的顺序显示 test1 数据库 employees 表中所有工资不为空的员工的姓名和工资。并要求加密视图定义。

第 5 章

Transact-SQL 程序设计

内容概述

Transact-SQL 是 SQL Server 2000 的重要组成部分,如果不熟悉 Transact-SQL 程序设计,就无法构建高效、强大且稳定的系统。

本章首先介绍 Transact-SQL 的变量、运算符、函数和流程控制语句等基本语言元素,使用它们可以进一步丰富查询操作。在此基础上介绍 SQL Server 中的游标、存储过程、触发器等重要数据库对象,通过它们可以提高 Transact-SQL 程序设计的可靠性和灵活性,实现数据库应用系统复杂的功能。

5.1 Transact-SQL 程序设计基础

在前面章节中我们介绍了 Transact-SQL 的概念、特点和在数据库操作中的应用,Transact-SQL 作为嵌入在 SQL Server 2000 中的程序设计语言,具有强大的程序设计能力和丰富的语言元素,本节介绍 Transact-SQL 的语言元素,包括变量、运算符、函数等。

5.1.1 变量

变量是程序设计语言中必不可少的组成部分。在 SQL Server 系统中用变量保存程序运行过程的中间值,也可通过变量在语句之间传递数据。变量由系统或用户定义并赋值。

SQL Server 中的变量分为全局变量和局部变量两种,其中全局变量的名称以两个@字符开始,由系统定义和维护;局部变量名称以一个@字符开始,由用户自己定义和赋值。

1. 全局变量

全局变量是 SQL Server 系统内部使用的变量,通常存储一些 SQL Server 的配置设定值和统计数据。它是一组由 SQL Server 事先定义好的变量,这些变量不能由用户定义,也不是由用户向它赋值的。它们对用户而言是只读的,用户一般不能对它们进行修改,但可以引用。SQL Server 2000 提供的全局变量共有三十多个,以下列举部分常用全局变量。

表 5.1	全局变量表
全局变量名	功　　能
@@CONNECTIONS	返回从 SQL Server 启动以来连接或试图连接的次数
@@DBTS	返回当前 timestamp 数据类型的值,该值在数据库中是唯一的
@@ERROR	返回最后执行的一条 Transact-SQL 语句的错误代码
@@IDENTITY	返回最后插入的标识值
@@IDLE	返回 SQL Server 启动后闲置的时间,单位:毫秒
@@LOCK_TIMEOUT	返回当前会话的锁超时设置,单位:毫秒
@@MAX_CONNECTIONS	返回 SQL Server 上允许同时连接用户的最大值
@@MAX_PRECISION	返回 decimal 和 numeric 数据类型所使用的精度级别
@@OPTIONS	返回当前 SET 选项的信息
@@REMSERVER	返回远程 SQL Server 数据库服务器在登录记录中出现的名称
@@ROWCOUNT	返回受上一语句影响的行数
@@SERVERNAME	返回运行 SQL Server 的本地服务器名称
@@TRANCOUNT	返回当前连接的活动事务数

【例 5.1】　利用@@SERVERNAME 查看本地服务器名称,并显示截止到当前时刻试图登录 SQL Server 的次数。

程序及运行结果如图 5-1 所示。在查询分析器结果网格框中可以看到本地服务器名及在当前时刻用户登录的次数。

【例 5.2】　查看 student 表的所有记录并利用@@ROWCOUNT 统计记录数。

程序及运行结果如图 5-2 所示。查询到 10 条记录,所以在下面显示该查询语句影响的行数为 10。

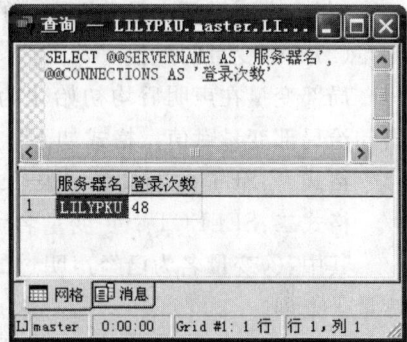

图 5-1　显示服务器名及用户试图登录的次数

2.局部变量

局部变量是在程序中保存数据值的变量,它的作用范围仅限于程序内部。局部变量通常用于下面三种情况:

● 作为计数器,统计或控制循环执行的次数;

● 保存数据值以供控制流语句测试;

● 保存由存储过程或代码返回的数据值。

(1)局部变量的声明

使用 DECLARE 语句声明局部变量,格式为:

DECLARE {@变量名　数据类型}[...n]

其中:变量名必须以@字符开头,且命名必须符合 SQL Server 标识符规定。

数据类型是除 cursor、text、ntext、image 外的任何由 SQL Server 系统提供的或用户定义的数据类型。

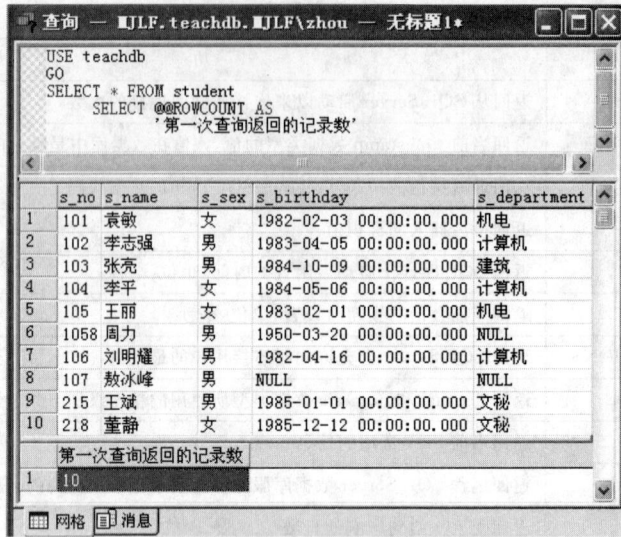

图 5-2　返回上一条语句影响的行数

可同时定义多个变量,各变量间用","隔开。

例如:声明局部变量@String 的语句: DECLARE @String CHAR(30)。

(2)局部变量的赋值

局部变量在声明后均初始化为 NULL。在声明局部变量后,可用 SET 或 SELECT 语句给局部变量赋值。格式如下:

格式一:SET @变量名＝表达式

格式二:SELECT {@ 变量名＝表达式 }[,...n]

其中:@变量名为已经声明过的变量;表达式为任何有效的 SQL Server 表达式,包括标量子查询。

在后一种格式中可给多个变量赋值。但用 SET 给变量赋值时,每个 SET 语句一次只能给一个变量赋值。

【例 5.3】　在 SELECT 语句中使用局部变量,查找教师表 teacher 中所有职称(t_duty)为"副教授"的教师姓名、性别及职称。

程序及运行结果如图 5-3 所示。从结果网格框中可以看到,在 teacher 表中有两位教师的职称是"副教授"。

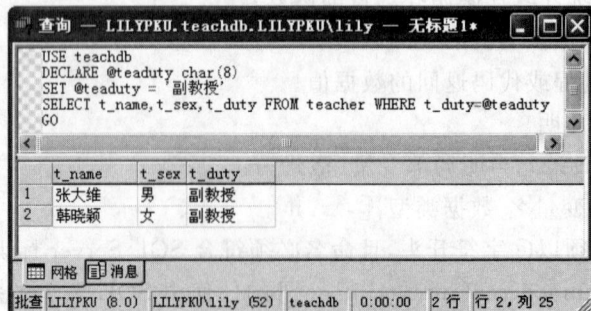

图 5-3　用 SET 语句给局部变量赋值

【例 5.4】 查询学生表 student 中的记录数，并赋给局部变量。

程序及运行结果如图 5-4 所示。

注意在以上程序中，第一条 SELECT
命令用于将查询结果向局部变量 @record-
count 赋值，此时，它并不显示结果。只有
第二条 SELECT 语句才显示结果。从网
格框中可以看出当前学生表 student 中共
有 14 条记录。

@变量名通常用于返回单个值。如果
表达式为列名有可能返回多个值，此时将
返回的最后一个值赋给变量。另外，如果

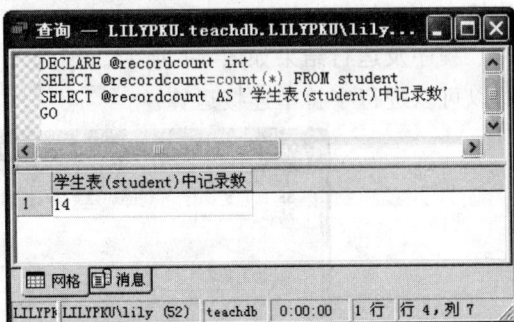

图 5-4 用 SELECT 语句给局部变量赋值

表达式是不返回值的标量子查询，则将给变量赋 NULL 值。

5.1.2 运算符

在 SQL Server 2000 中，运算符主要有：算术运算符、赋值运算符、比较运算符、逻辑
运算符以及字符串连接运算符等，它们能够用来实现算术运算、字符串连接、赋值以及在
字段、常量和变量之间进行比较等功能。

我们已经在第 4 章讨论查询语句的 WHERE 子句时，介绍了比较运算符和逻辑运算
符的使用，而上小节介绍对局部变量的赋值中使用的等号（"＝"）就是赋值运算符。下面
我们对算术运算符和字符串连接运算符作简单说明。

算术运算符可以在两个表达式上执行数学运算，这两个表达式可以是任何数字数据
类型。算术运算符包括加（＋）、减（－）、乘（＊）、除（/）和取模（％）等。其中取模运算是将
两个整型数相除取余数，例如：34％8 的值为 2。

字符串连接运算符可以将两个或多个字符串连接在一起，在 SQL Server 2000 中使
用加号（＋）作为字符串连接运算符。例如：'上海'＋'2010 世博会'＝'上海 2010 世博会'。

【例 5.5】 使用算术运算符和字符串连接运算符例。

程序及运行结果如图 5-5 所示。本例使用字符串连接运算符将字符型变量的值与字
符串"同学"连接起来，又将分数（score）增加 10％。

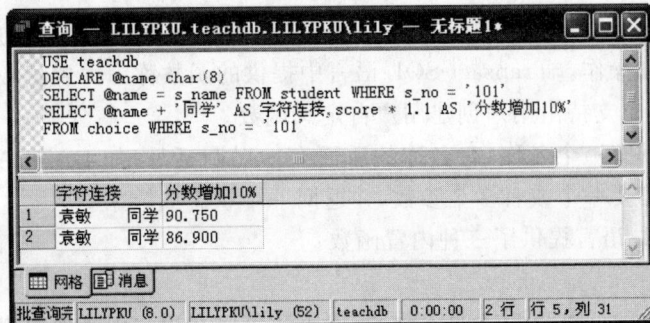

图 5-5 使用算术运算符和字符串连接运算符

【例 5.6】 以下程序将教师表 teacher 中的职称(t_duty)字段和姓名(t_name)字段连接在一行显示。

程序及运行结果如图 5-6 所示。因为 t_duty 和 t_name 这两个字段都是字符类型,所以可以进行字符串连接运算。

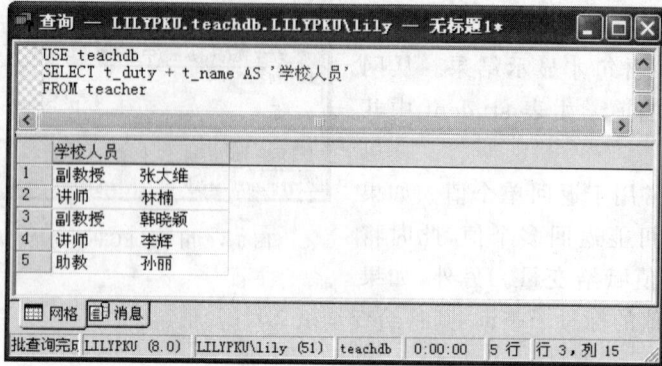

```
查询 — LILYPKU.teachdb.LILYPKU\lily — 无标题1*
USE teachdb
SELECT t_duty + t_name AS '学校人员'
FROM teacher
```

	学校人员	
1	副教授	张大维
2	讲师	林楠
3	副教授	韩晓颖
4	讲师	李辉
5	助教	孙丽

网格 消息

批查询完成 LILYPKU (8.0) LILYPKU\lily (51) teachdb 0:00:00 5 行 行 3, 列 15

图 5-6 使用字符串连接运算符将两个字段在一行显示

当一个复杂的表达式中包含多种运算符时,运算符的优先顺序将决定表达式的计算和比较顺序。在 SQL Server 2000 中,运算符的优先级从高到低如表 5.2 所示,如果优先级相同,则按照从左到右的顺序进行运算。

表 5.2 运算符优先级表

名称	运算符	优先级
括号	( )	1
乘、除、取模运算符	* , / , %	2
加减运算符	+ , −	3
比较运算符	= , > , < , > = , < > , ! = , ! > , ! <	4
逻辑非运算符	NOT	5
逻辑与运算符	AND	6
逻辑或运算符	OR	7
赋值运算符	=	8

5.1.3 函数

像其他程序设计语言一样,在 Transact-SQL 语言中也提供了大量的函数,用来执行一些特殊的运算和操作。Transact-SQL 语言中提供的函数称为内置函数,不能修改。同时 Transact-SQL 也支持由用户创建用户自定义函数。

每一个函数都有一个名称,在名称的后面有一对圆括号,如 DATEADD()。大部分函数在圆括号中需要一个或者多个参数,并返回一个状态或数据。

Transact-SQL 语言提供了三种内置函数:

① 行集函数

行集函数是指返回结果为表的函数,行集函数可以在语句中当作表引用。

②　聚合函数

聚合函数用于对一组值进行计算并返回一个单一的值。聚合函数常用在 SELECT 语句中。我们已经在第 4 章介绍了聚合函数的内容,这里不再重复。

③　标量函数

标量函数用于对传递给它的一个或者多个输入参数进行处理和计算,并返回一个值。输入参数的类型为基本类型,返回值也为基本类型。

标量函数可以应用在任何一个有效的表达式中。下面介绍 SQL Server 2000 中最常用的几种标量函数:字符串函数、数学函数、日期和时间函数、转换函数、系统函数。

1.字符串函数

字符串函数用于对字符串进行处理,常用的字符串函数见表 5.3。

表 5.3　　　　　　　　　　　　常用字符串函数

函　数	功　能
ASCII	返回第一个字符的 ASCII 值
CHAR	返回相同 ASCII 代码值的字符
CHARINDEX	返回字符串中指定表达式的起始位置
DIFFERENCE	比较两个字符串
LEFT	返回从字符串左边开始的指定个数的字符
LEN	返回给定字符串表达式的字符个数,其中不包含尾随空格
LTRIM	删除字符串数据前面的空格
LOWER	将大写字母转换成小写字母
REPLICATE	按照给定的次数,重复表达式的值
RIGHT	返回字符串中从右边开始到指定位置的部分字符
REVERSE	反向字符串表达式
RTRIM	去掉字符串后面尾随的空格
SOUNDEX	返回一个四位数代码,比较两个字符串的相似性
SPACE	返回指定长度的空格
STUFF	从指定位置开始,把给定长度的字符串用给定的另一组字符串代替
SUBSTRING	返回指定字符串的一部分
STR	将数值数据变成字符串返回
UPPER	将给定的字符串中的小写字母转换成大写字母

【例 5.7】　使用字符串函数例。

程序及运行结果如图 5-7 所示。

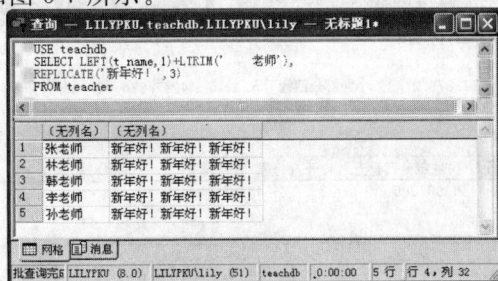

图 5-7　使用字符串函数

本例中用 LEFT() 函数取 teacher 表中姓名字段的第一个字符(即姓氏)与字符串
" 老师"连接,在连接时用 LTRIM() 函数去掉" 老师"前面的空格,最后用
REPLICATE() 函数显示三个"新年好!"。注意,在 LEFT 语句中的参数"1",既可以指 1
个汉字也可以指 1 个英文字符,要根据所截取的字符串来定。

2.数学函数

数学函数用于对数值表达式进行数学运算并返回运算结果。数学函数可以对 SQL
Server 提供的数值数据(decimal、int、float、real、money、smallmoney、smallint 和 tinyint)
进行处理。默认情况下,数学函数的参数为 decimal 数据类型。

在 SQL Server 中,常用的数学函数如表 5.4 所示。

表 5.4　　　　　　　　　　　　常用数学函数

数学函数	功　能
ABS	返回数值表达式的绝对值
ASIN、ACOS、ATAN	反正弦、反余弦、反正切
SIN、COS、TAN、COT	正弦、余弦、正切、余切
DEGRESS	将弧度转化为角度
RADIANS	将角度转化为弧度
EXP	返回给定数据的指数值
LOG	返回给定数据的自然对数
LOG10	返回底为 10 的对数值
SQRT	返回给定值的平方根
CELING	返回大于或者等于给定值的最小整数
FLOOR	返回小于或者等于给定值的最大整数
POWER	返回给定表达式乘指定次方的值
ROUND	将给定的数值四舍五入到指定的长度或精度
RAND	返回 0 到 1 间的一个随机数
SIGN	测试给定的数值是否为正、负或 0,分别返回 1、−1 或 0
PI	常量 π,3.141592653589793

【例 5.8】　使用数学函数例。

程序及运行结果如图 5-8 所示。

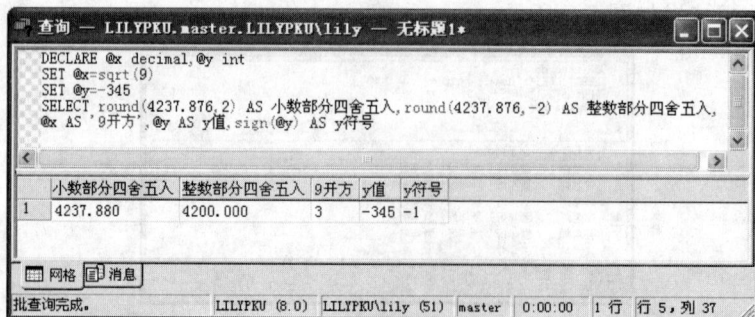

图 5-8　使用数学函数

本程序演示了部分数学函数的功能。根据图中显示结果,不难得知这些函数的功能。

请注意 ROUND ()函数不仅能对小数部分进行四舍五入,还能对整数部分进行四舍五入。其他函数的具体用法可参见 Transact-SQL 帮助文档。

3. 日期和时间函数

日期和时间函数用于对日期和时间数据进行各种不同的处理和运算,并返回一个字符串、数字值或日期和时间值。可以在 SELECT 语句的 SELECT 和 WHERE 子句中使用日期和时间函数。

常用的日期和时间函数如表 5.5 所示。

表 5.5　　　　　　　　　　　　常用的日期和时间函数

函　　数	功　　能
DATEADD	返回将指定日期加上一段日期或时间后的值
DATEDIFF	返回两个指定日期时间数据之差
DATENAME	返回日期 date 中 datepart 指定部分所对应的字符串
DATEPART	返回日期 date 中 datepart 指定部分所对应的整数值
GETDATE	返回当前的日期和时间
DAY	返回指定日期的代表日的整数
MONTH	返回指定日期的月份数
YEAR	返回指定日期的年份数

【例 5.9】　使用日期函数例。

程序及运行结果如图 5-9 所示。本例程序用 GETDATE()函数获取系统当前日期,并用 DATEPART()函数从系统当前日期中分离出月份信息。第二条 SELECT语句从一个日期常数中分离出月、日、年。

【例 5.10】　查询学生(student)表,利用学生的出生日期求学生的年龄。

程序及运行结果如图 5-10 所示。这里利用 GETDATE() 函数获取机器现在

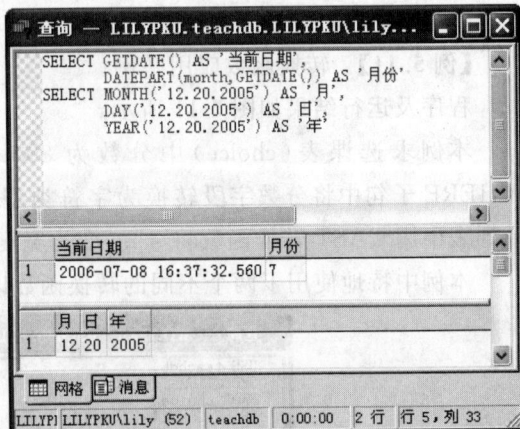

图 5-9　使用日期函数

的日期,将它的年份与出生日期的年份相减即获得每个学生的年龄。

🌀注意:在程序中的语句 SET NOCOUNT ON 表示在输出结果中不显示受 Transact-SQL 语句影响的行数信息。

4. 转换函数

一般情况下,SQL Server 会自动处理某些数据类型的转换。例如,比较 char 和 datetime 表达式,smallint 和 int 表达式,或不同长度的 char 表达式,SQL Server 可以将它们自动转换,这种转换称为隐式转换。但是,有些无法由 SQL Server 自动转换的或者是 SQL Server 自动转换的结果不符合预期结果的,就需要使用转换函数作显式转换。

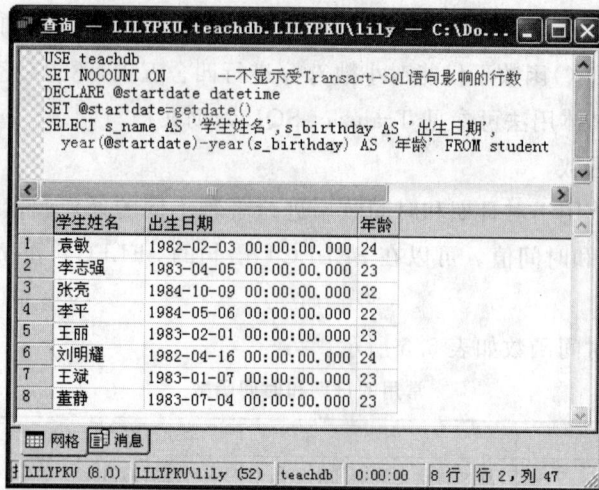

图 5-10 根据出生日期计算年龄

转换函数有两个:CAST 和 CONVERT。

● CAST 函数允许把一种数据类型强制转换为另一种数据类型,其语法为:

CAST(表达式 AS 数据类型)

● CONVERT 函数允许用户把表达式从一种数据类型转换成另一种数据类型,还允许把日期转换成不同的格式,其语法为:

CONVERT(数据类型[(length)],表达式[,格式])

其中,格式选项能以不同格式显示日期和时间。具体参数的取值请参考联机丛书。

【例 5.11】 转换函数应用举例。

程序及运行结果如图 5-11 所示。

本例求选课表(choice)中分数为 80~89 分(即以 8 打头)的学生的信息。在WHERE 子句中将分数字段转换为字符类型,以便可以使用模式匹配操作。另外,在显示列表中用 CAST 转换函数将 s_no 变为宽度为 15 的字符类型,以扩大显示的列宽。

本例中特地使用了两个不同的转换函数以演示它们的不同用法。

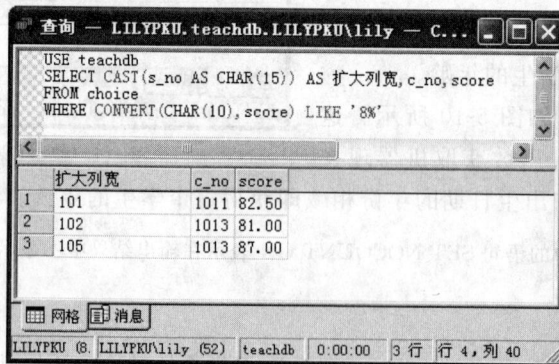

图 5-11 转换函数的用法

5.系统函数

系统函数用于返回有关 SQL Server 系统、用户、数据库和数据库对象的信息。

系统函数可以让用户在得到信息后,使用条件语句根据返回的信息进行不同的操作。与其他函数一样,可以在表达式以及 SELECT 语句的 SELECT 和 WHERE 子句中使用系统函数。

SQL Server 2000 中常用的系统函数如表 5.6 所示。

表 5.6　　　　　　　　　　　　　系统函数

函　数	功　能
COALESCE	返回其参数中的第一个非空表达式
COL_NAME	返回表中指定字段的名称,即列名
COL_LENGTH	返回指定字段的长度值
DB_ID	返回数据库的编号
DB_NAME	返回数据库的名称
DATALENGTH	返回任何数据表达式的实际长度(占用的字符数)
GETANSINULL	返回数据库原默认空值设置
HOST_ID	返回客户机标识号
HOST_NAME	返回客户机计算机名称
IDENT_INCR	返回表中标识性字段的增值量
IDENT_SEED	返回表中标识性字段的初值
ISDATE	检查给定的表达式是否为有效的日期格式
ISNULL	用指定值替换表达式中的指定空值
INDEX_COL	返回索引的列名
ISNUMERIC	检查给定的表达式是否为有效的数字格式
NULLIF	如果两个表达式相等,则返回 NULL 值
OBJECT_ID	返回数据库对象的编号
OBJECT_NAME	返回数据库对象的名称
SUSER_SID	返回用户的服务器安全帐号
SUSER_NAME	返回用户的服务器登录名
USER_ID	返回用户的数据库帐号
USER_NAME	返回数据库用户名
STATS_DATE	返回最新的索引统计日期

【例 5.12】　使用系统函数例。

程序及运行结果如图 5-12 所示。

本例在显示学生表 student 中的学生所在系字段时,用"未定"两字来代替原表中的 NULL 值,使显示更清楚。另外,还使用系统函数 DB_NAME()查询当前的数据库名。

6.用户自定义函数

在 SQL Server 中,允许用户自定义函数。在用户自定义函数中也可以包含参数(称为形式参数,简称形参)。函数的返回值可以是数值,也可以是一个表。

下面介绍较常用的返回数值的用户自定义函数。

(1)创建返回数值的用户自定义函数

语法格式:

CREATE FUNCTION 函数名称 (形参名称 AS 数据类型)

图 5-12　使用系统函数

RETURNS 返回值数据类型

BEGIN

＜函数内容＞

RETURN 表达式

END

其中：函数名称必须符合 SQL Server 2000 标识符的规则。

函数中可不带形参，也可声明一个或多个形参，形参名必须用@符号作为第一个字符。

关键字 BEGIN...END 构成了函数体，函数体内的代码用于实现该函数的功能。

在函数体中，使用 RETURN 语句指示退出该函数，并返回 RETURN 后面的值。位于 RETURN 之后的语句将不会执行。

提示：RETURN 语句不仅用于函数，还用于存储过程、批处理或语句块中的退出，并返回数值。在存储过程中一般给调用过程或应用程序返回整型值，RETURN 不能返回空值。如果过程试图返回空值（例如，使用 RETURN@var1 且@var1是 NULL），将生成警告信息并返回值 0。

（2）调用用户自定义函数

语法格式：

变量＝用户名.函数名称(实际参数列表)

在调用函数时，常常使用给变量赋值的方法将函数的返回值赋给变量。调用函数时要向函数定义中的形参传递实际参数，两者的数量、类型、顺序必须一致。另外，在调用返回数值的用户自定义函数时，一定要在函数名称的前面加上用户名，否则会出现错误提示信息。

【例 5.13】　为了帮助大家掌握用户自定义函数的用法，我们先编写一个不带输入参数的用户自定义函数 average_1。用于计算选课表 choice 中分数的总平均分。然后用一条查询语句将所有分数大于该平均分的信息显示出来。

程序清单（自定义函数）：

USE teachdb

GO

CREATE FUNCTION average_1()

```
RETURNS real
BEGIN
DECLARE @aver real
SELECT @aver＝（SELECT AVG(score) FROM choice）
RETURN @aver
END
```

　　该自定义函数建立后，就可直接调用来查看总平均分。也可在查询语句的 WHERE 条件中使用，避免了子查询嵌套的情况。语句如下：

　　SELECT ＊ FROM choice WHERE score ＞ dbo.average_1()

　　程序运行结果如图 5-13 所示。

　　从图中可以看到，我们还用语句 SELECT dbo.average_1()直接将 average_1()函数的值（总平均分）也显示出来。

　　🐾 提示：用户自定义函数创建后，可在企业管理器窗口或查询分析器中的对象浏览器窗口中对应的数据库结点下查看。

　　【例 5.14】　编写一个用户自定义函数 average。要求根据输入学号，求得该学生选修的各门课程的平均成绩。

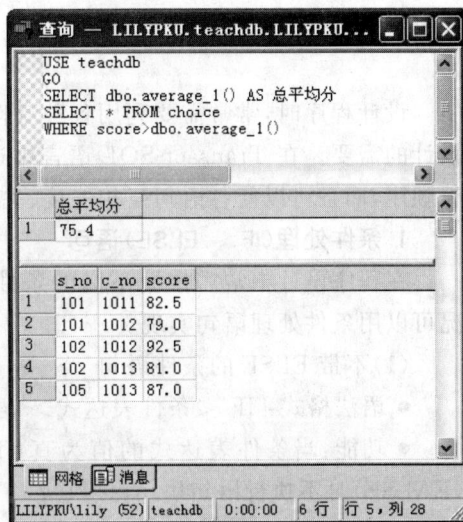

图 5-13　使用用户自定义函数

　　程序及运行结果如图 5-14 所示。本程序首先定义了一个带参数(@stuno)的自定义函数 average()，该函数返回 choice 表中某学号学生各门课的平均成绩，具体查询的学号 s_no 由@stuno 传递。然后演示了调用该自定义函数的方法。

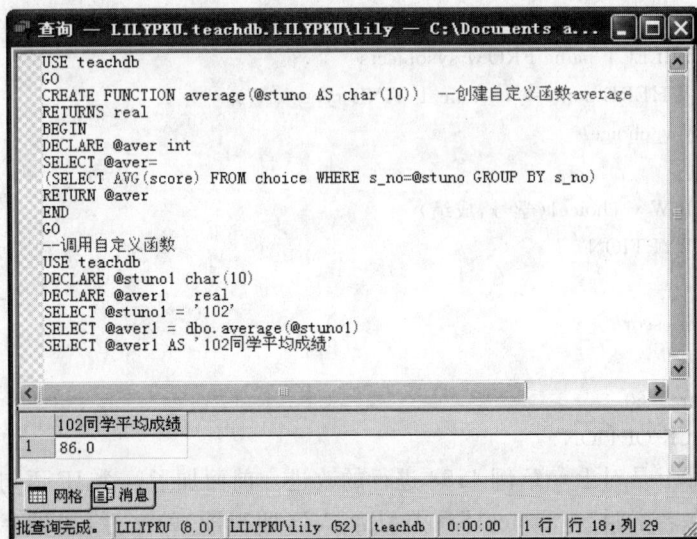

图 5-14　用户自定义函数

由此可知,创建了 average( )函数后,就很容易求任何学生各门课的平均分,只要输入:SELECT dbo. average ($'××'$) 即可,其中××为要查询的学号。

🐛 **提示**:在调用自定义函数时,函数名前的 dbo 表示具有在数据库中执行所有活动权限的用户。具有系统管理员权限的用户都是每个数据库中的 dbo 用户。

5.2 程序流程控制

设计程序时,常常需要利用各种流程控制语句来改变计算机的执行流程,以满足程序设计的需要。在 Transact-SQL 语言中通过使用流程控制语句,不但可以改变语句的执行顺序,而且可以使各语句互相连接、关联和相互依存。

1.条件处理(IF...ELSE)语句

在程序设计中常需根据不同的条件,分别执行不同的 Transact-SQL 语句。这种情况可以用条件处理语句实现。

(1)不带 ELSE 的条件语句

● 语法格式:IF <条件表达式> 语句块

● 功能:当条件表达式的值为真(TRUE)时执行语句块;当条件表达式的值为假(FALSE)时不执行语句块,直接执行 IF 语句的下一条语句。

【例 5.15】 在 SQL Server 2000 的每个数据库中都有一个名为"sysobjects"的系统表,其中记载了所有数据库对象(表、视图、存储过程和触发器等)的信息。如果系统已经存在了某数据库对象(如视图 v_choice1),现在要重新运行创建该对象的 CREATE 语句,系统必定提示出错。可先用 IF 语句进行判断,如果系统已存在该对象,先将其删除,然后再执行 CREATE 语句重新创建。如下所示。

程序清单:

```
USE teachdb
IF EXISTS(SELECT name FROM sysobjects
          WHERE name='v_choice1' AND type='V')
DROP VIEW v_choice1
GO
CREATE VIEW v_choice1(学号,成绩)
WITH ENCRYPTION
AS
SELECT s_no,score
FROM choice
WHERE score>60
WITH CHECK OPTION
```

该程序实际上是对上一章例 4.53 进行的改进。前面加了一个 IF 语句判断是否已经在数据库中存在名字叫"v_choice1"且类型为"V"(即视图)的文件,如果存在则用 DROP 语句删除该对象。

程序中的 type 为数据库对象的类型。常用的对象类型有:用户数据表(U)、视图

（V）、存储过程（P）、触发器（T）等。

提示：在 SQL Server 中，也可以使用无条件转移语句（GOTO）将程序流程转移到指定位置继续执行。如果将 GOTO 语句作为 IF 语句中＜条件表达式＞后的语句，则构成条件转移语句。

（2）带 ELSE 的条件语句
● 语法格式
IF ＜条件表达式＞
　　语句块 1
ELSE
　　语句块 2

● 功能：当条件表达式的值为真（TRUE）时执行语句块 1，然后执行 IF 语句的下一条语句；条件表达式的值为假（FALSE）时执行语句块 2，然后执行 IF 语句的下一条语句。

【例 5.16】　查询"计算机原理"课程上课人数，如果人数超过 40 人，则显示"进行分班上课"。

程序及在查询分析器中运行结果如图 5-15 所示。

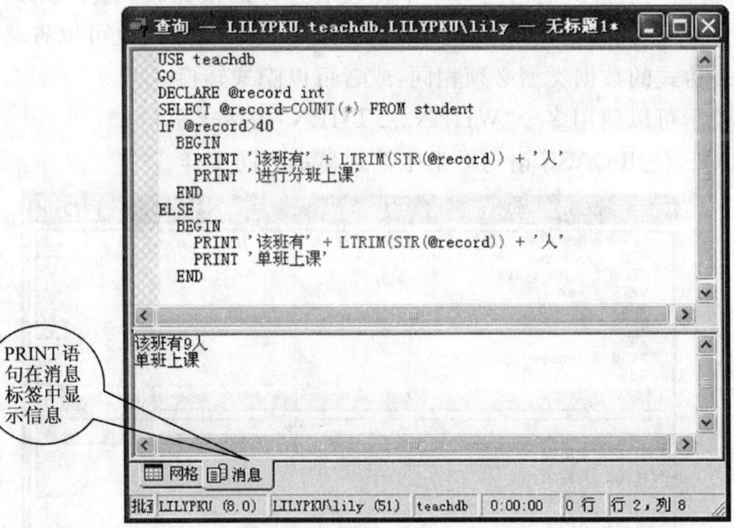

图 5-15　使用 IF...ELSE 语句

说明两点：

第一，因为在 IF 和 ELSE 后面分别有两条语句，所以要用 BEGIN...END 将它们作为语句块处理。

在 SQL Server 中，可以将一组 Transact-SQL 语句作为一个整体单元处理，这就需要使用 BEGIN 和 END 来标注起始和结束位置。它们相当于 C/C++中的"{ }"。

第二，在本例程序中使用了一条 PRINT 命令。它可以在查询分析器窗口的"消息"标签中显示用户的信息。PRINT 命令的格式是：

PRINT 字符串｜局部变量｜全局变量

请比较以下两段程序在查询分析器中运行结果的区别，这样能更好地理解 PRINT 语句的作用。

① USE teachdb　　　　　　　② DECLARE @number char(4)

```
SELECT s_no                SELECT @number＝s_no
FROM student               FROM student
WHERE s_name＝′袁敏′        WHERE s_name＝′袁敏′
GO                         PRINT @number
运行结果在"网格"标签内显示  运行结果在"消息"标签内显示
```

2．CASE 语句

CASE 语句可以根据多个选择决定程序执行的流程。相当于 IF...ELSE 语句的嵌套,但结构更清楚。

(1)简单 CASE 语句

● 语法格式

```
CASE 输入表达式
WHEN 比较表达式 THEN 结果表达式[...n]
[ELSE 最终结果表达式]
END
```

● 功能:将输入表达式的值与每一个比较表达式的值比较,若相等,则返回对应结果表达式的值;否则返回最终结果表达式的值。最终结果表达式也可以省略。输入表达式和每个比较表达式的数据类型必须相同,或者可以隐式转换。

[...n]表示可以使用多个"WHEN...THEN"表达式子句。

【例 5.17】 使用 CASE 语句对学生性别显示不同字样。

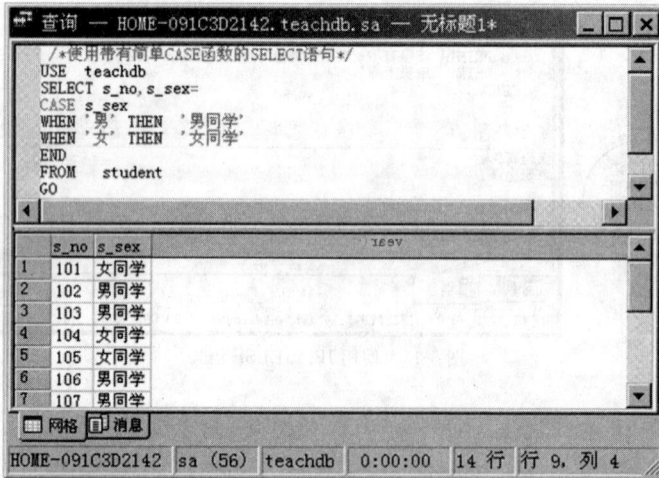

图 5-16 使用简单的 CASE 语句

程序及在查询分析器中运行结果如图 5-16 所示。

从图中的网格框中可以看到,用 CASE 语句将学生表(student)里性别字段中的"男"、"女"分别用"男同学"、"女同学"来代替。实际应用时,在数据表中常用单个字符表示性别(如用"M"表示男,用"F"表示女)。这样,在显示的时候用 CASE 语句将它们变为直观的中文字样更有意义。

需要说明的是,本例程序中的第一条是注释语句。注释(也称为注解),是写在程序代码中的说明性文字,对程序结构或语句功能进行文字说明。注释内容不被系统编译执行。

使用注释对代码进行说明,不仅能使程序易读易懂,而且有助于日后的管理和维护。

在 SQL Server 中,有两种类型的注释字符:

单行注释:使用两个连在一起的减号"- -"作为注释符。注释语句写在注释符的后面,以换行符作为注释的结束。

多行注释:使用"/ * */"作为注释符。"/ *"用于注释文字的开头,"*/"用于注释文字的结尾,可以跨行使用。

(2)搜索型 CASE 语句

● 语法格式

```
CASE
WHEN 逻辑表达式 THEN 结果表达式[...n]
[ELSE 最终结果表达式]
END
```

● 功能:按指定顺序为每个 WHEN 子句的逻辑表达式求值,返回第一个取值为真(TRUE)的逻辑表达式所对应的结果表达式的值;如果所有逻辑表达式的值都不为真(FALSE),若指定 ELSE 子句,则返回最终结果表达式的值;若没有指定 ELSE 子句,则返回 NULL。

[...n]也表明可以使用多个"WHEN...THEN"表达式子句。

搜索型 CASE 语句和简单 CASE 语句的主要区别是:搜索型 CASE 语句的 WHEN 后面是一个逻辑表达式(即用比较运算符和逻辑运算符构成的返回 TRUE 或 FALSE 值的表达式),而简单 CASE 语句的 WHEN 后面一般是一个具体值(如例 5.17 所示)。

【例 5.18】　根据学生的年龄范围显示相应信息。

程序及在查询分析器中运行结果如图 5-17 所示。

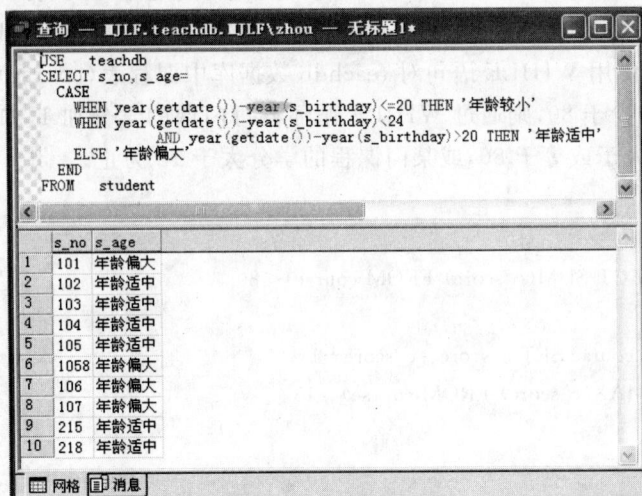

图 5-17　使用搜索型 CASE 语句

本例程序将 CASE 语句放在 SELECT 子句中,用 GETDATE()函数获取现在的日期,用 YEAR()函数获取日期中的年份,根据现在年份与出生日期年份之差得到实际年龄,但显示的仅是对年龄的判断,并不把实际年龄显示出来。

3. 循环语句（WHILE、BREAK 和 CONTINUE）

如果需要重复执行程序中的一部分语句，在 SQL Server 中可使用 WHILE 语句构成循环。WHILE 语句可以反复执行 SQL 语句或语句块，直到不满足设定的条件为止。在 WHILE 语句中，还可以使用关键字 BREAK 和 CONTINUE 控制循环体内部语句的执行过程。

● 语法格式

WHILE 条件表达式

循环体 1

[BREAK]/[CONTINUE]

循环体 2

其中：

条件表达式是决定循环条件的逻辑表达式。如果表达式中含有 SELECT 语句，必须用圆括号将 SELECT 语句括起来。

循环体是一条 Transact-SQL 语句或用 BEGIN 和 END 语句定义的语句块。

关键字 BREAK 指示退出本循环（当程序中有多层循环嵌套时，只能退出其所在的这层循环）。

关键字 CONTINUE 指示结束本次循环，重新转到下次循环条件的判断。

● 功能

当条件表达式值为真（TRUE）时，执行构成循环体的 Transact-SQL 语句或语句块，再进行条件判断，重复上述操作，直至条件表达式的值为假（FALSE）时，退出循环体的执行。

在执行循环体语句时，若遇到 BREAK 语句，则跳出此循环，执行 WHILE 后面的语句；若遇到 CONTINUE 语句，则不执行循环体 2 部分，重新进行条件判断……

【例 5.19】 使用 WHILE 语句对 teachdb 数据库中课程表（course）内的学分作如下修改：如果总学分少于 80，则通过 WHILE 循环将每门课的学分加 1，如此反复循环直到修改后的总学分大于或等于 80，或某门课程的学分大于 18 为止。

程序清单：

```
USE teachdb
WHILE (SELECT SUM(c_score) FROM course)<80
BEGIN
    UPDATE course SET c_score=c_score+1
IF (SELECT MAX(c_score) FROM course)>18
    BREAK
ELSE
    CONTINUE
END
```

本例用一条查询学分（c_score）总和的语句判断是否将小于 80 作为循环语句的条件表达式。如果总学分少于 80，执行 WHILE 语句的循环体：将各门课程的学分加 1。然后判断有没有课程的学分已超过 18，如果没有则该循环继续进行，否则终止循环。

图 5-18 显示了在执行本例程序前后 course 表中数据的变化情况。由表中数据可知，当循环到总学分 83 分时退出循环，结束程序。

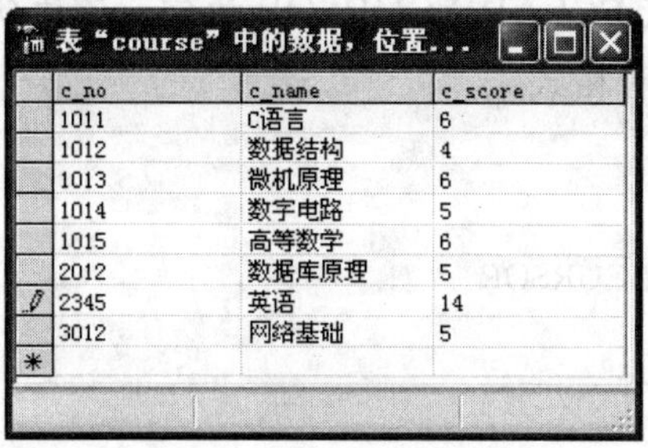

表"course"中的数据，位置...

c_no	c_name	c_score
1011	C语言	6
1012	数据结构	4
1013	微机原理	6
1014	数字电路	5
1015	高等数学	6
2012	数据库原理	5
2345	英语	14
3012	网络基础	5

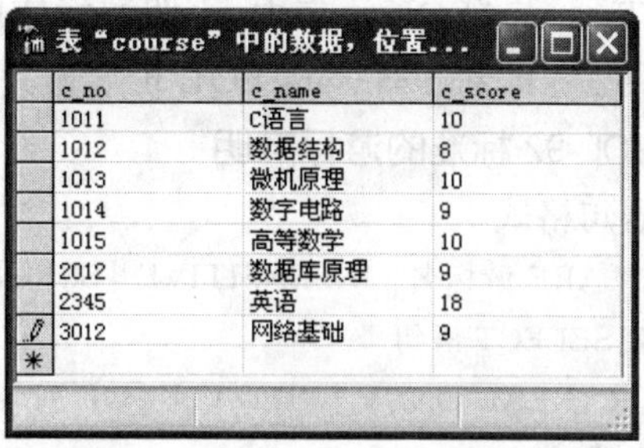

表"course"中的数据，位置...

c_no	c_name	c_score
1011	C语言	10
1012	数据结构	8
1013	微机原理	10
1014	数字电路	9
1015	高等数学	10
2012	数据库原理	9
2345	英语	18
3012	网络基础	9

图 5-18　执行 WHILE 语句前后 course 表数据对照(一)

如果我们将执行本例程序前 course 表中的英语课学分改为 16，则执行本例程序前后 course 表中数据的变化情况如图 5-19 所示。由表中数据可知，当循环到英语学分增大到 19 分时满足 BREAK 条件，退出循环，结束程序。

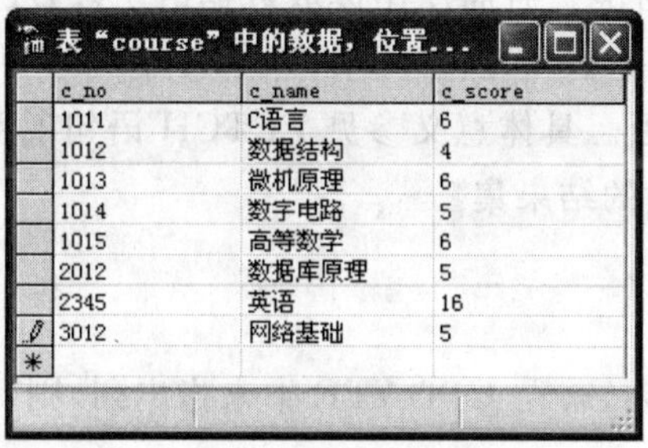

表"course"中的数据，位置...

c_no	c_name	c_score
1011	C语言	6
1012	数据结构	4
1013	微机原理	6
1014	数字电路	5
1015	高等数学	6
2012	数据库原理	5
2345	英语	16
3012	网络基础	5

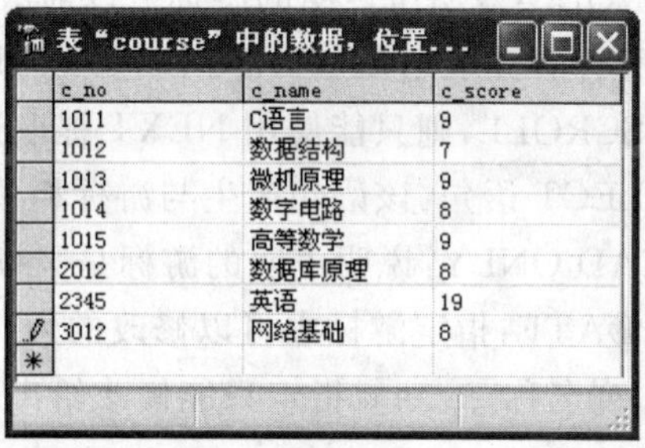

表"course"中的数据，位置...

c_no	c_name	c_score
1011	C语言	9
1012	数据结构	7
1013	微机原理	9
1014	数字电路	8
1015	高等数学	9
2012	数据库原理	8
2345	英语	19
3012	网络基础	8

图 5-19　执行 WHILE 语句前后 course 表数据对照(二)

提示：本例循环体中 IF 语句的 ELSE 部分也可以不要，即不需要 CONTINUE，程序功能不变。

5.3　游　标

用 Transact-SQL 语句对表进行操作时，得到的结果通常是一组记录，很难单独对其中某一条记录进行处理。但是许多应用程序，尤其是将 SQL 嵌入到其他开发语言或开发工具(如 C、VB、PowerBuilder 或其他开发工具)时，这些语言或程序通常不能把整个结果集作为一个单元来处理，只能每次处理一条或一部分记录。这些应用程序需要一种机制来保证每次可以处理结果集中的一行或几行，SQL Server 2000 中的游标(CURSOR)就提供了这种机制。

游标可看做是一种特殊的指针，它与某个查询结果相联系，可以指向结果集的任何位置，以便对指定位置的数据进行处理，SQL Server 通过游标提供了对一个结果集进行逐行处理的能力。

使用游标要遵循"声明游标→打开游标→读取数据→关闭游标→删除游标"的处理顺序。

5.3.1 声明游标

在 Transact-SQL 语言中,声明游标使用 DECLARE CURSOR 语句。该语句分别支持 SQL-92 标准和 Transact-SQL 扩展形式两种格式。

1. SQL-92 标准的游标声明

● 语句格式

DECLARE 游标名 [INSENSITIVE][SCROLL] CURSOR

FOR SELECT 语句

[FOR {READ ONLY | UPDATE [OF 列名称[...n]]}]

● 参数含义

INSENSITIVE:创建由该游标使用的数据的临时副本(临时表)。对游标的所有请求都从 tempdb 中的该临时表中得到;因此,在对该游标进行提取操作时返回的数据中不反映对基表所做的修改,并且该游标不允许修改。如果省略 INSENSITIVE,任何用户对基表提交的修改都反映在后面的提取中。

SCROLL:说明所声明的游标可以前滚、后滚。后面使用读取数据语句(FETCH)时,可使用所有的提取选项(FIRST、LAST、PRIOR、NEXT、RELATIVE、ABSOLUTE),如果省略 SCROLL,则只能使用 NEXT 提取选项。具体意义参见 FETCH 语句说明。

SELECT 语句:该语句产生与游标相关联的结果集。

READ ONLY:说明声明的游标是只读的。

UPDATE:指定游标中可以修改的列。

OF 列名称[...n]:指定只能修改给出的列,若在 UPDATE 中未指出列,则可以修改所有的列。

例如,以下是一个符合 SQL-92 标准的游标声明:

DECLARE student_cur1 CURSOR

FOR

SELECT * FROM student WHERE s_department='计算机'

FOR READ ONLY

该语句定义的游标与单个表 student 的查询结果集相关联,是只读的,游标只能从头到尾顺序提取数据。

2. Transact-SQL 扩展的游标声明

● 语句格式

DECLARE 游标名 CURSOR

[LOCAL | GLOBAL]   /＊游标作用域＊/

[FORWARD_ONLY | SCROLL]   /＊游标移动方向＊/

[READ_ONLY]   /＊访问属性＊/

FOR SELECT 语句   /＊SELECT 语句＊/

[FOR UPDATE [OF 列名称 [...n]]]   /＊修改的范围＊/

● 参数含义

LOCAL 与 GLOBAL:说明游标的作用域。LOCAL 所声明的游标是局部游标,其作用域为创建它的批处理、存储过程或触发器,该游标名称仅在这个作用域内有效。GLOBAL 说明所声明的游标是全局游标,它在由连接执行的任何存储过程或批处理中都可以使用,在连接释放时游标自动释放。

FORWARD_ONLY｜SCROLL:FORWARD_ONLY 说明该游标只能从第一行滚动到最后一行。SCROLL 说明该游标可前后滚动,这样读取数据语句(FETCH)可使用所有的提取选项(FIRST、LAST、PRIOR、NEXT、RELATIVE、ABSOLUTE)。

SELECT 语句:由该查询产生与所声明的游标相关联的结果集。在该 SELECT 语句中不能出现 COMPUTE、COMPUTE BY、INTO 或 FOR BROWSE 关键字。

FOR UPDATE:指出游标中可以更新的列。若有参数"OF 列名称",则只能修改给出的这些列,若在 UPDATE 中未指出列,则可以修改所有列。

例如,以下是一个 Transact-SQL 扩展游标声明:

DECLARE student_cur2 CURSOR

LOCAL

SCROLL

FOR

SELECT ＊ FROM student WHERE s_department='计算机'

FOR UPDATE OF s_name

该语句声明一个名为 student_cur2 的动态游标,可前后滚动,可对学生姓名列(s_name)进行修改。

需要说明的是:以上两种格式对初学者来说宜先掌握其中一种。不能混淆这两种格式。如果在 CURSOR 关键字的前面指定关键字 SCROLL 或 INSENSITIVE,则不能在 CURSOR 和 FOR SELECT 语句之间使用任何关键字。如果在 CURSOR 和 FOR SELECT 语句之间指定任何关键字,则不能在 CURSOR 关键字的前面指定 SCROLL 或 INSENSITIVE。又如,在 Transact-SQL 扩展的游标声明中使用的"READ_ONLY",在 SQL-92 标准中则为"READ ONLY",中间没有"_",而是空格。

5.3.2　打开和读取游标

1. 打开游标

声明游标后,要从游标中提取数据,还必须先打开游标。使用 OPEN 语句打开游标。

● 语句格式

OPEN 游标名　　其中游标名是要打开的、已创建的游标

OPEN 语句打开游标,然后通过执行在 DECLARE CURSOR 语句中指定的 SELECT查询语句填充游标(即生成与游标相关联的结果集)。当游标打开成功后,游标指针指向结果集的第一行之前。

例如,语句 OPEN student_cur1,打开游标 student_cur1。该游标被打开后,就可以提取其中的数据。

打开游标后,可以使用全局变量@@CURSOR_ROWS 查看游标中数据行的数目。全局变量@@CURSOR_ROWS 中保存着最后打开的游标中的数据行数。

【例5.20】 定义游标 student_cur3,然后打开该游标,输出其行数。

程序及在查询分析器中运行结果如图 5-20 所示。

2.从游标读取数据

游标打开后,可以使用 FETCH 语句从中读取数据。

● 语句格式

FETCH [NEXT| PRIOR| FIRST| LAST| ABSOLUTE{n}|RELATIVE{n}] FROM 游标名

● 参数含义

游标名:已经打开的、要从中提取数据的游标名。

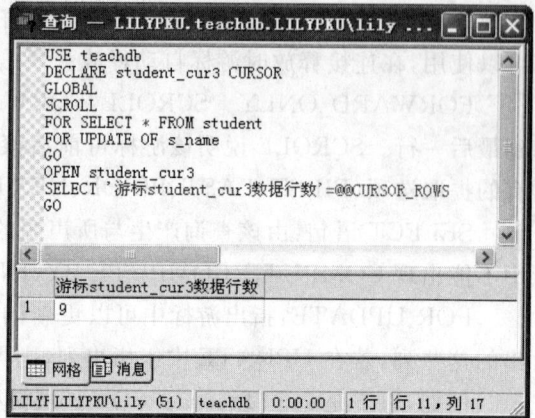

图 5-20 打开游标查看数据行数

[NEXT| PRIOR| FIRST| LAST|ABSOLUTE{n}|RELATIVE{n}]读取数据的位置。它们的意义见表 5.7。

表 5.7　　　　　　　　　游标指针参数意义

关键字	移动位置
FIRST	数据集中的第一条记录
LAST	数据集中的最后一条记录
PRIOR	前一条记录
NEXT	后一条记录
RELATIVE	按照相对位置决定移动位置
ABSOLUTE	按照绝对位置决定移动位置

【例5.21】 从游标 student_cur3 中提取数据。假设该游标已经打开。看游标位置的变化。

程序片段:

```
FETCH FIRST FROM student_cur3              / * 指向第一条 * /
FETCH NEXT FROM student_cur3              / * 指向第二条 * /
FETCH PRIOR FROM student_cur3            / * 指向第一条 * /
FETCH ABSOLUTE 5 FROM student_cur3        / * 指向第五条 * /
FETCH RELATIVE 5 FROM student_cur3        / * 指向第十条 * /
FETCH RELATIVE −5 FROM student_cur3       / * 指向第五条 * /
FETCH LAST FROM student_cur3              / * 指向最后一条 * /
```

运行结果如图 5-21 所示。

【例5.22】 新建只进游标 student_cur4。其中未使用 SCROLL 参数,测试 FETCH 语句的执行状态。

程序及在查询分析器中运行结果如图 5-22 所示。

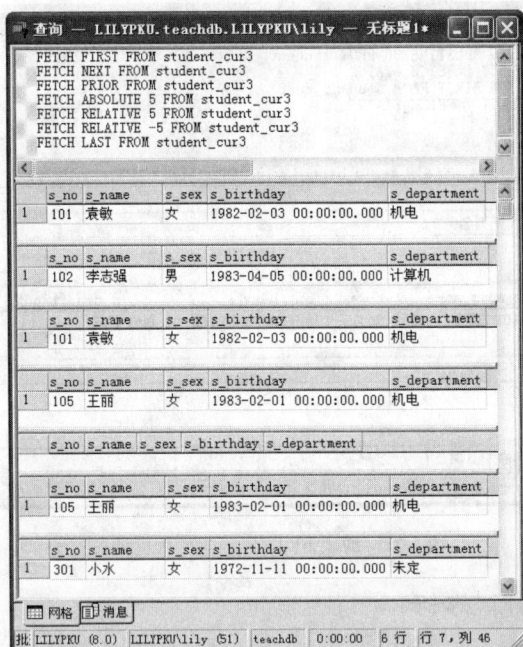

图 5-21　从游标中读取数据(一)

由于创建的是只进游标,不能
前后滚动,所以 FETCH 语句中只
能使用 NEXT 参数,所有带其余参
数（FIRST、PRIOR、ABSOLUTE
等）的 FETCH 语句都不能执行。

3. 用 @@FETCH_STATUS 测试 FETCH 语句状态

FETCH 语句的执行状态保存
在全局变量 @@FETCH_STATUS
中,它的值为 0,表示上一个
FETCH 语句执行成功;值为 −1,
表示语句执行失败或所要读取的行
不在结果集中;值为 −2,表示被提
取的行已不存在（已被删除）。

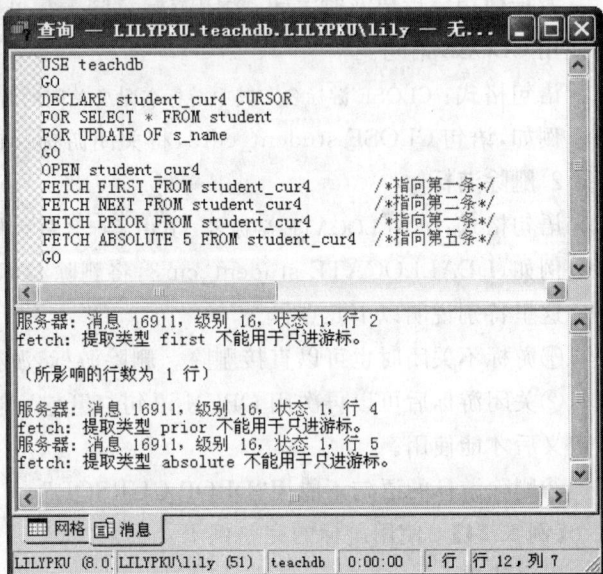

图 5-22　从游标中读取数据(二)

【例 5.23】　测试 FETCH 语
句的执行状态。假设游标 student_cur3 已经打开。

相应语句及在查询分析器中执行,结果如图 5-23 所示。

因为 student 表中没有 30 条记录（当然结果集中也不会存在）,所以第一条 FETCH 语
句执行后其 @@FETCH_STATUS 的值为 −1。

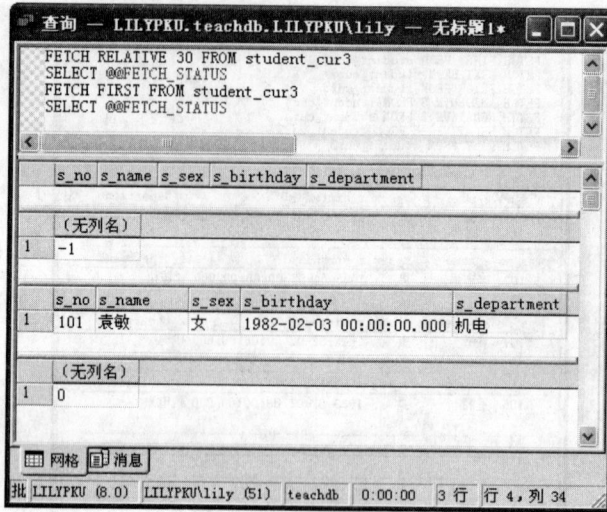

图 5-23 测试 FETCH 语句的执行状态

5.3.3 关闭和删除游标

1.关闭游标

游标使用完后要及时关闭,关闭游标意味着停止处理定义游标的那个查询。关闭游标使用 CLOSE 语句。

语句格式：CLOSE 游标名 其中游标名是要关闭的游标名称

例如,语句 CLOSE student_cur3,将关闭游标 student_cur3。

2.删除游标

语句格式：DEALLOCATE 游标名 其中游标名是要删除的游标名称

例如,DEALLOCATE student_cur3,将删除游标 student_cur3。

这里特别说明以下几点：

①游标不关闭时也可以直接删除。删除游标,游标使用的任何资源也随之释放。

②关闭游标后可以再次用 OPEN 语句打开它,删除游标后就不能再打开它,必须重新定义后才能使用。

③删除游标的语句不能用"DROP CURSOR"。

【例 5.24】 使用游标的完整例子。

程序清单：

```
DECLARE student_cur5 CURSOR
FOR
SELECT s_name,s_department
FROM teachdb. dbo. student
OPEN student_cur5
FETCH NEXT FROM student_cur5
WHILE @@FETCH_STATUS = 0
```

```
      BEGIN
         FETCH NEXT FROM student_cur5
      END
   CLOSE student_cur5
   DEALLOCATE student_cur5
```

本实例完整地演示了游标使用的步骤：声明游标→打开游标→读取数据→关闭游标→删除游标。程序的功能是通过游标 student_cur5 逐条显示 student 表中每条记录的姓名和所在系信息（当然还可以逐条进行其他处理）。用全局变量@@FETCH_STATUS 的值作为 WHILE 语句的循环条件，保证每次提取一条正确的数据。

🔔 **提示**：使用游标还可以更改和删除基表中的数据。此时必须在游标声明中使用 UPDATE 关键字。

5.4 存储过程

在大型的数据库系统中，随着功能的不断完善，系统也变得越来越复杂。Transact-SQL 语言是应用程序与 SQL Server 数据库之间的主要编程接口。在很多情况下，许多代码被重复使用多次，每次都输入相同的代码不但繁琐，更由于在客户机上的大量命令语句逐条向 SQL Server 发送，将降低系统运行效率。因此，SQL Server 提供了存储过程，可将一些固定的操作集中起来放在 SQL Server 数据库服务器中，应用程序只需调用它的名称，就可实现特定任务。

5.4.1 存储过程的概念

存储过程类似于程序设计语言中的子程序。在 SQL Server 中，可以使用 Transact-SQL 语言将某些需要多次调用以实现特定任务的代码编写成子程序，将其保存在数据库中，并由 SQL Server 服务器通过子程序名调用它们，这样的子程序称为存储过程。存储过程是 SQL Server 2000 的一种数据库对象。

1. 使用存储过程的优点

● 存储过程在服务器端运行，执行速度快。如果一个客户应用程序要访问 SQL Server 服务器上的数据，首先需要将有关查询语句从客户端发送到服务器，然后由服务器编译 Transact-SQL 语句并进行查询优化产生查询执行计划，最后执行该查询，执行完毕将结果返回客户端。由于存储过程直接保存在服务器中，客户端只需发送一条调用该存储过程的命令，避免了大量命令代码的传送，这样不仅减轻了网络流量，也提高了运行速度。

● 存储过程执行一次后，其执行规划就驻留在服务器的高速缓冲存储器中，在以后的操作中，只需从高速缓冲存储器中调用已编译好的二进制代码执行，提高了系统性能。

● 确保数据库的安全。使用存储过程可以完成所有的数据库操作，通过禁止有关用户访问数据库中的表，而只允许他们执行某些指定存储过程的方法，可控制用户对数据库中数据的访问和操作，从而保证了数据库中数据的安全。

● 自动完成需要预先执行的任务。存储过程可以在系统启动时自动执行,而不必在系统启动后再进行手工操作,这样大大方便了数据库管理用户的使用。通过存储过程可以自动完成一些需要预先执行的任务。当然,这种存储过程必须由系统管理员在 master 数据库中创建。

● 模块化程序设计。将一个复杂程序通过多个彼此独立的存储过程组合而成,可以方便调试和维护。SQL Server 中的存储过程和其他编程语言中的子程序(过程和函数)一样,可以接收输入参数,也可以有返回值,而且还可以用输出参数将单个或多个值返回给调用它的存储过程或批处理。所以,各个存储过程独立性强,彼此通信手段也非常灵活。

2. 存储过程的分类

在 SQL Server 中存储过程分为两类:系统存储过程和用户存储过程。

● 系统存储过程

系统存储过程是由 SQL Server 系统提供的存储过程,可以作为命令执行各种操作。系统存储过程主要是从系统表中获得信息,从而为系统管理员管理 SQL Server 提供支持。SQL Server 中的许多管理工作是通过执行系统存储过程来完成的。许多系统信息也可通过执行系统存储过程而获得。

系统存储过程定义在系统数据库 master 中,其前缀是 sp_。尽管放在 master 数据库中,但可以在其他数据库中对其进行调用。而且调用时不必在存储过程前加上数据库名。

SQL Server 2000 中有许多系统存储过程。表 5.8 列出了一些常用的系统存储过程。

表 5.8　　　　　　　　　　　　　　系统存储过程表

存储过程名	说　　明
sp_configure	显示或更改当前服务器的全局配置设置
sp_databases	列出驻留在 SQL Server 实例中的数据库或可以通过数据库网关访问的数据库
sp_monitor	显示关于 SQL Server 的统计信息,如处理器繁忙程度,使用多少内存等
sp_datatype_info	返回有关当前环境所支持的数据类型的信息
sp_help	报告有关数据库对象、用户定义数据类型或 SQL Server 所提供的数据类型的信息
sp_helptext	显示规则、默认值、未加密的存储过程、用户定义函数、触发器或视图的文本
sp_tables	返回当前环境下可查询的对象的列表(任何可出现在 FROM 子句中的对象)
sp_depends	显示有关数据库对象相关性的信息(例如:依赖表或视图的视图和过程,以及视图或过程所依赖的表和视图)
sp_addtype	创建用户定义的数据类型
sp_bindrule	用于将规则绑定到列或用户定义的数据类型
sp_recompile	使存储过程和触发器在下次运行时重新编译
sp_rename	更改当前数据库中用户创建对象(如表、列或用户定义数据类型)的名称
sp_attach_db	将数据库附加到服务器中
sp_start_job	指示 SQL Server 代理程序立即执行作业
sp_who	提供关于当前 SQL Server 用户和进程信息,可以筛选只返回那些不是空闲的进程

一般情况下,系统存储过程执行后,返回 0 值表示执行成功,返回非 0 值表示有错误发生。所以在程序中可以根据调用系统存储过程后得到的返回值决定下一步的工作。

除了以 sp_ 为前缀的系统存储过程,我们还常见到以 xp_ 为前缀的存储过程,这种存储过程为扩展存储过程。它们是以动态链接库(DLL)形式存在的外部程序。SQL Server 允许开发人员使用其他编程语言(如 C/C++)创建扩展存储过程,通过安装,它们可以直接在 SQL Server 的地址空间中运行。

在 SQL Server 2000 安装后,master 数据库中已经存在许多扩展存储过程。例如,可以使用扩展存储过程 xp_cmdshell 来运行通常从命令提示符下执行的命令。以下语句通过查询分析器执行 DOS 环境下的 DIR 命令,显示 C 盘根目录下的所有文件名:

xp_cmdshell 'dir c:*.*'

在查询分析器中执行该语句,结果如图 5-24 所示。

● 用户存储过程

用户存储过程是指在用户数据库中创建的存储过程。这种存储过程由用户创建,完成特定的数据库操作任务。本节下面所涉及的存储过程主要是指用户存储过程。

用户存储过程一般不使用 sp_ 作为其名称前缀,因为如果用户存储过程和系统存储过程同名,将执行系统存储过程(SQL Server 首先在 master 数据库中查找以 sp_ 作前缀的存储过程)。

SQL Server 2000 还支持临时存储过程,它们和临时表一样,在 SQL Server 关闭或连接断开时被自动除去。如果在创建存储过程时,存储过程名的前面加上"##",表示创建全局临时存储过程;在存储过程名的前面加上"#",表示创建局部临时存储过程。局部临时存储过程只能由创建该过程的连接使用,即仅在创建它的会话中可用;全局临时存储过程可以在所有会话中使用,即所有用户

图 5-24 使用扩展存储过程

均可以访问该过程,在使用该过程的最后一个会话结束时除去。它们都保存在 tempdb 数据库中,所以只有在 tempdb 数据库中具有创建存储过程权限的用户,才可以在该数据库中显式创建临时存储过程。

3.存储过程的创建与执行

(1)存储过程的创建

在 SQL Server 中,创建存储过程可以使用以下 3 种方法:

● 使用创建存储过程向导
● 使用企业管理器
● 使用 CREATE PROCEDURE 语句

一般情况下,创建存储过程的许可权归数据库的所有者,数据库的所有者可以把许可

授权给其他用户。

存储过程的最大空间大小为 128 MB。

用户定义的存储过程只能在当前数据库中创建(临时存储过程除外,临时存储过程总是在 tempdb 中创建)。存储过程创建后其过程名存储在 sysobjects 系统表中,存储过程的文本存储在 syscomments 系统表中。可以在创建时对它加密以使其在该系统表中也不能正常显示。

当创建存储过程时,需要确定存储过程的三个组成部分:

- 所有的输入参数以及传给调用者的输出参数;
- 对数据库操作的 Transact-SQL 语句,包括调用其他存储过程的语句;
- 返回给调用者的状态值,以指明调用是成功还是失败。

在用户存储过程的定义中不能使用下列对象创建语句:CREATE VIEW、CREATE DEFAULT、CREATE RULE、CREATE PROCEDURE、CREATE TRIGGER。即在存储过程的创建中不能嵌套创建以上这些对象。

具体创建方法将在后面一节介绍。

(2)存储过程的执行

- 存储过程创建后,可以使用 EXECUTE 语句来执行(可以简写为 EXEC),如果它是一个批处理中的第一条语句,则关键字 EXECUTE(或 EXEC)也可省略。

【例 5.25】 执行系统存储过程 sp_help 查看教学数据库 teachdb 中 student 表的信息。相关命令及在查询分析器中执行结果如图 5-25 所示。

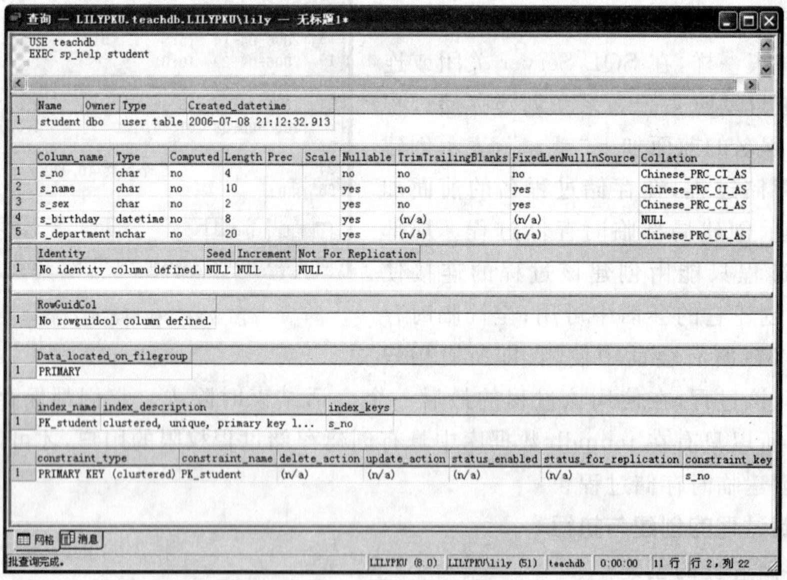

图 5-25 执行系统存储过程 sp_help 查看 student 表

由图 5-25 可知,系统存储过程 sp_help 将 student 表的详细信息(包括表名、所有者、表的性质、创建日期时间、所属文件组、表中所有字段信息、索引信息和约束信息等)均完整地显示出来。

- 如果需要在执行存储过程时接收它的返回值,可以先定义一个局部变量,然后用以下方法执行该存储过程:EXEC[UTE] 局部变量＝存储过程名。

【例 5.26】 执行系统存储过程 sp_helptext,查看教学数据库 teachdb 中创建的用户自定义函数 average_1(参见例 5.13)的信息,并显示 sp_helptext 的返回值。

程序及在查询分析器中执行结果如图 5-26 所示。

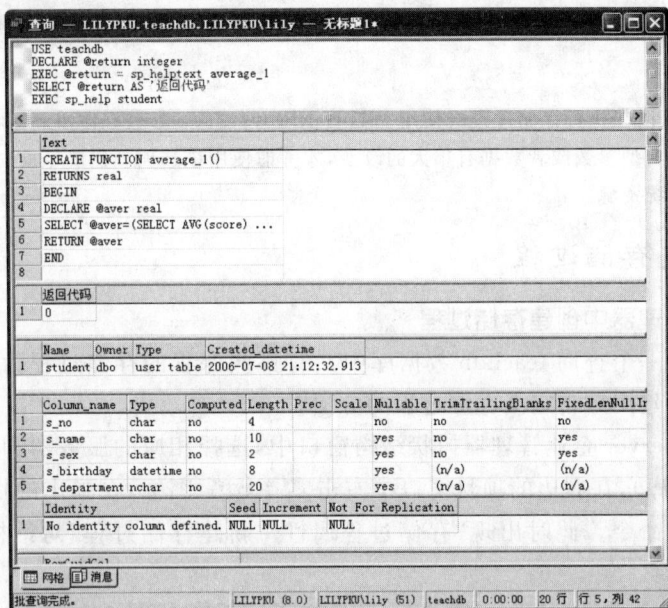

图 5-26 执行系统存储过程 sp_helptext 并接收返回代码

● 如果存储过程带有参数(形参),则通过 EXECUTE 命令执行时需要向它传递输入参数,或要用局部变量来接收它的输出参数。

语法格式:

EXEC[UTE] [返回值变量＝] 存储过程名 [[形参＝]{值｜局部变量 [OUTPUT]｜

[DEFAULT][,…n]}]

参数含义:

返回值变量:为可选的整型变量,用于保存存储过程的返回状态,EXECUTE 语句使用该变量前,必须对其定义。如例 5.26 所示。

形参:为 CREATE PROCEDURE 语句中定义的形式参数名。

值:是过程中实际参数的值。如果参数值是一个对象名称,字符串要用数据库名称或所有者名称进行限制,整个名称也要用单引号括起来。如果参数值是一个关键字,则该关键字必须用双引号括起来。如果形参名称未指定,参数值必须以 CREATE PROCEDURE 语句中定义的顺序给出。

DEFAULT:表示不提供实参,而是使用对应的默认值。如果在 CREATE PROCEDURE 语句中定义了默认值,在执行该过程时可以不必指定参数。默认值也可以为 NULL。通常,过程定义会指定当参数值为 NULL 时应该执行的操作。

OUTPUT:指定存储过程必须返回参数,即输出参数。该存储过程的匹配参数也必须由关键字 OUTPUT 创建。

使用 OUTPUT 参数的目的是在调用批处理或过程的其他语句中使用其返回值,所以该参数值必须作为变量传递(如 @parameter = @variable 形式),即输出参数必须是变量名称。在执行过程之前,必须声明变量的数据类型并赋值。输出参数可以是 text 或 image 数据类型以外的任意数据类型。

关于带输入/输出参数的存储过程的执行实例,我们将在讲述完具体创建存储过程后再作介绍。

🔔 提示:可以在执行存储过程时使用 WITH RECOMPILE 参数强制重新编译执行计划。如果所提供的参数为非典型参数或者数据有很大的改变,才考虑使用该选项。建议尽量少使用该选项,因为它会消耗较多的系统资源。

5.4.2 创建存储过程

1.在企业管理器中创建存储过程

这里以创建一个查询 teachdb 数据库中共有哪些课程的存储过程为例,介绍直接在企业管理器中创建用户自定义存储过程的方法。

● 在 SQL Server 企业管理器树状结构窗口中,选择相应的服务器和数据库(本例选择 teachdb 数据库),在右边的项目窗口中右击 📄 存储过程 图标,在弹出的快捷菜单中选择"新建存储过程"命令。此时出现"存储过程属性—新建存储过程"对话框,如图 5-27 所示。

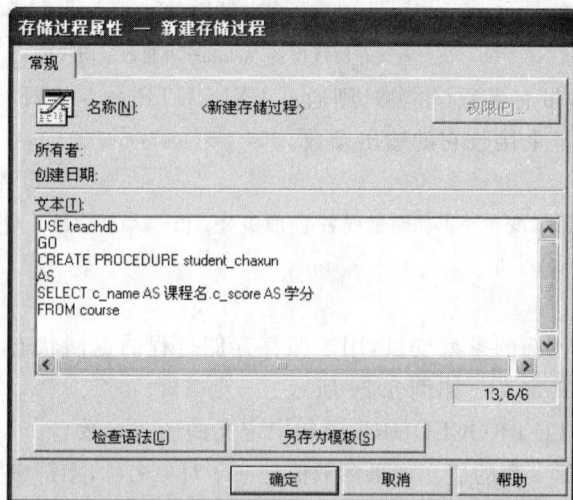

图 5-27 "存储过程属性—新建存储过程"对话框

● 在"存储过程属性—新建存储过程"对话框中输入创建存储过程的 Transact-SQL 语句,这里创建一个名为 student_chaxun 的存储过程,如图 5-27 所示。注意,CREATE PROCEDURE 语句必须是批处理中的第一条语句。

● 输入完毕,可单击 检查语法(C) 按钮,进行语法检查。若语法正确,系统会弹出"语法检查成功"提示信息框。若语法不正确,可直接在文本框中进行修改,然后重新检查语法,直到语法检查成功为止。

● 在图 5-27 中单击[确定]按钮,即可保存所创建的存储过程并关闭该对话框。

由此可知,在企业管理器中直接创建存储过程,只是利用系统提供的一个编辑环境输入代码,除了自动产生 CREATE PROCEDURE 等几个关键字外,与在查询分析器中输入代码创建存储过程区别不大。

🐭 提示:在 master 数据库中可创建启动 SQL Server 时即自动执行的存储过程。当在 master 数据库中新建存储过程,图 5-27 中会出现"每当 SQL Server 启动时执行"选项框供选择。

2.使用 CREATE PROCEDURE 语句创建存储过程

● 语法格式

```
CREATE PROC[EDURE] 存储过程名[;下标 ]        /*定义过程名*/
[{@ 形参   数据类型 }                       /*定义参数及类型*/
[VARYING][= 默认值 ][OUTPUT]][...n1]      /*定义参数的属性*/
[WITH { RECOMPILE | ENCRYPTION | RECOMPILE, ENCRYPTION } ]
AS Transact-SQL 语句[...n2 ]                /*执行的操作*/
```

● 参数含义

存储过程名:必须符合 SQL Server 标识符规则,且对于数据库及其所有者必须唯一。

下标:为可选的整数,用于区分同名的存储过程。

@形参:存储过程的形式参数,可分为输入参数和输出参数。

数据类型:形参的数据类型。

VARYING:如果一个输出参数的类型为游标,并且结果集会动态变化,则使用关键字 VARYING 指明输出参数的内容可以变化。

OUTPUT:指定形参是输出参数,即必须返回参数值。

默认值:指定存储过程输入参数的默认值。默认值必须是常量或 NULL,如果定义了默认值,执行存储过程时根据情况可不提供实参。

...n1:表示可为存储过程定义若干参数。

WITH RECOMPILE:表明该存储过程将在运行时重新编译。

WITH ENCRYPTION:表示 SQL Server 将加密 syscomments 表中包含 CREATE PROCEDURE 语句文本的条目。使用该选项也可防止将过程作为 SQL Server 复制的一部分发布。

Transact-SQL 语句:过程体中包含的 Transact-SQL 语句。

...n2:表示一个存储过程可以包含多条 Transact-SQL 语句。

(1) 创建不带参数的存储过程

下面我们先从较简单的创建不带参数的存储过程开始,结合实例来熟悉用户存储过程的创建。

【例 5.27】 使用不带参数的存储过程。创建一个查询 teachdb 数据库中每个学生各门功课成绩的存储过程 student_grade,并要求加密文本条目。

创建的存储过程如图 5-28 所示。

使用 CREATE PROCEDURE 语句创建存储过程时应该注意:不能将 CREATE PROCEDURE 语句与其他 Transact-SQL 语句放到一个批处理中。

由于在创建存储过程时使用了 WITH ENCRYPTION 选项,现在使用系统存储过程 sp_helptext 已无法看到所定义的存储过程文本。在查询分析器的消息标签框中显示"对象备注已加密"。如图 5-28 所示。

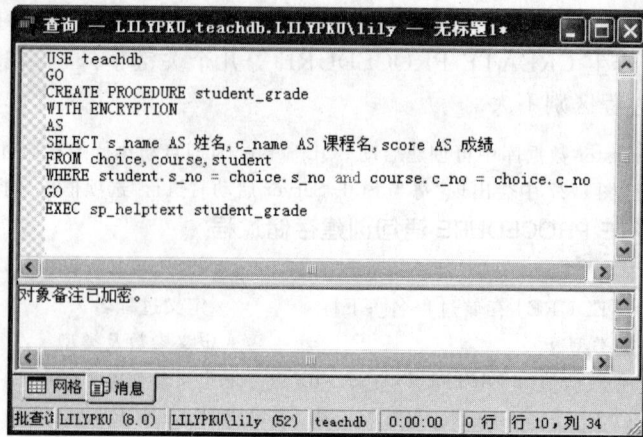

图 5-28　使用 ENCRYPTION 选项加密文本

如果我们在企业管理器中双击加密的存储过程试图打开该文本，系统将提示出错信息，如图 5-29 所示。

图 5-29　在查询分析器中双击加密的存储过程系统提示错误

除了 WITH ENCRYPTION 选项外，还可以使用 WITH RECOMPILE 选项，指定 SQL Server 在运行该存储过程时重新进行编译，即不缓存该存储过程的计划。重新编译的一个好处是对所有新创建的索引，其查询计划可以充分利用，否则只有当 SQL Server 重新启动并且该存储过程再次执行时才会被利用。但要求存储过程每次运行时都重新编译将会降低系统运行效率（一般当存储过程每次接收的参数变化很大时才考虑这样做）。

对于本例创建的无参数的存储过程，执行起来也很简单。在查询分析器中用如下语句即可执行该存储过程：EXECUTE student_grade。

如果该执行存储过程语句是批处理中的第一条语句，也可直接使用：student_grade 执行该存储过程。

另外，对于上面创建存储过程的程序，如果要再次执行而不出错，可在前面加上以下 IF 语句，检查是否已存在同名的存储过程，若已存在则先删除，然后再执行 CREATE 语句。

```
IF EXISTS(SELECT name FROM sysobjects
WHERE name='student_grade' and type='P')
DROP PROCEDURE student_grade
GO
```

（2）创建带参数的存储过程

创建存储过程时，可声明一个或多个参数，这样将增加所使用存储过程的灵活性。

创建存储过程中带的参数称为形参（形式参数），形参局限于该存储过程。形参又分为输入参数和输出参数。在执行存储过程时接收传递进来数值的形参为输入参数,执行有该类形参的存储过程时应提供相应的实际参数(除非定义了该参数的默认值,默认值只能为常量)。存储过程也可以通过输出参数来传出数据。作为输出参数的形参在声明时必须加上关键字 OUTPUT,同时在执行该存储过程时其匹配的实际参数也必须有关键字 OUTPUT。

形参可为 SQL Server 支持的任何类型,但 CURSOR(游标)类型只能用于 OUTPUT(输出)参数,如果指定参数数据类型为 CURSOR,必须同时指定 VARYING 和 OUTPUT 关键字。

【例 5.28】 使用带输入参数的存储过程。创建存储过程 student_info1,用于从 teachdb 数据库的 student、course、choice 三个表中查询某人指定课程的成绩和学分。默认课程为"C 语言"。

程序清单:

```
USE teachdb
IF EXISTS(SELECT name FROM sysobjects WHERE name='student_info1' AND type='P')
DROP PROCEDURE student_info1
GO
CREATE PROCEDURE student_info1
@name char(8),@cname char(16)='C 语言'
AS
SELECT student. s_no AS '学号',student. s_name AS '姓名',
    course. c_name AS '课程名',course. c_score AS '学分',choice. score AS '成绩'
FROM student,choice,course
WHERE student. s_name=@name and course. c_name=@cname
        and student. s_no=choice. s _no and course. c_no=choice. c_no
GO
```

本例创建的存储过程 student_info1 带有两个输入参数,一个接收查询人姓名,另一个接收查询课程名,查询课程带有默认值("C 语言")。对于本例带输入参数且其中有默认值的存储过程,在执行时需向它传递实参值,或指定其中的参数采用默认值。有多种执行方式,下面列出了一部分:

```
EXECUTE student_info1 '袁敏','C 语言'        /* 不考虑默认值,均给出实参 */
EXECUTE student_info1 '袁敏',default         /* 第二个参数采用默认值 */
EXECUTE student_info1 '袁敏'                 /* 按形参位置顺序,default 也可省略 */
EXECUTE student_info1 @name='袁敏',@cname='C 语言'
EXECUTE student_info1 @cname='C 语言',@name='袁敏'
            /* 因为指定了形参名称,实参值不必以 CREATE PROCEDURE 语句定义的顺序给出 */
EXECUTE student_info1 @cname=default,@name='袁敏'      /* @cname 参数采用默认值 */
```

通过查询分析器运行,结果如图 5-30 所示。

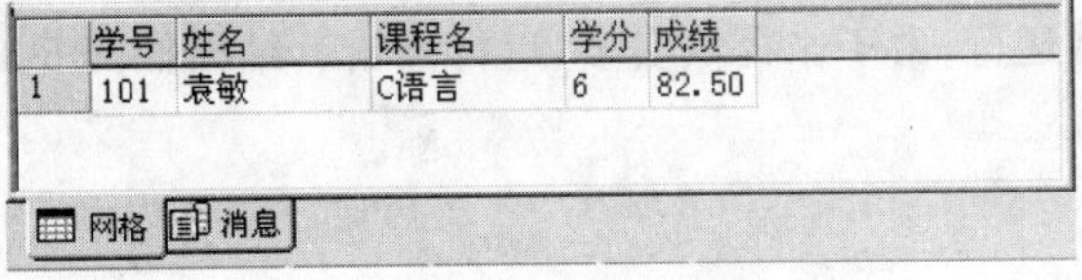

	学号	姓名	课程名	学分	成绩
1	101	袁敏	C语言	6	82.50

网格　消息

图 5-30　例 5.28 运行结果

【例 5.29】 使用带有通配符参数的存储过程。创建存储过程 student_info2,用于从三个表的连接中返回指定学生的学号、姓名、所选课程名称、学分及该课程的成绩。该存储过程在参数中使用了模式匹配。

程序清单:

```
USE teachdb
IF EXISTS(SELECT name FROM sysobjects
WHERE name='student_info2' AND type='P')
DROP PROCEDURE student_info2
GO
CREATE PROCEDURE student_info2
@name varchar(30)
AS
SELECT student. s_no AS '学号',student. s_name AS '姓名',course. c_name AS '课程名',
course. c_score AS '学分',choice. score AS '成绩'
FROM student,course,choice
WHERE student. s_name LIKE @name AND student. s_no=choice. s_no AND
course. c_ no=choice. c_no
GO
```

本例创建的存储过程 student_info2 带有一个输入参数@name,在查询条件中将它的值与 student 表中的学生姓名(s_name)采用模式匹配方法进行比较。在执行该存储过程时也可以有多种形式,下面列出了一部分:

EXECUTE student_info2 '王%'　　　　　　/ * 传递给@name 的实参要求查询所有姓王学生 * /

通过查询分析器运行,结果如图 5-31 所示。

EXECUTE student_info2 '[王张]%'　　　　/ * 查询所有姓王和姓张的学生 * /

通过查询分析器运行,结果如图 5-32 所示。

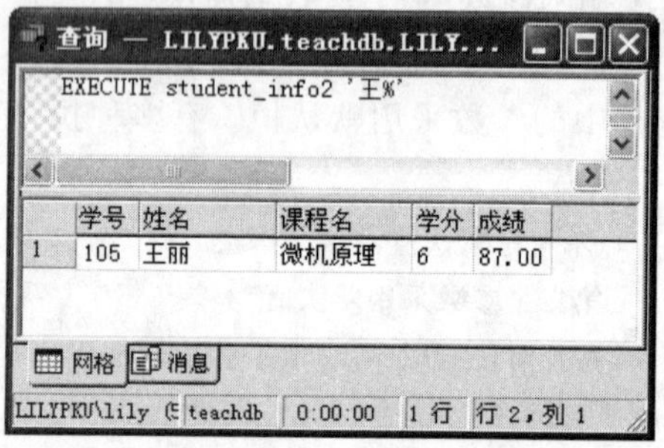

图 5-31　例 5.29 的运行结果(1)

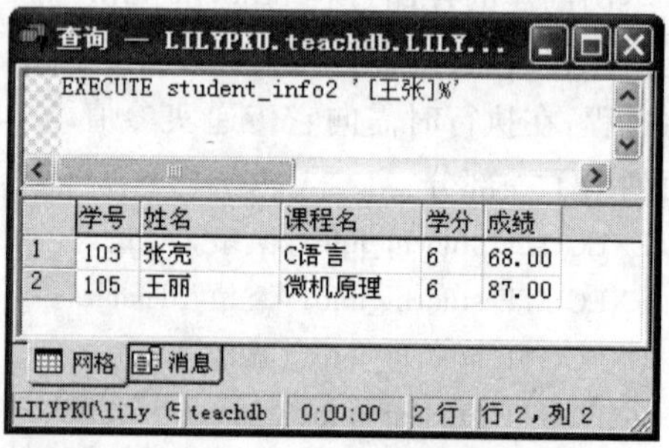

图 5-32　例 5.29 的运行结果(2)

EXECUTE student_info2 '%'　　　　　　/ * 查询所有的学生 * /

通过查询分析器运行,结果如图 5-33 所示。

EXECUTE student_info2

通过查询分析器运行,由于未提供实参,运行出错。结果如图 5-34 所示。

图 5-33　例 5.29 的运行结果(3) 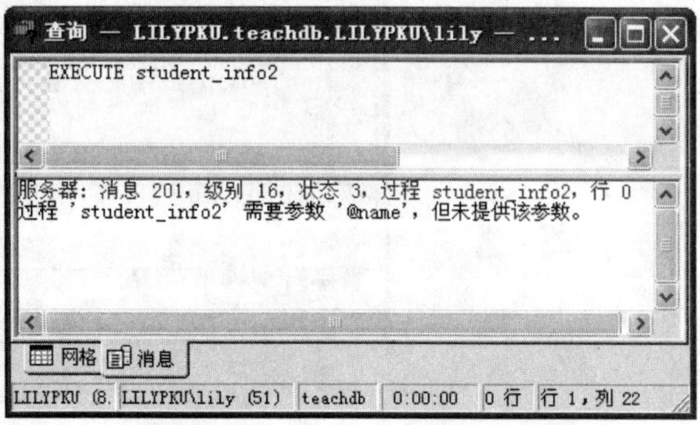　　　　　　　图 5-34　例 5.29 的运行结果(4)

【例 5.30】　使用带输出(OUTPUT)参数的存储过程。创建一用于计算指定学生成绩总分的存储过程。该存储过程中使用了一个输入参数和一个输出参数。

程序清单:

```
USE teachdb
GO
IF EXISTS(SELECT name FROM sysobjects WHERE name='student_info3'AND type='P')
DROP PROCEDURE student_info3
GO
CREATE PROCEDURE student_info3
@name varchar(40),@total float OUTPUT
AS
SELECT @total=SUM(choice.score) FROM student,course,choice
WHERE student.s_name=@name AND student.s_no=choice.s_no AND course.c_no=choice.c_no
GROUP BY student.s_no
GO
```

为了在运行该存储过程时能接收输出参数返回的值,需要用一个局部变量作为实参传递,并要加上 OUTPUT 关键字。在查询分析器中使用以下语句运行存储过程 student_info3:

```
DECLARE @totalA float
EXECUTE student_info3 '袁敏',@totalA OUTPUT
PRINT '袁敏的总分为:'+CAST (@totalA AS char)
GO
```

使用输出参数时要注意,OUTPUT 关键字必须在定义存储过程和执行该存储过程时都要使用。定义时的参数名和调用时的变量名不一定要一样,不过数据类型和参数位置必须匹配。另外,在上面的 PRINT 语句中将局部变量@totalA 由原来的 float 类型转换为字符类型后再与前面的字符串连接形成整个输出字符串。运行结果如图 5-35 所示。

(3)关于具有下标的存储过程

在前面介绍 CREATE PROCEDURE 语句的语法格式时,曾经提到下标参数,它为可选的整数,用于区分同名的存储过程,以便于以后可使用一条 DROP PROCEDURE 语句删除一组存储过程。

```
查询 — LILYPKU.teachdb.LILYPKU\lil...
USE teachdb
GO
DECLARE @totalA float
EXECUTE student_info3 '袁敏',@totalA OUTPUT
PRINT '袁敏的总分为:'+CAST(@totalA AS CHAR)
GO

袁敏的总分为:161.5

网格  消息
LILY LILYPKU\lily (51)  teachdb  0:00:00  0 行  行 6,列 6
```

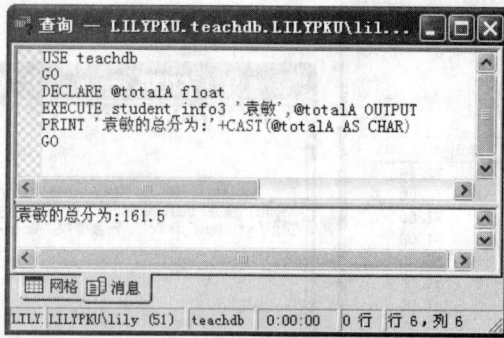

图 5-35 例 5.30 的运行结果

在同一应用程序中使用的存储过程常以该方式组合。例如,在货品订购应用程序中使用的存储过程可用 orderproc;1、orderproc;2 ⋯⋯等来命名。这样使用 DROP PROCEDURE orderproc 语句将除去整个组。但要注意,在对存储过程分组后,不能除去组中的单个存储过程。例如,DROP PROCEDURE orderproc;2 是不允许的。此外,该参数不能用于扩展存储过程。

5.4.3 修改和删除用户存储过程

创建存储过程之后,可以根据需要进行修改。当不再使用一个用户存储过程时,也可以把它从数据库中删除。通过企业管理器或在查询分析器中执行 Transact-SQL 语言的相关命令可以对用户创建的存储过程进行修改和删除。此外,用户存储过程也可以重新命名。

1. 修改存储过程

● 使用企业管理器修改存储过程

使用企业管理器可以很方便地修改存储过程定义。双击该存储过程,在如图 5-27 所示的"存储过程属性—新建存储过程"对话框中,在文本框内修改定义存储过程的 Transact-SQL 语句,修改后也可以进行语法检查。单击 确定 按钮就完成了存储过程修改。

● 使用 ALTER PROCEDURE 语句修改存储过程

语法格式:

ALTER PROC[EDURE] 存储过程名[;下标]

[{@形参 数据类型}

[VARYING][=默认值][OUTPUT]][,...n1]

[WITH {RECOMPILE | ENCRYPTION | RECOMPILE, ENCRYPTION}]

AS Transact-SQL 语句 [...n2]   /* 执行的操作 */

参数含义:各参数含义与 CREATE PROCEDURE 命令相同。

从形式上看,该语句与 CREATE PROCEDURE 语句的主要差别仅在开头的关键字不同(一个为 CREATE,另一个为 ALTER),但 ALTER PROCEDURE 语句不会更改权限和启动属性,即如果我们先删除某存储过程,再用 CREATE PROCEDURE 语句创建与它同名的存储过程,虽然二者的语句一致,但原先该存储过程的权限以及启动属性将不复存在。而用 ALTER PROCEDURE 更改存储过程后,该过程的权限和启动属性保持不变。

另外,如果原来的过程定义是用 WITH ENCRYPTION 或 WITH RECOMPILE 创建的,那么只有在 ALTER PROCEDURE 中也包含这些选项时,这些选项才有效。

【例 5.31】　对存储过程 student_info1 进行修改,重新计算学分。

程序清单:

```
USE teachdb
GO
ALTER PROCEDURE student_info1
@name char(8),@cname char(16)
AS
SELECT student. s_no AS '学号', student. s_name AS '姓名', course. c_name AS '课程名',
        choice. score AS '成绩', course. c_score * choice. score/100 AS '获得学分'
FROM student,choice,course
WHERE student. s_name=@name AND course. c_name=@cname
        AND student. s_no=choice. s_no AND course. c_no=choice. c_no
GO
EXEC student_info1 '袁敏', 'C 语言'
```

通过查询分析器运行以上程序,结果如图 5-36 所示。

【例 5.32】　创建名为 select_students 的存储过程,该过程可查询所有学生信息。当需要改为能检索计算机专业的学生信息时,用 ALTER PROCEDURE 重新定义该存储过程。

程序清单:

```
USE teachdb
GO
```

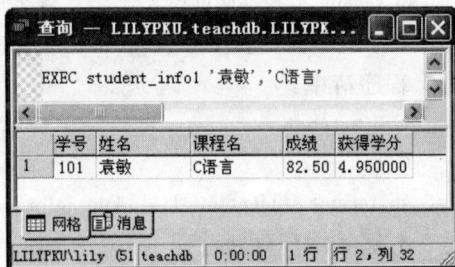

图 5-36　例 5.31 的运行结果

```
IF EXISTS(SELECT name FROM sysobjects WHERE name='select_students' AND type='P')
DROP PROCEDURE select_students                /* 若该存储过程已存在,则先删除 */
GO                                            /* 创建存储过程 */
CREATE PROCEDURE select_students
AS
SELECT * FROM student
ORDER BY student. s_no
GO
EXEC select_students
GO                                            /* 修改存储过程 select_students */
ALTER PROCEDURE select_students
WITH ENCRYPTION
AS
SELECT * FROM student
WHERE s_department='计算机'
ORDER BY student. s_no
```

```
GO
EXEC select_students
```

通过查询分析器运行以上程序，结果如图 5-37 所示。

	s_no	s_name	s_sex	s_birthday	s_department
1	102	李志强	男	1983-04-05 00:00:00.000	计算机
2	104	李平	女	1984-05-06 00:00:00.000	计算机
3	106	刘明耀	男	1982-04-16 00:00:00.000	计算机

图 5-37　例 5.32 的运行结果

2. 重新命名用户存储过程

用户存储过程可以改名，方法有以下两种：

- 使用企业管理器修改存储过程名称

在企业管理器中，右击要操作的存储过程名称，在弹出的快捷菜单中选择“重命名”选项，即可修改存储过程名称。

- 使用系统存储过程修改存储过程名

修改存储过程名称也可以使用系统存储过程 sp_rename。

语法格式：

sp_rename ＜原存储过程名称＞,＜新存储过程名称＞

【例 5.33】 将 student_info1 存储过程名称修改为 student_information。

程序清单：

```
USE teachdb
GO
sp_rename student_info1,student_information
```

3. 删除用户存储过程

当不再需要使用一个存储过程时，可以把它从数据库中删除。有以下两种方法：

- 使用企业管理器删除存储过程

在企业管理器中选择对应数据库中要删除的存储过程，然后单击工具栏中的×按钮，或者单击右键，在弹出的快捷菜单中选择“删除”选项，并在弹出的“除去对象”对话框单击“全部除去”按钮，即完成存储过程的删除。

- 使用 DROP PROCEDURE 语句删除用户存储过程

语法格式：

DROP PROCEDURE 存储过程名称 [,... n]

功能：从当前数据库中删除一个或多个存储过程或存储过程组。如果要删除多个存储过程，各存储过程名间用逗号分隔。

【例 5.34】 删除 teachdb 数据库中的 student_info2 存储过程。

程序清单：

```
USE teachdb
GO
DROP PROCEDURE student_info2
```

若要查看存储过程名列表（存储在 sysobjects 系统表内），可使用 sp_help 系统存储过程。若要显示未加密的存储过程定义文本（存储在 syscomments 系统表内），可使用

sp_helptext系统存储过程。删除某个存储过程时,将从 sysobjects 和 syscomments 系统表中删除有关该存储过程的信息。

🐾**注意**:使用 DROP PROCEDURE 语句之前,必须确认该存储过程没有任何依赖关系。默认情况下,将 DROP PROCEDURE 权限授予存储过程所有者,该权限不可转让。然而,db_owner、db_ddladmin 固定数据库角色成员和 sysadmin 固定服务器角色成员可以通过在 DROP PROCEDURE 内指定所有者来删除存储对象。

5.5　触发器

5.5.1　触发器的概念

触发器是一类特殊的存储过程。它不同于前面介绍过的存储过程,不能被显式地调用。触发器主要是通过事件触发而被执行的。

1.触发器的作用

触发器与表的关系密切,主要用于维护数据库表中的数据完整性。

● 触发器可以强制实现比 CHECK 约束更为复杂的约束条件。在触发器中可以使用 Transact-SQL 语言的数据操作语句和程序流程控制语句进行复杂的逻辑处理,可以实现仅靠约束表达式无法实现的复杂的数据完整性操作。

● 触发器可以评估数据修改前后的表状态,并根据其差异采取对策。如取消插入或修改数据、显示用户定义错误信息等。

● 通过触发器可以实现多个表间数据的一致。与 CHECK 约束不同,触发器可以引用其他表中的列。例如,触发器可以查询另一个表中的数据以比较插入或更新的数据是否有效,并可以通过 Transact-SQL 语句检查或限制相关表的数据。触发器也可通过数据库中的相关表实现级联更改(不过,通过级联引用完整性约束可以更有效地执行这些更改)。

● SQL Server 2000 的触发器也可用于视图。如果视图只取基表中的部分列,而且不包含基表所有不允许为空且不能自动填值(如 IDENTITY 列或具有 DEFAULT 值)的列,或者如果视图的数据来自于多个基表时,直接用插入、修改或删除数据的命令对视图进行操作是不允许的。但可以通过相应语句激活触发器来完成对数据的插入、更新和删除操作。

● SQL Server 将触发器和触发它的语句作为可在触发器内回滚的单个事务对待。如果检测到严重错误(例如,磁盘空间不足),则整个事务即自动回滚。

🐾**提示**:关于事务处理的内容将在第 7 章详细讨论。

2.触发器的类型

一般情况下,对表数据的操作有插入、修改和删除,因而维护数据的触发器也分为三种类型:INSERT 触发器、UPDATE 触发器和 DELETE 触发器,它们分别在对应语句执行前或执行后被激活(触发)。SQL Server 也允许一个触发器同时被以上三者中的两个或全部操作激活。

根据触发器被激活的时机不同,SQL Server 2000 提供了两种触发器:INSTEAD OF 触发器和 AFTER 触发器。

● INSTEAD OF 触发器用于替代激活触发器的 INSERT、UPDATE 或 DELETE 语句的执行。

● AFTER 触发器在激活触发器的 INSERT、UPDATE 或 DELETE 语句执行以后才被调用。

因此,如果有一条激活触发器的数据操作语句执行失败(例如,违反了已设置的约束),那么,AFTER 触发器中的代码将不会被执行(同样,在 INSTEAD OF 触发器执行之后也要检查这些约束。如果违反了约束,则回滚 INSTEAD OF 触发器操作)。

同一个表中可使用多个触发器,一个表中的多个同类触发器(INSERT、UPDATE 或 DELETE)允许采取多个不同的对策以响应同一个插入、修改或删除语句。但对 INSTEAD OF触发器,每个表只允许对插入、修改和删除分别定义一个触发器。而 AFTER触发器则不受限制。如果存在多个同类 AFTER 触发器,可用系统存储过程 sp_settriggerorder 指定表上第一个和最后一个执行的 AFTER 触发器。在表上只能为每个INSERT、UPDATE 和 DELETE 操作指定一个最先执行和一个最后执行的 AFTER 触发器。如果同一表上还有其他 AFTER 触发器,则这些触发器将以随机顺序执行。

AFTER 触发器只能用于表,INSTEAD OF 触发器不仅能用于表,还能用于视图。

注意:在 SQL Server 2000 以前的版本中,只有 AFTER 触发器。

如果一个触发器在执行操作时引发了另一个触发器,而这另一个触发器又接着引发了第三个触发器……这样就形成了嵌套触发器。SQL Server 2000 最深可以嵌套 32 层。

可以通过企业管理器来设置是否允许嵌套触发器。在企业管理器树状结构窗口中选中注册的服务器,按鼠标右键,在弹出的快捷菜单中选择"属性"命令,出现"SQL Server 属性(配置)"对话框,从中选择"服务器设置"标签,在该标签的"服务器行为"栏中即可设置是否允许嵌套触发器。如图 5-38 所示。

图 5-38　设置允许嵌套触发器

3.触发器中使用的两个特殊表

触发器在表上定义。执行触发器时,SQL Server 系统创建了两个特殊的临时表:inserted表和 deleted 表。它们驻留在内存中,两个表的结构与被该触发器作用的表的结构相同,并且由系统维护。用户不能对它们进行修改,但可以从表中获取数据。

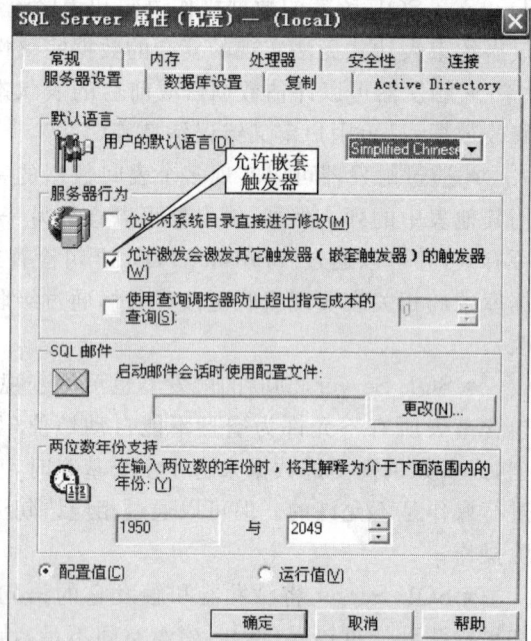

触发器工作完成后,与此触发器相关的这两个表也会被删除。

下面介绍这两个表的内容。

● inserted 表:保存插入到表中的记录。当向表中插入数据时,INSERT 触发器被激活执行,新的记录插入到激活触发器的表中,同时也插入到 inserted 表中。

● deleted 表:保存已从表中删除的记录。当触发一个 DELETE 触发器时,被删除的记录存放到 deleted 表中。

修改一条记录等于插入一条新记录,同时删除旧的记录。所以对定义了 UPDATE 触发器的表进行修改时,表中原记录移到 deleted 表中,修改过的记录插入到表中,同时也插入到 inserted 表中。

inserted、deleted 临时表的查询方法与数据库表的查询方法相同。在触发器中可通过检查 inserted 表、deleted 表及被修改的表,获知相应语句的作用结果,也可通过临时表恢复原表中的数据。

5.5.2　创建触发器

创建触发器需要指定以下各部分内容:

● 触发器的名称,名称要遵循 SQL Server 标识符的规定;

● 触发器所基于的表或视图;

● 触发器被激活的时机(在触发语句执行以后激活还是代替触发语句执行);

● 触发器被激活的语句(INSERT、UPDATE、DELETE 或它们的组合);

● 触发器激活后执行的操作语句。

只能在当前数据库中创建触发器,每个触发器只能应用于一个表。创建触发器的权限默认分配给表的所有者,且不能将该权限转给其他用户。

注意:SQL Server 不支持系统表中的用户自定义触发器,因此不要在系统表中创建用户自定义触发器。

在 SQL Server 中,可以使用企业管理器或在查询分析器中用 Transact-SQL 语句创建触发器。

1. 在企业管理器中创建触发器

这里通过为教学数据库(teachdb)中的 student 表创建一个触发器,当插入一条新记录时给予提示为例,介绍利用企业管理器创建触发器的方法。

● 在企业管理器树状结构窗口中,展开相应的服务器和数据库(本例选择 teachdb 数据库)文件夹,然后单击“表”选项。

● 在右边的项目窗口中右击将在其上创建触发器的表(本例选择 student 表),在出现的快捷菜单中选择“所有任务”下的“管理触发器(T)”子菜单项。

● 执行该命令后,进入如图 5-39 所示的“触发器属性”对话框界面。在“名称”下拉列表框中选择“＜新建＞”,在下面的文本框中输入触发器的程序文本。

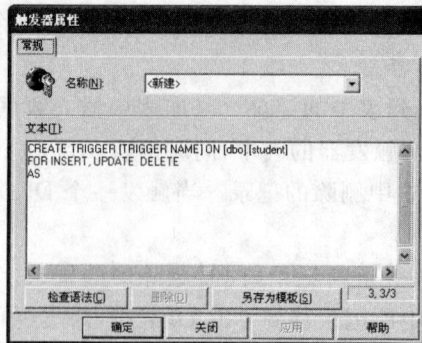

图 5-39 "触发器属性"对话框

本处输入以下内容：

CREATE TRIGGER student_insert ON[dbo].[student]

FOR INSERT

AS

DECLARE @msg char(30)

SET @msg＝'你向表中插入了一条新记录！'

PRINT @msg

● 若要检查输入的语法是否正确，单击 检查语法(C) 按钮。单击 另存为模板(S) 按钮，可将修改后的文本作为"文本[T]"窗口的新的模板。

● 单击 应用 按钮，在"名称"下拉列表框中出现新创建的 student_insert 触发器的名称，再单击 确定 按钮，即可成功创建该触发器。

下面，我们在查询分析器中用INSERT语句向 student 表插入一条记录。当成功插入记录后，在查询分析器窗口下面的"消息"标签中显示"你向表中插入了一条新记录！"，如图 5-40 所示。显然，这是由上面创建的 student_insert 触发器执行后发出的信息。

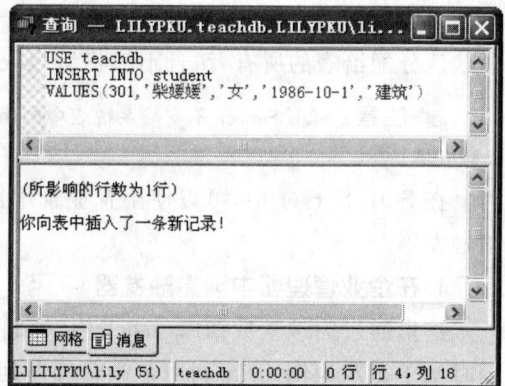

图 5-40 INSERT 触发器显示信息

由以上操作可知，在企业管理器中直接创建触发器，只是利用系统提供的一个编辑环境输入代码，除了自动产生 CREATE TRIGGER 等几个关键字外，与在查询分析器中输入代码创建触发器区别不大。关键是要掌握创建触发器命令的语法。

2. 创建触发器的 Transact-SQL 命令

● 语法格式

```
CREATE TRIGGER 触发器名称 ON {表｜视图}
[ WITH ENCRYPTION ]
{{FOR｜AFTER｜INSTEAD OF}{[DELETE][,INSERT][,UPDATE]}}
AS
```

Transact-SQL 语句[...n]}　　　　/＊一条或若干条 Transact-SQL 语句＊/

● 参数含义

触发器名称：必须符合 SQL Server 标识符规则，并且在数据库中必须唯一。在触发器名称前面可以包含触发器所有者名。

表｜视图：指在其上执行触发器的表或视图，又可称为触发器表或触发器视图。也可以包含表或视图的所有者名。

WITH ENCRYPTION：加密 syscomments 表中包含的此 CREATE TRIGGER 语句文本条目。

AFTER：用于说明触发器在指定操作都成功执行后触发。AFTER 是默认设置，但不能在视图上定义 AFTER 触发器。

INSTEAD OF：指定用触发器中的操作代替触发语句的操作。INSTEAD OF 触发器可以在视图上定义，但该视图的定义中不能有 WITH CHECK OPTION 选项。在表或视图上，每个 INSERT、UPDATE 或 DELETE 语句最多只可以定义一个 INSTEAD OF 触发器。

FOR：是在 SQL Server 2000 以前版本中使用的关键字，现在的作用等同于 AFTER。

DELETE、INSERT 和 UPDATE：用于指定在表或视图上执行何种操作时将激活触发器。必须至少指定一个选项。在定义中允许使用以任意顺序组合的这些关键字。如果指定的选项多于一个，用逗号分隔这些选项。

Transact-SQL 语句[...n]：触发器激活后执行的一条或若干条 Transact-SQL 语句。

提示：当使用 UPDATE 关键字构成触发器时，还可以通过定义 IF UPDATE＜列名＞来实现当特定列被更新时激活触发器。具体使用请参考联机丛书。

现在，我们将上一节在企业管理器中创建的 student_insert 触发器文本重新看一下，可知其触发器定义的完整含义。

需要指出，CREATE TRIGGER 必须是批处理中的第一条语句，并且只能应用到一个表中。以下给出一些具体实例来说明触发器的创建和使用。

3.应用举例

【例 5.35】　（使用 INSTEAD OF 触发器）在 teachdb 数据库中创建一个删除类型的触发器 notallowdelete，当在 course 表中删除记录时，激活该触发器，显示不允许删除表中数据的提示信息。

创建触发器的程序如图 5-41 左图所示。创建 notallowdelete 触发器之后，在查询分析器中执行以下 Transact-SQL 语句：DELETE FROM course WHERE c_no='1015'。

运行结果如图 5-41 左图所示。由图中"消息"标签显示的信息可知，DELETE 语句确实激活了 notallowdelete 触发器。

如果我们将 course 表打开，可看到 c_no='1015' 的记录仍然存在于表中，如图 5-41 右图所示。由此可知，INSTEAD OF 触发器替代了 DELETE 语句的执行。

在 SQL Server 2000 中，除了用 PRINT 语句发送消息外，还常用 RAISERROR 语句发送信息。RAISERROR 语句比 PRINT 语句的功能更强。它的主要作用是将错误信息显示在屏幕上，同时也可以记录在 SQL Server 2000 错误日志和 Windows NT 应用程序

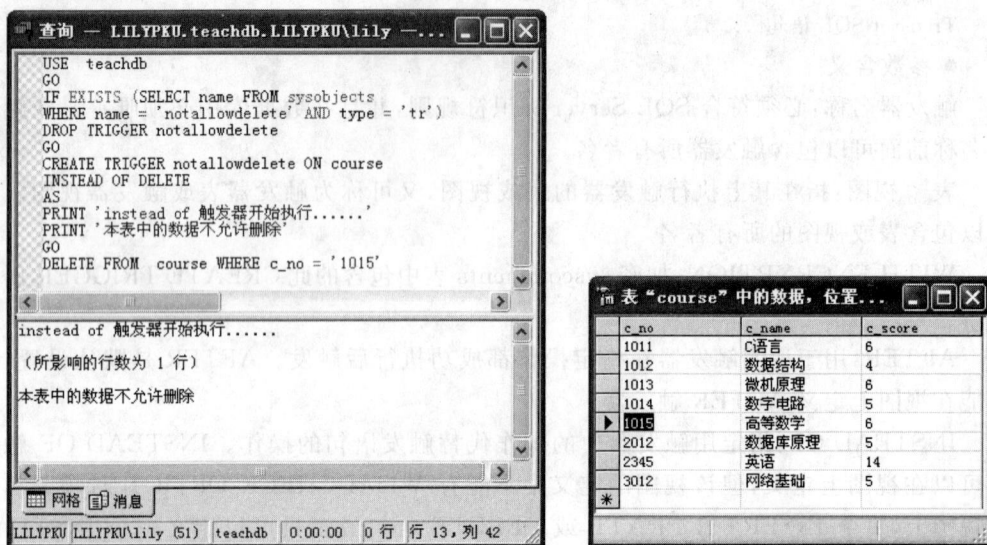

图 5-41　创建 INSTEAD OF DELETE 触发器

日志中。

RAISERROR 语句可以返回以下两种类型的信息：

① 保存在 sysmessages 系统表中的用户自定义错误信息。用户自定义错误信息是用系统存储过程 sp_addmessage 添加到 sysmessages 系统表中的，在 RAISERROR 语句中用错误号来表示。

② 在 RAISERROR 语句中直接指定的消息字符串。消息字符串也可以包含替代变量和参量，这与 C 语言中的 printf 功能相似。

RAISERROR 语句的基本语法格式：

RAISERROR(〈用户自定义错误号 | 消息字符串〉〈,严重等级,状态〉)

其中：

用户自定义错误号：是在 sysmessages 系统表中的用户自定义错误信息的错误号,任何用户自定义的错误号都应大于 50,000,小于 50,000 的错误号保留给 SQL Server 系统错误用。

消息字符串：在 RAISERROR 语句中以字符串形式直接给出的错误信息。

严重等级：用大于 0 的整数表示。严重等级在 0 到 18 的错误可被任何用户引发,19 到 25 的错误只能由系统管理员引发。

状态：代表发生错误时的状态信息,可以是 1 到 127 之间的任意整数。

用 RAISERROR 指定用户定义的错误信息时,使用大于 50,000 的错误信息号以及从 0 到 18 的严重级别。

例如,在查询分析器中运行如下一条语句:RAISERROR('　　　　　测试错误!',15,2),运行结果如图 5-42 所示。

现在,我们将例 5.35 中定义 notallowdelete 触发器中的两条 PRINT 语句改为 RAISERROR 语句,如下所示：

RAISERROR('instead of 触发器开始执行.....',16,1)

RAISERROR('本表中的数据不允许删除!',16,2)

　　再用语句"DELETE FROM course WHERE c_no='1015'"激活该触发器,运行结果如图 5-43 所示。由图可见,在查询分析器的"消息"标签中除显示类似的提示外,还给出了消息、级别、状态等信息。

　　如果我们再通过企业管理器打开 course 表,用手动操作方法试着删除其中一条记录,由于已经创建了 notallowdelete 触发器,此时

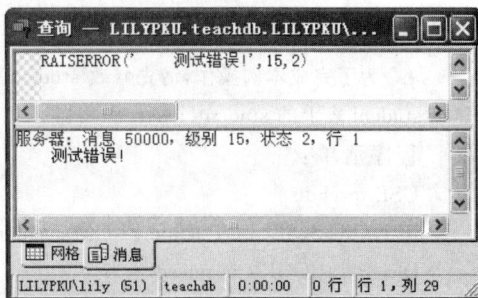

图 5-42　测试 RAISERROR 语句

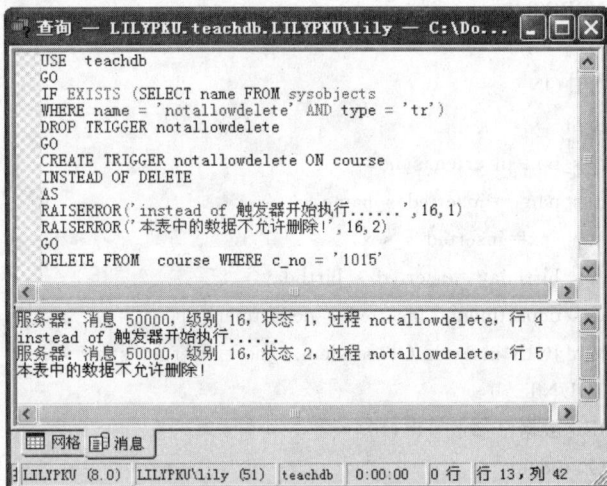

图 5-43　用 RAISERROR 语句给出信息

会弹出一消息框,显示在该触发器定义中两条 RAISERROR 语句里的消息字符串。如图 5-44 所示。

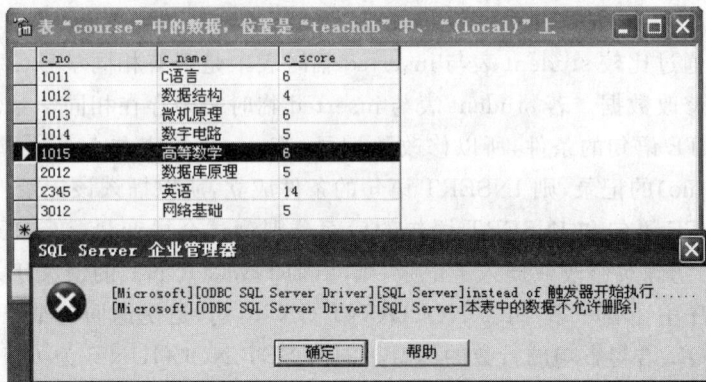

图 5-44　消息框显示 RAISERROR 语句中的信息

　　【例 5.36】（使用 inserted 临时表）在 teachdb 数据库上创建一触发器,监视 student 表中数据的插入。如果要添加记录的学号已经存在于原表中,则在该记录基础上进行修改;如果要添加的记录的学号在原表中不存在,则直接将该记录插入表中。最后向客户端

显示插入或修改记录的信息。

为了完成本例操作,请先修改 student 表,将主键改为 s_no 和 s_name 的组合,且删除前面已创建在 student 表上的 student_insert 触发器。

程序清单:

```
USE teachdb
IF EXISTS(SELECT name FROM sysobjects WHERE name='norepeat' AND type='TR')
DROP TRIGGER norepeat
GO
CREATE TRIGGER norepeat ON student
INSTEAD OF INSERT
AS
    SET NOCOUNT ON
    UPDATE student
      SET student.s_no=inserted.s_no,
          student.s_name=inserted.s_name,
          student.s_sex=inserted.s_sex,
          student.s_birthday=inserted.s_birthday,
          student.s_department=inserted.s_department
      FROM student JOIN inserted ON student.s_no=inserted.s_no
    IF @@ROWCOUNT>0
      RAISERROR('数据已修改',16,10)
    INSERT INTO student
      SELECT * FROM inserted
        WHERE inserted.s_no NOT IN (SELECT s_no FROM student)
    IF @@ROWCOUNT>0
      RAISERROR('数据已插入',16,10)
    GO
```

本例程序通过比较 student 表与 inserted 临时表中是否有相同学号(s_no)的记录,来决定插入还是修改数据。若 student 表与 inserted 临时表中存在相同学号(s_no)的记录,则满足 UPDATE 语句的条件,所以修改该记录;若 student 表与 inserted 临时表中不存在相同学号(s_no)的记录,则 INSERT 语句的条件成立,所以插入该记录。

在 UPDATE 语句和 INSERT 语句的后面分别测试全局变量@@ROWCOUNT 的值,如果上一语句确实修改或插入了记录,则@@ROWCOUNT 的值大于 0,据此可显示相应信息。程序中还有一条"SET NOCOUNT ON"语句,是使返回的结果中不包含有关受 Transact-SQL 语句影响的行数的信息。即当 SET NOCOUNT 为 ON 时,使用 SQL Server 实用工具执行有关命令(如 SELECT、INSERT、UPDATE 和 DELETE)结束时,将不会在结果中显示"(所影响的行数为×行)"这种信息。

现在,我们向 student 表插入几条记录,如图 5-45 所示,测试本例创建的 norepeat 触发器是否起作用。运行结果可以从图 5-45 下面的"消息"标签中验证。

由图中可知,第 1、2 条 INSERT 语句插入的记录由于在原 student 表中不存在,故直

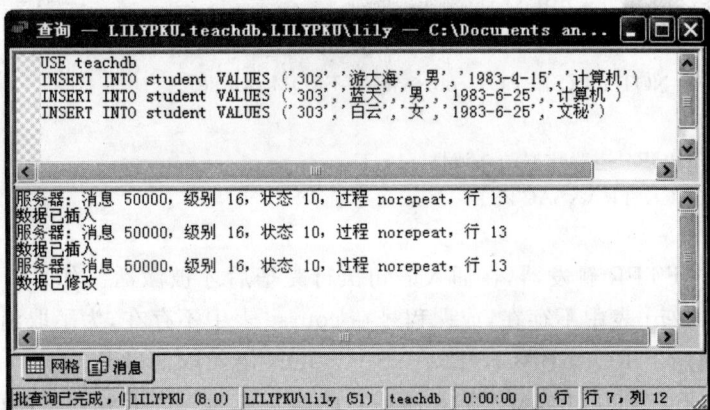

图 5-45　添加记录测试 norepeat 触发器

接插入到表中，并给出相应的提示信息。第 3 条 INSERT 语句所插入记录的学号与第 2 条已插入记录的学号相同，都是′303′，所以触发器是将第 2 条插入的记录作了修改，并显示"数据已修改"。如果现在显示 student 表中的所有记录，可验证以上结果，如图 5-46 所示。

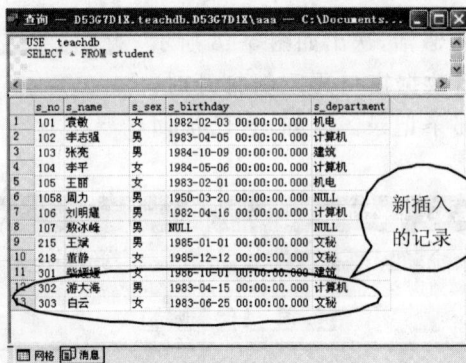

图 5-46　验证 norepeat 触发器对 student 表的作用结果

【例 5.37】　（使用 AFTER 触发器）在数据库 teachdb 中创建一个触发器，当向 choice 表插入一条记录时，检查该记录的学号在 student 表中是否存在，再检查该记录的课程号在 course 表中是否存在，若有一项为否，则不允许插入。

程序清单：

```
USE teachdb
IF EXISTS(SELECT name FROM sysobjects
    WHERE name=′checkstring′ AND type=′TR′)
    DROP TRIGGER checkstring
GO
CREATE TRIGGER checkstring ON choice
AFTER INSERT
AS
```

```
IF EXISTS (SELECT * FROM choice
  WHERE choice.s_no NOT IN (SELECT student.s_no FROM student) OR
  choice.c_no NOT IN (SELECT course.c_no FROM course))
BEGIN
    RAISERROR('违背数据的一致性',16,1)
    ROLLBACK TRANSACTION
END
```

本例采用 AFTER 触发器，在插入语句执行完毕后才被激活。如果新插入的记录对应的学号在 student 表中不存在，或课程号在 course 表中不存在，为了取消刚完成的插入操作，程序中使用了 ROLLBACK TRANSACTION 语句取消事务。

在 SQL Server 2000 中，触发器和激活它的语句作为一个事务处理，激活触发器的语句看做是隐含事务的开始，可以在触发器中用 ROLLBACK TRANSACTION 语句取消该事务。有关 SQL Server 2000 事务处理的内容，我们将在第 7 章详细讨论。

现在，向表 choice 中插入一条新记录，其学号和课程号在 student 表和 course 表中均不存在，如图 5-47 最后一行所示。

s_no	c_no	score
101	1011	82.5
101	1012	79
102	1012	92.5
103	1011	68
104	1012	54
234	2357	87

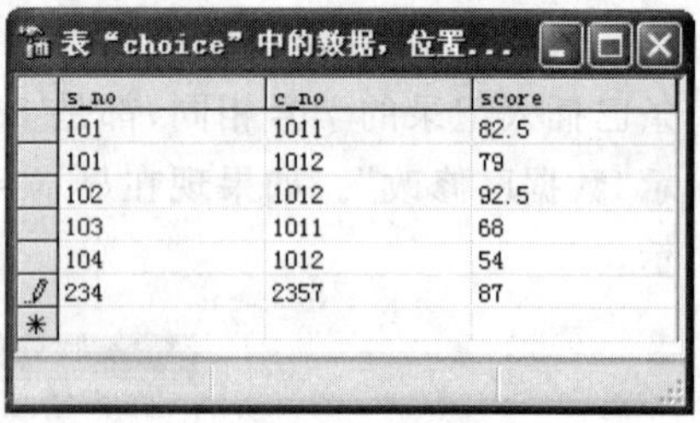

图 5-47　插入记录验证 checkstring 触发器

输入完毕后，触发器被激活，送出如图 5-48 所示的提示信息。当我们关闭数据窗口再重新打开时，可发现并没有新插入的那条记录。可知，它已被回滚取消了。

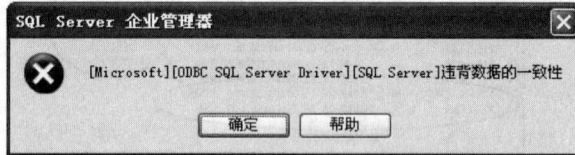

图 5-48　checkstring 触发器显示消息框

【例 5.38】（基于视图的触发器）在第 4 章我们曾创建了一个基于教学数据库中 student、course 和 choice 三个表的视图 v_abf。该视图中包含 student 表中的 s_no 和 s_name 字段、course 表中的 c_name 字段及 choice 表中的 score 字段（见例 4.52 所示）。

在例 4.62 中，我们试图通过"DELETE v_abf WHERE c_name='微机原理'"这样的一条语句来删除视图中的记录，但操作失败。因为视图中的数据来自多个基表，是不允许直接删除的。

如果视图的数据来自于多个基表，则必须使用 INSTEAD OF 触发器支持引用表中数据的插入、更新和删除操作。现在，我们通过在该视图上创建一个 INSTEAD OF 触发器来实现例 4.62 未完成的工作。

创建触发器的程序如图 5-49 所示。由于在例 4.55 中又将视图 v_abf 修改成加密文本，所以，这里我们也将触发器的定义文本加密。

现在，我们在查询分析器中执行与例 4.62 中相同的删除语句：

DELETE v_abf WHERE c_name＝
'微机原理'

　　就能够顺利完成数据删除任务
了。如图 5-49 所示。实际上,是该语
句激活触发器 view_delete 完成了删
除任务。

　　本例只需删除 choice 表中对应课
程名的记录,但 choice 表中只有课程
号,没有课程名,所以程序通过查找
course 表中与在 deleted 临时表中要
删除视图记录的课程名相等的记录的
课程号,从而找到 choice 表中对应的
记录。在触发器定义中的DELETE语

```
USE teachdb
IF EXISTS(SELECT name FROM sysobjects
  WHERE name='view_delete' AND type='tr')
DROP TRIGGER view_delete
GO
CREATE TRIGGER view_delete ON v_abf
WITH ENCRYPTION
INSTEAD OF DELETE
AS
DELETE FROM choice
WHERE c_no=(SELECT c_no FROM course
  WHERE c_name IN(SELECT c_name FROM deleted))
GO

DELETE v_abf WHERE c_name='微机原理'
```

(所影响的行数为 2 行)

图 5-49　通过触发器删除基于多表的视图数据

句使用了两重嵌套子查询。由于内层子查询有两条记录满足条件,所以要用关键字 IN
引入子查询的返回列表。

　　图 5-50 显示了在 DELETE 语句执行前后视图v_abf中的数据情况。可见,执行了该
DELETE 语句后,原视图中两条课程名为“微机原理”的记录删除了。

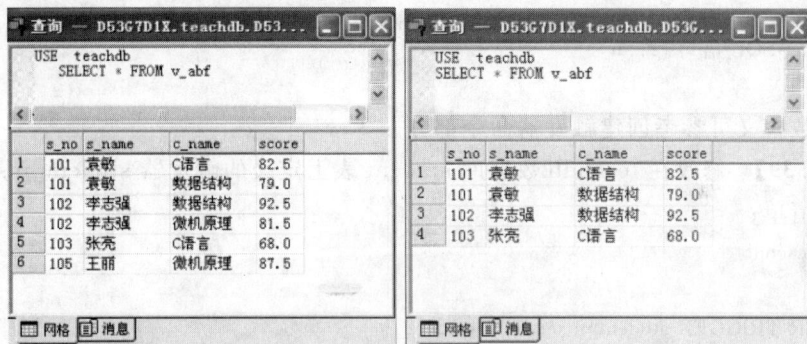

图 5-50　删除命令执行前后视图数据对比

5.5.3　修改和删除触发器

1.在企业管理器中修改和删除触发器

　　在企业管理器中修改和删除触发器的操作与创建触发器的操作类似。在企业管理器
中,右击要修改的触发器所在的表(或视图),在弹出的快捷菜单中选择“所有任务/管理触
发器”选项,打开“触发器属性”对话框。如图 5-51 所示。

　　在“名称”下拉列表框中选择要修改或删除的触发器,然后即可在下面的“文本”框中
直接进行修改。如果要删除该触发器,按“文本”框下面的　删除(D)　按钮,在随后出现的确
认删除对话框中单击　删除(L)　按钮,即可删除该触发器。

　　提示:如果在创建触发器时用 WITH ENCRYPTION 选项对文本进行了加密,则无法在企业
管理器中对该触发器进行修改。

图 5-51 "触发器属性"对话框

2. 修改触发器的 Transact-SQL 命令

语法格式:

ALTER TRIGGER 触发器名称 ON { 表 │ 视图 }

[WITH ENCRYPTION]

{{FOR │ AFTER │ INSTEAD OF}{[DELETE][,INSERT][,UPDATE]}

AS

Transact-SQL 语句 [...n]

}

各参数含义可参考创建触发器命令部分。

【例 5.39】 修改在 teachdb 数据库 student 表上定义的触发器 student_insert。

程序清单:

USE teachdb

GO

ALTER TRIGGER student_insert ON student

FOR INSERT

AS

RAISERROR('你向表中插入了一条新记录!',16,10)

GO

在修改触发器之前,可以使用系统存储过程 sp_helptext查看该触发器的代码文本,但如果该触发器在定义时使用 WITH ENCRYPTION 选项对文本进行了加密,则无法看到文本内容。例如,图 5-52 所示为使用sp_helptext查看已加密触发器v_abf时的情况。

3. 删除触发器的 Transact-SQL 命令

语法格式:

DROP TRIGGER 触发器名称 [,...n]

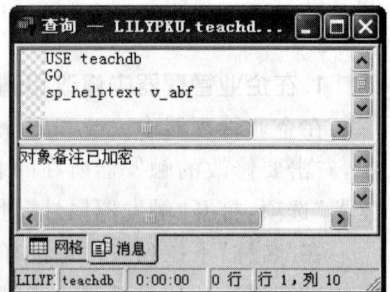

图 5-52 使用 sp_helptext 查看已加密
触发器 v_abf 时的情况

【例 5.40】　使用 Transact-SQL 命令删除 student_insert 触发器。

程序清单：

```
USE teachdb
GO
DROP TRIGGER student_insert
GO
```

提示：删除表后，表中的触发器也随之被删除。

在删除触发器之前，可以使用系统存储过程 sp_helptext 查看该触发器的代码文本，还可以使用系统存储过程 sp_helptrigger 来查看一个表上的所有触发器信息。例如，图 5-53 是使用 sp_helptrigger 查看 student 表中触发器情况显示的信息。由图可知，在 student 表上有两个触发器，它们均为 INSERT 语句所激活。一个是 INSTEAD OF 触发器，另一个是 AFTER 触发器。

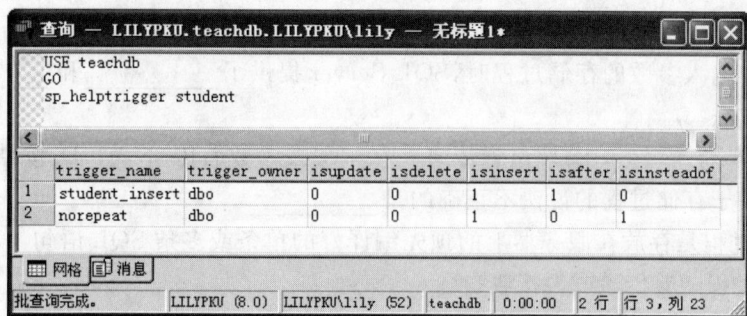

图 5-53　用 sp_helptrigger 查看表中触发器信息

4. 暂停或重新启用触发器

当不再需要某触发器时，可以使用 DROP TRIGGER 语句将它删除。但有时，仅需要暂时停止该触发器的作用，以后还需要该触发器工作。这时，可以使用修改表的命令（ALTER TABLE），在该语句中使用 DISABLE TRIGGER 选项暂停某触发器作用。当重新需要使该触发器有效时，在 ALTER TABLE 命令中使用 ENABLE TRIGGER 选项即可。

例如，使 student 表上的触发器 norepeat 暂时无效，使用如下命令：

ALTER TABLE student DISABLE TRIGGER norepeat

当需要重新使该触发器发挥作用时，可使用如下命令：

ALTER TABLE student ENABLE TRIGGER norepeat

习题与实训

一、单项选择题

1. SQL Server 2000 中，如果没有特别设置，输入字符型数据 Angela 的正确格式为
_____。

A. 'Angela'　　　　B. [Angela]　　　　C. "Angela"　　　　D. {Angela}

2. 以下除_____外都是用户获取 SQL Server 系统信息的主要途径。

A. 全局变量　　　　B. 系统函数　　　　C. 游标　　　　D. 系统存储过程

3. SELECT SQRT(ABS(−9))＋LEN('SQL Server　　　')＋MONTH('96/12/23')
运行结果在列名下面显示为_____。

A. 0　　　　　　B. 25　　　　　　C. 27　　　　　　D．出错

4. 一般情况下,存储过程返回_____表示执行成功,返回_____表示有错误发生。

A. TRUE　　　　B. FALSE　　　　C. 0　　　　D. 1

5. 以下_____是执行含有一个时间类型输入参数和一个输出参数的存储过程
(my_proc)的正确命令形式。

A. EXEC my_proc '2/1/2002', @output

B. EXEC my_proc @output', 2/1/2002'

C. EXEC my_proc @output', 2/1/2002' output

D. EXEC my_proc '2/1/2002', @output output

6. 执行带输入参数的存储过程时,SQL Server 提供了_____和_____两种
传递参数的方法。

A. 按值传递　　　　B.按位置传递　　　　C.按参数名传递　　　　D. 按结果传递

7. 以下关于存储过程的说法不正确的是_____。

A. 存储过程是存放在服务器上的预先编译好的单条或多条 SQL 语句

B. 存储过程能够传递或者接收参数

C. 可以通过存储过程的名称来调用执行存储过程

D. 存储过程在每一次执行时都要进行语法检查和编译

8. 以下关于触发器的说法正确的是_____。

A. 在创建数据库新表时可自动激活触发器

B. 触发器能够传递或者接受参数

C. 可以通过使用触发器的名称来调用执行触发器

D. 使用触发器可以帮助保证数据的完整性和一致性

9. 触发器是一个_____对象,触发器定义在特定的_____上。

A. 字段　　　　B.记录　　　　C. 表　　　　D. 数据库

10. SQL Server 2000 中不能定义一个触发器同时为_____触发器。

A. INSERT 和 DELETE　　　　B. INSTEAD OF 和 AFTER

D. INSERT 和 UPDATE　　　　D. DELETE 和 UPDATE

二、多项选择题

1. 以下不能与其他语句位于同一个批处理中的 CREATE 语句是_____。

(1) CREATE TABLE

(2) CREATE PROCEDURE

(3) CREATE RULE

(4) CREATE VIEW

(5) CREATE TRIGGER

（6）CREATE INDEX

2.以下可放在创建触发器的 Transact-SQL 语句中用于表示触发器类型的关键字有_____。

（1）AFTER

（2）INSERT

（3）INSTEAD OF

（4）FOR

（5）DELETE

（6）SELETE

（7）UPDATE

（8）TRUNCATE

三、填空题

1.用 Transact-SQL 语句声明一个货币型局部变量（名字自定）的语句为：_____。对该变量赋值 500 的语句为：_____或者为：_____。

2.语句 SELECT STR（PI（），5，3）运行结果在列名下面显示为_____。

3.语句 SELECT ROUND(234.56,−2)＋DATEDIFF（DAY,′2006/3/4′,′2006/3/23′）运行结果在列名下面显示为_____。

4.语句 SELECT SUBSTRING(STUFF(′上海交通大学′,4,1,SPACE(2)),3,4) 的运行结果在列名下面显示为_____。

5.系统存储过程存放在 SQL Server 的_____数据库中,一般用前缀_____标识。若有一个本地存储过程与系统存储过程同名,则执行的将是_____。

6.在调用存储过程时,可以通过_____参数将数据传给存储过程。存储过程也可以通过_____参数和_____值将数据返回给所调用的程序。

7.SQL Server 提供了三种方法重新编译存储过程:_____、_____和使用系统存储过程 sp_recompile。

8.SQL Server 2000 中在触发语句执行后激活的触发器为_____触发器;可以取代触发语句操作的触发器为_____触发器。

9.执行 INSERT 操作插入的记录同时被插入到临时表_____中;执行 DELETE操作删除的记录同时被插入到临时表_____中;执行 UPDATE 操作修改数据后_____。

10.要使当前数据库中的 Orders 表上的 OrderInsert 触发器无效,其命令为_____。

四、问答题

1.@@x 是一个全局变量吗？请说明理由。

2.简述全局变量和系统函数的相同之处和两者使用上的差异。

3.有人说:使用 ALTER PROCEDURE 命令修改存储过程也可以通过先用 DROP PROCEDURE 命令删除原存储过程,然后再用 CREATE PROCEDURE 命令创建同名的存储过程来实现。你觉得两种方法完全相同吗？

4.简述游标的使用步骤。

5.什么是级联引用完整性约束？触发器能否实现级联引用完整性约束的功能？

五、操作题

1.创建一个局部变量,并在 SELECT 语句中使用该局部变量查找教学数据库的学生表(student)中所有女同学的学号、姓名。

2.应用 IF...ELSE 语句编写程序完成以下 choice 表查询:如果"数据结构"课程的平均成绩高于 80 分,则显示"数据结构平均分高于 80 分"。

3.创建一个存储过程,用学生学号作为入口参数,查找某个学生选修的所有课程。

4.在数据库 teachdb 中创建一个触发器,当向讲授表(teaching)插入一条记录时,检查该记录的职工号在 teacher 表中是否存在,同时检查课程号在 course 表中是否存在。若有一项不存在,则不允许插入。

5.创建一个求和函数,能求出 1 到 m 的整数和,m 的值在调用函数时给出。

第 **6** 章

数据库安全性管理

内容概述

数据库的安全性是指保护数据,防止数据因被不合法的使用而造成的泄密或破坏。它涉及 SQL Server 的认证模式、帐号和存取权限。SQL Server 2000 的安全性管理是建立在登录认证和访问许可两种机制上的。本章介绍了 SQL Server 2000 提供的安全管理措施,包括服务器登录身份认证、数据库用户帐号及数据库操作权限等。

为了保证数据库数据的安全,备份和恢复是实际应用系统中必不可少的操作。SQL Server 2000 提供了完善的备份-还原机制,本章将对此作详细介绍。

6.1 SQL Server 2000 系统安全机制

SQL Server 作为一个网络数据库管理系统,具有完备的安全机制,能够确保数据库中的信息不被非法盗用或破坏。

SQL Server 的安全机制可分为以下三个等级:

- SQL Server 的登录安全性
- 数据库的访问安全性
- 数据库对象的使用安全性

这三个等级如同三道闸门,有效地抵御任何非法侵入,保卫着数据库中数据的安全。如图 6-1 所示。

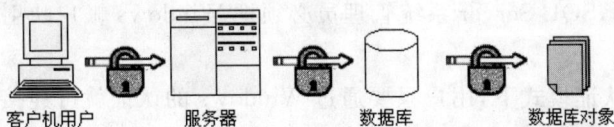

客户机用户　　服务器　　数据库　　数据库对象

图 6-1　SQL Server 2000 安全机制

首先,任何用户要访问 SQL Server,必须取得服务器的"连接许可",用户在客户机上向服务器申请并被 SQL Server 审查。如果用户的登录帐号没有通过 SQL Server 审查,则不允许该用户访问服务器,更无从接触到服务器中的数据库数据。只有服务器确认用户合法才准许进入。

当用户登录帐号通过 SQL Server 审查进入服务器后,还必须取得数据库的"访问许可",才能使用相应的数据库。SQL Server 在每一个数据库中保存有一个用户帐号表,里面记载了允许访问该数据库的用户信息,只有这些用户才能访问。如果用户登录服务器后,在所需访问的数据库中没有相应的用户帐号,仍然无法访问该数据库。打个比喻,就像走进了大楼门,但房门钥匙不对,仍然无法进入房间一样。

在数据库的用户帐号表中,不仅记载了允许哪些用户访问该数据库,还记载了这些用户的"访问权限"。除了数据库所有者(dbOwner)对本数据库具有全部操作权限外,其他用户只能在数据库中执行规定权限的操作。如有的用户能进行数据查询,有的用户可进行插入、修改或删除表中数据的操作,有的用户只能查询视图或执行存储过程,而有的用户可以在数据库中创建其他对象等等。在 SQL Server 数据库中,为了执行某项操作或限制某项操作,要为用户帐户分配相应的权限,用户只能进行与其权限相符的操作。

SQL Server 的安全机制要比 Windows 系统复杂,这是因为服务器中的数据库多种多样,为了数据的安全,必须考虑对不同的用户分别给予不同的权限。比如,对教学数据库而言,一般学生允许对课程表(course)和选课表(choice)进行查询,但不得修改或删除这两个表中的数据,只有有关教学管理人员用户才有权添加、修改或删除数据,这样将保证数据库的正常有效使用。另外,如果在教师表(teacher)中存有一些关于教师的私人信息(如工资、家庭住址等)时,一般学生也不应具备访问教师表的权限。

6.2   SQL Server 2000 登录认证

6.2.1   Windows 认证和 SQL Server 认证

在 SQL Server 2000 的用户登录、身份验证阶段,有两种安全模式,即 Windows 认证模式和 SQL Server 认证模式。

1. Windows 认证模式

SQL Server 数据库系统通常运行在基于 NT 构架的 Windows 2000 上(当然也可以运行在 Windows 2000 以后的 Windows XP 上),而 Windows 2000 作为网络操作系统,本身就具备管理登录,验证用户合法性的能力。所以 SQL Server 的 Windows 认证模式正是利用这一用户安全性和帐号管理的机制,允许在 SQL Server 中使用Windows的用户名和口令登录。当然,SQL Server 系统管理员必须把 Windows 帐户映射成 SQL Server 登录帐号。

在 Windows 认证模式下,用户只要通过 Windows 的认证就可连接到 SQL Server,而不必提交另外的用户登录名和口令密码。当用户试图登录到 SQL Server 时,它从 Windows 的网络安全属性中获取登录用户的帐号与密码,并将它们与 SQL Server 中记录的 Windows 帐户相匹配。如果在 SQL Server 中找到匹配的项,则接受这个连接,允许该用户进入 SQL Server。

Windows 认证模式与 SQL Server 认证模式相比,其优点是:用户启动 Windows 进入 SQL Server 不需要两套登录名和密码,简化了系统操作。更重要的是 Windows 认证模式充分利用了 Windows 2000 强大的安全性能及用户帐号管理能力。Windows 2000 安全管理具有众多特点,如安全合法性、口令加密、对密码最小长度进行限制、设置密码期限以及多次输入无效密码后锁定帐号等。

在 Windows 2000 中可使用用户组，所以当使用 Windows 认证模式时，我们总是把用户归入一定的 Windows 用户组，以便当在 SQL Server 中对 Windows 用户组进行数据库访问权限设置时，能够把这种权限传递给每一个用户。当新增加登录用户时，也总把它归入某一用户组，这种方法可以更方便地将用户加入到系统中，并消除了逐一为每个用户进行数据库访问权限设置而带来的不必要的工作量。

通过在 SQL Server 中使用 Windows 验证帐号和密码机制来检验登录的合法性，不仅简化了系统操作，也提高了 SQL Server 的安全性。

2．SQL Server 认证模式

在该认证模式下，用户在连接 SQL Server 时必须提供登录名和登录密码，SQL Server 自己执行认证处理。如果输入的登录信息与 SQL Server 系统表中的记录相匹配，则允许该用户登录到 SQL Server；否则将拒绝该用户的连接请求。

SQL Server 用户的登录帐号信息保存在 master 数据库中的 sysxlogins 系统表中。

使用 SQL Server 认证模式的优点是：允许非 Windows 用户及 Internet 客户端连接 SQL Server。例如，当用户在运行 Windows 98 的客户机上申请连接 SQL Server 时，由于 Windows 98 不支持 Windows 身份认证，因此只能使用 SQL Server 认证模式。

6.2.2　选择身份验证模式

当 SQL Server 2000 服务器在 Windows 上运行时，可以指定下面两种身份验证模式之一：

● Windows 身份验证模式

只进行 Windows 身份验证。用户不能指定 SQL Server 2000 登录 ID。这是 SQL Server 2000 的默认身份验证模式。

● 混合模式

如果用户在登录时提供了 SQL Server 2000 登录 ID，则系统将使用 SQL Server 身份验证对其进行验证。如果没有提供 SQL Server 2000 登录 ID 或请求 Windows 身份验证，则使用 Windows 身份验证对其进行身份验证。

身份验证模式可以在安装 SQL Server 2000 过程中指定，也可以在安装后使用 SQL Server 企业管理器指定。在安装 SQL Server 2000 或者第一次使用 SQL Server 连接其他服务器的时候，需要指定验证模式。对于已经指定验证模式的 SQL Server 服务器，也可以进行修改。设置或修改验证模式的用户必须使用系统管理员或安全管理员帐户。

1．设置服务器身份验证模式

打开企业管理器，在服务器组下面的对应服务器上右击，从弹出的快捷菜单中选择"属性(R)"命令(如图 6-2 中椭圆圈所示)，打开"SQL Server 属性(配置)"对话框。

在如图 6-3 所示的"SQL Server 属性(配置)"对话框中，单击"安全性"标签，打开该对话框，在这里设置服务器身份验证模式。可以是"仅 Windows"模式或"SQL Server 和 Windows"混合模式。

"身份验证"下面的"审核级别"用于跟踪和记录 SQL Server 实例活动的方法。可以

不跟踪,也可以在成功或失败时跟踪等。另外,在图 6-3 所示的"安全性"标签中,还可以设置启动 SQL Server 的帐号。

修改验证模式后,必须停止 SQL Server 服务,重新启动后才能使设置生效。

提示:可以在 SQL Server 2000 的事件探查器中查看跟踪记录的信息。

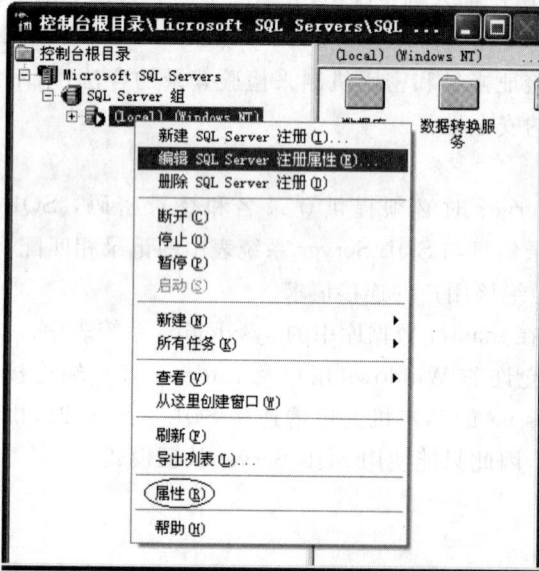

图 6-2　编辑 SQL Server 注册属性

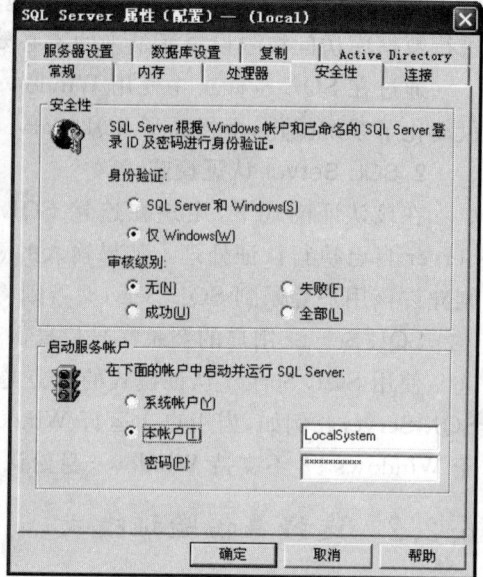

图 6-3　"SQL Server 属性(配置)"对话框

2.设置注册 SQL Server 的身份验证属性

设置了服务器的登录认证模式后,还要对用户注册 SQL Server 设置身份验证方法。

在企业管理器中,右击服务器组下面的对应服务器,在弹出的快捷菜单中选择"编辑 SQL Server 注册属性(E)"命令,如图 6-2 所示。打开"已注册的 SQL Server 属性"对话框。

在图 6-4 所示的"已注册的 SQL Server 属性"对话框中选择认证模式。如果选择"使用 SQL Server 身份验证"模式,还必须输入登录名和密码(或选择"总是提示输入登录名和密码",在登录时经提示后再输入)。输入完成后,单击 确定 按钮。

改变用户注册 SQL Server 身份验证方法后,系统提示将断开原来的连接。此后,可以在企业管理器中右击服务器,从图 6-2 所示的快捷菜单中选择"连接"或"断开"命令直接进行该注册用户与服务器的连接操作。

也可以在如图 6-2 所示的快捷菜单中选择"新建 SQL Server 注册(T)"命令,通过其

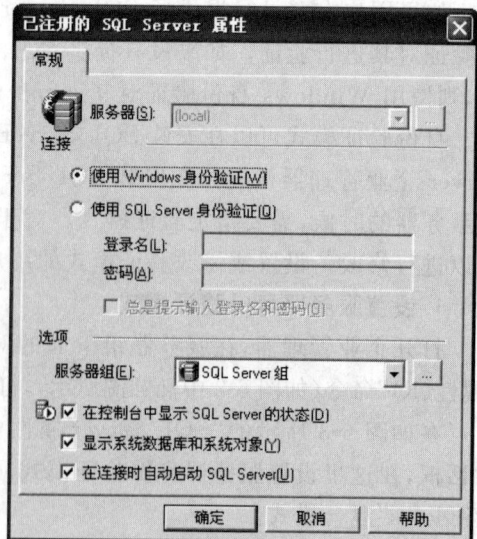

图 6-4　"已注册的 SQL Server 属性"对话框

向导操作建立对另一个服务器的注册。

这里必须要强调：用户注册的登录属性服从于服务器设置的身份验证模式。即如果服务器设置的是"仅 Windows"身份验证模式，则用户的注册属性使用 SQL Server 身份验证是无法登录服务器的，即使用户使用 sa 管理员帐号也要失败。

🔔说明：注册服务器实际上是保存服务器的连接信息，而并非实际已连接到服务器上。在以后需要时才真正连接。在注册服务器时要指定服务器名称、登录到服务器时使用的身份验证信息等。通过注册远程服务器，可使 SQL Server 企业管理器管理非本机服务器。

6.2.3　创建和管理 SQL Server 登录帐号

指定了身份认证模式只是设置了 SQL Server 允许用户安全进入的机制。不管是哪一种认证模式，要进入 SQL Server，用户必须在服务器中拥有登录帐号。

1.使用企业管理器创建登录帐号

在企业管理器中创建用户登录帐号的步骤如下：

● 在企业管理器中，选择服务器组中相应的服务器。

● 展开 ⊞🔒安全性 文件夹，在登录图标

🗄上右击鼠标，在弹出的快捷菜单中选择新建登录(L)...选项，打开"SQL Server 登录属性－新建登录"对话框，如图 6-5 所示。

● 如果要将一个 Windows 帐号加入到 SQL Server 中，在"身份验证"中选择"Windows 身份验证"，然后单击 名称(N) 栏右侧的 ... 按钮，从中选择一个 Windows 用户或组帐号。

● 如果要新建一个 SQL Server 2000 登录帐号，在"身份验证"中选中"SQL Server 身份验证"，然后在 名称(N) 栏输入帐号名，在 密码(A): 栏中输入密码。

图 6-5　"SQL Server 登录属性－新建登录"对话框

● 在 默认设置 部分，在"数据库"下拉列表框中，选择登录到 SQL Server 之后将连接的默认数据库；在"语言"下拉列表框中，选择显示给用户的信息所用的默认语言。

如果提供默认数据库的名称，则在该用户具有相应权限的情况下，不用执行 USE 语句就可以连接到指定的数据库。如果不加设置，新建登录的默认数据库是 master 系统数据库，默认语言是 SQL Server 服务器的默认语言。

● 单击 确定 按钮，就可以完成创建一个用户登录帐号的工作。

🔔提示：在创建用户登录帐号后，通常紧接着在"SQL Server 登录属性－新建登录"的其他两个标签中设置该帐号允许访问的数据库及相应权限。有关这些内容将在稍后介绍。

2．在企业管理器中管理登录帐号

如果要查看登录帐号，只需在企业管理器中展开对应服务器下的 ⊞🔒安全性文件夹，用鼠标单击登录图标 🗄登录，在右侧的项目窗口即显示当前服务器中的用户和用户组信息。如图6-6所示。

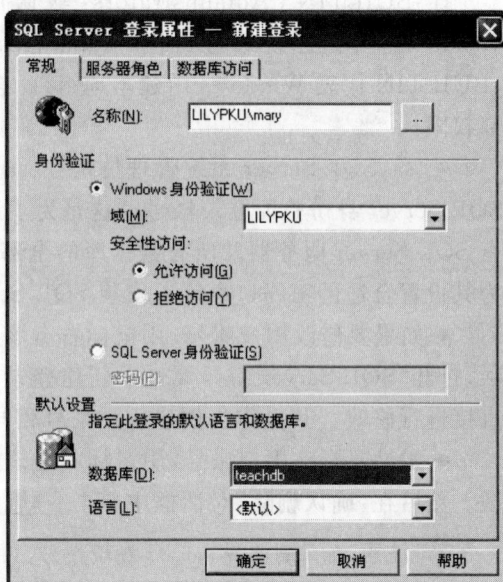

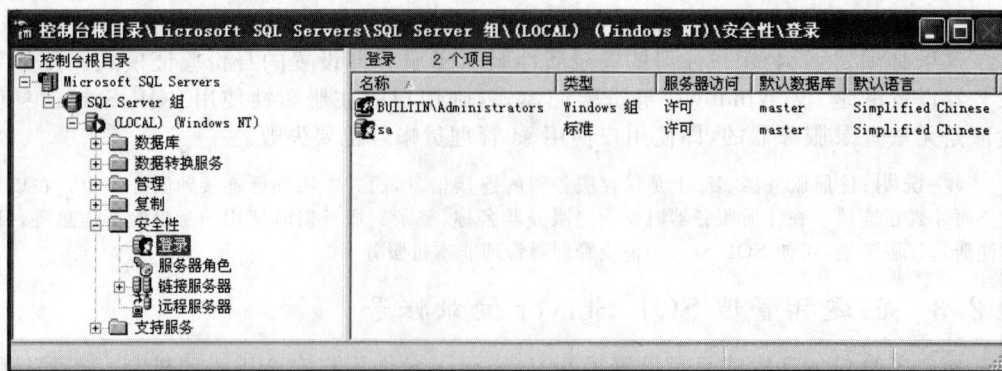

图 6-6　显示服务器登录帐号

图 6-6 项目窗口中显示了两个 SQL Server 2000 系统自动创建的登录帐号：

① BUILTIN \ Administrators：默认的 Windows 身份验证登录帐号。凡属于 Windows中本地系统管理员组（Administrators）的帐号都允许通过它登录SQL Server （BUILTIN 代表 Windows 内建本地组）。它具有 SQL Server 服务器及所有数据库的全部权限。

② sa：SQL Server 系统管理员帐号（sa 即为 system administrator 的缩写），是默认的 SQL Server 身份验证登录帐号。这是为了系统向后兼容而保留的特殊登录帐号，它也具有 SQL Server 服务器及所有数据库的全部权限。该帐号无法删除，为了系统安全，必须为其设置合适的密码口令。在安装 SQL Server 2000 时就要求为 sa 设置密码。

● 如果要修改用户帐号，用鼠标右击该用户帐号，在弹出的快捷菜单中选择"属性"选项，打开"SQL Server 登录属性—新建登录"对话框（如同图 6-5 所示），可在该对话框中直接进行修改。其操作与创建用户帐号相同。

● 如果要删除用户帐号，用鼠标右击该用户帐号，在弹出的快捷菜单中选择"删除"选项。然后在"确认删除"对话框中单击 <u>是(Y)</u> 按钮。

🐭**注意**：如果删除 Windows 登录帐号，只是删除 SQL Server 中该用户的帐号，并不会删除 Windows 中的该帐号。

● 有时可能要暂时禁止一个登录帐号连接 SQL Server，过一段时间又恢复它。这时，可以在图 6-5 所示的"SQL Server 登录属性—新建登录"对话框中设置"拒绝访问"或"允许访问"。但这一设置仅针对 Windows 登录帐号，对 SQL Server 登录帐号，要想禁止它的连接，只能将其帐号删除，以后需要时再重新设立。

无论是创建、修改或删除用户帐号，均只有使用系统管理员或安全管理员帐号登录的用户才能进行操作。

3. 使用系统存储过程创建和管理登录帐号

SQL Server 2000 提供了下列系统存储过程，用于创建和管理登录帐号。

(1) sp_addlogin

功能：创建使用 SQL Server 认证模式的新的登录帐号。

格式：

sp_addlogin [@loginame=] '登录名' [, [@passwd=] '登录密码']

　　[，[@defdb=]′默认数据库′][，[@deflanguage=]′默认语言′]

　　[，[@sid=]安全标识号][，[@encryptopt=]′是否加密′]

　　其中参数 @encryptopt 用于设置将密码存储到系统表时是否对其进一步加密。该参数有三个选项：

　　NULL：表示对密码进行加密，这是默认设置。

　　skip_encryption：密码已加密。SQL Server 不用重新对其加密。

　　skip_encryption_old：已提供的密码由 SQL Server 较早版本加密。只在 SQL Server 升级时使用。

　　sp_addlogin 执行后，密码被加密并存储在系统表中；将登录添加到 SQL Server 时，如果密码已经是加密的形式，则使用 skip_encryption 取消密码加密是有用的。如果此密码由以前的 SQL Server 版本加密，则使用 skip_encryption_old。

　　参数 @sid＝安全标识号（SID）常用于以下场合：如果要编写 SQL Server 登录脚本时，或要将 SQL Server 登录从一台服务器移动到另一台，并且希望登录在服务器间具有相同的 SID 时。

　　【例 6.1】　创建一个新登录用户。

　　语句：Exec sp_addlogin ′mary′,′my123′,′teachdb′,′us_english′

　　本例创建一个名为 mary 的 SQL Server 登录帐号，密码为 my123，其登录后默认数据库为 teachdb，默认语言为 us_english。

　　在查询分析器中输入以上代码后，运行结果如图 6-7 所示。

图 6-7　用 sp_addlogin 创建登录帐号

　　注意：SQL Server 登录名和密码可包含 1 到 128 个字符，包括任何字母、符号和数字。但是，创建的登录名不能含有反斜线（\）或者是系统保留的登录名称，例如 sa 或 public 等。

　　【例 6.2】　在两个 SQL Server 服务器上创建同一个登录用户。

　　本例在 Server1 上为用户 Tom 创建了一个密码为"Rose"的 SQL Server 登录帐号，再析取此加密密码，然后使用前面加密的密码将用户 Tom 添加到 Server2，但不对此密码进一步加密。以后，用户 Tom 即可使用密码"Rose"登录到 Server2。

　　首先，在 Server1 上执行以下代码创建 Tom 用户：

Exec sp_addlogin ′Tom′, ′Rose′

　　当出现"已创建新登录。"提示后，再执行以下代码获取其加密密码：

SELECT CONVERT(VARBINARY(32), password) FROM syslogins WHERE name ＝ ′Tom′

　　结果显示的密码为如图 6-8 所示形式。

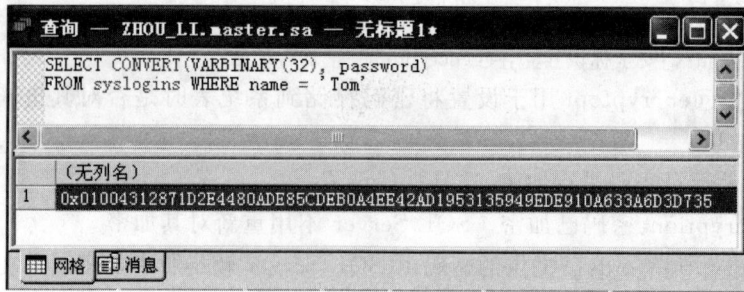

```
查询 — ZHOU_LI.master.sa — 无标题1*

SELECT CONVERT(VARBINARY(32), password)
FROM syslogins WHERE name = 'Tom'

  (无列名)
1 0x01004312871D2E4480ADE85CDEB0A4EE42AD1953135949EDE910A633A6D3D735

网格  消息
```

图 6-8 析取 syslogins 系统表中的用户密码

然后在第二个服务器 Server2 上执行以下代码(其中的长字符串可由图 6-8 中复制而来):Exec sp_addlogin 'Tom',

0x01004312871O2E4480ADE85CDEB0A4EE42AD1953135949EDE910A633A6D3D735,

@encryptopt = 'skip_encryption'

这样即可在服务器 Server2 中也能让用户 Tom 使用相同的密码"Rose"登录。

本例可用于管理员将用户帐户转移到另一服务器上。因为管理员只能知道用户名,而不知道用户的密码。

(2)sp_droplogin

功能:删除 SQL Server 登录帐号。

格式:sp_droplogin [@loginame=]'登录名'

【例 6.3】 删除 SQL Server 登录帐号 Tom。

语句:Exec sp_droplogin 'Tom'

(3)sp_grantlogin

功能:设定一 Windows 用户或用户组为 SQL Server 登录者。

格式:sp_grantlogin [@loginame=]'Windows 组或用户名'

其中 Windows 组或用户名必须用 Windows NT 域名限定,格式为"域\用户",例如 London\Job。它没有默认值。

【例 6.4】 设定 Windows 用户 MIS96\XJ 可登录到 SQL Server。

语句:Exec sp_grantlogin 'MIS96\XJ'

(4)sp_denylogin

功能:拒绝某一 Windows 用户或用户组连接到 SQL Server。

格式:sp_denylogin [@loginame=]'登录名'

sp_denylogin 只能和 Windows 帐号一起使用,格式为"域\用户"。sp_denylogin 无法用于通过 sp_addlogin 添加的 SQL Server 登录。

【例 6.5】 拒绝 Windows 用户 MIS96\XJ 登录到 SQL Server。

语句:Exec sp_denylogin 'MIS96\XJ'

使用 sp_grantlogin 可以反转 sp_denylogin 的效果,即允许用户重新进行连接。

（5）sp_revokelogin

功能：删除 Windows 用户或用户组在 SQL Server 上的登录信息。

格式：sp_revokelogin [@loginame＝] ′登录名′

【例 6.6】 删除 Windows 用户 MIS96\XJ 在 SQL Server 上的登录信息。

语句：Exec sp_revokelogin ′MIS96\XJ′

需要指出，sp_revokelogin 可禁止指定的 Windows 用户通过其 Windows 用户帐号进行连接。但是，如果被禁止的该用户是 Windows 组的成员，且该组由 sp_grantlogin 授予了对 SQL Server 的访问权限，则该 Windows 用户仍然可以连接到 SQL Server。

例如，如果 Windows 用户 REDMOND\john 是 Windows 组 REDMOND\Admins 的成员，现用以下命令废除 REDMOND\john 的访问权：sp_revokelogin ′REDMOND\john′。

但如果授权 REDMOND\Admins 组用户可以访问 SQL Server，那么作为该组的成员，REDMOND\john 仍可连接 SQL Server。同样，如果废除了 REDMOND\Admins 组访问权但授权 REDMOND\john 允许访问，那么 REDMOND\john 仍可连接 SQL Server。

使用 sp_denylogin 则可显式禁止用户连接到 SQL Server，不论其 Windows 组成员资格如何。

（6）sp_helplogins

功能：用来显示 SQL Server 所有登录者的信息，包括每一个数据库里与该登录者相对应的用户名。

格式：sp_helplogins [[@loginNamePattern＝] ′登录名′]

如果未指定 @loginNamePattern 及登录名，则当前服务器上所有登录者的信息都将被显示。例如，图 6-9 所示为查询当前服务器上所有登录帐号信息的结果。

图 6-9 使用 sp_helplogins 查询所有登录者信息

6.2.4   登录失败问题及解决对策

当用户登录 SQL Server 2000 服务器时,可能会出现连接错误,无法登录的问题。造成这种情况的原因多种多样,有网络物理连接的故障、服务器端网络配置错误、客户端网络配置错误等。当然,也有可能 SQL Server 服务器名称或 IP 地址拼写有误。这种情况下,在排除 SQL Server 服务器名称或 IP 地址拼写错误后,应首先检查网络连接是否正常,然后分别检查服务器端和客户端的网络配置。这可以分别利用 SQL Server 自带的服务器端网络实用工具和客户端网络实用工具来进行检查。

下面我们讨论一个有关系统身份认证模式设置不当以及用户登录帐号操作不当造成的登录失败问题。

当用户试图在企业管理器或查询分析器中使用 sa 来新建一个 SQL Server 连接时,可能会遇到如图 6-10 所示的错误信息。

图 6-10   使用 sa 新建连接发生错误

产生该错误的原因是由于 SQL Server 使用了 Windows 身份验证模式,因此用户无法使用 SQL Server 的登录帐号(如 sa)进行连接。

为此,可将 SQL Server 系统的登录认证模式改为"SQL Server 和 Windows"模式(见图 6-3),即允许使用 sa 身份连接 SQL Server。具体操作如本章 6.2.2 节所述。

但在上面的操作前,必须以 Windows 用户帐号进入 SQL Server。如果此时以 Windows帐号进入 SQL Server 发生错误,那么我们将遇到一个两难的境地:服务器只允许了 Windows 的身份验证,但 Windows 帐号在 SQL Server 中已经不存在。这就好像一间房门被锁,但开门的钥匙留在了房里,"自己把自己锁在了门外",无论用哪一种方式均无法进行连接。

遇到这种情况,可以通过修改 Windows 注册表的键值来将身份验证模式改为 "SQL Server 和 Windows "混合验证。操作步骤如下:

● 从 **开始** 菜单选择"运行"选项,在"运行"对话框的 **打开(O)** 栏输入"regedit",按回车键进入注册表编辑器。

● 依次展开注册表项,直到显示以下注册表键:

"HKEY _ LOCAL _ MACHINE \ SOFTWARE \ Microsoft \ MSSQLServer \ MSSQLServer"

● 在屏幕右方找到名称"LoginMode"项,如图 6-11 所示。

● 双击"LoginMode",编辑双字节值。将原值从 1 改为 2,单击"确定"。

该值为 1,表示使用 Windows 身份验证模式;值为 2,表示使用混合模式(Windows 身份验证和 SQL Server 身份验证)。

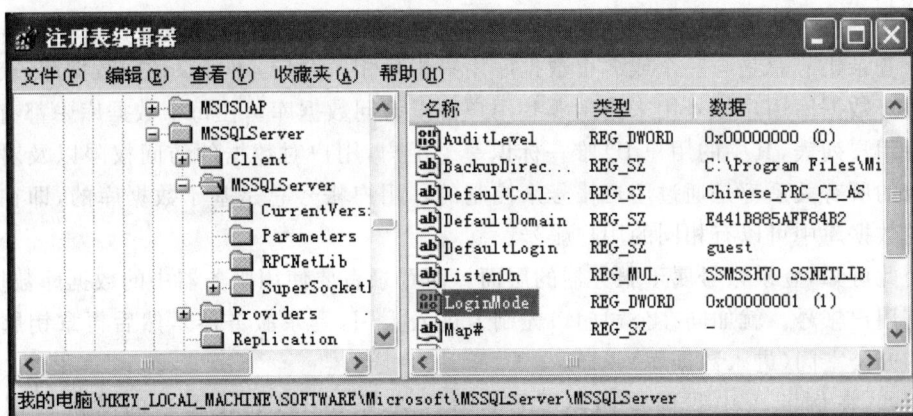

图 6-11　修改注册表参数改变身份验证模式

● 关闭注册表编辑器,重新启动 SQL Server 服务。

此时,可以成功地使用 sa 在企业管理器中新建 SQL Server 注册,但仍无法使用 Windows 身份验证模式来连接 SQL Server。这是因为在 SQL Server 中缺省的登录帐号:BUILTIN\Administrators 已不存在(被删除了)。可以使用以下的操作恢复这个帐号:

● 在企业管理器中展开服务器组,然后展开服务器。

● 在 □ 安全性 文件夹下右击登录图标 ，在弹出的快捷菜单中选择"新建登录(L)"选项,新建一登录,如前面图 6-5 所示。

● 在"名称"框中,输入 BUILTIN\Administrators。

● 在"服务器角色"标签中,选择"System Administrators"。

● 单击 确定 按钮退出。

这样,就重建了 Windows 本地系统管理员组(Administrators)的帐号并赋予它系统管理员权限。通过以上操作,我们就可以使用 Windows 身份验证模式来连接 SQL Server 了。

提示:由此可知给 sa 帐号设置可靠密码的重要性,否则 SQL Server 将无安全性可言。

6.3　数据库用户帐号及权限管理

6.3.1　数据库用户帐号

1.登录帐号与用户帐号

当用户通过身份验证,以某个登录帐号连接到 SQL Server 以后,还必须取得相应数据库的"访问许可",才能使用该数据库。用户访问数据库权限的设置是通过用户帐号来实现的。

在 SQL Server 2000 中有两种帐号,一种是登录服务器的登录帐号(Login Name),一种是访问数据库的数据库用户帐号(User Name)。登录帐号与用户帐号是两个不同的概念。一个合法的登录帐号只表明该帐号通过了 Windows 认证或 SQL Server 认证,允许该帐号用户进入 SQL Server,但不表明可以对数据库数据和数据对象进行某种操作。所以一个登录帐号总是与一个或多个数据库用户帐号相关联后,才可以访问数据库,获得存在价值。数据库用户帐号用来指出哪些用户可以访问数据库。在每个数据库中都有一个数据库用户列表,其中的用户 ID 唯一标识一个用户,用户对数据的访问权限以及对数据库对象的所有关系都是通过用户帐号来控制的。用户帐号总是基于数据库的,即在两个不同的数据库中可以有相同的用户帐号。

由此可知,登录帐号属于服务器的层面。而登录者要使用服务器中的数据库数据,必须要有用户帐号。就如同在公司门口先刷卡进入大门(登录服务器),然后再拿钥匙打开自己的办公室门(进入数据库)一样。

例如,在例 6.1 中我们曾创建了一个登录帐号 mary,并设置它的默认数据库为 teachdb。现在,当我们试图以该用户名登录 SQL Server 时,系统报错,如图 6-12 所示。原因是未设置该用户在 teachdb 数据库中的权限,故它无法访问该默认数据库。

图 6-12 无法打开默认数据库,登录失败

【例 6.7】 登录帐号与数据库访问。

首先,我们用系统存储过程 sp_addlogin 创建一个登录帐号 zhou_li,如下所示:

Exec sp_addlogin ′zhou_li′,′sqlpassword′

因为没有指定默认数据库,所以系统数据库 master 即为其默认数据库。现在,我们用该用户登录名登录 SQL Server,系统允许进入。但当我们在企业管理器中要访问 teachdb 数据库中的表时,系统报错,提示 zhou_li 不是 teachdb 数据库的有效用户。如图 6-13 所示。

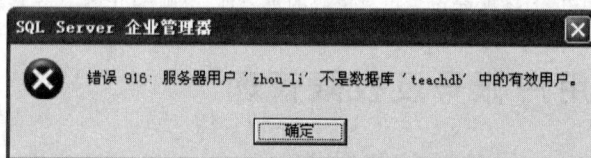

图 6-13 非数据库有效用户不能访问数据库

单击图 6-13 中 确定 按钮后,在 teachdb 数据库的 表 所对应的项目窗口中没有出现具体的数据表对象名,而是提示没有可显示的项目,即不允许用户 zhou_li 访问该数据库的任何表(或其他对象)。

但是如果我们以 sa 帐号登录到 SQL Server,因为 sa 是系统管理员帐号,它自动与每一个数据库用户 dbo 相关联,所以就能访问任何一个数据库及其对象,在 teachdb 数据库的 表 所对应的项目窗口中会出现具体的数据表对象名。

通常而言,数据库用户帐号总是与某一登录帐号相关联,系统管理员可以将一个登录帐号映射到需要访问的数据库上,成为一个用户帐号。也可以将一个登录帐号在不同的数据库上映射成不同的用户,从而具有不同的权限。

2. 默认用户帐号

数据库中有两个默认用户帐号:一个是 dbo 用户帐号,另一个是 guest 用户帐号。

dbo 代表数据库的拥有者(database owner)。每个数据库都有 dbo 用户,创建数据库的用户是该数据库的 dbo,系统管理员也自动被映射成 dbo。

guest 用户帐号在安装完 SQL Server 系统后自动被加到 master、pubs、tempdb 和 northwind 数据库中,且不能被删除(这也就是例 6.7 中新建用户能够访问 master 默认数据库的原因)。用户自己创建的数据库默认情况下不会自动加入 guest 帐号,但可以手工创建。guest 用户也可以像其他用户一样设置权限。

当一个数据库具有 guest 用户帐号时,允许没有用户帐号的登录者访问该数据库。所以 guest 帐号的设立方便了用户的使用,但如使用不当也可能成为系统安全隐患。

【例 6.8】 guest 用户与数据库访问。

在例 6.7 中我们创建的登录帐号 zhou_li,因为没有映射成 teachdb 数据库的用户,所以当要访问该数据库时,系统报错(如图 6-13 所示),不允许访问。

现在,我们通过系统管理员为 teachdb 数据库建立 guest 用户,如图 6-14 所示(具体建立方法稍后介绍)。当我们再次用 zhou_li 登录 SQL Server(可以直接在企业管理器中通过右击服务器名,在弹出的快捷菜单中选择"断开"和"连接"进行切换),就能访问该数据库了。

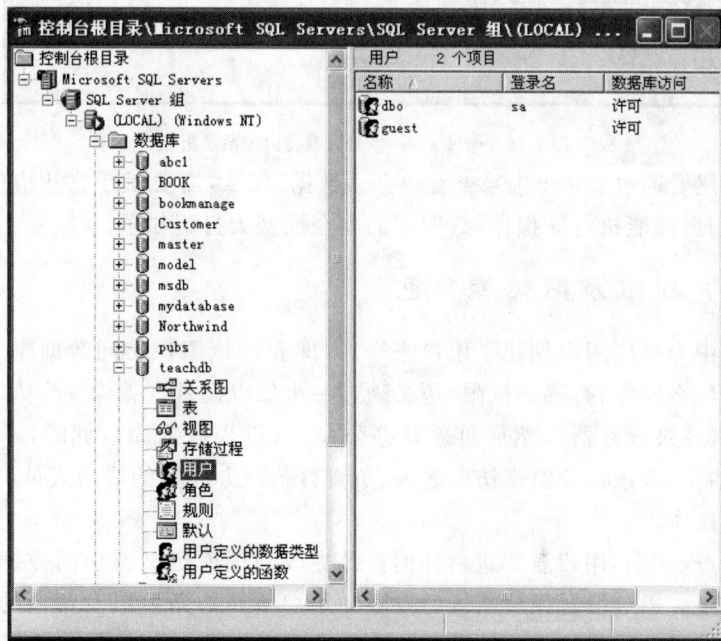

图 6-14 为 teachdb 数据库建立 guest 帐号

如图 6-15 所示为使用 zhou_li 登录 SQL Server 后,查看 teachdb 数据库中 student 表属性窗口情况。

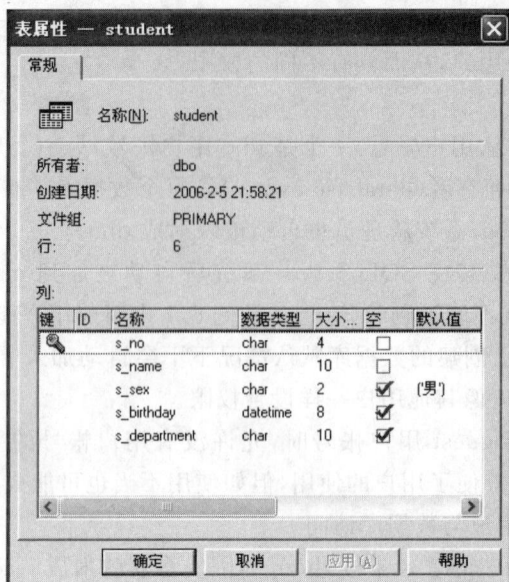

图 6-15　通过 guest 帐号查看表属性

但由于 guest 用户没有足够的权限,当我们试图打开 student 表查看该表所有记录时,系统仍然报错,如图 6-16 所示。

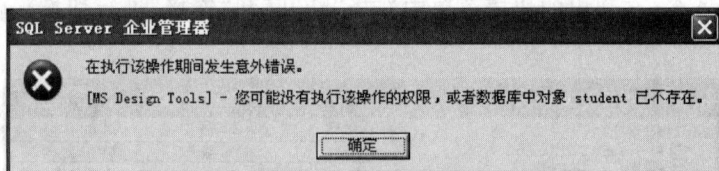

图 6-16　通过 guest 帐号查看表内容系统报错

如果我们想要通过 guest 帐号查看数据表数据,那么,需要赋予它相应的权限。但这样一来,任何用户都能执行该操作,数据库的安全性就大打折扣了。

6.3.2　用户权限及数据库角色

在数据库中为对应用户创建了用户帐号后,即允许该用户访问数据库。但它在此数据库中可执行什么操作、有哪些权限,还必须进一步加以设置。就像一个人在公司门口先刷卡进入大门(登录服务器),然后再敲开办公室门(进入数据库),此时,不同的人员(例如,该办公室的主人、该办公室来访的客人、负责打扫该办公室的清洁人员)只能从事与自身身份相符的操作。

在 SQL Server 中,用户若要进行任何涉及更改数据库定义或访问数据库的活动,必须有相应的权限。通过设置用户帐号的权限和用户所属的角色以及角色的权限,可以控制用户对数据库所允许的操作。权限存储在每个数据库的 sysprotects 系统表中。

1.权限的类型

SQL Server 中的权限可以分为以下三种:对象权限、语句权限和隐含权限。

(1)对象权限

对象权限是指用户在数据库中执行与表、视图、存储过程等数据库对象有关操作的权限。例如,是否可以查询表或视图,是否允许向表中插入记录或修改、删除记录,是否可以执行存储过程等。

对象权限的主要内容有:

● 对表和视图,是否可以执行 SELECT、INSERT、UPDATE、DELETE 语句;

● 对表和视图的列,是否可以执行 SELECT、UPDATE 语句的操作,以及在实施外键约束时作为 REFERENCES 参考的列;

● 对存储过程,是否可以执行 EXECUTE。

系统管理员或数据库所有者可以对指定用户授予以上相应的权限,以控制其所能执行的操作。例如,只授予用户使用 SELECT 语句查询数据的权限,则该用户无法修改或删除数据库中的数据。更进一步,如果连表中数据也不愿让用户直接访问,还可以只赋予用户执行存储过程的权限,通过预先创建的存储过程规定用户只能访问指定的数据。

(2)语句权限

语句权限是指用户创建数据库和数据库中对象(如表、视图、自定义函数、存储过程等)的权限。例如,如果用户想要在数据库中创建表,则应该向该用户授予 CREATE TABLE 语句权限。语句权限适用于语句自身,而不是针对数据库中的特定对象。

语句权限可以防止用户未经授权占用服务器宝贵的资源(如存储空间等)。它实际上是授予用户使用某些创建数据库对象的 Transact-SQL 语句的权力。这些语句包括:

● CREATE DATABASE

● CREATE TABLE

● CREATE VIEW

● CREATE RULE

● CREATE FUNCTION

● CREATE PROCEDURE

● BACKUP DATABASE(数据库备份)

● BACKUP LOG(事务日志备份)

只有系统管理员、安全管理员和数据库所有者才可以授予用户语句权限。

(3)隐含权限

隐含权限是指特定用户预定义的操作权限,它不需明确指定,也不能撤消。例如,系统管理员用户具有 SQL Server 中的所有操作权限。

数据库对象所有者也有隐含权限,可以对所拥有的对象执行一切活动。例如,表的拥有者用户可以查看、添加或删除表中数据,更改表定义,或控制允许其他用户对该表进行操作的权限。

2.数据库角色

为了方便数据库用户的权限设置和管理,SQL Server 使用数据库角色的概念和方法。数据库角色实际上就是具有某些特定数据库操作权限的用户组。SQL Server 2000 的数据库角色存在于一个数据库中,不能跨多个数据库。

使用数据库角色的好处是：通过将用户添加到某个数据库角色中去，就可直接为其赋予该角色规定的权限。另一方面，通过修改数据库角色的权限也就修改了隶属于该角色的所有用户的权限。在同一数据库中，一个用户可属于多个角色。

数据库角色能为某一用户或一组用户授予不同级别的管理或访问数据库或数据库对象的权限。在 SQL Server 2000 中，系统提供了预定义的固定数据库角色，用户也可自定义数据库角色。

（1）固定数据库角色

固定数据库角色是在 SQL Server 每个数据库中都存在的系统预定义用户组。它们提供了对数据库常用操作的权限。系统管理员可以将用户加入到这些角色中，固定数据库角色的成员也可将其他用户添加到本角色中。但固定数据库角色本身不能被添加、修改或删除。

SQL Server 2000 中的固定数据库角色如表 6.1 所示。

除表 6.1 中的固定数据库角色外，在 SQL Server 2000 中还有一个名为 public 的较为特殊的固定数据库角色。数据库中每一个用户默认都属于该角色，它捕获数据库中用户的所有默认权限。但默认情况下，public 角色对用户表、视图、存储过程等对象没有任何权限，它只能查看一些系统表的信息，执行某些系统存储过程。这也正是在例 6.8 中为 teachdb 数据库加入了 guest 用户（它被自动加入 public 角色中）后，仍无法访问 student 表中数据的原因。

如果我们要使数据库中新加入的用户默认就有一些权限，可为 public 角色添加相应的权限。但必须注意：在 public 角色上设置的权限对该数据库所有用户都有效，所以一定要慎重。

表 6.1　　　　　　　　　　固定数据库角色

角色名	描　述
db_owner	进行所有数据库角色的活动，以及数据库中的其他维护和配置活动
db_accessadmin	允许在数据库中添加或删除用户、组和角色
db_datareader	可以查看来自数据库中所有用户表的全部数据
db_datawriter	有权添加、更改或删除数据库中所有用户表的数据
db_ddladmin	有权添加、修改或除去数据库对象，但无权授予、拒绝或废除权限
db_securityadmin	管理数据库角色和角色成员，并管理数据库中的对象和语句权限
db_backupoperator	具有备份数据库的权限
db_denydatareader	无权查看数据库内任何用户表或视图中的数据
db_denydatawriter	无权更改数据库内的数据

可以使用系统存储过程 sp_helpdbfixedrole 来查看表 6.1 所示的固定数据库角色。

（2）自定义数据库角色

如果系统提供的固定数据库角色不能满足要求，用户也可创建自定义数据库角色。例如，教学数据库 teachdb 原来对教师、管理人员和学生分别建立不同的用户帐号，通过指派它们加入固定数据库角色赋予了不同的权限。现在，学校要召开党代表大会，由于党员既有教师,又有管理人员,还有学生,他们需要访问教学数据库中某一新建的表,或对其他表进行一些特定的操作。为此,就可创建一个自定义数据库角色,赋予该角色相应的权限,然后将参加大会的用户加入该角色中。

使用企业管理器创建自定义数据库角色的操作步骤如下:

● 在企业管理器中登录到指定的服务器,展开指定的数据库,选中 🗂角色 项。

● 右击 🗂角色 项,在弹出的快捷菜单中选择 新建数据库角色(R)... 命令,弹出"数据库角色属性—新建角色"对话框,如图 6-17 所示。

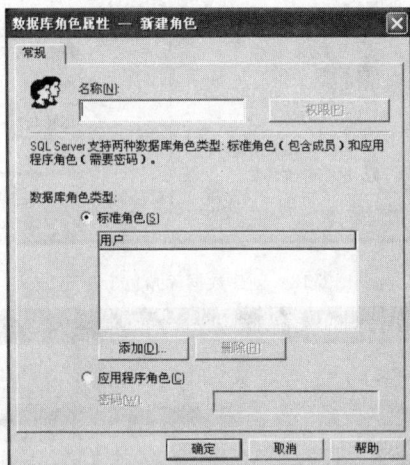

图 6-17　"数据库角色属性—新建角色"对话框

● 在 名称(N) 文本框中输入该自定义数据库角色的名称。

● 在"数据库角色类型"选项栏中选择数据库角色类型:如果选择"标准角色",接着可单击 添加(D)... 按钮,将数据库中的用户添加到该新建的数据库角色当中,也可以在以后添加;如果选择了"应用程序角色",可在"密码"文本框中输入密码。

🔔 提示:关于应用程序角色将在稍后介绍。

● 单击 确定 按钮,即完成该自定义角色的创建。

如图 6-18 所示为按以上步骤在 teachdb 数据库中新创建的一个数据库角色 role_1。但此时,该数据库角色的权限尚未指定,因为在新建数据库角色时不能同时为它分配权限(所以,在图 6-17 中, 权限(P)... 按钮处于灰色禁用状态)。

● 用鼠标右击新建的数据库角色(这里为 role_1),在弹出的快捷菜单中选择"属性(R)"命令(如图 6-18 中椭圆圈所示)。打开该数据库角色的属性窗口(如同图 6-17,但"名称[N]"文本框中有此数据库角色的名称,且 权限(P)... 按钮变为可用状态)。

● 单击 权限(P)... 按钮打开"权限"窗口,如图 6-19 所示,可从中设置该数据库角色对相应对象的操作权限。

● 如果要删除用户自定义的数据库角色,在企业管理器中右击该数据库角色,从图 6-18所示的快捷菜单中选择 删除(D) 命令,并在随后的确认对话框中选择 是(Y) ,就可以删除该用户自定义角色。但需注意,不能删除一个有成员的角色,即必须首先删除数据库角色的成员,然后才能删除该角色。另外,系统固定数据库角色不能被删除。

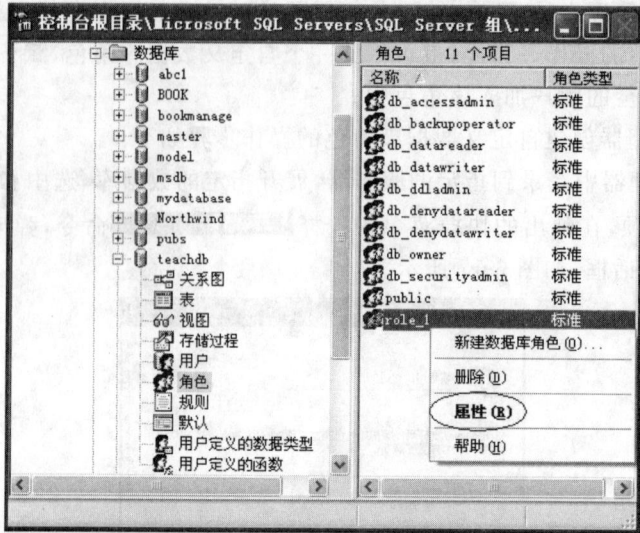

图 6-18　创建数据库角色 role_1

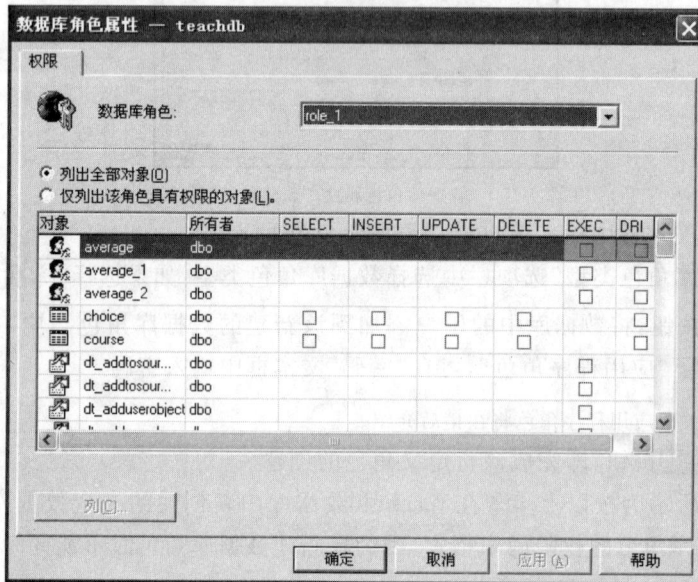

图 6-19　设置数据库角色的权限

3.权限的授予、拒绝与废除

用户及自定义数据库角色的权限可以有三种状态:已授予、已拒绝或已废除。

(1)授予:授予可执行操作的权限

授予用户或数据库角色相应的权限使之能在数据库中使用数据或执行其他期望的操作,这是用户在 SQL Server 中工作必须满足的条件。只有系统管理员、安全管理员和数据库的所有者或数据库对象的所有者才有对用户或数据库角色授予相应权限的权利。可以使用企业管理器或用 GRANT 语句来授予权限。

用户授予的权限既包括它们所属角色的权限,又包括它们单独授予的权限。

（2）拒绝：禁止执行操作的权限

拒绝用户或数据库角色的权限包括以下效果：

- 删除以前授予用户或角色的权限；
- 取消从其他角色继承的权限；
- 使用户或数据库角色将来不会继承别的角色的权限。

举个例子，假如我们要向学校的所有学生提供访问教学数据库中若干个表的权限，但分布于几个班级内的短期进修学生例外，希望他们看不到数据库中的 CorporateSecrets 表，为此，可进行如下操作：

首先为学校内的每个班级创建一个数据库角色，并将所有学生都添加到相应的角色中。然后可以创建一个全校范围的 Corporate 角色，将每个单独的班级角色添加到其中，并授予查看相应表的权限。此时，学校中的每个学生都可以看到这些表，因为他们通过自己的班级角色从 Corporate 角色继承了权限。

若要有选择性地防止某些学生查看 CorporateSecrets 表，则可创建另一个角色（如 Nonsecure 角色），将不应该看到该表的每个学生都添加到此角色中。当对此角色 （Nonsecure）指定拒绝查看 CorporateSecrets 表的权限时，将从该角色（Nonsecure）的所有成员中删除该访问权限，而学校的其他学生不受影响。

另外，也可对单个用户拒绝权限。

只有系统管理员、安全管理员和数据库的所有者或数据库对象的所有者才有对用户或数据库角色拒绝相应权限的权利。可以使用企业管理器或用 DENY 语句来拒绝权限。

（3）废除：废除已授予或已拒绝的权限

废除用户或数据库角色的权限不仅指废除已授予的权限，还包括废除以前被拒绝的权限。

废除已授予的权限并不阻止用户或数据库角色以后从其他角色继承被授予的该权限。从这个意义上说，拒绝比废除有更高的级别。即只要一个对象拒绝了一个用户或角色的访问权限，即使它们通过其他角色被授予了该权限，仍无法访问该对象。

废除被拒绝的权限并不表明用户或角色已经具备了该权限。只有重新授予后才能使它们具有该权限。但一个已被拒绝的权限如果不加废除是不能重新授予的，即只要一个对象拒绝了一个用户或角色的访问权限，如果它们不加废除重新授予了该权限，仍无法访问该对象。

同授予和拒绝一样，只有系统管理员、安全管理员和数据库的所有者或数据库对象的所有者才有对用户或数据库角色废除相应权限的权利。可以使用企业管理器或用 REVOKE 语句来废除以前被授予或拒绝的权限。

6.3.3　使用企业管理器管理用户帐号和权限

1.创建登录帐号时指定数据库帐号

在企业管理器中新建登录帐号后，通常可紧接着设置该帐号允许访问的数据库及相应权限（即数据库用户帐号）。在本章图 6-5 所示的"SQL Server 登录属性—新建登录"窗口中选择"数据库访问"标签，即可指定该登录帐号可以访问的数据库及其充当的数据库角色,如图 6-20 所示。

在"数据库访问"标签窗口的上半部分列出了当前服务器中的所有数据库,可以在需要建立用户帐号的数据库前面的"许可"列中打勾选择,表示要在该数据库中建立用户帐号。默认时数据库用户帐号名与登录帐号名相同,如果不想同名,可以在该数据库后面的"用户"列中重新输入新的用户名。

在"数据库访问"标签窗口的下半部分,可以将该用户加入数据库角色中,默认它已是 public 角色的成员。

2. 添加数据库用户

如果想要为一个数据库添加新用户,在企业管理器中可按如下步骤操作:

● 启动企业管理器后,展开已登录的服务器,打开 ⊞ 📁 数据库 文件夹,选中要添加用户的数据库。

● 用鼠标右击该数据库下的 👤用户 项,在弹出的快捷菜单中选择 新建数据库用户(U)... 命令,弹出"数据库用户属性—新建用户"对话框。如图 6-21 所示。

● 在 登录名(L) 下拉列表框内选择一个已经创建的登录帐号,在 用户名(U) 文本框内输入数据库用户名,默认用户名为登录名。

● 在 数据库角色成员(D) 下的选项框中为该用户选择数据库角色,默认它已是 public 角色的成员,且不能从该角色中去除。

● 新建数据库用户时不能同时设定权限。此时 权限(P)... 按钮处于灰色禁用状态。单击 确定 按钮完成该数据库用户帐号的创建。此后,可通过修改属性指定该用户的权限。

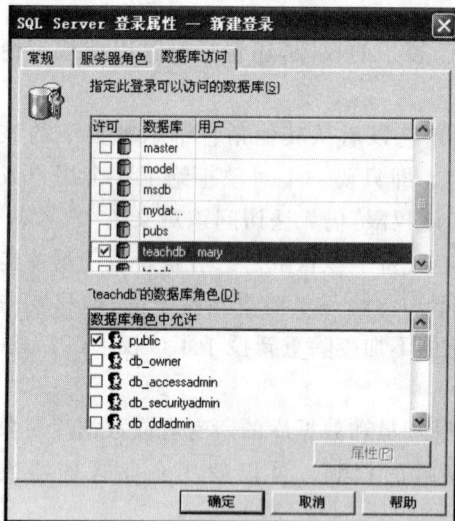

图 6-20 "数据库访问"窗口

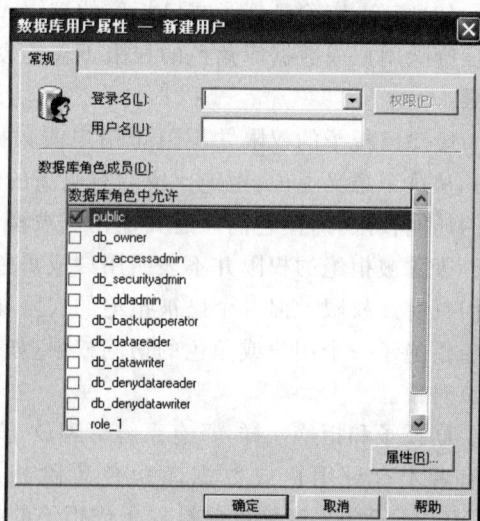

图 6-21 "数据库用户属性—新建用户"对话框

3. 增加或删除数据库角色成员

上面介绍了在创建数据库用户帐号时指定其数据库角色。对于已存在的固定数据库角色和自定义数据库角色,可以随时根据需要增加或删除其成员。

使用企业管理器为数据库角色增、删成员的操作步骤如下:

● 展开要修改角色成员的数据库,选中其下的 👤角色 项,在右面的窗格中即显示出该数据库的所有角色。如前面图 6-18 所示。

● 双击要修改成员的角色,打开"数据库角色属性"对话框,如图 6-22 所示。

● 在"数据库角色属性"对话框的"用户"列表框中选择一个成员,单击 删除(R) 按钮可以从角色中删除该成员。

● 单击 添加(D)... 按钮,可以从当前数据库用户中选择要加入的成员,如图 6-23 所示。

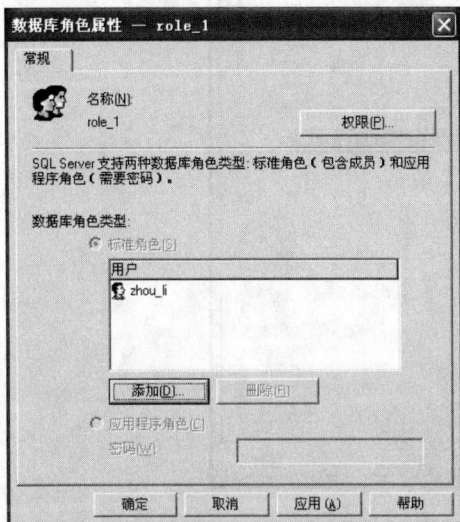

图 6-22 "数据库角色属性"对话框   图 6-23 添加角色成员

4.查看和修改数据库用户帐号

在企业管理器中,选中数据库下的 用户项,则在右面的窗格中显示当前数据库的所有用户。如图 6-24 所示。

在图中,对于每一个用户显示了其用户名、登录帐号名和是否允许访问数据库三列。

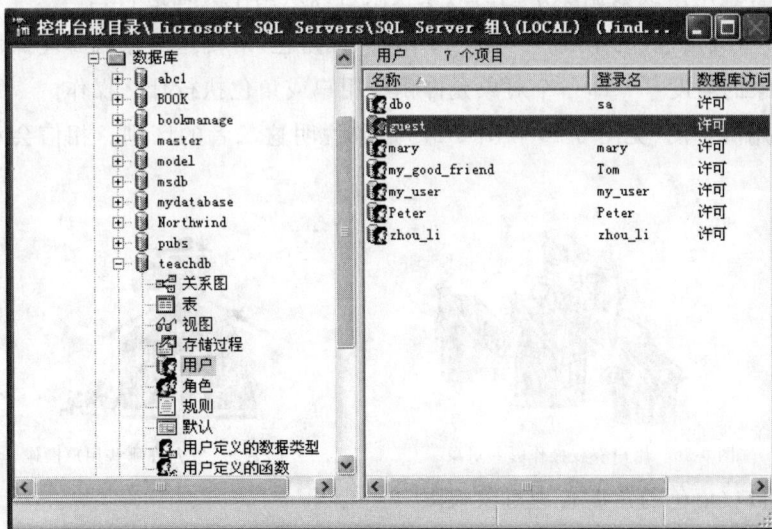

图 6-24 查看数据库用户帐号

右击用户名,在弹出的快捷菜单中选择"属性(R)"选项,打开"数据库用户属性"对话框,如图6-25所示,从中可查看或设置该用户所属的数据库角色。单击 权限(P)... 按钮打开"权限"窗口,还可进一步查看或设置相应的操作权限(我们将在稍后介绍)。

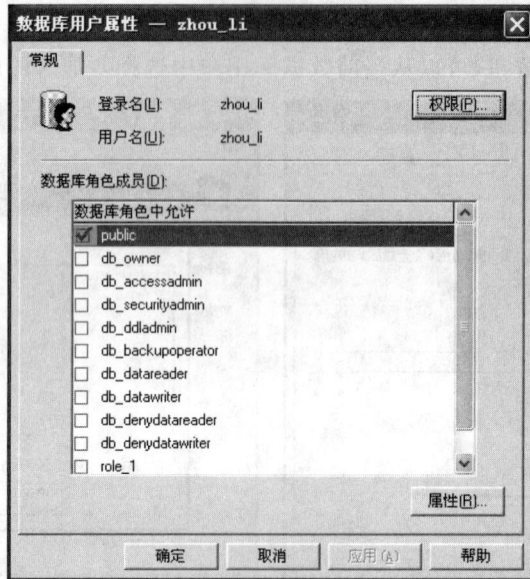

图 6-25 "数据库用户属性"对话框

5.删除数据库用户

在图 6-24 右面的窗格中,右击用户名,在弹出的快捷菜单中选择 删除(D) 选项,并在确认删除对话框中单击 是(Y) 按钮,就可将该用户从数据库中删除。

6.管理对象权限

设置和管理用户或数据库角色的对象权限可以从两个方面进行:

➤ 从用户(或角色)的角度——即一个用户(或角色)对哪些对象有哪些操作权限;

➤ 从对象的角度——即一个对象允许哪些用户或角色执行什么操作。

让我们用两个图(见图 6-26 和图 6-27)形象说明这二者的区别。相信会对大家有所启发。

图 6-26 用户有权操作哪些对象

图 6-27 对象允许哪些用户操作

(1)从用户/角色的角度管理对象权限

● 在企业管理器中,展开数据库,选中 用户 项,在右面窗格的用户列表中双击某用户,打开其属性窗口,如前面图 6-25 所示。

● 单击 权限(P)... 按钮打开"数据库用户属性-权限"标签对话框,在该对话框中可设置用户对有关数据库对象的操作权限。如图 6-28 所示。

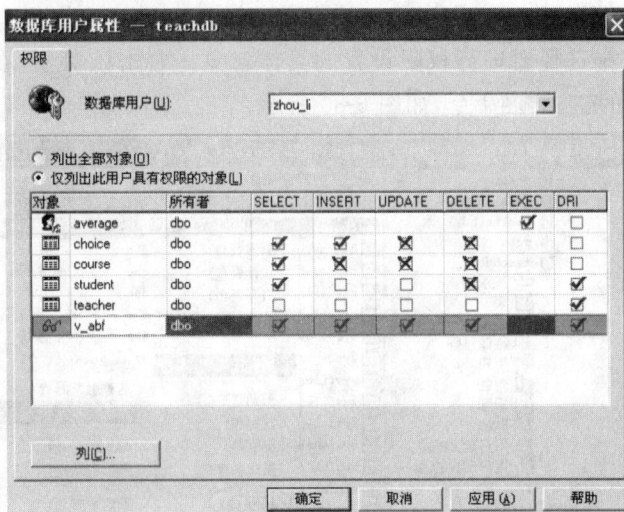

图 6-28　"数据库用户属性-权限"对话框

　　该窗口的网格中纵向第一列列出了数据库中的对象(图中仅列出了此用户具有权限的数据库对象,在设置权限时可选择网格上方的"列出全部对象"单选钮列出数据库的全部对象)。横向第一行列出了所有可设置权限的对象操作语句。在数据库对象与语句的交叉点处的方框用来标明权限的状态:已授予(方框内打勾"√")、已拒绝(方框内打叉"×")和已废除或未设置(方框内空白)。可以通过鼠标单击改变它们的状态。

　　图 6-28 中,用户 zhou_li 被授予可执行 average 存储过程,可查询 choice、course、student 表和 v_abf 视图,但不能查询 teacher 表,并拒绝在 student 表中删除数据和在 course 表中插入、修改、删除数据的权限,对 choice 表,允许用户 zhou_li 插入数据,但拒绝其修改和删除数据。

● 如果选择表或视图对象,单击 列(C)... 按钮,打开"列权限"对话框,可以设置对表或视图中列的操作权限,如图 6-29 所示。

● 设置完成后,单击 确定 按钮即可完成该用户对数据库对象操作权限的设置。

　　对数据库角色的权限设置与用户对象权限设置的操作类似。

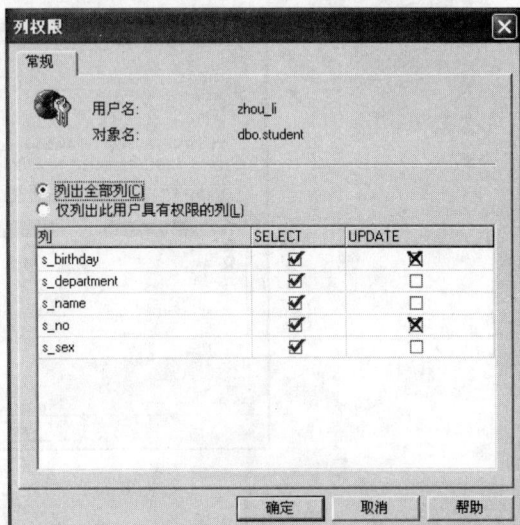

图 6-29　列权限设置对话框

（2）从数据库对象的角度管理用户/角色权限

● 启动企业管理器，登录到指定服务器上，展开指定的数据库，从中选择数据库对象
（表、视图、存储过程等）。

● 在右面窗格中选择要进行权限设置的具体对象。右击该对象，在弹出的快捷菜单
中选择 所有任务(K) 下的 管理权限(P)... 命令，如图 6-30 所示。

图 6-30 选择数据库对象的"管理权限"命令

● 在弹出的"对象属性-权限"标签对话框（如图 6-31 所示）中，设置相关用户或数据库
角色对本对象的操作权限。与图 6-28 所示的"数据库用户属性-权限"对话框相比，此处
对话框网格纵向第一列列出的是用户和数据库角色。两者的操作基本相同。

● 对象权限设置后，单击 确定 按钮，即可完成该数据库对象所允许的用户和角色操
作权限的设置工作。

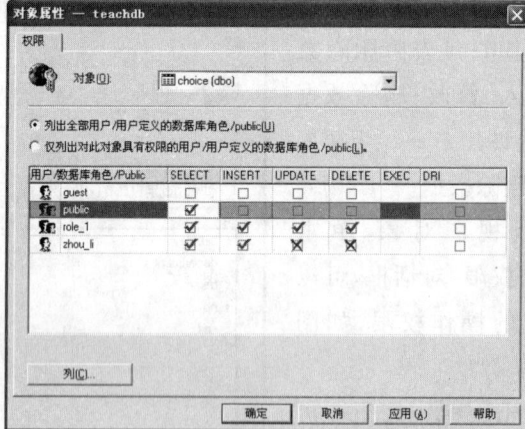

图 6-31 "对象属性-权限"对话框

顺便说明一下，在图 6-30 中亦可选择快捷菜单中的"属性"选项，然后在图 6-32 所示
的该对象属性对话框中单击 权限(P)... 按钮，同样可以弹出如图 6-31 所示的"对象属性
-权限"标签对话框，从而设置相关用户或数据库角色对该对象的操作权限。

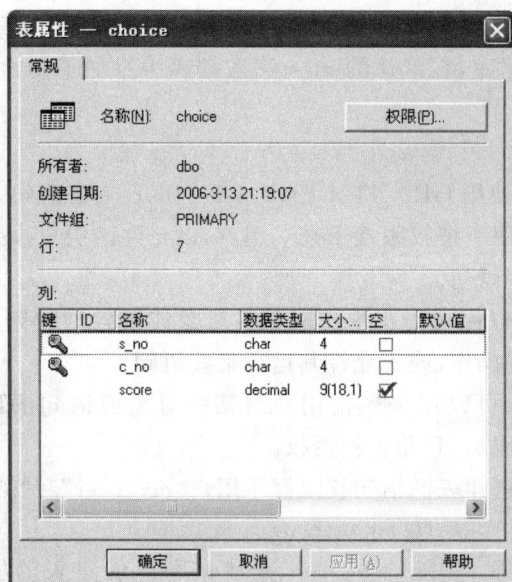

图 6-32　在对象属性窗口中单击"权限"按钮

6.3.4　管理用户帐号和权限的 Transact-SQL 语句

1. 创建数据库用户帐号

除了在企业管理器中创建和管理用户帐号外，在 SQL Server 2000 中还可以使用系统存储过程 sp_grantdbaccess 来添加数据库用户。

例如，图 6-33 所示程序在 teachdb 数据库中创建一个用户帐号"my_user"。

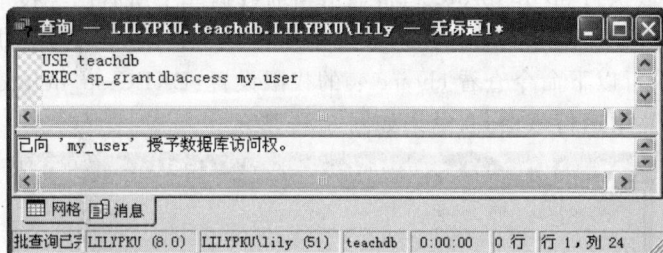

图 6-33　执行 sp_grantdbaccess

也可以在向数据库添加用户帐号时使用不同于登录名的另外名字。例如，图 6-34 所示程序将登录帐号"Tom"用"my_good_friend"名添加到 teachdb 数据库中。

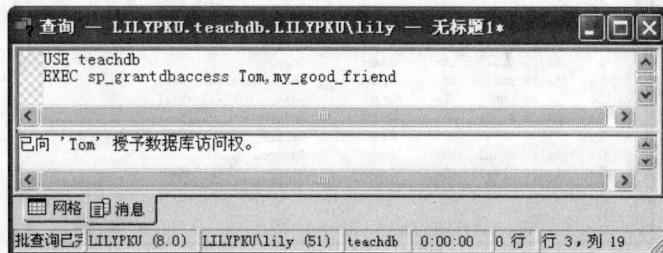

图 6-34　使用不同于登录名的用户帐号

需要指出的是，必须在当前添加用户的数据库中执行 sp_grantdbaccess 存储过程。如果忘了切换当前数据库，在默认的 master 数据库中添加了用户帐号，是无法使添加的用户使用该数据库的。

2. 管理权限

在 SQL Server 中使用 GRANT、DENY、REVOKE 三条语句来管理权限。

(1)GRANT 命令用于把权限授予某一用户，以允许该用户执行针对某数据库对象的操作或允许其运行某些语句。

(2)DENY 命令可以用来禁止用户对某一对象或语句的权限，它不允许该用户执行针对数据库对象的某些操作，或不允许其运行某些语句。

(3)REVOKE 命令可以用来撤销用户对某一对象或语句的权限，使其不能执行操作，除非该用户是角色成员，且角色被授权。

例如，以下语句将创建表的语句权限授予用户“my_user”和“my_good_friend”。

```
GRANT CREATE TABLE TO my_user,my_good_friend
```

又如，以下程序拒绝了用户 my_user 在数据库中创建表的权限，并且废除了用户 my_good_friend在 teachdb 数据库中的所有权限。

```
USE teachdb
DENY CREATE TABLE TO my_user
REVOKE ALL FROM my_good_friend
```

3. 查看用户权限

使用系统存储过程 sp_helprotect 可以查看数据库内用户的权限。

基本格式：sp_helprotect [＜对象名＞，＜用户名＞，＜授予者＞，类型]

如果不带参数执行 sp_helprotect，将显示当前数据库中所有已经授予或拒绝的权限。如果只查询某个数据库对象有哪些用户被授予或拒绝了权限，则不需＜用户名＞及后面的参数。例如，执行以下命令查看 choice 表的权限设置：EXEC sp_helprotect choice

在查询分析器中运行该语句，结果如图 6-35 所示。

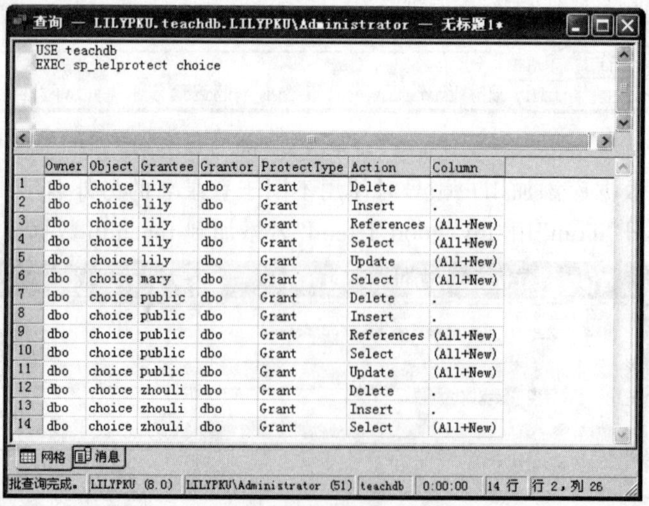

	Owner	Object	Grantee	Grantor	ProtectType	Action	Column
1	dbo	choice	lily	dbo	Grant	Delete	.
2	dbo	choice	lily	dbo	Grant	Insert	.
3	dbo	choice	lily	dbo	Grant	References	(All+New)
4	dbo	choice	lily	dbo	Grant	Select	(All+New)
5	dbo	choice	lily	dbo	Grant	Update	(All+New)
6	dbo	choice	mary	dbo	Grant	Select	(All+New)
7	dbo	choice	public	dbo	Grant	Delete	.
8	dbo	choice	public	dbo	Grant	Insert	.
9	dbo	choice	public	dbo	Grant	References	(All+New)
10	dbo	choice	public	dbo	Grant	Select	(All+New)
11	dbo	choice	public	dbo	Grant	Update	(All+New)
12	dbo	choice	zhouli	dbo	Grant	Delete	.
13	dbo	choice	zhouli	dbo	Grant	Insert	.
14	dbo	choice	zhouli	dbo	Grant	Select	(All+New)

图 6-35　使用 sp_helprotect 查询 choice 表的权限设置

如需查询某用户在数据库中具有哪些权限,可使用 NULL 作为占位符填充
<对象名>。例如,执行以下命令查看用户 zhou_li 在数据库中的权限:

EXEC sp_helprotect NULL,'zhou_li'

sp_helprotect 语句格式中的"类型"是一个字符串,表示是显示对象权限(字符 o)、语
句权限(字符 s)还是两者都显示(o s ——在 o 和 s 之间可以有也可以没有逗号或空格)。
默认值为 o s。例如,执行以下命令查看当前数据库所有已授予或拒绝的语句权限:

EXEC sp_helprotect NULL, NULL, NULL, 's'

在查询分析器中运行该语句,结果如图 6-36 所示。

图 6-36　使用 sp_helprotect 查询语句权限

6.4　服务器角色及应用程序角色

角色实际是授予了一定权限的用户组。SQL Server 管理者可以将某些用户设置为
某一角色,这样只需对角色进行权限设置便可实现对隶属于该角色的所有用户的权限设
置,大大减少了管理员的工作量。

6.4.1　数据库角色和服务器角色

前面我们已经介绍了数据库角色的概念和操作,这里再作一些补充说明。

SQL Server 中可以包括许多数据库,每个登录帐号都可以在各数据库中拥有一个使
用数据库的用户帐号。而数据库中的用户也可以组成组,并被分配相同的权限,这种组称
为数据库角色。数据库角色中可以包括用户以及其他的数据库角色。

如图 6-37 所示,登录帐号 My 可以在甲、乙数据库分别拥有用户帐号。帐号不需要
一样,例如,My 在甲数据库的帐号为 lite,而在乙数据库的帐号为 mary。其中用户 lite 与
数据库角色 C 又都属于数据库角色 A,而 mary 则属于数据库角色 B。

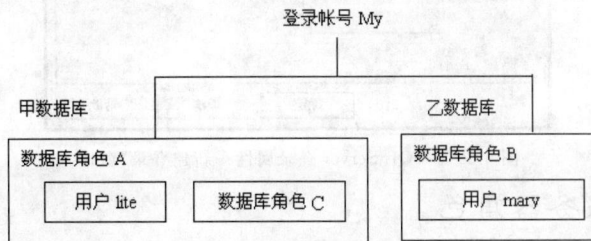

图 6-37　数据库角色组织结构

除了数据库角色外,在 SQL Server 中还有服务器角色。与数据库角色不同,服务器角
色是指根据 SQL Server 的管理任务,以及这些任务相对的重要等级把具有 SQL Server 管理
职能的用户划分成不同的用户组,每一组所具有管理 SQL
Server 的权限均已被预定义。服务器角色适用在服务器范
围内,并且其权限不能被修改。

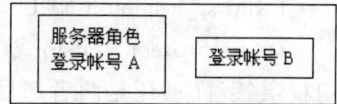

图 6-38 服务器角色成员与
普通登录用户

如图 6-38 所示,有登录帐号 A 和 B,其中 A 为服务
器角色成员,而 B 只是普通登录者,可以不属于任何一个
服务器角色。一般仅指定需要管理服务器的登录者为服务器角色成员。

SQL Server 2000 共有 8 种预定义的服务器角色:

➤ sysadmin   系统管理员角色,可以在 SQL Server 中做任何事情
➤ serveradmin   管理 SQL Server 服务器范围内的配置
➤ setupadmin   增加、删除连接服务器,建立数据库复制,管理扩展存储过程
➤ securityadmin   管理服务器登录
➤ processadmin   管理 SQL Server 进程
➤ dbcreator   创建数据库,并对数据库进行修改
➤ diskadmin   管理磁盘文件
➤ bulkadmin   管理大容量数据插入

在企业管理器中新建登录帐号后,可接着设置是否将该帐号加入以上服务器角色中。
在图 6-39 所示的"SQL Server 登录属性—新建登录"窗口中选择 服务器角色 标签,打开"服务
器角色"标签窗口,可以设置该登录帐号所属的服务器角色。

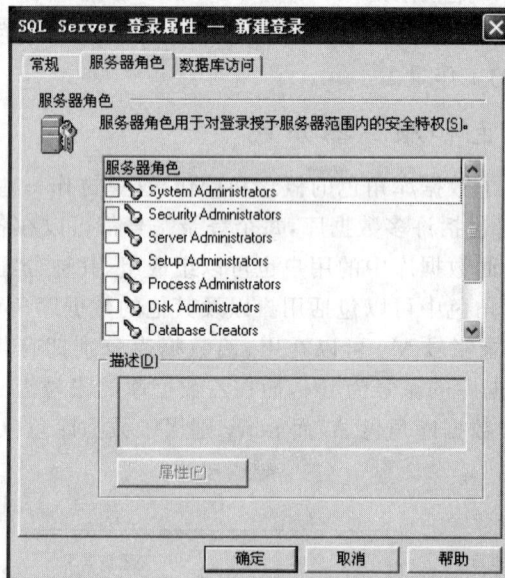

图 6-39 "SQL Server 登录属性—新建登录"窗口

6.4.2 管理服务器角色

使用企业管理器管理服务器角色的操作简介如下。

1.查看服务器角色

● 启动企业管理器,登录到指定的服务器。

● 展开⊞🗀**安全性**文件夹,单击🗝**服务器角色**图标。在右面的窗格中用鼠标右击某个服务器角色,然后在弹出的快捷菜单中选择"属性(R)"命令,将出现"服务器角色属性"对话框,从中我们可以看到该角色的成员。如图 6-40 所示。

2.增加服务器角色成员

在图 6-40 所示的"服务器角色属性"对话框中选择 添加(A)... 按钮,弹出"添加成员"对话框,从中选择要加入角色中的登录者。

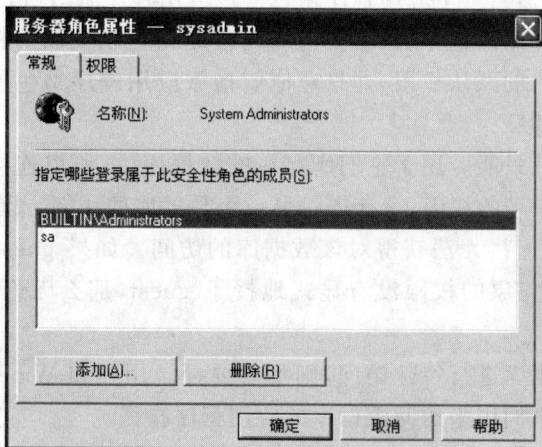

图 6-40 "服务器角色属性"对话框

3.删除服务器角色成员

在图 6-40 所示的"服务器角色属性"对话框中选择要从该角色中删除的登录者,按 删除(R) 按钮,即可将它从该服务器角色中删除。此后,该登录用户就不具备原服务器角色所具有的权限。但应注意,不能从服务器角色中删除 sa 登录帐号。

4.查看服务器角色权限

在图 6-40 所示的"服务器角色属性"对话框中选择 权限 标签,便可查看该服务器角色所具有的所有权限。

6.4.3　应用程序角色

以上介绍的 SQL Server 登录帐号、数据库用户帐号和权限管理,是针对用户的安全性措施。无论使用什么应用程序与 SQL Server 通讯,这都是控制用户活动的最佳方法。

但有时必须自定义安全控制以适应个别应用程序的特殊需要,尤其是当处理复杂数据库或含有大量数据的数据库时。

在某些情况下,可能希望限制用户只能通过特定应用程序来访问数据,防止用户使用 SQL Server 查询分析器或其他系统工具直接访问数据库中的数据。这样,不仅可实现类似视图或存储过程那样的只对用户显示指定数据、防止数据泄密或被破坏的功能,还可防止用户使用 SQL 查询分析器等系统工具连接到 SQL Server 并对数据库编写质量差的查询,而造成对整个服务器性能的负面影响。

SQL Server 通过使用应用程序角色适应这些要求。应用程序角色与标准数据库角色有以下区别:

● 应用程序角色不包含成员

不能将 Windows 组、用户和角色添加到应用程序角色中。当通过特定的应用程序为用户连接激活应用程序角色时,将获得该应用程序角色的权限。用户之所以与应用程序角色关联,是由于用户能够运行激活该角色的应用程序,而不是因为其是角色成员。

● 应用程序角色不使用标准权限

在一个用户连接时,当一个应用程序角色被该应用程序激活后,会在该连接中永久失去该用户的原有权限和用户帐号,只获得与应用程序角色相关联的权限。应用程序角色正是通过临时挂起用户的默认权限,并只对他们指派应用程序角色的权限而克服任何与用户默认权限发生的冲突。

因为应用程序角色只能应用于它们所存在的数据库中,所以连接只能通过授予其他数据库中 guest 用户帐号的权限,来获得对另一个数据库的访问。因此,如果数据库中没有 guest 用户帐号,则连接无法获得对该数据库的访问。如果 guest 用户帐号虽然存在于数据库中,但是访问对象的权限没有显式地授予 guest,那么无论是谁创建了对象,连接都不能访问该对象。

如果不需要对数据库进行特殊访问,则不需要授予用户和 Windows 组任何权限,因为所有权限都可以由它们用来访问数据库的应用程序指派。

如果应用程序用户使用 Windows 身份验证模式连接到 SQL Server 实例,则在使用应用程序时,可以使用应用程序角色设置 Windows 用户在数据库中拥有的权限。这种方法使用户使用应用程序时,用户帐号的审核及用户权限的控制容易维护。

如果使用 SQL Server 身份验证,并且不要求审核用户在数据库中的访问,则应用程序可以更容易地使用预定义的 SQL Server 登录连接到 SQL Server 实例。例如,考试成绩登录应用程序验证运行该应用程序的用户,然后用相同的 OrderEntry 登录连接到 SQL Server。所有连接都使用同一登录,相关权限授予该登录帐号。

说明:应用程序角色可以和两种身份验证模式一起使用。

● 默认情况下,应用程序角色是非活动的,需要用密码激活

应用程序角色允许应用程序(而不是 SQL Server)接管验证用户身份的责任。但是,SQL Server 在应用程序访问数据库时仍需对其进行验证,因此应用程序必须提供密码,因为没有其他方法可以验证应用程序。

默认状态下,应用程序角色处于停用状态。如果需要使用,必须激活应用程序角色,这可以通过在程序中使用系统存储过程 sp_setapprole 来实现。

执行 sp_setapprole 系统存储过程的基本语句格式为:

EXEC[UTE] sp_setapprole 应用程序角色名,密码,密码加密样式

其中应用程序角色名和密码没有默认设置。密码可以使用 ODBC 规范 Encrypt 函数进行加密。使用 Encrypt 函数时,必须在密码的前面加上 N 以将密码转换成 Unicode 字符串。密码加密样式可以是 None 或 Odbc,如果是 None,该密码不加密并以明文形式

传递给 SQL Server,这是默认设置。如果密码加密样式是 Odbc,则将密码发送到 SQL Server 之前,使用 ODBC 规范 Encrypt 函数对密码加密。这只能通过 ODBC 客户端或用于 SQL Server 的 OLE DB 提供程序指定。

例如,下面的语句用密码 pswd 激活 Test 应用程序角色,并且在将此密码发送到 SQL Server 之前对其加密。

EXEC sp_setapprole 'Test', {Encrypt N 'pswd'}, 'odbc'

下面,我们结合本书的教学数据库(teachdb),举一个使用应用程序角色的示例。

假设教师用户 teacher_1 运行考试成绩登记应用程序,该应用程序要求在 teachdb 数据库的 choice 表上有 SELECT、INSERT 和 UPDATE 权限,但该用户在使用 SQL Server 查询分析器或任何其他工具访问 choice 表时不应有 SELECT、INSERT 或 UPDATE 权限。若要确保如此,可以创建一个拒绝 choice 表上 SELECT、INSERT 或 UPDATE 权限的用户数据库角色,然后将 teacher_1 添加为该数据库角色的成员。接着在 teachdb 数据库中创建带有 choice 表上的 SELECT、INSERT 和 UPDATE 权限的应用程序角色。当应用程序运行时,它通过使用 sp_setapprole 提供密码激活应用程序,并获得访问 choice 表的权限。如果 teacher_1 尝试使用除该应用程序外的任何其他工具登录到 SQL Server 实例,则将无法访问 choice 表。

创建应用程序角色的操作与创建自定义数据库角色类似。只要在图 6-17 所示的"数据库属性—新建角色"对话框中选中 应用程序角色(C) 单选钮,并输入密码即可。创建了应用程序角色后,可以用前面介绍的对用户和自定义数据库角色授权的相同方法对它赋予权限。

6.5 数据库备份

6.5.1 数据库备份概述

1.数据库备份的作用

对于一个实际应用的系统(如银行账务系统、物流系统、教学管理系统等)来说,数据不仅是宝贵的财富,而且是至关紧要的资源。一旦数据丢失,不仅可能影响正常的业务活动,严重的会引起全部业务瘫痪,甚至造成灾难性的后果。所以,使用计算机进行数据管理,在享受高效率和方便性的同时,也承担着可能由于各种因素造成系统数据丢失的风险。正因为如此,数据库的安全性是至关重要的,必须加以高度重视。

前面介绍的系统安全措施,可在一定程度上限制非法用户侵入服务器和数据库,防止数据库数据泄露或人为破坏。但除此之外,数据的破坏或丢失还可能由于其他各种因素,如合法用户的误操作、破坏性计算机病毒甚至是自然灾害(如火灾、水灾)引起的计算机软件、硬件故障等等。因此,仅仅依靠登录帐号、数据库用户帐号和权限管理等措施,还不能确保系统的安全性。必须对数据实施确实可靠的保护措施。

为了保证数据安全,在 SQL Server 中,数据的备份和恢复是一项不容忽视的工作。

所谓数据备份就是定期制作数据库结构和数据的拷贝,将这些拷贝妥善保存,以便当计算机软、硬件系统或数据库遭到破坏之后,能尽快在修复故障后利用这些拷贝把数据库恢复到破坏前的状态,使系统能在较短的时间内恢复正常,将影响或损失减少到最低。

除了保障系统安全功能之外,备份和恢复还可以用作其他用途。例如:将一个数据库备份下来,恢复成另一个新的数据库,相当于制作数据库的"副本",这种方法不仅比导入/导出(Import/Export)更方便,而且两个数据库的一致性更好。又如:通过将一个服务器上的数据备份下来,再恢复到其他服务器上,可以非常快捷地在服务器之间移动数据库。

数据库系统在创建和添加数据之后的主要数据维护工作就是数据库备份。

2. SQL Server 2000 数据库备份性能

● SQL Server 2000 可以将数据备份到硬盘文件(本地或网络)中,也可以备份到磁带中,磁带驱动器必须连接到本地的 SQL Server 上。此外,SQL Server 2000 还提供备份到"命名管道"的功能,允许用户使用第三方软件包的备份和恢复功能。

● 可以使用多个备份设备将备份并行写入所有设备。同样,可以将备份并行从多个设备还原。备份设备的速度是备份吞吐量的一个潜在瓶颈。使用多个设备可以按使用的设备数成比例提高吞吐量。

● SQL Server 2000 备份恢复算法支持高速数据传输率,结合在多个设备上并行操作的性能,使 SQL Server 2000 可支持超大规模的数据库(VLDB)。

● SQL Server 2000 可以在数据库使用的同时进行备份工作(当然,数据库的活动将影响备份数据库所需的时间)。

● 可以将备份操作作为一个作业,通过 SQL Server 代理服务定期执行,实现自动定期备份操作。

● 如果备份或恢复过程被打断,可以在被打断的地方重新开始。

● SQL Server 2000 在 msdb 数据库中自动维护一个完整的联机备份和还原历史记录。这些信息包括执行备份的用户、备份执行时间和存储备份的设备或文件等。

提示:如果 msdb 数据库被损坏,SQL Server 代理程序所使用的任何调度信息都将丢失,需要使用 SQL Server 企业管理器手工重新创建。备份和还原历史记录信息也将丢失。

6.5.2 数据库备份策略

1. SQL Server 2000 数据库备份方式

SQL Server 2000 提供了四种数据库备份方式:完全数据库备份、差异备份、日志备份和文件或文件组备份。

● 完全数据库备份

完全数据库备份全面记录备份开始时的数据库状态,创建数据库中所有数据的副本。与事务日志备份和差异备份相比,完全数据库备份忠实记录了原数据库中的所有数据,但每个备份使用的存储空间更多,备份操作所需的时间更长。所以完全数据库备份的创建频率通常比差异备份或事务日志备份低。需要说明的是,完全数据库备份是所有备份的起点,任何数据库的第一次备份必须是完全数据库备份。

● 差异备份

差异备份只记录自上次数据库备份后发生更改的数据。由此可知,差异备份比完全数据库备份小而且备份速度快,因此可以更经常地执行差异备份,以减小丢失数据的危险。此外,差异备份也可以减少必须应用于恢复数据库操作的事务日志量。一般情况下差异备份通常用于频繁修改数据的数据库。使用差异备份可以将数据库还原到差异备份完成时的那一点。但差异备份必须要有一个完全数据库备份作为恢复的基准。

● 日志备份

日志备份即事务日志备份,是自上次备份事务日志后对数据库执行的所有事务的一系列记录。可以使用事务日志备份将数据库恢复到特定的即时点(如执行了错误操作前的那一点)或恢复到故障点。事务日志备份比完全数据库备份使用的资源少,因此可以比完全数据库备份更经常地创建事务日志备份,以减小丢失数据的危险。一般情况下,日志备份比差异备份可还原到更加后面、更新的位置,但由于恢复数据是通过执行一系列与原操作逆向的操作来实现的,所以日志备份的还原要比差异备份的还原时间长。日志备份也必须要有一个完全数据库备份作为恢复的基准。

● 文件或文件组备份

文件或文件组备份只备份数据库中的一个或多个文件或文件组。这样就可以只还原已损坏的文件,而不用还原数据库的其余部分,从而加快了恢复速度。例如,如果数据库由几个位于不同物理磁盘上的文件组成,当其中一个磁盘发生故障时,只需还原发生了故障的磁盘上的文件。对于超大规模数据库(VLDB),一般采用文件和文件组备份方式。当进行文件和文件组备份时,为了使将来还原的文件与数据库的其他部分一致,必须执行日志备份。

2.备份策略

对于一个容量较小的数据库,可以仅使用完全数据库备份。如果数据库虽然较大但它是只读的,或者很少进行数据修改,也可仅采用完全数据库备份。

使用完全数据库备份与日志备份的组合是一种常用的备份策略。这样可记录在两次完全数据库备份之间的所有数据库活动,并在发生故障时还原所有的变化数据。由于日志备份的容量较小,可以较频繁地进行,使数据丢失的程度最小。使用日志备份还可以在还原数据时指定还原到特定的时间点。

如果希望加快发生故障后恢复数据库的时间,备份策略可采用完全数据库备份与差异备份的组合。差异备份中仅包含自上一次完全数据库备份后数据库更改部分的内容,在恢复数据时也仅还原最近一次的差异备份即可,所以系统恢复时间较快。

使用完全数据库备份、差异备份和日志备份的组合,可以有效地保存数据,并将故障恢复所需的时间减到最少。

例如,一个数据库使用以下操作进行备份:

➢ 每星期天晚上进行完全数据库备份。

➢ 从星期一到星期六,在每晚 9:00 进行差异备份。

➢ 星期一到星期六每天上午 9:00 至下午 6:00 间每小时进行一次日志备份。

现假定在某个星期四上午 11:05 数据库被破坏,则可采用如下操作恢复数据库:

➢ 首先恢复上一个星期天晚上的完全数据库备份。

➢ 然后恢复前一天(即星期三)晚上的差异备份。

➢ 最后依次恢复当天(即星期四)上午 9:00、10:00、11:00 的日志备份。

(在后面介绍数据库恢复时我们还将谈到,应使用还原方法恢复 11:00 的日志备份。)

注意:如果不采用日志备份,则日志文件将不会进行清理。用户必须定期清理事务日志,否则,当日志文件满后,SQL Server 将不允许数据库的活动。

3. 备份系统数据库

除了对用户的数据必须加以备份保存外,为了系统的正常工作以及发生故障后的及时恢复,我们还应定期备份系统数据库。

系统数据库保存有 SQL Server 活动及所有数据库的重要信息,一旦发生故障,将造成整个系统瘫痪。如果不加以备份,即使完成系统重建,也将失去原有的用户数据库及数据库对象信息,给恢复工作带来很大难度。

在 SQL Server 系统数据库中,由于 tempdb 在每次 SQL Server 启动时都重新建立,所以不需要备份。除此之外的其他系统数据库,特别是 master 数据库和 msdb 数据库必须定期备份。并且 master 数据库只能采用完全数据库备份。

需要指出的是,如果 master 数据库遭到破坏,由于系统不能正常工作,因此无法启动 SQL Server 执行恢复操作。此时,要先使用 rebuildm. exe 命令(该命令文件一般位于 C:\Program Files\Microsoft SQL Server\80\Tools\Binn 文件夹中)重建系统数据库,然后重新启动 SQL Server 再恢复系统数据库。图 6-41 所示为运行 rebuildm. exe 命令后出现的"重建 Master"对话框。

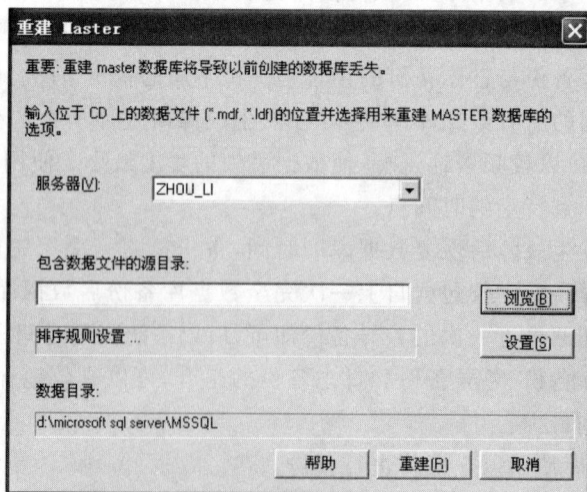

图 6-41 "重建 Master"对话框

在恢复系统数据库时,应按照 master→msdb→model 的恢复顺序进行操作。

6.5.3　数据库备份操作

只有固定服务器角色 sysadmin(系统管理员)和固定数据库角色 db_owner 及 db_backupoperator成员才有权备份数据库。当然,还可根据需要创建另外的自定义数据库角色,并授权该角色执行备份操作的权限。

SQL Server 2000 提供了多种备份和恢复数据库的实现方法:可以在应用程序、Transact-SQL 脚本、存储过程或触发器中执行备份或恢复操作;也可以在企业管理器中执行备份或恢复操作。在企业管理器中执行备份和恢复工作比较适合手工管理数据库,另外,对于不太熟悉备份操作的人员来说,也可通过使用企业管理器中的备份向导来完成备份操作。而在实际的应用程序中,一般使用 Transact-SQL 语句来执行备份和恢复任务。

1.创建备份设备

创建备份时,必须选择存放备份数据的备份设备。备份设备也称备份文件,用来存放备份的数据。SQL Server 2000 可将数据库、事务日志和文件备份到磁盘或磁带设备上。

可以在服务器的本地磁盘上或共享网络资源的远程磁盘上定义磁盘备份设备,磁盘备份设备根据需要可大可小。最大的文件大小相当于磁盘上可用的闲置空间。如果使用磁带备份设备,必须将磁带设备连接到运行 SQL Server 的本地计算机上,SQL Server 不支持备份到远程磁带设备上。

必须注意:不要备份到数据库所在的同一物理磁盘上,否则,如果包含数据库的磁盘设备发生故障,由于备份位于同一发生故障的磁盘上,因此无法恢复数据库。

SQL Server 使用物理设备名称或逻辑设备名称标识备份设备。物理备份设备是操作系统用来标识备份设备的名称,如 C:\Backup\teach.bak。逻辑备份设备是用来标识物理备份设备的别名或公用名称。逻辑设备名称永久地存储在 SQL Server 的系统表中。使用逻辑备份设备的优点是引用它比引用物理设备名称简单。例如,逻辑设备名称可以是 teachbak,而物理设备名称则是 C:\Backup\teach.bak。备份或还原数据库时,可以交替使用物理或逻辑备份设备名称。

可以在备份一个数据库时创建备份文件,但这种备份文件并不记录到系统设备表中,所以不能再次使用。如果希望重复使用备份设备,需创建永久的备份设备。

使用企业管理器创建备份设备的操作步骤如下:

● 打开企业管理器,从中展开指定的服务器,展开 管理 结点,右击该结点下的"备份"项,在弹出的快捷菜单中选择 新建备份设备(N) 命令。

● 在打开的"备份设备属性—新设备"对话框(如图 6-42 所示)中指定设备的逻辑名称,并在"文件名[F]"右面的文本框中输入备份文件的物理名称和存储路径,也可以单击 按钮选择存储路径。

● 如果系统已安装了磁带设备,则"磁带驱动器名[T]"可选,通过右面的下拉列表框选择一个磁带设备。

● 在新建备份设备时,该对话框中的 查看内容(V) 按钮呈灰色不可选,如果创建备份设

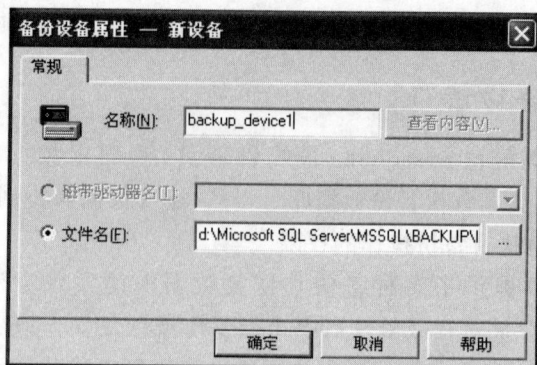

图 6-42　"备份设备属性—新设备"对话框

备后,通过查看备份设备"属性"操作进入图 6-42 对话框时,可通过该按钮查看该备份设备中的备份集内容。

除了使用企业管理器创建备份设备外,也可以使用 sp_addumpdevice 系统存储过程创建备份设备。sp_addumpdevice 存储过程创建备份设备的基本格式如下:

sp_addumpdevice '设备类型','逻辑设备名','物理设备名'

其中:设备类型用于描述是磁盘还是磁带设备,分别用 disk 和 tape 表示;逻辑设备名和物理设备名指出备份设备的逻辑名称和物理名称即路径。

【例 6.9】　在本机上创建一个磁盘备份设备,逻辑设备名为 teachbak,物理设备名为 c:\backup\teach. bak。

程序清单:

sp_addumpdevice 'disk','teachbak','c:\backup\teach. bak'

【例 6.10】　在网络计算机 server 共享资源 share 的 public 目录下创建备份设备。

程序清单:

sp_addumpdevice 'disk','netbak','\\server\share\public\teach. bak'

如果在网络上将文件备份到远程计算机的磁盘,要使用通用命名规则名称（UNC）,以 \\servername\sharename\path\file 格式指定文件的位置。其中 servername 为远程计算机的名称;sharename 为远程计算机上的共享资源名;path 为具体的路径;file 为指定的文件名。

2. 在企业管理器中备份数据库

这里以创建教学数据库 teachdb 的备份为例,介绍在企业管理器中备份数据库的方法。

● 启动企业管理器,在左侧的树状结构窗口中展开 数据库 结点,选择要备份的数据库,如 teachdb 数据库。在"工具(T)"菜单中选择 备份数据库(B)... 命令。

该步操作也可以直接右击 数据库 结点(不用展开它),然后在弹出的快捷菜单中选择 所有任务(K) ▶ 中的 备份数据库(B)... 命令。

● 如果通过鼠标右击 数据库 结点选择"备份数据库"命令,需要在弹出的"SQL Server 备份"对话框中的"数据库[B]"下拉列表框中选择一个数据库。否则,在"SQL Server 备份"对话框中会自动显示数据库名,如图 6-43 所示。

在该对话框中的"名称[N]"处指定数据库备份的名称,以区分不同时刻的备份;在

"描述[R]"处,可以输入有关此备份的详细描述;在"备份"选项区,可以选择备份的方式。因为是第一次备份,这里选择完全数据库备份。

● 单击 添加(A)... 按钮,可以指定备份的目的(系统一般会将数据库备份到磁盘上的某一指定或新建文件中)。此时,系统会显示"选择备份目的"对话框,如图 6-44 所示。

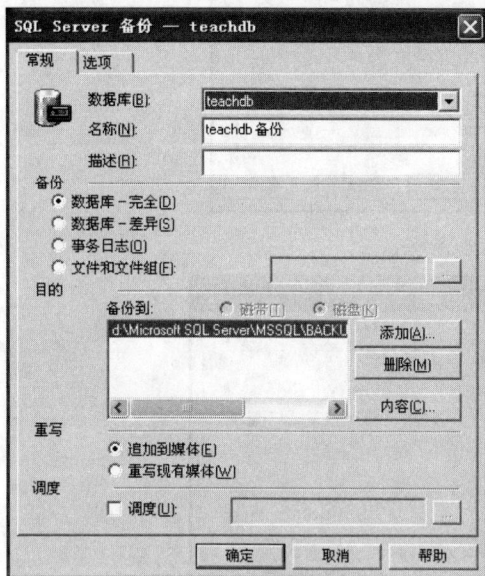

图 6-43　"SQL Server 备份"对话框　　　图 6-44　"选择备份目的"对话框

● 单击该对话框"文件名[F]"后的 按钮,系统显示"备份设备位置"对话框。在该对话框中可以选择一个指定的备份文件,也可以指定一个新文件名称以创建一个新的备份文件。

● 在"选择备份目的"对话框中也可选择"备份设备"单选钮,并从下拉列表框中指定或创建备份设备。

● 在"选择备份目的"对话框中单击 确定 按钮后,返回"SQL Server 备份"对话框(见图 6-43)。此时,刚才选择或创建的备份文件被加入到"目的"区的"备份到"栏中。如果要添加其他的备份文件,可以继续单击 添加(A)... 按钮。当然,也可以选择一个现有的备份文件后,单击 删除(M) 按钮将它删除。

● 在"SQL Server 备份"对话框的"重写"选项下,单击 追加到媒体(E) 单选钮,表示将备份内容追加到备份设备现有的备份后面;单击 重写现有媒体(W) 单选钮,表示将重写备份设备中现有的备份内容。

● 如果要使备份操作在以后执行或定期执行,可以选择"调度"复选框,然后单击旁边的 按钮,此时系统会显示"编辑调度"对话框,在对话框中可以指定调度的名称和类型,如图 6-45 所示。

● 如果希望备份定期进行,可选择 反复出现(R) 单选钮,然后单击 更改(A) 钮。此时系统会显示"编辑反复出现的作业调度"对话框,从中可以指定备份的发生频率和持续时间等内容,如图 6-46 所示。

● 设置好备份目的和调度内容后,单击"SQL Server 备份"对话框(见图 6-43)中的

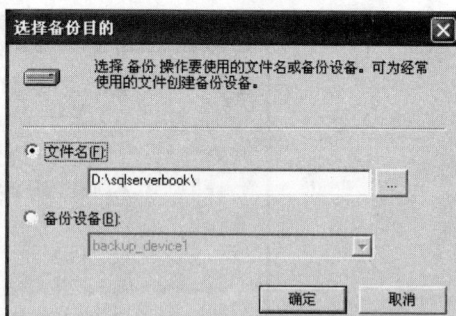

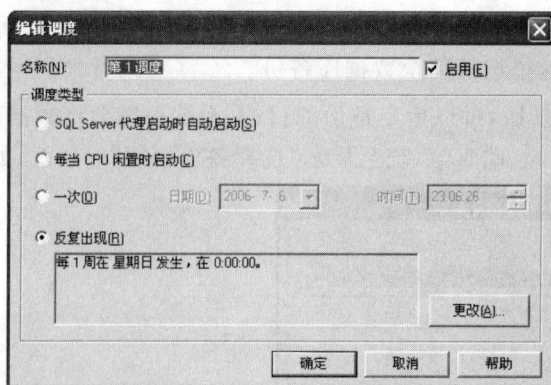

图 6-45 "编辑调度"对话框

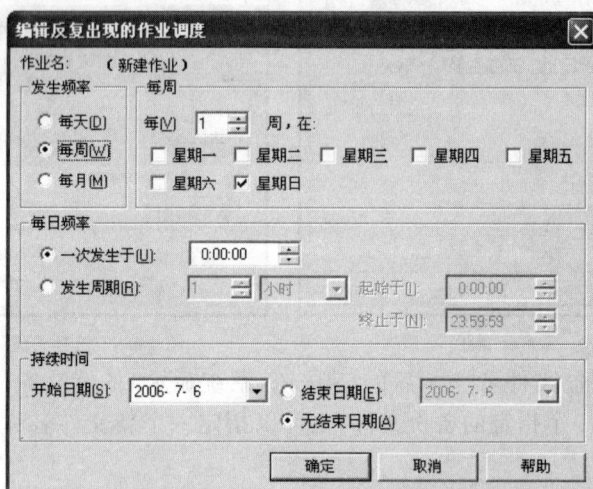

图 6-46 "编辑反复出现的作业调度"对话框

"选项"标签,在该标签下,可选择 ☑完成后验证备份(V) 复选框,以指定完成后验证备份媒体的完整性。如果是日志备份,还可以选择 ☑删除事务日志中不活动的条目(R) 复选框,以便从日志中删除所有已完成的事务条目。如图 6-47 所示。

● 以上选项设置好后,单击"SQL Server 备份"对话框中的 确定 按钮,系统就可按照指定的设置进行数据库备份。

采用以上类似的步骤,也可以进行差异备份等操作。

🐾注意:除了上述备份方法外,还可以使用企业管理器中的"备份向导"工具来执行数据库备份工作。

3. 使用 Transact-SQL 语句备份数据库

在企业管理器中备份数据库虽然方便,但在具体的应用程序中,一般用 Transact-SQL 语句来实现数据库备份操作。这样,以后可以方便地重复执行保存下来的语句。

在 SQL Server 2000 中使用 BACKUP 语句备份数据库,它的基本格式如下:

BACKUP DATABASE｜LOG 数据库名称［FILE｜FILEGROUP＝文件/文件组名］TO DISK｜TAPE＝'备份设备名'［WITH DIFFERENTIAL］

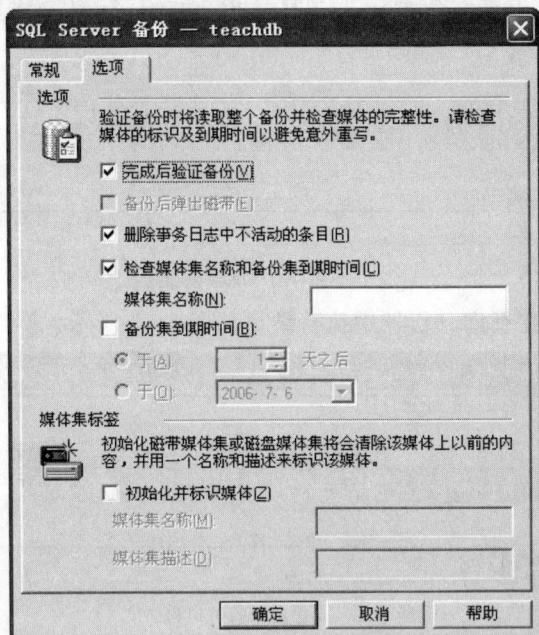

图 6-47　设置备份选项

参数说明：

使用 DATABASE 关键字表示备份数据库；使用 LOG 关键字表示备份事务日志。

使用 WITH DIFFERENTIAL 选项可指定备份数据库为差异备份，否则为完全数据库备份。

关键字 DISK 表示备份设备为磁盘；TAPE 表示备份设备为磁带；备份设备名一般使用备份设备的逻辑名称。

【例 6.11】　将教学数据库 teachdb 备份到备份设备 teachbak 中。

备份操作语句及在查询分析器中执行结果如图 6-48 所示。

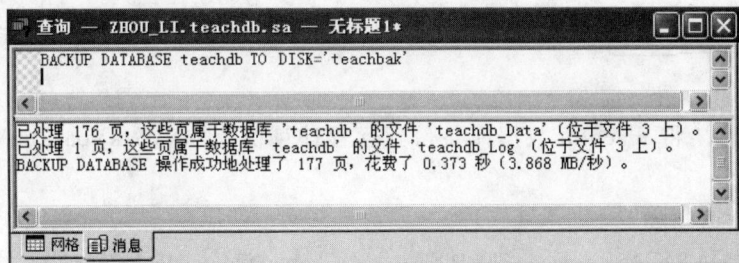

图 6-48　完全数据库备份的语句和结果

【例 6.12】　对教学数据库 teachdb 进行完全数据库备份之后又进行了若干操作，现在对其进行差异备份，备份内容同样写在备份设备 teachbak 中。

备份操作语句及在查询分析器中执行结果如图 6-49 所示。

【例 6.13】　将教学数据库 teachdb 的日志文件备份到备份设备 teachbak 中。

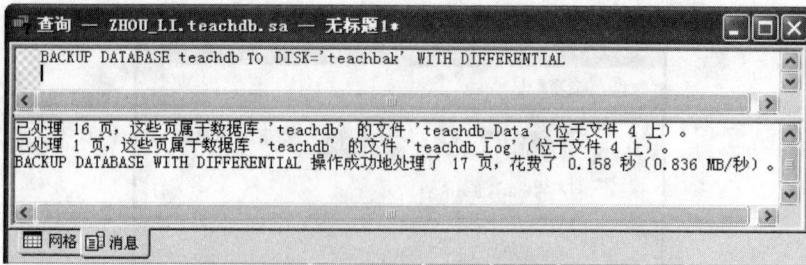

图 6-49　差异备份的语句和结果

备份操作语句及在查询分析器中执行结果如图 6-50 所示。

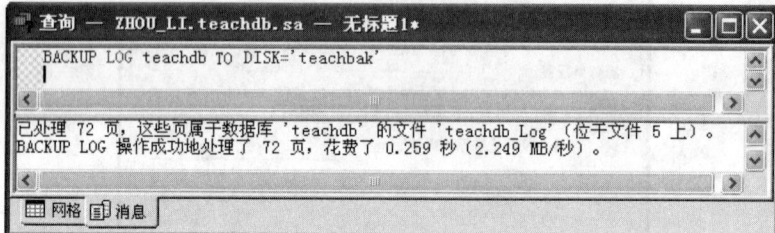

图 6-50　日志备份的语句和结果

说明：在使用 BACKUP LOG 语句备份日志文件时，系统将截断日志，即备份后清空日志文件。可以使用 WITH NO_TRUNCATE 选项指定在完成日志备份后不清空原来日志中的数据。这种情况特别适用于在数据库损坏时备份日志。当数据库遭到破坏或被标识可疑时，可以使用该选项备份日志，以便在数据库修复后可以还原过去的事务。

【例 6.14】　将教学数据库 teachdb 的主文件组备份到备份设备 teachbak 中。

备份操作语句及在查询分析器中执行结果如图 6-51 所示。

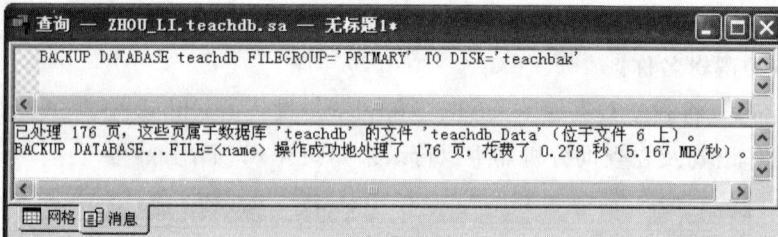

图 6-51　文件组备份

【例 6.15】　将 teachdb 数据库备份到远程计算机上的\\bak\backup\teachdb.bak 备份设备中。

备份操作语句如下：

BACKUP DATABASE teachdb TO DISK＝'\\bak\backup\teachdb.bak'

说明：在使用 BACKUP 命令时，可以在 WITH 后面使用 INIT 选项，指定应重写备份设备上的所有现有的备份集数据。也可使用 NOINIT 选项表示将备份集追加到指定的磁盘或磁带设备上，以保留现有的备份集。NOINIT 是默认设置。

可选项 WITH 子句后面有很多内容，详细内容请参考 SQL Server 联机丛书。

6.6　数据库恢复

6.6.1　数据库恢复概述

数据库备份的主要目的就是在系统出现故障时,及时进行数据恢复以减少损失。在进行数据库恢复时,系统首先进行一些安全性检查,如查看指定的数据库是否存在、数据库文件是否发生变化等,然后指定数据库及相关的文件,最后针对不同的数据库备份类型采取不同的数据库恢复方法。

1.设置数据库单用户访问方式

在进行数据库恢复之前,需要限制用户对数据库的访问。为此,可在企业管理器中右击要恢复的数据库,在弹出的快捷菜单中选择"属性(R)"选项,在数据库属性对话框的"选项"标签中,选中 ☑ 限制访问(A) 复选框,再选择 ◉ 单用户(U) 单选钮,如图 6-52 所示。

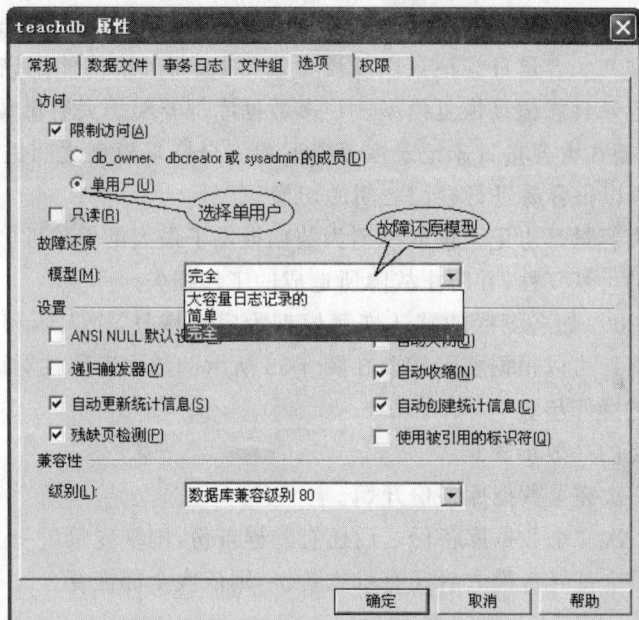

图 6-52　数据库"属性"对话框

2.三种数据库恢复模型

SQL Server 2000 提供了三种数据库恢复模型:简单恢复模型、完全恢复模型和大容量日志记录恢复模型。可以为每个数据库选择这三种恢复模型中的一种,以确定如何备份数据以及能承受何种程度的数据丢失。这三种恢复模型可以在数据库"属性"对话框"选项"标签的"故障还原"区列表框中进行选择。如图 6-52 所示。

● 简单恢复模型

简单恢复模型不使用事务日志备份,所以空间要求较小,与完全恢复模型或大容量日志记录模型相比,简单恢复模型更容易管理,但如果数据文件损坏,则数据损失表现会更高。在简单恢复模型中,数据只能恢复到最新的完全数据库备份或差异备份的状态。

● 完全恢复模型

完全恢复模型使用数据库备份和事务日志备份来对数据库故障进行完全防范。如果一个或多个数据文件损坏,则数据库恢复可以还原所有已提交的事务,并且正在进行的事务将回滚 ,所以可以恢复到任意即时点(如:应用程序或用户错误之前)。

● 大容量日志记录恢复模型

大容量日志记录恢复模型为某些大规模操作提供了更高的性能和最少的日志使用空间。这些操作包括:SELECT INTO、大容量装载操作(BULK INSERT)、创建索引(CREATE INDEX)及对 text 和 image 类型的操作(WRITETEXT 和 UPDATETEXT)等。不过这将牺牲时点恢复的某些灵活性。

在完全恢复模型下记录大容量复制操作的完整日志,但在大容量日志记录恢复模型下,只记录这些操作的最小日志,所以在大容量日志记录恢复模型中,这些大容量复制操作的数据丢失程度要比完全恢复模型严重。此外,当日志备份包含大容量更改时,大容量日志记录恢复模型只允许数据库恢复到事务日志备份的结尾处,不支持时点恢复。

完全恢复模型和大容量日志记录恢复模型很相似,而且很多使用完全恢复模型的用户有时也使用大容量日志记录恢复模型。很多数据库都要经历大容量装载或索引创建的阶段,因此可能希望在大容量日志记录恢复模型和完全恢复模型之间进行切换。在 SQL Server 2000 中,可以很容易进行它们之间的切换。

完全恢复和大容量日志记录恢复模型为数据提供了最大的保护性。这些模型依靠事务日志提供完全的可恢复性,并防止故障所造成的工作损失。

SQL Server 2000 服务器版的默认恢复模型为完全恢复,个人版和桌面版的默认恢复模型为简单恢复。可以根据实际需要在图 6-52 所示的数据库属性对话框中进行选择。

3. 数据恢复的操作步骤

进行数据恢复的一般步骤是:

● 从最近的一次完全数据库备份开始。

● 如果最近一次完全数据库备份之后还有差异备份,则恢复最后一个差异备份。

● 如果最后一个差异备份之后还有日志备份,则依次全部恢复。

6.6.2 数据库恢复操作

1. 在企业管理器中恢复数据库

下面,我们以教学数据库 teachdb 为例,介绍在企业管理器中恢复数据的操作方法。

首先按照本章例 6.11 和例 6.12 的方法对教学数据库 teachdb 进行一次完全数据库备份和两次差异备份,备份设备为 teachbak(按例 6.9 所示建立),然后删除该数据库。下面我们利用企业管理器尝试对教学数据库进行恢复。操作步骤如下:

● 打开企业管理器,在左侧的树状结构窗口的 🖦 数据库 结点上单击右键,在弹出的快捷菜单中选择 所有任务(K) ▶ 中的 还原数据库(R)... 命令,出现如图 6-53 所示的"还原数据库"对话框。

● 在该对话框的"还原为数据库[R]"下拉列表框中选择 teachdb 数据库,然后选中 ⊙ 从设备[M] 单选钮,这时,在下面的"参数"区会显示与从设备还原相关的选项,如图 6-54 所示。

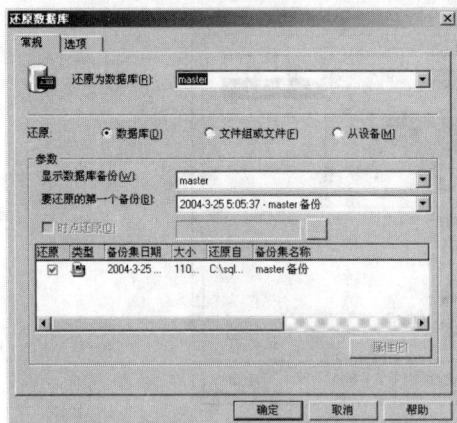

图 6-53　"还原数据库"对话框

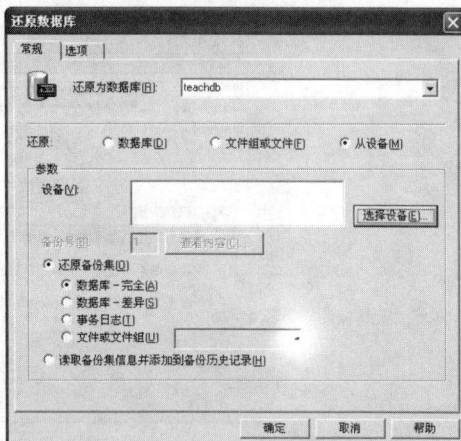

图 6-54　还原数据库——"从设备"参数选项

● 单击"参数"区的 选择设备[E]... 按钮,系统会显示"选择还原设备"对话框,如图 6-55 所示。如果已经指定过备份设备,在中间的"设备名"栏中将显示它们的名字,图中由于没有指定过备份设备,所以栏中空白。

● 单击 添加[A]... 按钮,系统会显示"选择还原目的"对话框,如图 6-56 所示。选中 ⊙ 备份设备[B] 单选钮,并从下拉列表框中选择备份设备,如 teachbak。如果在下拉列表框中没有所需的备份设备,亦可选择"<新备份设备>"进行创建。

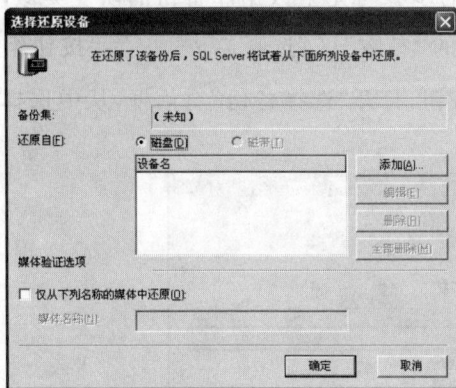

图 6-55　"选择还原设备"对话框

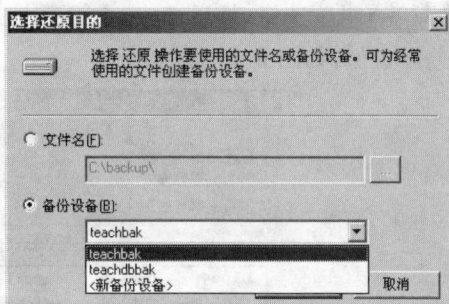

图 6-56　"选择还原目的"对话框

● 选择了备份设备后,单击 确定 按钮返回。

在图 6-54 所示"还原数据库"对话框的"参数"区中,选中 ⊙ 还原备份集[Q] 单选钮,并在其下选择 ⊙ 数据库-完全[A] 单选钮,进行第一次完全数据库恢复。

如果最近一次完全数据库备份的"备份号"不是 1,可单击 查看内容[C]... 按钮进行指定。

● 单击"还原数据库"对话框上的"选项"标签。在"选项"标签下,显示出还原数据库的逻辑文件名和物理文件名,如图 6-57 所示(这些名字可改变,一般采用默认值)。

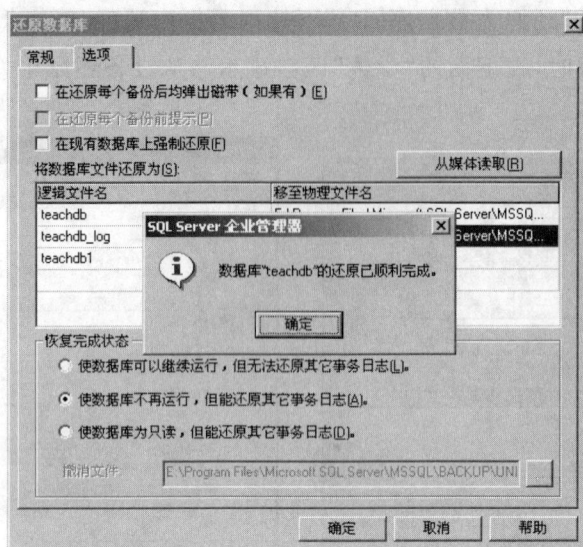

图 6-57   还原数据库"选项"标签

因为后面还有差异备份需要恢复,所以这里选择"恢复完成状态"栏中的第二个单选钮 `○ 使数据库不再运行,但能还原其它事务日志(A)。`。

● 单击 `确定` 按钮即可进行数据库的完全恢复。恢复完成后,将出现消息框提示,如图 6-57 所示。

● 回到企业管理器窗口,可以发现 teachdb 数据库已存在但颜色为灰色,表明此时还不能使用该数据库。

● 接下来恢复差异备份。恢复差异备份的步骤与完全数据库备份的恢复类似,但是要在图 6-54 所示的"还原数据库"对话框中的"参数"区,选择 `○ 还原备份集(O)` 按钮组中的 `○ 数据库－差异(S)` 单选钮,然后单击 `查看内容(C)...` 按钮,打开"选择备份"对话框,从中选择最后一个差异备份,如图 6-58 所示。

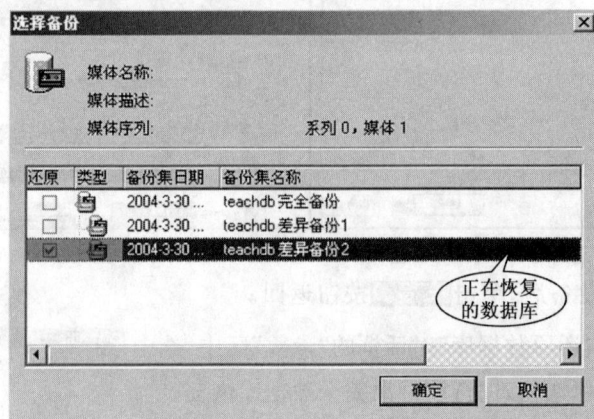

图 6-58   "选择备份"对话框

需要指出,因为这里没有日志备份需要恢复,所以在上面恢复差异备份时,还要在图

6-57 所示的"还原数据库"对话框"选项"标签下,选中"恢复完成状态"栏中的第一个单选钮 ○ 使数据库可以继续运行,但无法还原其它事务日志(L)。

● 最后,单击 ▢ 确定 ▢ 按钮即可完成数据库的恢复。

2. 使用 Transact-SQL 语句恢复数据库

用于数据库恢复的 Transact-SQL 语句是 RESTORE 语句,它的基本格式如下:

RESTORE DATABASE | LOG [数据库名][FROM [DISK | TAPE=]′备份设备名′[,...n]]
[WITH [FILE=备份号] [{NORECOVERY | RECOVERY}]]

参数说明:

DATABASE:表示还原数据库;LOG:表示还原日志备份。

FROM:指定备份设备。如果没有指定 FROM 子句,则是恢复数据库。可用省略 FROM 子句的办法尝试恢复通过 NORECOVERY 选项还原的数据库(参考下面关于 NORECOVERY 的说明)。

DISK | TAPE:指定从命名磁盘或磁带设备还原备份。磁盘或磁带设备类型应该用设备的真实名称(例如:完整的路径和文件名)来指定。如:DISK = ′C:\Program Files\ Microsoft SQL Server\MSSQL\BACKUP\Mybackup. dat′ 或 TAPE = ′\\. \TAPE0′。

备份号:标识要还原的备份集。例如,备份号为 1 表示备份媒体上的第一个备份集,备份号为 2 表示第二个备份集。(如图 6-54 所示,在企业管理器中,在"还原数据库"对话框中选择"从设备"选项,并在"参数"区选择备份设备后,单击 ▢ 查看内容(C)... ▢ 按钮,会显示如图 6-58 所示的"选择备份"对话框,从中可以查看备份号)。

RECOVERY/NORECOVERY:指示还原操作回滚或不回滚任何未提交的事务。当还原数据库备份和多个事务日志时,或在需要多个 RESTORE 语句时(例如在完全数据库备份后进行差异备份),SQL Server 要求在除最后一条 RESTORE 语句外的所有其他语句上使用 WITH NORECOVERY 选项。而在最后一条 RESTORE 语句中使用 RECOVERY 选项指示任何还原操作回滚未提交的事务。这样,在恢复进程后即可随时使用数据库。如果不指定,默认为 RECOVERY。

⚙注意:如果指定 NORECOVERY 选项,数据库将处于不可用的中间未恢复状态。

【例 6.16】　删除教学数据库 teachdb,然后用 RESTORE 语句将其恢复。

从图 6-58 我们可以看到,完全数据库备份排在最前面,其备份序号为 1,第一次差异备份的序号为 2,第二次差异备份的序号为 3。

恢复操作语句及在查询分析器中执行结果如图 6-59 所示。

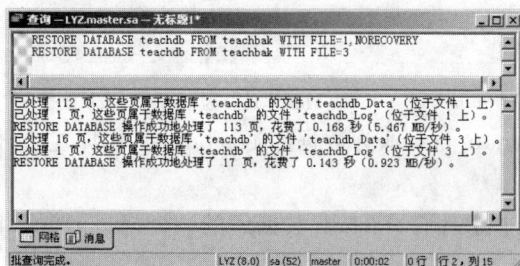

图 6-59　在查询分析器中执行恢复数据库命令

再次强调:第一条语句的 with 子句后一定要使用 NORECOVERY 选项,因为后面还有差异备份需要恢复。

提示:在执行恢复操作前,可以先执行 RESTORE FILELISTONLY 语句以确定数据库备份中文件的数量及名称。例如:RESTORE FILELISTONLY FROM teachbak。

6.6.3 使用备份和还原功能复制数据库

利用数据库的备份和还原功能,还可以制作数据库的副本(还原时要选择不同的名称)或将数据库转移到其他数据库服务器上(要将数据备份到移动盘上,或通过网络备份),操作方法与上面提及的基本相同。

【例 6.17】 利用数据库的备份和还原功能,制作教学数据库 teachdb 的副本,取名为 teachdb_bak,存放在同一个服务器下。

首先,使用 BACKUP 命令制作 teachdb 数据库的完全数据库备份,如图 6-60 所示。

这里创建了一个临时备份设备 teach_copy。

图 6-60 将 teachdb 数据库备份到磁盘中

然后,使用 RESTORE 命令将此备份还原为 teachdb_bak 数据库。因为原数据库的主数据文件和日志文件的文件名均还存在,所以要用 MOVE…TO… 子句为每个还原文件指定新的文件名或新位置。假设要将 teachdb_bak 数据库文件存放在与 teachdb 数据库相同的 E:\SQL 文件夹下,还原备份的语句如图 6-61 所示。

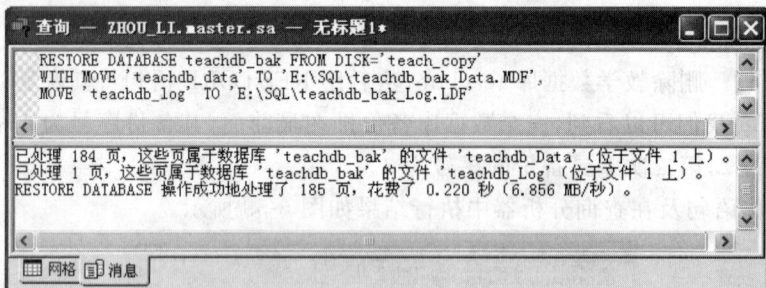

图 6-61 将 teachdb 数据库还原为 teachdb_bak 数据库

以上语句中的 teachdb_bak 即为数据库 teachdb 的副本,它具有与 teachdb 数据库相同的结构和数据。

这样,我们就成功地得到了 teachdb 数据库的一个拷贝 teachdb_bak。

习题与实训

一、单项选择题

1. 以下关于 SQL Server 登录帐号的叙述,正确的是 _____ 和 _____。

A. 删除了 Windows 的某个帐号,也自动把它从 SQL Server 中删除

B. 删除了 Windows 的某个帐号,并不自动把它从 SQL Server 中删除

C. 在 SQL Server 中删除 Windows 登录帐号,也自动删除了 Windows 中该帐号

D. 在 SQL Server 中删除 Windows 登录帐号,不会自动删除 Windows 中该帐号

2. 以下叙述正确的是 _____。

A. 在 SQL Server 服务器中设置了 Windows 认证模式后,所有 Windows 帐号不需在 SQL Server 中授权,均可访问 SQL Server

B. 对 SQL Server 登录帐号,要想暂时禁止它的连接,只能将其帐号删除

C. 由于 sa 帐号具有管理服务器和数据库的所有权限,为了系统的安全,应另外建立一个系统管理员帐号,而将 sa 删除

D. BUILTIN\Administrators 是 SQL Server 2000 系统自动创建的登录帐号,不能被删除。

3. 在 SQL Server 2000 中,不能创建 _____。

A. 数据库角色　　　　　　　　B. 服务器角色

C. 自定义函数　　　　　　　　D. 自定义数据类型

4. 以下叙述错误的是 _____。

A. 不同的数据库中可以有相同的用户帐号

B. 不同的用户帐号可以访问相同的数据库

C. 数据库用户帐号通常与某一登录帐号相关联

D. 在数据库中删除了用户帐号,也自动删除了相关联的登录帐号

5. 使用存储过程 _____ 可以创建 SQL Server 用户帐号;使用存储过程 _____ 可以删除 Windows 用户在 SQL Server 中的登录帐号。

A. sp_droplogin　　　　　　　B. sp_revokelogin

C. sp_grantlogin　　　　　　　D. sp_addlogin

6. 以下关于用户帐号的叙述正确的是 _____。

A. 每个数据库都有 dbo 用户

B. 每个数据库都有 guest 用户

C. guest 用户只能由系统自动建立,不能手工建立

D. 可以在每个数据库中删除 guest 用户

7. 以下叙述正确的是 _____。

A. 如果没有明确授予用户某权限,该用户肯定不具有该权限

B. 如果废除了一个用户某权限,以后该用户肯定不具有该权限

C. 如果拒绝一个用户的某权限,它可通过其他角色重新获得该权限

D. 废除了一个用户被拒绝的权限不表明该用户就具有该权限

8. 以下叙述正确的是_____。

A. 系统数据库 tempdb 不需要备份

B. 使用完全数据库备份与差异备份的组合可恢复数据到指定的时间点

C. 使用完全数据库备份与文件备份的组合可恢复被破坏的数据

D. 数据导入导出(DTS)与备份和恢复数据库一样都能实现将一个服务器中的数据库数据和所有对象转移到另一个服务器中

9. 若备份策略采用完全数据库备份和差异备份的组合,在恢复数据时,首先恢复最新的完全数据库备份,然后_____。若备份策略采用完全数据库备份和日志备份的组合,在恢复数据时,首先恢复最新的完全数据库备份,然后_____。

A. 恢复最后一次的差异备份

B. 依次恢复各个差异备份

C. 恢复最后一次的日志备份

D. 依次恢复各个日志备份

10. 以下_____不是 SQL Server 2000 中的数据恢复模型。

A. 简单恢复模型

B. 差异恢复模型

C. 完全恢复模型

D. 大容量日志恢复模型

二、填空题

1. SQL Server 2000 能配置的服务器登录认证模式是:_____和_____。用户注册 SQL Server 2000 的身份验证有_____和_____。

2. SQL Server 中的权限有_____权限、_____权限和_____权限三种类型。

3. 在 SQL Server 2000 中两个系统自动创建的登录帐号是_____和_____。

4. 在 SQL Server 2000 中的两个数据库默认用户帐号是_____和_____。

5. SQL Server 2000 用户的登录帐号存放在_____数据库的_____表中;用户的权限存放在_____数据库的_____表中。

6. SQL Server 2000 的角色有_____角色、_____角色和数据库角色,其中数据库角色又分为_____和_____两种。

7. SQL Server 2000 数据库中,每一个用户默认都属于_____数据库角色。默认情况下,该角色对用户表、视图等对象_____权限。

8. SQL Server 在_____中记录、维护备份和还原操作的历史记录。

9. SQL Server 2000 可以将数据备份到_____、_____和"命名管道"中。

10、在完全数据库备份、差异备份和日志备份这三者中,还原速度较快的一般是_____;能将数据库还原到特定时间点的是_____;在还原中不能缺少的是_____。

三、问答题

1. 简述系统存储过程 sp_revokelogin 和 sp_denylogin 的区别。

2. 简述 SQL Server 登录帐号和数据库用户帐号的区别。

3. 简述数据库角色和应用程序角色的区别。

4. 简述进行数据库恢复的一般步骤。

5. 简述 SQL Server 2000 中简单恢复模型和完全恢复模型的差异。

四、操作题

1. 按下列要求进行 SQL Server 2000 安全性实验(设系统为 Windows XP 环境,SQL Server 2000 服务器在本地计算机上)。

(1) 通过 Windows"控制面板/系统"选项,打开"系统属性"窗口,在"计算机名"标签中修改计算机名为"DBSERVER"(如果连网时,各台计算机应使用不同的名字)。

(2) 启动 SQL Server 2000 企业管理器,删除原来(改名前)的 SQL Server 实例。

(3) 右击"SQL Server 组",在弹出的快捷菜单中选择"新建 SQL Server 注册(T)"命令,根据向导提示建立一个到 DBSERVER 服务器的注册。

2. 按下列要求进行 SQL Server 2000 安全性实验(设系统为 Windows XP 环境,SQL Server 2000 服务器在本地计算机上)。

(1) 在企业管理器中,在对应服务器的"SQL Server 属性(配置)"中,确认设置的服务器身份认证模式是"SQL Server 和 Windows"。在"已注册的 SQL Server 属性"中设置连接属性为"使用 Windows 身份验证[W]"。

(2) 通过 Windows"控制面板/用户帐户"选项,新建一个用户:USER1,该用户为受限的帐户,不是系统管理员。

(3) 重启计算机,以 USER1 帐户登录计算机(或通过"切换用户"的方法切换到 USER1)。打开 SQL Server 2000 企业管理器,查看 SQL Server 实例。

(4) 用题 1 的方法新建 SQL Server 注册,该注册若使用 Windows 身份验证则创建失败。现使用 SQL Server 身份验证,并用 sa 帐号为登录名。可重新建立 SQL Server 实例(本实验之前必须记住 sa 帐号的密码)。

(5) 展开服务器下的"安全性"文件夹,将 USER1 这个 Windows 帐户加入到登录帐号中,同时,再新建一个 USER2 帐户,USER2 用 SQL Server 身份验证。

注意:在"新建登录/常规"标签中,USER1 应在"名称[N]"后面通过▭选取,USER2 应直接在"名称[N]"框中输入。

(6) 重新编辑注册属性,设置为 Windows 身份验证,在断开连接对话框中单击"是"按钮确认(因是以 USER1 身份登录的 Windows,所以此时的 Windows 身份就是 USER1)。

(7) 右击 SQL Server 实例,在弹出的快捷菜单中选择"连接"命令,连接到服务器。但展开数据库文件夹下的 teachdb 数据库,不能看到数据表内容。

(8) 通过"编辑 SQL Server 注册属性"重新以 sa 帐号登录。登录后右击登录帐户中的 USER1,修改其属性。在属性窗口的"数据库访问"标签中勾选 master 和 teachdb 数据库,可看到它们被自动加入"public"数据库角色中。

(9) 重新编辑注册属性,设置为 Windows 身份验证(即以 USER1 身份登录)。右击

SQL Server 实例,在弹出的快捷菜单中选择"连接"命令,再次以 Windows 用户身份连接到服务器。

(10)打开 teachdb 数据库,可看到各数据表名,但无法打开数据表查看内容。同时,在服务器登录帐户中,右击 USER2,在快捷菜单中没有"删除"命令。

(11)重新以 sa 帐号登录,在 teachdb 数据库文件夹的"用户"中修改"USER1"的属性,在属性窗口中单击"权限"按钮,勾选对 course 表的"SELECT"权限,及对 select_students 存储过程(例 5.32 所建)的"EXEC"权限。并在服务器"安全性/用户"中,将 USER1 帐户加入"Security Administrators"服务器角色。

(12)重新编辑注册属性,设置为 Windows 身份验证(即以 USER1 身份登录)。此时在服务器登录帐户中,右击 USER2,在快捷菜单中可看到"删除"命令,即 USER1 用户拥有删除用户的权限。

(13)在 teachdb 数据库中,右击 course 表,在弹出的快捷菜单中选择"打开表/返回所有行"命令可看到表中数据,但无法插入数据。右击 student 表,在弹出的快捷菜单中选择"打开表/返回所有行"命令则无法看到表中数据。但在查询分析器中可进行调用 select_students 存储过程的操作,显示 student 表中的数据。

通过以上操作,仔细体会 SQL Serve 2000 中 Windows 登录和 SQL Server 登录、用户权限、数据库角色和服务器角色等概念。

3. 按以下要求进行数据库的备份和还原操作,并写出相应的语句。

(1)完全数据库备份教学数据库 teachdb。

(2)向数据库的 student 表插入两条记录(内容自定),然后进行日志备份。

(3)删除刚插入的一条记录。然后人为破坏教学数据库 teachdb(如删除主数据文件 teachdb.mdf,但不要删除日志文件)。

(4)根据以上操作得到的备份,进行数据库恢复工作。将原数据库包括后面对 student 表的操作结果恢复。

第7章

数据库管理高级应用

内容概述

为了适应数据共享环境，SQL Server 提供了数据安全性、完整性、并发性控制和数据库恢复等保护措施，用于保证数据库中数据的安全可靠和正确有效。并发控制是网络数据库必须考虑的重要性能，如果多个用户同时使用数据库时不加控制，将会出现各种难以预料的问题，造成数据的不一致性。本章介绍 SQL Server 2000 中提供的一些保护措施，如事务和锁等。

SQL Server 代理是 SQL Server 的重要组件，负责自动执行 SQL Server 管理任务。作为数据库管理的高级应用，本章还将介绍 SQL Server 代理的概念及作业、警报的使用。

7.1 事 务

7.1.1 事务的概念

事务（Transaction）是 SQL Server 2000 中的一个逻辑工作单元，其中包括一系列的操作，这些操作语句被作为一个整体进行处理。

由于事务作为一个逻辑工作单元，当事务执行遇到错误时，将取消事务做的所有修改。即一个事务中的操作，要么全部执行，要么全部取消。

事务的概念对维护数据库中数据的一致性非常重要。举一个例子：银行用户的转账操作，即从一个账户转出钱款存入另一个账户。如果前一个操作（提款）成功完成，但在进行后一操作（存款）时，系统突然发生故障，该项操作不能完成，则应该将前一个提款操作一并取消，否则将造成用户的钱款莫名丢失，这是绝对不允许的。因此，必须将这两项操作作为一个事务处理，要么都执行，要么都不执行。

事务作为一个逻辑单元应该具有以下四个属性（简称 ACID）。

● 原子性（Atomicity）

事务作为工作的最小单位，即原子单位，其所进行的操作要么全部执行，要么全部不执行（又称全部回滚）。

● 一致性（Consistency）

事务完成后，必须使所有数据处于一致性状态。在相关数据库中，事务必须遵守数据库的约束和规则要求，以保持所有数据的完整性。

● 隔离性（Isolation）

一个事务所作的修改必须与其他事务所作的修改隔离。事务查看数据时数据所处的状态，要么是另一事务修改它之前的状态，要么是另一事务修改它之后的状态，事务不会查看中间状态的数据。

● 持久性（Durability）

事务完成后，其对数据库的修改将永久保持。

7.1.2　SQL Server 2000 事务模式

SQL Server 2000 的事务模式可以分为显式事务、隐式事务和自动事务模式三种。

1. 显式事务

显式事务是由用户明确指定的事务，用户可自己明确定义事务的启动和结束。Transact-SQL 中的事务语句包括：

（1）BEGIN TRANSACTION：标识显式事务的起始点。

语法：BEGIN TRAN［SACTION］［事务名称｜ @ tran _ name _ variable ［WITH MARK［′描述′］］］

其中：@tran_name_variable 是用户定义的、含有效事务名称的变量名称。

WITH MARK［′描述′］用于指定在日志中标记事务。描述该标记的字符串要加单引号。如果使用了 WITH MARK，则必须指定事务名。

（2）COMMIT TRANSACTION（或 COMMIT WORK）：标识事务的结束，且事务顺利完成，没有遇到错误。该事务中的所有数据修改操作在数据库中都将永久有效，事务占用的资源将被释放。

语法：COMMIT［TRAN［SACTION］［事务名称｜ @tran_name_variable］］

　　（或：COMMIT［WORK］）

（3）ROLLBACK TRANSACTION（或 ROLLBACK WORK）：表示事务执行过程中遇到错误，撤消事务操作。该事务修改的所有数据都被回滚到事务开始时的状态，事务占用的资源也将被释放。

语法：ROLLBACK［TRAN［SACTION］［事务名称｜ @tran_name_variable｜ 保存点标记｜ @savepoint_variable ］］

　　（或：ROLLBACK［WORK］）

其中：@savepoint_variable 是用户定义的、含有效保存点名称的变量名称。即可以通过变量给出保存点标记名。

任何有效的用户都默认拥有以上各事务管理语句的权限。

2. 隐式事务

隐式事务是指 SQL Server 自动启动的事务。隐式事务不需使用 BEGIN TRANSACTION 语句标识事务的开始，只需使用 COMMIT TRANSACTION（或 COMMIT WORK）、ROLLBACK TRANSACTION（或ROLLBACK WORK）提交或回滚事务。隐式事务模式生成连续的事务链。

通过使用 SET IMPLICIT TRANSACTIONS ON 语句可以将隐式事务模式设置为打开。使用 SET IMPLICIT TRANSACTIONS OFF 语句可以关闭隐式事务模式。

在隐式事务模式下,当 SQL Server 2000 首次执行如表 7.1 中所示的任何语句时,都会自动启动一个隐式事务。

表 7.1　　启动隐式事务的语句

所有的 CREATE 语句	所有的 DROP 语句
ALTER TABLE	SELECT
INSERT	UPDATE
DELETE	TRUNCATE TABLE
GRANT	REVOKE
OPEN	FETCH

提示:TRUNCATE TABLE 语句可删除数据表中的所有数据行,但表结构及其列、约束、索引等保持不变。TRUNCATE TABLE 在功能上与不带 WHERE 子句的DELETE语句相同,二者均删除表中的全部行。但 TRUNCATE TABLE 比 DELETE 速度快,且使用的系统资源和事务日志资源少。

例如,在第 5 章介绍 AFTER 触发器的使用时,我们曾经使用隐式事务回滚插入记录的操作(见例 5.37)。

在发出 COMMIT 或 ROLLBACK 语句之前,启动的事务将一直保持有效。用户必须显式地提交或回滚事务,否则,该事务中的操作不能被自动提交。在第一个事务被提交或回滚之后,下次当接着执行表 7.1 中的任何语句时,SQL Server 都将自动启动一个新事务。SQL Server 将不断地生成一个隐式事务链,直到隐式事务模式关闭为止。

3. 自动事务模式

自动事务模式是 SQL Server 默认的事务管理模式。每个 Transact-SQL 语句在完成时,都被提交或回滚。如果一个语句成功地完成,则提交该语句;如果遇到错误,则回滚该语句。只要自动事务模式没有被显式或隐式事务替代,SQL Server 连接就以该默认模式进行操作。

一个 SQL Server 连接在用 BEGIN TRANSACTION 语句启动显式事务前,或隐式事务模式设置未打开时,将以自动事务模式进行操作。当提交或回滚显式事务,或者关闭隐式事务模式时,SQL Server 将返回到自动事务模式。

7.1.3　事务管理应用举例

事务管理对维护数据库数据的一致性具有非常重要的意义。下面针对本书教学数据库,举两个事务处理的简单例子。

【例 7.1】 要求将 course 数据表中"C 语言"课程的学分减去 2 分,加到"数据库原理"这门课上(使总的学分数不变)。

程序及在查询分析器中运行结果如图 7-1 所示。

由于我们将"数据库原理"改成"数据库应用",而 course 表中无"数据库应用"对应的

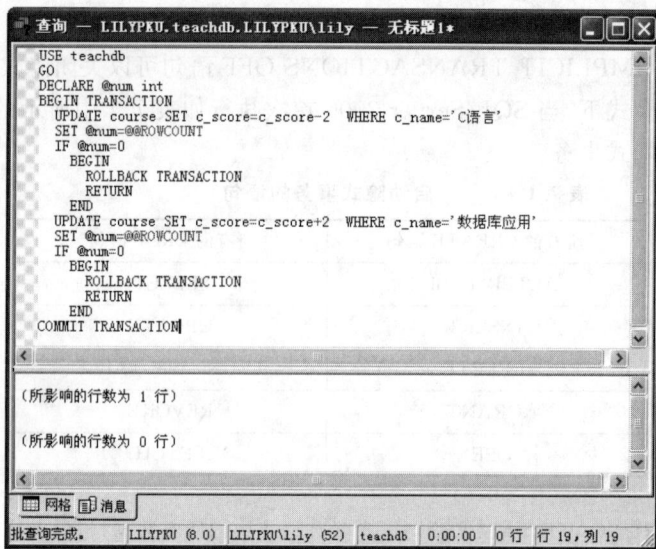

图 7-1　显式事务应用举例

记录,所以,操作不成功。当我们通过查询分析器中的"对象浏览器"打开 course 表查看其中的数据,可知"C 语言"和"数据库原理"这两门课的学分没有改变(事实上"C 语言"课的学分变化后被回滚取消了)。

　　现在,我们将以上程序中的"数据库应用"改为"数据库原理",重新运行程序。再通过查询分析器中的"对象浏览器"打开 course 表查看其中的数据,可知"C 语言"和"数据库原理"这两门课的学分确实发生了改变("C 语言"的学分减去 2 分,而"数据库原理"的学分加上 2 分),说明整个事务被提交完成。

　　【例 7.2】　创建一个简单的数据库 Lock,在数据库中建一个表 T,表内只有两个 int 型字段 x 和 y,并只有一条记录:x＝1,y＝2。数据库创建后,进行以下操作体会事务的概念。

　　● 除系统管理员 sa 外,再建一个用户 zli(为实验方便,也给 zli 系统管理员权限)。

　　● 在企业管理器中,在服务器组下面的对应服务器上右击,在弹出的快捷菜单中选择"编辑 SQL Server 注册属性(E)"命令。设置服务器"使用 SQL Server 身份验证",并勾选下面的 ☑总是提示输入登录名和密码(O) 选项。在"登录名"中输入 sa 后按 确定 按钮退出。

　　● 打开查询分析器,在连接对话框中输入 zli 用户名和密码,然后在查询分析器中输入如图 7-2 所示的语句并执行,结果如图 7-2 所示。注意该事务没有结束。

　　● 在企业管理器中右击 Lock 数据库的表 T,在弹出的快捷菜单中选择 打开表(O) ▶ 中的 返回所有行(A) 命令,然后在连接对话框中输入 sa 用户名和密码。此时,因为用户 zli 对表 T 操作的事务没有结束,所以 sa 处于等待状态,不能显示表 T 中的数据。

　　● 删除用户 zli 在查询分析器中的语句(或者给所有语句加上注释标记,如图 7-3 所示)。然后输入:commit transaction(亦可简化为 commit)语句并执行。由于用户 zli 的事务结束,所以可以响应用户 sa 要求的操作,查询的表 T 中的数据出现在表格窗口中。此时 x＝3。

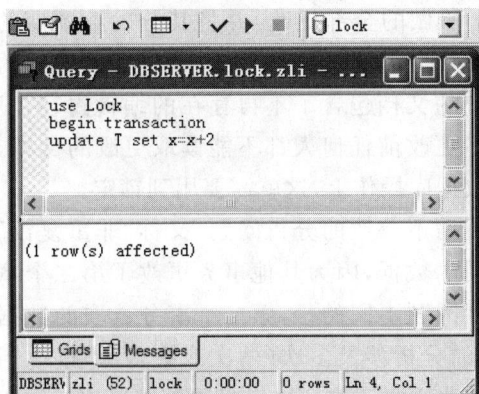

图 7-2　在查询分析器中开始一个事务　　　　　图 7-3　结束一个事务

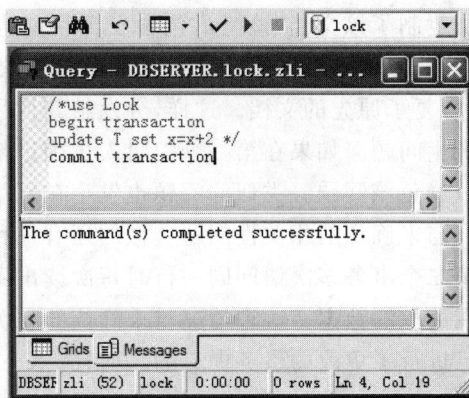

通过本例我们可以体会事务对数据库操作带来的影响。但为什么本例中当系统管理员 sa 查询表 T 时要被迫等待？我们将在下面进一步讨论。

7.2　锁

SQL Server 2000 的安全机制中使用锁来控制多用户的并发操作，可以防止用户读取正在由其他用户更改的数据，避免多个用户同时修改同一数据，从而确保事务完整性和数据库一致性。

虽然 SQL Server 2000 自动强制锁定，但可以通过了解锁定机制并在应用程序中自定义锁定来设计更有效的应用程序。

7.2.1　数据的并发操作控制

当有多人试图同时使用和修改数据库内的数据时，必须加以控制，使某个人所做的修改不会对他人产生负面影响。这称为并发控制。

1. 并发操作产生的问题

如果没有锁定且多个用户同时访问一个数据库，则当他们的事务同时使用相同的数据时可能会发生问题。

例如，当两个或多个事务选择同一行，然后基于它们最初选定的值更新该行时，会发生"丢失更新"问题。每个事务都不知道其他事务的存在，前一个事务的更新将随之被后一个事务的更新取代，最后的更新将重写由其他事务所做的更新，这将使前面的更新白做，并可能导致数据丢失。举一个简单的例子，甲、乙两个用户同时对表中一条记录的某个字段进行修改。设初始数据为 1，甲取出该数后要将它加 3，如果甲取数后没有对该单元加以封锁，此时，乙又从中取数要将它减 2，当乙取出数后，甲将运算结果 $1+3=4$ 存入该单元，随后，乙也完成运算，将运算结果 $1-2=-1$ 存入该单元，这样甲的运算结果被覆盖，最后结果为 -1，而不是 $1+3-2=2$。

又如，当第二个事务选择第一个事务正在更新的行时，会发生未确认的相关性问题（称为"脏读"）。举例说明：一个编辑人员正在更改电子文档。在更改过程中，另一个编辑人员复制了该文档(该拷贝包含了到目前为止所做的全部更改)并将其分发给预期的用户。但此后,第一个编辑人员认为刚才所做的更改是错误的,于是删除了刚才所做的编辑,恢复了原先的文档。这样,分发给其他用户的文档包含了不再存在的编辑内容,显然将产生问题。如果在第一个编辑人员确定最终更改前任何人都不能读取更改的文档,则可以避免该问题。类似的问题也发生在网络数据库操作上,这就需要用到锁定。

与未确认的相关性问题类似的还有一种所谓不一致的分析问题(又称"非重复读"),即第二个事务多次访问同一行时每次读出不同的数据,因为其他事务更改了第二个事务正在读取的数据。这种情况与未确认的相关性问题不同的是,第二个事务读取的数据是由已进行了更改的事务提交的。而且,不一致的分析涉及多次(两次或更多次)读取同一行,且每次信息都由其他事务更改,因而该行被非重复读取。可以将这种情况用一个相似的例子作比喻:例如,一个编辑人员两次读取同一文档,但在两次读取之间,作者重写了该文档。当编辑人员第二次读取文档时,文档已更改。原始的读取不可重复,这就是"非重复读"。

由并发操作产生的还有一种情况是,当对某行执行插入或删除操作,而该行属于某个事务正在读取的行的范围时,会发生"幻像读"问题。事务第一次读的其中一行可能已不存在于第二次或后续的读中,因为该行已被其他事务删除了。同样,由于其他事务的插入操作,事务在第二次或后续读中显示的某一行实际上不存在于原始读中。

在 SQL Server 中,控制多用户并发操作产生问题的一个有效手段就是加锁。锁作为一种安全机制,可以确保事务的完整性和数据库数据的一致性。

2. 悲观/乐观并发控制

并发控制理论因创立并发控制的方法不同而分为两类:

● 悲观并发控制

锁定系统阻止用户以影响其他用户的方式修改数据。如果用户执行的操作导致应用了某个锁,则直到这个锁的所有者释放该锁,其他用户才能执行与该锁冲突的操作。该方法主要用在数据争夺激烈的环境,以及出现并发冲突时用锁保护数据的成本比回滚事务的成本低的环境中,因此称该方法为悲观并发控制。

● 乐观并发控制

在乐观并发控制中,用户读数据时不锁定数据。在执行更新时,系统再进行检查,查看另一个用户读过数据后是否更改了数据。如果另一个用户更新了数据,将产生一个错误。一般情况下,接收错误信息的用户将回滚事务并重新开始。该方法主要用在数据争夺少的环境以及偶尔回滚事务的成本超过读数据时锁定数据的成本的环境中,因此称该方法为乐观并发控制。

SQL Server 2000 支持广泛的乐观和悲观并发控制机制。默认使用悲观并发控制。通过指定用于连接的事务隔离级别,用户可以指定并发控制类型。

3. 事务隔离级别

任何时候都可以有多个正在运行的事务,如果使所有事务得以在彼此完全隔离的环境中运行,当然可以解决并发产生的数据不一致问题。然而,这将大大影响系统并发性能。许多事务并不总是要求完全的隔离。事务准备接收不一致数据的级别称为隔离级别。隔离级别是一个事务必须与其他事务进行隔离的程度。较低的隔离级别可以提高并发操作的效率,但代价是降低数据的正确性。相反,较高的隔离级别可以确保数据的正确性,但可能降低并发的效率。应用程序要求的隔离级别确定了 SQL Server 使用的锁定行为。

SQL Server 支持下列四种隔离级别:

● 未提交读(事务隔离的最低级别,仅可保证不读取物理损坏的数据)

当设置该选项时,可以对数据执行未提交读或脏读;在事务结束前可以更改数据内的数值,行也可以出现在数据集中或从数据集消失(该选项的作用与在事务内所有语句中的所有表上设置 NOLOCK 相同)。这是四个隔离级别中限制最小的级别。

● 提交读(SQL Server 默认级别)

指定在读取数据时控制共享锁以避免脏读(关于共享锁的概念将在稍后介绍),但数据可在事务结束前更改,从而产生不可重复读取或幻像数据。该选项是 SQL Server 的默认值。

● 可重复读

锁定查询中使用的所有数据以防止其他用户更新数据,但是其他用户可以将新的幻像行插入数据集,且幻像行包含在当前事务的后续读取中。

因为可重复读的并发级别低于默认隔离级别,所以只在必要时才使用该选项。

● 可串行读(事务隔离的最高级别,事务之间完全隔离)

可串行性是通过运行一组并发事务达到的数据库状态,等同于这组事务按某种顺序执行时所达到的数据库状态。可串行性要求如果任意一个查询在一个事务中后面的某一时刻再次执行,其所获取的行集应与该查询在同一事务中以前执行时所获得的行集相同。如果本查询试图提取的行不存在,则在试图访问该行的事务完成之前,其他事务不能插入该行。

可串行读能防止其他用户在事务完成之前更新数据集或将行插入数据集内。这是四个隔离级别中限制最大的级别,同时并发级别也最低,所以应只在必要时才使用该选项(该选项的作用与在事务内所有 SELECT 语句中的所有表上设置 HOLDLOCK 相同)。

以上四种隔离级别允许不同类型的行为。例如,只有未提交读隔离级别允许脏读,其余三种隔离级别都不允许脏读;而对于幻像,除可串行读外,在其他三种隔离级别下都可能发生。

4.设置事务隔离级别

SQL Server 默认情况下在提交读隔离级别上操作。有时应用程序可能会要求运行于不同的隔离级别。这可以通过使用 SET TRANSACTION ISOLATION LEVEL 语句设置会话的隔离级别,以重新定义整个会话的锁定。

● 语法格式

SET TRANSACTION ISOLATION LEVEL
{ READ COMMITTED | READ UNCOMMITTED | REPEATABLE READ | SERIALIZABLE }

● 参数说明

READ UNCOMMITTED:未提交读。

READ COMMITTED：提交读（SQL Server 默认级别）。

REPEATABLE READ：可重复读。

SERIALIZABLE：可串行读。

一次只能设置这些选项中的一个，而且设置的选项将一直对那个连接保持有效，直到显式更改该选项为止。

指定隔离级别后，SQL Server 会话中所有 SELECT 语句的锁定行为都运行于该隔离级别上，除非在语句的 FROM 子句中在表级上指定其他优化选项。

【例 7.3】 设置事务隔离级别为可串行读，以确保并发事务不能在 student 表中插入幻像行。

可执行以下程序：

```
USE teachdb
GO
SET TRANSACTION ISOLATION LEVEL SERIALIZABLE
GO
BEGIN TRANSACTION
SELECT s_name，s_department FROM student
……
COMMIT TRANSACTION
GO
```

使用语句：DBCC USEROPTIONS 可确定当前设置的事务隔离级别。

例如，在查询分析器中输入如图 7-4 所示程序，执行后显示的隔离级别如图中椭圆圈所示。

图 7-4　查询隔离级别

提示：DBCC USEROPTIONS 语句返回 SET 选项的名称列和设置值。

7.2.2　锁的模式与兼容性

1. SQL Server 2000 可以锁定的资源粒度

SQL Server 2000 允许一个事务锁定不同类型的资源。用专业的术语说,就是有多种粒度锁定。按照粒度增加的顺序,SQL Server 2000 可以锁定的资源粒度包括:

- 行(RID):行标识符,用于单独锁定表中的一行。
- 键(KEY):索引中的行锁,用于保护可串行事务中的键范围。
- 页(PAG):锁定一个数据页或索引页。
- 区域(EXT):锁定相邻 8 个数据页或索引页构成的组。
- 表(TAB):锁定包括所有数据和索引在内的整个表。
- 数据库(DB):锁定数据库。

其中:键(KEY)范围锁通过覆盖索引行和索引行之间的范围来工作(而不是锁定整个基础表的行)。因为第二个事务在该范围内进行任何行插入、更新或删除操作时均需要修改索引,而键范围锁覆盖了索引项,所以在第一个事务完成之前会阻塞第二个事务的进行。键范围锁定解决了幻像读并发问题,可用于代表在可串行隔离级别上操作的事务。

锁定在较小的粒度(例如行)上可以提高并发性能,但需要较大的开销,因为如果锁定了许多行,则需要控制更多的锁。锁定在较大的粒度(例如表)上并发效率较低,因为锁定整个表限制了其他事务对表中任意部分进行访问,但要求的开销较低,因为需要维护的锁较少。

为了尽量降低锁的成本,应根据事务所要执行的任务合理地选择所要锁定的资源粒度。在大多数情况下,SQL Server 2000 的动态锁定策略能自动地将资源锁定在适合的任务级别上。

2. SQL Server 2000 锁模式

锁模式用于确定并发事务访问资源的方式。SQL Server 2000 使用不同的锁模式锁定资源,它们有:共享锁、排它锁、修改锁、意向锁、结构锁和大容量修改锁等。

(1)共享锁(S)

共享锁用于只读操作,它允许多个并发事务读取(SELECT)一个资源,但是任何其他事务都不能修改锁定的数据。默认情况下,一旦已经读取数据,便立即释放资源上的共享锁,除非将事务隔离级别设置为“可重复读”或更高级别。

(2)排它锁(X)

排它锁用于数据修改操作,例如 INSERT、UPDATE 或 DELETE 等语句。排它锁确保不会同时对同一资源进行并发修改。

排它锁锁定的资源不能被其他并发事务读取或修改,形成独享。

当事务隔离级别设置为“未提交读”时,不发出共享锁,也不接收排它锁。

(3)修改锁(U)

修改锁(又称更新锁)用于可更新资源,防止通常形式的死锁。

一般的修改操作由一个事务组成,此事务读取记录,获取资源(页或行)的共享锁,然后修改行,修改操作要求将锁转换为排它锁。从共享锁到排它锁的转换必须等待一段时间,因为一个事务的排它锁与其他事务的共享锁不兼容,所以必须等待其他事务的共享锁都释放后才能将本事务的共享锁转换为排它锁。但是采用这种方法时,如果两个事务同时都试图进行修改操作,彼此等待对方释放共享锁,将形成死锁。

修改锁就是为了避免这种死锁现象。因为一次只有一个事务可以获得资源的修改锁,如果事务修改资源,则直接将修改锁转换为排它锁。否则,锁转换为共享锁。

(4)意向锁(I)

意向锁用于建立锁的层次结构,表示 SQL Server 2000 有在层次结构底层资源上获得共享锁或排它锁的意向。

例如,放置在表级的共享意向锁表示事务打算在表中的页或行上放置共享锁(S)。这样可阻止另一个事务随后在那个表上获取排它锁(X)。意向锁可以提高性能,因为 SQL Server 仅在表级检查意向锁以确定事务是否可安全地获取该表上的锁。而无须检查表中的每行或每页上的锁。

意向锁又分为意向共享锁(IS)、意向排它锁(IX)与意向排它共享锁(SIX)三种。

① 意向共享锁(IS):通过在底层资源上放置共享锁,表明事务准备读取层次结构中被锁定的资源。

② 意向排它锁(IX):通过在底层资源上放置排它锁,表明事务准备修改层次结构中被锁定的资源。

③ 意向排它共享锁(SIX):通过在各资源上放置意向排它共享锁,表明事务准备读取层次结构中的全部底层资源并修改部分被锁定的底层资源。

(5)结构锁(Sch)

结构锁用于执行依赖于表结构的操作。结构锁又分为结构修改锁(Sch-M)和结构稳定性锁(Sch-S)两种。当执行表的数据定义语言操作(例如添加列或除去表)时使用结构修改锁;而当编译查询时,使用结构稳定性锁。

结构稳定性锁不阻塞任何事务锁,因此在编译查询时,其他事务(包括在表上有排它锁的事务)都能继续运行,但不能在表上执行表的数据定义语言操作。

(6)大容量修改锁(BU)

当将数据大容量复制到表,且指定了 TABLOCK 提示(或者使用 sp_tableoption 设置了 table lock on bulk 表选项)时,将使用大容量修改锁(BU)。大容量修改锁(BU)允许进程(连接)将数据大容量并发地复制到同一个表中,同时防止其他不进行大容量复制数据的进程(连接)访问该表。

对以上各种锁,还有一个锁兼容性问题。例如,对于一个共享锁正应用的资源,其他事务还可以获取该项目的共享锁或修改锁。但是,在释放该共享锁之前,其他事务无法获取该资源的排它锁。又如,当控制排它锁时,在第一个事务结束并释放排它锁之前,其他事务不能在该资源上获取任何类型的锁(共享、修改或排它)。只有兼容的锁类型才可以放置在已锁定的资源上。

可以在企业管理器中查看锁的信息。在企业管理器的树状结构窗口中展开服务器下的 管理 结点,再展开其中的 当前活动,单击"锁/对象"就可看到相关加锁的对象。选中一个锁对象,右边的项目组成窗口中即显示其锁定信息,如图 7-5 所示。

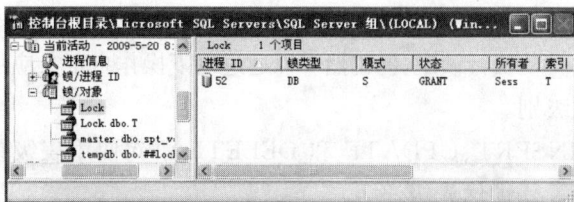

图 7-5　在企业管理器中查看加锁信息

由图 7-5 可知,在数据库对象 Lock 上设置有一个共享锁(S),锁的资源类型为 DB,即对整个数据库加共享锁。"状态"列的 GRANT 表示锁已经获取。

在"状态"列除 GRANT 外的另外几种状态是 WAIT:正在另一个进程(连接)中被阻塞;CNVT:正在转换为另一个锁 。正转换为另一个锁的锁会保持在一种模式中,但等待获取更强的锁模式。当遇到诊断阻塞问题时,会认为 CNVT 与 WAIT 类似。

【例 7.4】 参照例 7.2 设置环境,运行图 7-2 中的程序,然后在企业管理器中查看 Lock 数据库中表 T 的加锁情况,如图 7-6 所示。

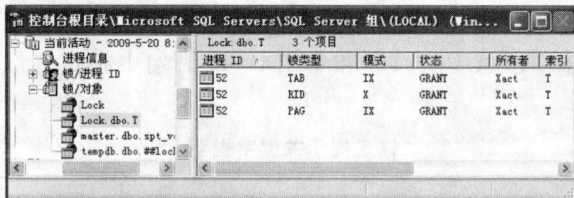

图 7-6　"提交读"隔离级别 update 语句对表加锁情况

由图 7-6 所示可知,因为执行 update 语句修改记录行,所以在表 T 中加了 RID(行)类型的排它锁(X),并在更高层次级别,对表(TAB)和页(PAG)放置了意向排它锁(IX)。

现在,取消图 7-2 中的事务(如图 7-3 那样运行"commit transaction"命令),将事务隔离级别提高为可串行读(原先默认为提交读级别),即运行如下语句:SET TRANSACTION ISOLATION LEVEL SERIALIZABLE。然后重新运行图 7-2 中的程序,再到企业管理器中查看 Lock 数据库中表 T 的加锁情况,如图 7-7 所示。由图可知,现在对整个表(TAB)加了排它锁(X)。

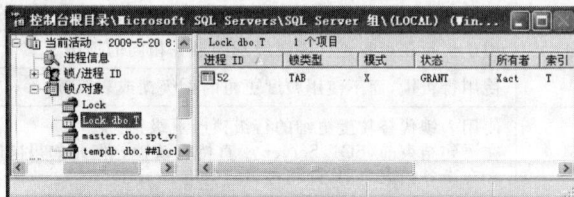

图 7-7　可串行读隔离级别 update 语句对表加锁情况

提示:也可以使用系统存储过程 sp_lock 查看锁。但当持有和释放锁的速度比 sp_lock 显示的速度快时,使用 sp_lock 来显示锁定信息并不一定始终可行。在这种情况下,可以使用 SQL 事件探查器监视和记录锁定信息。此外,可以使用 Windows 性能监视器监视使用 SQL Server 锁对象计数器的锁活动。

3. 使用表级锁定提示

虽然 SQL Server 自动执行锁定,但仍然可以通过以下操作自定义应用程序中的锁定:

- 设置事务隔离级别。
- 对 SELECT、INSERT、UPDATE 和 DELETE 语句使用表级锁定提示。
- 处理死锁和设置死锁优先级。
- 处理超时和设置锁超时持续时间。
- 配置索引的锁定粒度。

前面已经介绍了设置事务隔离级别的语句。下面介绍在 SELECT、INSERT、UPDATE 和 DELETE 语句中使用表级锁定提示的情况。

可以在 SELECT、INSERT、UPDATE 和 DELETE 语句中指定表级锁定内容,称为表级锁定提示,以引导 SQL Server 使用所需的锁类型。

一般情况下,SQL Server 查询优化器自动作出正确的决定。当需要对对象所获得锁类型进行更精细控制时,可以使用表级锁定提示。这些锁定提示取代了当前的事务隔离级别,更改了默认的锁定行为。

在 SELECT、INSERT、UPDATE 和 DELETE 语句中指定表级锁定提示的关键字如表 7.2 所示。

表 7.2 锁定提示关键字说明

锁定提示	描 述
SERIALIZABLE (HOLDLOCK)	将共享锁保留到事务完成,而不是在相应的表、行或数据页不再需要时就立即释放锁。用于运行在可串行读隔离级别的事务。HOLDLOCK 等同于 SERIALIZABLE。
NOLOCK (READUNCOMMITTED)	不要发出共享锁,并且不要提供排它锁。当此选项生效时,可能会读取未提交的事务或一组在读取中间回滚的页面。有可能发生脏读,仅应用于 SELECT 语句。READ UNCOMMITTED 等同于 NOLOCK。
PAGLOCK	在通常使用单个表锁的地方采用页锁。
READ COMMITTED	用于运行在提交读隔离级别的事务相同的锁语义中。默认情况下,SQL Server 2000 在此隔离级别上操作。
READPAST	跳过锁定行。此选项导致事务跳过由其他事务锁定的行(这些行平常会显示在结果集内),而不是阻塞该事务,使其等待其他事务释放在这些行上的锁。
REPEATABLEREAD	用于运行在可重复读隔离级别的事务相同的锁语义。
ROWLOCK	使用行级锁,而不使用粒度更粗的页级锁或表级锁。
TABLOCK	使用表锁代替粒度更细的行级锁或页级锁。在语句结束前,SQL Server 一直持有该锁。但是如果同时指定 HOLDLOCK,那么在事务结束之前,锁将被一直持有。
TABLOCKX	使用表的排它锁,该锁可以防止其他事务读取或更新表,并在语句或事务结束前一直持有。
UPDLOCK	读取表时使用更新锁,而不使用共享锁,并将锁一直保留到语句或事务的结束。UPDLOCK 的优点是允许读取数据(不阻塞其他事务)并在以后更新数据,同时确保自从上次读取数据后数据没有被更改。
XLOCK	使用排它锁并一直保持到由语句处理的所有数据上的事务结束时。可以使用 PAGLOCK 或 TABLOCK 指定该锁,这种情况下排它锁适用于适当级别的粒度。

锁提示必须放在 FROM 子句后,使用 WITH 子句(WITH 可省略),必须将锁提示放在圆括号中。

例如,下面的程序将事务隔离级别设置为 SERIALIZABLE,并且在 SELECT 语句中使用表级锁定提示 NOLOCK。

```
USE teachdb
GO
SET TRANSACTION ISOLATION LEVEL SERIALIZABLE
GO
BEGIN TRANSACTION
SELECT s_name FROM student WITH (NOLOCK)
GO
```

表 7.3　实验数据

X	Y
1	1
2	2
3	3
4	4
5	5

🐭注意:NOLOCK、READUNCOMMITTED 和 READPAST 不能用于要进行插入、删除或更新的表。

【例 7.5】 在 Lock 数据库的表 T 中输入 5 条记录,其值如表 7.3 所示。参照例 7.2 设置环境,然后进行以下操作,了解在查询语句中使用表级锁定提示的情况。

● 以 zli 用户名打开一查询分析器窗口,运行图 7-8 所示的程序(事务未结束)。

● 再以 sa 帐号打开另一查询分析器窗口,输入如图 7-9 所示的查询语句,运行后得到图中所示的结果。

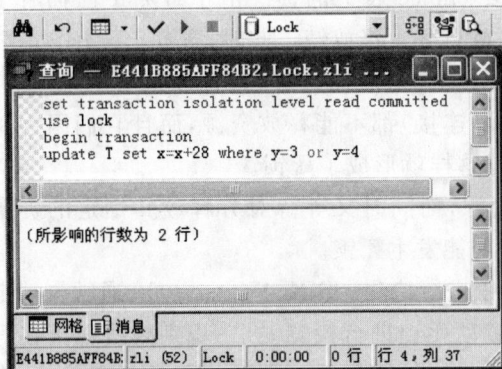

图 7-8　更新表 T 第 3、4 行数据

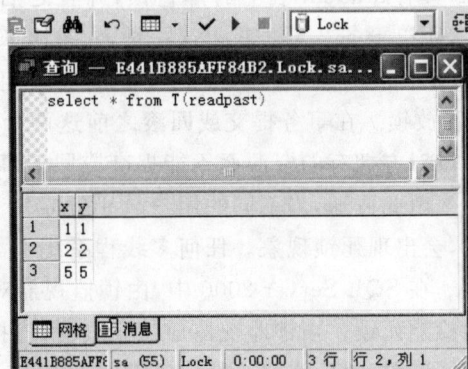

图 7-9　使用 READPAST 锁提示

由图 7-9 可见,在查询语句中使用了 READPAST 锁提示后,跳过了锁定行,显示所有未受更新操作影响的行。

● 如果在图 7-9 的查询语句中不加 READPAST 锁提示,如图 7-10 所示。则因为前一个更新数据的事务没有结束,将阻塞此查询事务,使其等待前一事务释放在这些行上的锁。

因为查询处于阻塞状态,所以工具栏上"执行查询"按钮呈灰色不可选,只允许选择 ■ 按钮(见图 7-10 所示),单击此按钮可以取消查询操作。

通过本例可知,READPAST 选项导致事务跳过由其他事务锁定的行(这些行平常会显示在结果集内),而不是被阻塞,等待前一事务的结束。

READPAST 锁提示仅适用于运行在提交读隔离级别的事务,并且只在行级锁之后

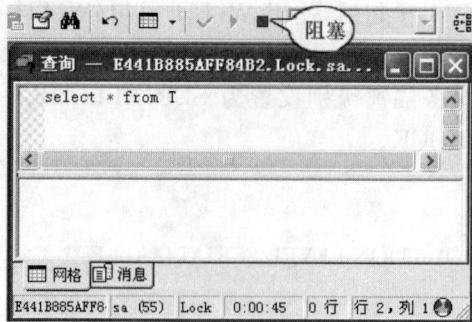

图 7-10 不使用 READPAST 查询被阻塞

读取。仅适用于 SELECT 语句。

7.2.3 阻塞和死锁

1. 阻塞和死琐发生的原因

任何基于锁的并发系统都不可避免地具有可能在某些情况下发生阻塞的特征。当一个连接控制了一个锁，而另一个连接需要冲突的锁类型时，将发生阻塞。其结果是强制第二个连接等待(等待对方释放其锁定的资源)。如果此时第一个连接正在等待的资源又直接或间接依赖于第二个连接，这就产生了死锁现象。

举个具体例子，运行事务 1 的线程 T1 具有 choice 表上的排它锁；运行事务 2 的线程 T2 具有 student 表上的排它锁，并且之后需要 choice 表上的锁。由于事务 1 已拥有了它，所以事务 2 无法获得这一锁，它被阻塞，等待事务 1 释放锁。此时，事务 1 恰好又需要 student 表的锁，但因为事务 2 已将它锁定了，故也无法获得该锁，它也被阻塞，等待事务 2 释放锁。在事务提交或回滚之前这两个线程(连接)都不能释放资源，而且它们因为正等待对方拥有的资源而不能提交或回滚事务。这样就形成了死锁。

由此可知，当不同的用户分别锁定一个资源，而同时又等待对方释放其锁定的资源时，会出现死锁现象。任何多线程系统中都有可能发生死锁。

在 SQL Server 2000 中，由锁监视器对死锁进行检测。SQL Server 2000 通常自动定期检测死锁。当锁监视器对特定线程(连接)启动死锁进行检测时，它识别到线程正在等待的资源，然后查找该特定资源的拥有者，并递归地继续执行对那些线程的死锁搜索，直到搜索到一个循环。用这种方式识别的循环形成一个死锁。

识别死锁后，SQL Server 2000 自动设置一个事务打破死锁的线程。SQL Server 2000 会查看所有的参与线程(连接)以及每个线程(连接)做了多少工作。通常会选择工作量最小的参与线程作为死锁牺牲品。终止该线程，从而结束死锁。

【例 7.6】 参照例 7.2 设置环境，并进行以下操作，了解阻塞的发生及通过企业管理器的查看方法。

● 以系统管理员 sa 为登录名打开一查询分析器窗口，运行图 7-2 所示的程序(注意事务未结束)。

● 以 zli 用户名打开另一查询分析器窗口，再次运行图 7-2 所示的程序。此时处于阻塞状态，阻塞者就是系统管理员 sa 执行的未结束或回滚的事务。

● 在企业管理器中,展开服务器下的 ⊟🖿管理 结点,再展开其中的 ⊟🗐当前活动 结点,单击 "锁/进程 ID",可看到阻塞情况,如图 7-11 所示。

图中 SPID 是当前用户进程(连接)的服务器进程 ID。"阻塞者"是指阻塞进程的进程 ID,"正在阻塞"表示被阻塞进程的进程 ID。常用图标及含义见图 7-12 所示。

图 7-11　在企业管理器中查看阻塞情况　　　　图 7-12　常用图标及含义

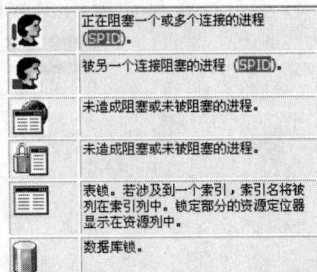

● 单击后一个查询分析器窗口中的 ■ 按钮取消执行查询,然后刷新企业管理器窗口的 ⊟🗐当前活动(右击该项后从快捷菜单中选择"刷新"命令),从该结点下的"锁/进程 ID"中可看到原来阻塞的情况已经消除,三个图标均如图 7-11 中的 spid 51 一样。

🐌提示:⊟🗐当前活动 中提供有关正在运行的进程(连接)、某个连接正在控制或试图获取的锁,以及数据库和表上的当前锁和等待锁等信息。

2.设置语句等待阻塞资源的最长时间

在应用程序中也可以使用 SQL Server 2000 的全局变量@@LOCK_TIMEOUT 设置语句等待阻塞资源的最长时间。当语句等待的时间大于 LOCK_TIMEOUT 的设置时,系统将自动取消引起阻塞的该语句,并给应用程序返回"已超过了锁请求超时时段"的 1222 号错误信息。

但是必须注意,SQL Server 仅仅取消引起阻塞的该语句,并不回滚或取消包含该语句的整个事务。因此,应用程序必须有捕获 1222 号错误信息的错误处理程序(例如可以自动重新提交阻塞的语句或者回滚整个事务)。如果应用程序没有捕获错误,会继续运行,它并未意识到事务中的个别语句已取消,从而当事务中的后续语句可能依赖于那条从未执行的语句时,会导致应用程序出错。

@@LOCK_TIMEOUT 全局变量的单位为毫秒,例如,以下语句将设置语句等待阻塞的最长时间为 5 秒:SET lock_timeout 5000(注意,在设置时 lock_timeout 前不能加@@)。

在一个连接开始时@@LOCK_TIMEOUT 为 −1。 −1 表示没有超时期限,即无限期等待。若要确定当前的@@LOCK_TIMEOUT 设置,也可读取它的值。

例如:DECLARE @Timeout int

SELECT @Timeout = @@LOCK_TIMEOUT

SELECT @Timeout

GO

【例 7.7】　参照例 7.2 设置环境,并进行以下操作,了解@@LOCK_TIMEOUT 全局变量的使用。

● 以系统管理员 sa 为登录名打开一查询分析器窗口,运行图 7-2 所示的程序(注意事务未结束)。

● 以 zli 用户名打开另一查询分析器窗口,输入并运行:SET lock_timeout 5000,设置语句等待阻塞的最长时间为 5 秒。然后同样运行图 7-2 所示的程序。

● 可以看到,设置@@LOCK_TIMEOUT 值的查询分析器首先遭遇阻塞,但稍等片刻(5 秒左右),将自动取消引起阻塞的语句,并显示错误信息,如图 7-13 所示。

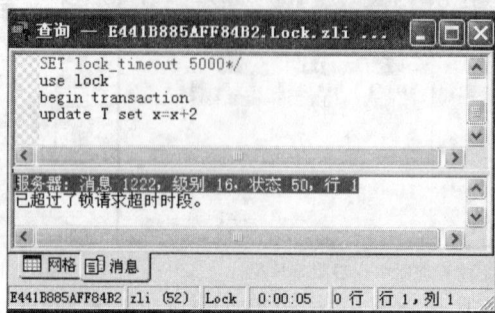

图 7-13   等待时间到,返回 1222 号出错信息

提示:本例中设置语句等待阻塞最长时间的查询分析器窗口要后运行程序。

7.3　作　业

作业是由 SQL Server 代理程序按顺序自动执行的一系列指定的操作。作业可以执行广泛的活动,包括运行 Transact-SQL 脚本、命令行应用程序和 Microsoft ActiveX 脚本。作业还可产生警报以通知用户作业的状态。

作业既可以在本地服务器上执行,也可以在远程服务器上执行。作业可以手动运行,也可以定时自动执行,或由某些特定的事件激活执行。可以创建作业来执行经常重复和可调度的任务,例如,创建一个作业定期完成系统数据备份。管理员也可以为作业安排执行时间表,SQL Server 代理服务将按照指定的时间表自动执行作业。

下面先介绍 SQL Server 代理服务,再介绍作业的创建和调度。

7.3.1　SQL Server 代理服务

1. SQL Server 代理服务启动帐户

在用户定义的自动化任务被执行前,SQL Server 代理服务必须处于运行状态。和运行在 Windows 上的其他服务一样,SQL Server 代理服务也必须以某一帐户启动和运行。

SQL Server 代理服务启动帐户有以下两种选择:

(1)系统帐户:使用本地计算机的系统管理员帐户启动 SQL Server 代理服务。

(2)本帐户:指定 SQL Server 代理运行于哪一个 Windows 帐户下。该帐户必须是运行 SQL Server 代理服务上的系统管理员角色。

可以通过企业管理器设置 SQL Server 代理服务启动帐户,也可用 Windows 的系统管理工具设置 SQL Server 代理服务启动帐户。

用企业管理器设置 SQL Server 代理服务启动帐户的步骤如下:

● 在企业管理器中展开服务器组,展开指定的服务器,再展开其中的"管理"项。可看到"SQL Server 代理"项,如图 7-14 所示。

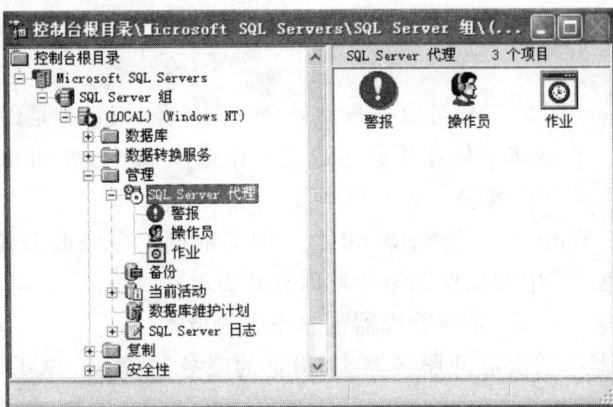

图 7-14 设置 SQL Server 代理服务启动帐户操作

● 右击"SQL Server 代理",在弹出的快捷菜单中选择"属性"选项,打开"SQL Server 代理属性"对话框,如图 7-15 所示。

● 在"常规"标签下,单击"服务启动帐户"栏的"系统帐户"单选钮,选定由本地计算机系统管理员身份启动 SQL Server 代理服务;或单击"本帐户"单选钮并输入 Windows 帐户名称及密码。

● 设置完成后,单击 确定 按钮关闭对话框,即完成 SQL Server 代理服务启动帐户设置。

2. SQL Server 代理服务的启动

与启动 SQL Server 服务器一样,可以使用 SQL Server 服务管理器启动 SQL Server 代理服务器。这只需从"SQL Server 服务管理器"窗口的"服务(R)"下拉列表框中选择"SQL Server Agent"即可,如图 7-16 所示。

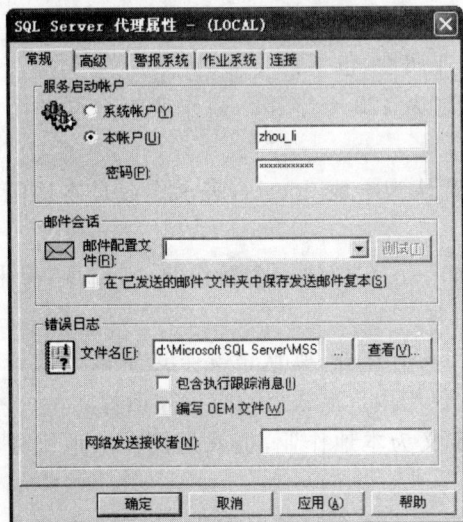

图 7-15 "SQL Server 代理属性"对话框

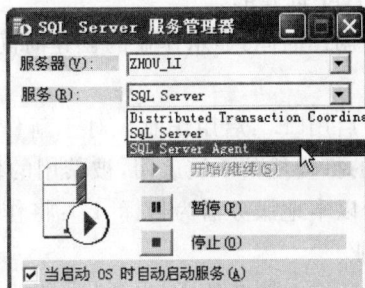

图 7-16 启动 SQL Server 代理服务

提示：也可在如图 7-14 所示的企业管理器树状结构窗口中，右击"管理"下面的"SQL Server 代理"选项，通过快捷菜单中的命令启动 SQL Server 代理服务。

7.3.2 创建作业

要想让 SQL Server 2000 代理服务自动处理一个任务，第一步是创建对应的作业。

一个作业是由一个或多个作业步骤组成的。作业步骤可以是可执行程序、Windows 命令、Transact-SQL 语句以及 ActiveX 脚本等。

例如，可以使用 Windows 的 NetSend 命令向当前网上登录服务器的用户发送消息（本章课后"习题与实训"中的操作题第 5 题即有此要求）。

以下是使用 SQL Server 企业管理器创建作业的步骤。

1. 在企业管理器中依次展开服务器组/指定的服务器/管理/SQL Server 代理，如前面图 7-14 所示。

2. 右击"作业"，在弹出的快捷菜单中选择"新建作业"选项。打开"新建作业属性"对话框，如图 7-17 所示（图中已设置了有关参数）。

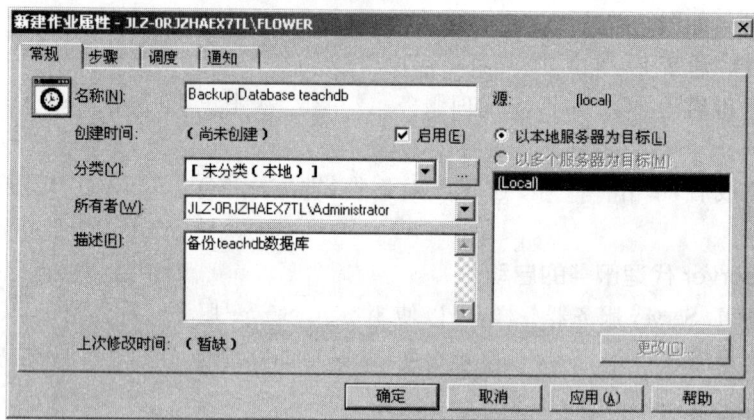

图 7-17 "新建作业属性"对话框

3. 在图 7-17 中的"常规"标签中设置作业属性，包括：

（1）名称[N]：指定作业名称。名称限制为 128 个字符。当作业来自同一个服务器时，作业的名称必须是唯一的。

（2）源：显示最初发起作业的服务器。默认为本地[local]，表示作业是本地服务器的 SQL Server 创建的。

（3）创建时间：显示作业的创建时间。如果正在创建一个新作业，则出现"尚未创建"字样。

（4）启用[E]：启用作业。对于新作业和现有作业，默认情况下选定该选项。可以去掉其中的打勾使其不被启用，被禁用的作业仅当用户显式启动它后才运行。

（5）以本地服务器为目标[L]：将作业定义为本地作业，也就是仅在本地服务器上运行的作业。

（6）以多个服务器为目标[M]：将作业定义为多个服务器作业，也就是在多个远程服务器上运行的作业。只能在主服务器上启用该选项。

说明：进行多服务器管理时，必须有至少一个主服务器和至少一个目标服务器。主服务器向目标服务器分发作业，并从目标服务器接收事件。主服务器存储着主要的作业定义复本，这些作业定义是为在目标服务器上运行的作业设定的。目标服务器周期性地连接到主服务器，以更新它们要执行的作业的列表。如果存在新的作业，目标服务器下载这个作业，然后与主服务器断开连接。目标服务器完成作业后，重新连接到主服务器并报告作业执行情况。

(7)分类[Y]：选择作业分类。使用作业分类组织作业，以便于筛选和分组。默认情况下，本地作业被分配到"[未分类(本地)]"作业分类中。单击下拉列表框，可查看选定的作业所属的同一分类中的其他作业。

(8)所有者[W]：选择作业所有者。当用户是系统管理员时启用该选项。系统管理员可将作业重新分配给另一所有者。默认情况下，所有者列表包含作业创建者的 SQL Server 登录帐户。

(9)描述[R]：可最多使用 512 个字符描述本作业。描述用来帮助本地和远程计算机上的其他用户了解作业的用途。

(10)上次修改时间：显示上次修改作业的时间。如果正在创建一个新作业，则出现"暂缺"字样。

(11)"更改[C]"按钮：显示"更改作业目标服务器"对话框，在该对话框中可以更改作业的目标服务器，此项仅适用于多服务器作业。

图 7-17 所示的是已设置好的"常规"标签。

4.设置完"常规"标签后，选择"步骤"标签，如图 7-18 所示。

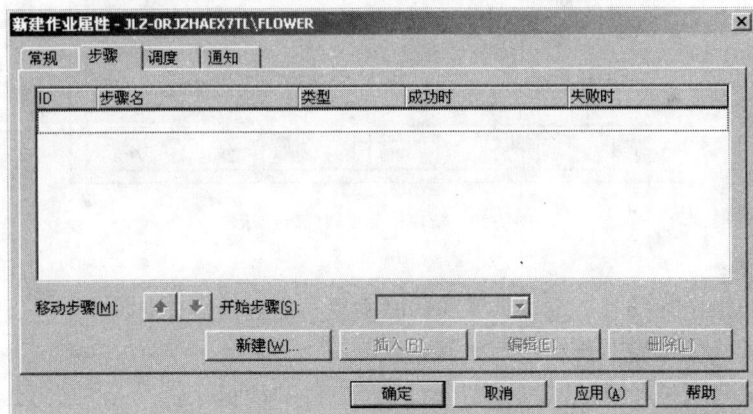

图 7-18 新建作业属性"步骤"标签

5.在图 7-18 中单击"新建[W]"按钮，打开"新建作业步骤"对话框，如图 7-19 所示。

在图 7-19"新建作业步骤"对话框的"常规"标签中，输入步骤名称；在"类型[T]"下拉列表框中选择步骤类型；在"数据库[D]"下拉列表框中指定当使用 Transact-SQL 语句作为作业步骤时所使用的数据库；在"命令[M]"框中输入要执行的命令(如果是 Transact-SQL 脚本文件，可以单击"打开[O]"按钮，打开一个已存在的 Transact-SQL 脚本文件作为命令内容)，图 7-19 所示为设置好的内容。单击"分析[E]"按钮还可以对"命令[M]"框中的 Transact-SQL 脚本进行语法检查。

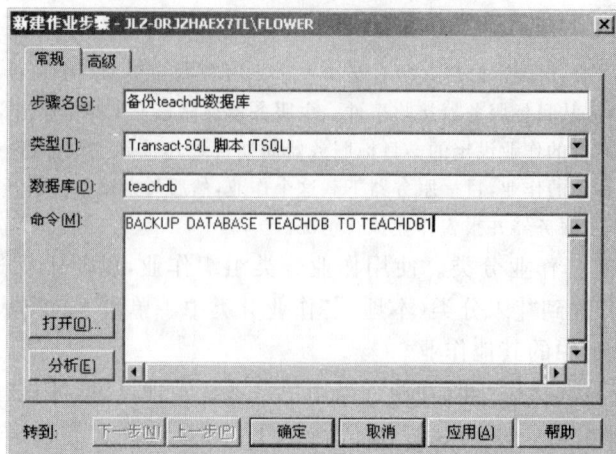

图 7-19 "新建作业步骤"对话框

6.单击"高级"标签将显示创建作业时的高级选项,如图 7-20 所示。

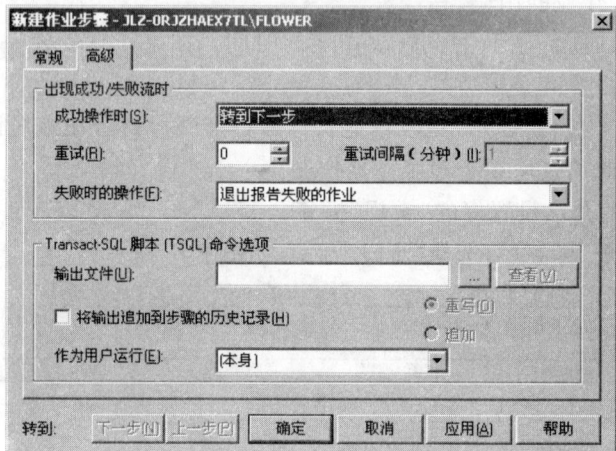

图 7-20 新建作业步骤"高级"标签

其中包括:

(1) 成功操作时[S]:指定本步骤成功时要执行的后续操作。

(2) 重试[R]:指定步骤失败后重试的次数。

(3) 重试间隔(分钟):指定重试步骤之前等待的时间间隔。

(4) 失败时的操作[F]:指定步骤失败时(执行所有重试后)要执行的操作。

(5) 输出文件[U]:指定存储 Transact-SQL 或 CmdExec 作业步骤结果的文件。单击▦按钮可以搜索存储输出文件的目录。

(6) "查看[V]"按钮:显示选定的输出文件。

(7) 重写[O]:用新结果重写现有文件。

(8) 追加:将新结果添加到现有文件的末尾。

(9) 将输出追加到步骤的历史记录[H]:将 Transact-SQL 作业步骤的结果添加到该步骤的历史记录项中。

（10）作为用户运行［E］：允许系统管理员以另一数据库用户的身份运行 Transact-SQL 作业步骤。

7. 在图 7-20 中设置好有关选项后，单击"确定"按钮返回到图 7-18"新建作业属性"对话框的"步骤"标签，此时，在该标签窗口中出现刚才设置的步骤。

如果已有多个步骤，在图 7-18 中，单击 ▲ ▼ 按钮可以调整步骤的先后顺序。在 ID 列中具有小旗 ◤ 图标的行表示是本作业的起始步骤，可以通过选择"开始步骤"下拉列表框选项改变起始步骤。

图 7-18 中的"插入"按钮用于在当前选中的步骤前插入新步骤；"编辑"按钮可以对已存在的步骤属性进行调整；"删除"按钮用于删除选中的步骤。在图 7-18 中，因为还没有步骤，所以这些按钮都呈灰色不可选，只能选"新建"按钮。

8. 单击"步骤"标签窗口中的"确定"按钮返回企业管理器，新作业添加成功。

7.3.3　调度作业

在作业能够被自动执行前，必须安排作业自动执行的时间表，即调度作业。

如果建立了作业，在图 7-18 所示的"新建作业属性"对话框中选择"调度"标签，如图 7-21 所示（图中已有设置好的作业调度内容）。

单击其中的"新建调度"按钮，将弹出"新建作业调度"对话框，如图 7-22 所示。

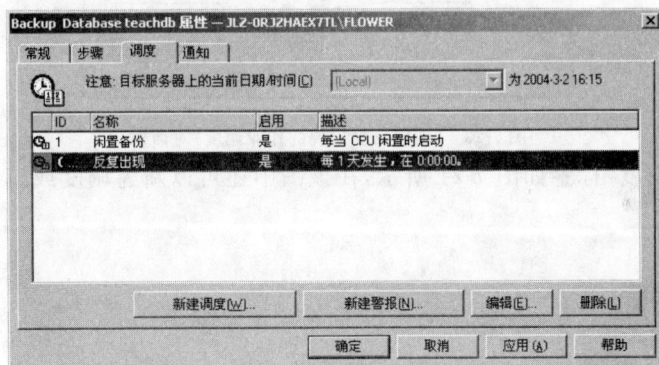

图 7-21　"调度"标签

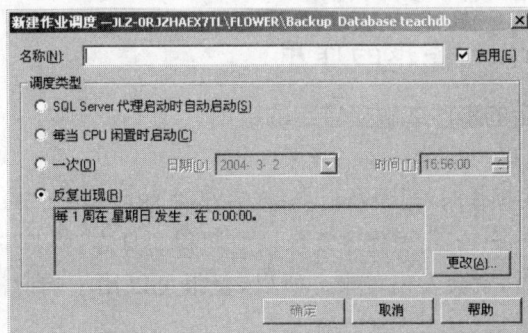

图 7-22　"新建作业调度"对话框

其中包括：

(1)名称[N]:用于指定调度的名称。作业的每个调度名称都必须是唯一的。

(2)启用[E]:启用新作业调度。

(3)SQL Server 代理启动时自动启动[S]:指定作业在启动 SQL Server 代理时自动启动。

(4)每当 CPU 闲置时启动[C]:只要 CPU 闲置就启动作业。可以在"SQL Server 代理属性"对话框的"高级"标签上指定 CPU 闲置的条件定义。

(5)一次[O]、日期[D]、时间[T]:启动作业一次,并可指定启动的日期和时间。

(6)反复出现(R):按照所显示的时间,周期性地重复执行作业。单击"更改"按钮弹出"编辑反复出现的作业调度"对话框,可以设置时间周期,如图 7-23 所示。

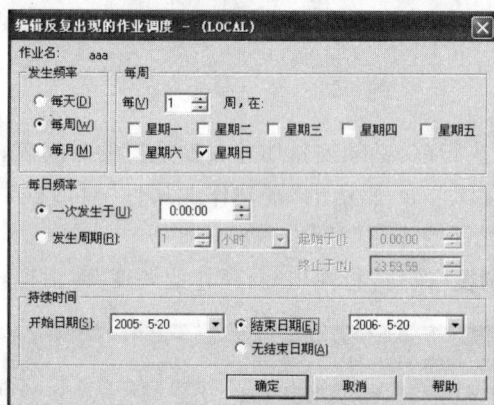

图 7-23 "编辑反复出现的作业调度"对话框

设置好的"调度"标签如图 7-21 所示,在该图中还可以新建调度或编辑和删除已存在的调度。

7.4 警 报

警报是用户定义的对 SQL Server 事件的响应。警报既可以执行定义的任务,也可以向指定的操作员发送电子邮件或呼叫消息。

7.4.1 SQL Server 警报的作用

1.用警报监控特定的事件或响应特定的错误

(1)警报的触发过程

在执行作业或有关操作时,错误及消息(或者事件)由 SQL Server 产生并记入 Windows 应用程序日志。SQL Server 代理程序读取该应用程序日志,将其中内容同定义的警报比较。当发现与之匹配时,就会发出警报。所以,警报可以用于响应潜在的问题(如事务日志文件已满等)。

当警报被触发时,可通过电子邮件或者寻呼通知操作员,从而让操作员了解系统中发生了什么事件,也可在警报触发后自动执行某个预定义的作业。

下面用一个例子说明 SQL Server 警报的应用。

某公司客户经理想要在每次从数据库中删除客户时收到电子邮件通知，所以他创建了相应的警报。下面是该警报被触发的过程：

➢ 甲是公司的客户服务代表，他把客户乙从公司数据库的客户数据表中删除了，删除操作触发了某错误号。

➢ 该错误号被写入 Windows 应用程序日志。

➢ SQL Server 代理服务程序在读取 Windows 应用程序日志时收到该错误号。

➢ 经与系统表中定义的警报相比较，找到了匹配者，故响应该警报，按指定地址发送电子邮件消息给客户经理。

由此可知：必须先定义警报，才能发出通知。并且警报的检测和响应离不开 SQL Server 代理服务。

默认情况下，下列 SQL Server 事件记入 Windows 应用程序日志：

● 严重度为 19 或更高的 sysmessages 错误

若要记录严重度低于 19 的错误信息，可以用系统存储过程 sp_altermessage 将某些特定的 sysmessages 错误指定为"始终记录"。

● 所有使用 WITH LOG 语法唤醒调用的 RAISERROR 语句

使用 RAISERROR WITH LOG 语句可从 SQL Server 写入 Windows 应用程序日志（关于 RAISERROR 语句请看第 5 章例 5.35 后面的介绍）。

● 所有使用 xp_logevent 记录的应用程序

xp_logevent 将用户定义消息记入 SQL Server 日志文件和 Windows 事件查看器。xp_logevent 不调用客户端的消息处理程序，也不设置 @@ERROR。

📌 **注意**：应确保 Windows 应用程序日志足够大，以免丢失 SQL Server 事件信息。

(2)警报的触发条件

SQL Server 2000 可按照下列条件指定触发一个警报的事件：

● 错误号

SQL Server 代理程序在发生特定的错误时发出警报。错误号包括 SQL Server 错误和用户定义的错误。任何用户自定义的错误号都应大于 50 000，小于 50 000 的错误号保留给 SQL Server 系统错误用。

可以在 SQL Server 企业管理器中通过"工具"菜单下的"管理 SQL Server 消息"命令自定义错误消息，其界面如图 7-24 所示。

📌 **提示**：所有的用户定义错误存储在 master 数据库的 sysmessages 系统表中。

● 严重级别

以错误严重性级别作为定义警报条件。严重级别用大于 0 的整数表示。严重等级在 0 到 18 的错误可被任何用户引发，19 到 25 的错误只能由系统管理员引发。SQL Server 代理程序在发生特定严重度的错误时发出警报。

● 数据库

若要对警报进行限制，可以指定事件所发生的数据库，即警报仅针对这些数据库的事

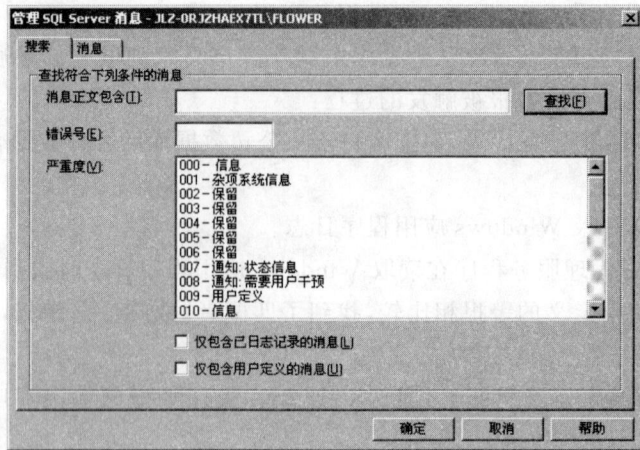

图 7-24 "管理 SQL Server 消息"对话框

件而触发,也可指定所有数据库。

● 事件文本

若要对警报进行限制,还可以在事件消息文本中指定一个特定的字符串。即只有当事件消息中包含这些字符串时才发出警报。

2. 用警报监视系统性能状况

除了使用警报响应 SQL Server 的错误外,还可以用它监视系统的性能状况。如果指定一种要监视的性能状况,则当其达到性能阈值时即发出警报。

若要设置性能状况,必须对以下几项进行定义:

● 对象:要监视的 SQL Server 性能范围。

● 计数器:所监视部分的属性。性能数据被周期性地采样,这会在达到阈值时与发出性能警报之间造成短暂的延迟(几秒钟)。

● 实例:所监控的属性的特定实例(如果有的话)。

● 计数器/值的警报条件:导致触发警报的计数器的行为或计数器实例的行为。

🐭 **提示**:由于本书篇幅所限,关于用警报监视系统性能状况的具体内容及其操作,不作介绍。

7.4.2 定义 SQL Server 警报

警报可以使用 SQL Server 企业管理器或创建警报向导来定义。关于使用 SQL Server 向导创建警报应该不是一件困难的事,以下仅介绍使用企业管理器定义警报的步骤。

1. 在企业管理器中展开服务器组,展开指定的服务器,再展开"管理"以及其下面的"SQL Server 代理",如本章前面图 7-14 所示。

2. 右击"警报",在弹出的快捷菜单中选择"新建警报"选项,打开"新建警报属性"对话框,如图 7-25 所示。

3. 在"新建警报属性"对话框的"常规"标签中包括以下各项:

(1)名称[N]:输入警报的名称。该名称的长度不能超过 128 个字符。

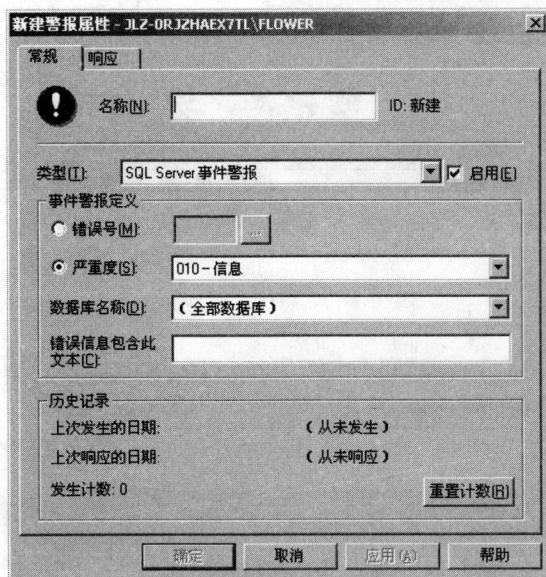

图 7-25　"新建警报属性"对话框

(2)ID：显示 SQL Server 为警报生成的 ID。创建新警报时会出现"新建"二字。

(3)类型[T]：指定警报定义的类型。有事件警报和性能状况警报两种。

(4)启用[E]：启用警报。默认情况下启用警报。

(5)错误号[M]：输入触发警报的错误号。它只能在事件警报中使用。单击▦按钮将显示"管理 SQL Server 消息"对话框，在该对话框中可按错误号查看警报，如图 7-24 所示。

(6)严重度[S]：指定触发警报的严重度。仅当选择 SQL Server 事件警报时可用。

(7)数据库名称[D]：指定在其中发生错误必定触发警报的数据库。仅当选择 SQL Server 事件警报时可用。

(8)错误信息包含此文本[C]：仅将警报限制为那些包含在错误消息中指定文本字符串的事件。仅当选择 SQL Server 事件警报时可用。

(9)上次发生的日期：显示上一次发生警报的日期和时间。

(10)上次响应的日期：显示警报上一次发生响应的日期和时间。

(11)发生计数：显示上次重置计数后发生警报的次数。

(12)重置计数[R]：重置警报计数器。

4.在图 7-25 中选择"响应"标签，如图 7-26 所示。

其中包括：

(1)执行作业[X]：用于选择出现警报时执行的作业。单击▦按钮，可更改选定作业的属性。

(2)要通知的操作员[O]：用于显示把警报送给哪些操作者，并定义以哪种方式(电子邮件、寻呼程序、网络发送)传送。单击"新建操作员"按钮将打开"新建操作员属性"对话框，在该对话框中可添加响应警报的操作员。

🐝 提示：操作员可以是个人、消息组或者是通过电子邮件、第三方的呼叫程序或 Windows 的网

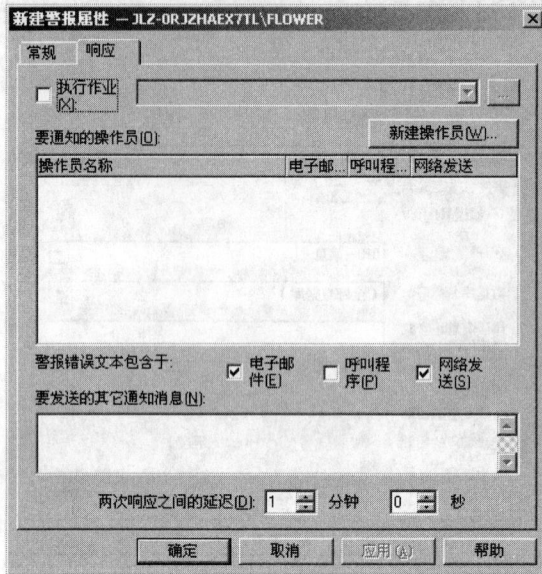

图 7-26 新建警报属性"响应"标签

络发送联系的计算机。通过企业管理器窗口中"管理/SQL Server 代理/操作员"项,也可以查看或新建操作员。

(3)警报错误文本包含于:用于选择把警报写入哪种(电子邮件、呼叫程序、网络发送)通知中。

(4)要发送的其它通知消息[N]:用于输入传送给操作员的附加消息。

(5)两次响应之间的延迟[D]:用于选择重复警报连续两次响应的时间间隔。

5.输入有关各项后,单击"确定"按钮回到企业管理器,即完成警报定义。

图 7-27 为在 SQL Server 2000 中建立警报后的结果显示。

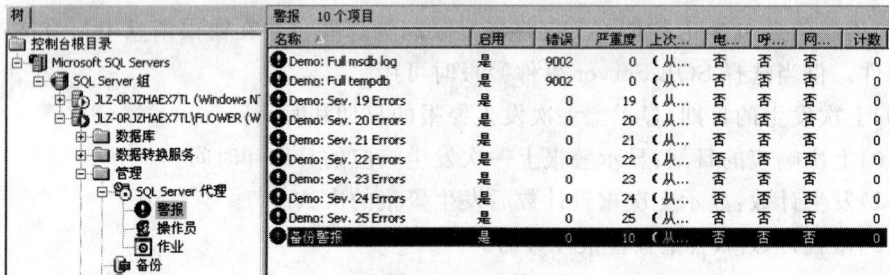

图 7-27 警报建立结果显示

习题与实训

一、选择题

1.以下_____不是 SQL Server 2000 的事务模式。

A. 手动事务模式   B. 显式事务   C. 自动事务模式   D. 隐式事务

2.以下_____不是 SQL Server 2000 的锁模式。

A. 共享锁　　　　　B. 排它锁　　　C. 修改锁　　　　　D. 删除锁

3.当事务从表中请求行时,SQL Server 自动获取受影响的行上的锁,并在包含这些行的_____上放置意向锁。

A. 其他行　　　　B. 表　　　　C. 页　　　　　　D. 表和页

4.锁提示 SERIALIZABLE 等同于_____。

A. NOLOCK　　　　　　　　B. HOLDLOCK

C. PAGLOCK　　　　　　　　D. TABLOCK

5.以下事务隔离级别由低到高依次排列的是_____。并发性能由低到高依次排列的是_____。

A.提交读→未提交读→可重复读→可串行读

B.未提交读→提交读→可重复读→可串行读

C.可串行读→可重复读→提交读→未提交读

D.可重复读→可串行读→未提交读→提交读

6.只有_____隔离级别允许脏读;只有_____隔离级别不会发生幻像。

A. 提交读　　　　B. 未提交读　　　　C. 可重复读　　　D. 可串行读

7.以下关于 SQL Server 2000 警报和作业的叙述,正确的是_____。

A.警报和作业完全无关

B.警报可以调用作业,作业也可以产生警报

C.警报可以调用作业,但作业不能产生警报

D.作业可以产生警报,但警报不能调用作业

8.以下关于 SQL Server 2000 作业的叙述,错误的是_____。

A. 可以手动运行作业

B. 可以定时自动运行作业

C. 可以由特定事件激发作业执行

D. 作业与代理服务无关

9.在新建作业调度设置中,不能设置作业在_____自动启动。

A.何日何时　　　　　　　　B.每周何日何时

C.系统发出警报时　　　　　D.SQL Server 代理启动时

10.在新建作业属性设置中,最多可使用_____个字符描述作业;警报和作业的名称应符合 2000 对标识符的规定,不得超过_____个字符。

A. 10　　　　　B. 128　　　　　C. 256　　　　　D. 512

二、填空题

1.SQL Server 2000 服务管理器除了可启动 SQL Server 服务外,还可以启动 SQL Server _____服务。

2.在 SQL Server 2000 中回滚一个事务的语句为_____。

3.事务准备接收不一致数据的级别称为_____。较低的级别可以_____并发操作的效率。

4. 并发控制理论分_____和_____两种类型。

5. 要给表的行设置一个排它锁,应使锁的类型为_____,锁的模式为_____。

6. 设置阻塞等待时间为无限,应使@@LOCK_TIMEOUT 的值为_____。

7. 在企业管理器树状目录结构窗口中查看锁对象,应依次打开_____结点。

8. 在 SQL Server 2000 中,任何用户自定义的错误号都应大于_____。

9. SQL Server 2000 中,警报有_____和_____两种类型。

10. SQL Server 2000 中,通过企业管理器中服务器下面的_____/_____/_____,可以查看或新建警报。

三、简答题

1. 什么是事务,SQL Server 2000 有哪些事务模式?

2. 锁有什么作用,SQL Server 2000 锁的模式有哪些?

3. SQL Server 2000 支持哪些事务隔离级别?

4. 创建一个作业要执行哪些步骤?

5. 一个作业步骤中可以有哪些内容?

6. 在 SQL Server 2000 中,哪些条件可以触发警报?

四、操作题

1. 编写一个程序,先显示教学数据库 student 表中的总人数,然后开始一个事务,向 student 表插入一个学生,再显示学生总人数,最后回滚该事务并且显示表中的总人数。

2. 通过 SQL Server 联机丛书查询各事务隔离级别是否允许脏读、不可重复读取和幻像读。

3. 通过 SQL Server 联机丛书查询各种锁模式的兼容性。

4. 自定义一个警报,错误号为 50005,错误级别为 9,用于监视数据库的某种特殊操作,如果特殊操作发生,则该警报报警。

5. 为了严格管理整个 SQL Server 环境,我们希望当发生上题这种特殊操作时系统会立即自动发出提示信息给所有用户端提示"60 秒后 SQL 服务和 SQL AGENT 服务停止",过 30 秒后再次发出信息给所有用户端提示"30 秒后 SQL 服务和 SQL AGENT 服务停止",再过 30 秒后 SQL 服务和 SQL AGENT 服务自动停止。请在自己的机器上通过企业管理器将以上过程定义成一个作业 JOB1,并定义一个警报 ALERT1 用于监视 50005 号错误。

6. 用 RAISERROR 语句产生 50005 号错误,测试上题定义的警报。

第 8 章

SQL Server 系统应用实例

内容概述

SQL Server 在数据库应用中一般作为应用系统的后端,而前端图形界面的设计与操作一般使用可视化开发工具,如 Visual Basic、Delphi 等来完成。如果需要将数据和应用程序在网上发布,可使用 ASP、JSP、PHP 及 ASP. NET 等来实现。

将 SQL Server 与其他软件集成,通过编写应用程序访问数据库数据,是数据库应用的重要内容。本章将继续使用教学数据库,介绍在 Visual Basic 6.0 中使用 ADO 对象进行 SQL Server 2000 数据库应用程序开发,以及使用 ASP 技术进行基于 Web 的应用系统开发的技术。从中了解 SQL Server 系统的实际应用。

实际应用环境中,使用企业管理器和查询分析器访问数据库中的数据往往由数据库管理员完成,出于安全、效率及使用方便等方面原因,大部分的用户还是通过程序员开发的各种应用程序间接访问 SQL Server 数据库。

SQL Server 具有优秀的数据库管理性能,但它并不具备图形用户界面的设计功能,因此不能满足客户端用户数据连接和数据操作的要求。SQL Server 在数据库应用中一般作为应用系统的后端,而前端图形界面的设计与操作一般使用可视化开发工具,如 Visual Basic、Delphi 等来完成。如果需要将数据和应用程序在网上发布,则使用 ASP、JSP、PHP 及 ASP. NET 等来实现。

在众多的数据库开发软件中,微软公司推出的可视化集成开发环境 Visual Basic 简单易学,与 SQL Server 配合使用,可以创建客户机/服务器模式或者基于网络的数据库应用程序。鉴于 Visual Basic 简单易用,以及使用的普遍性,本章前半部分将重点介绍 Visual Basic 6.0 中使用 ADO 对象进行 SQL Server 2000 数据库应用程序开发。

基于 Web 的数据库开发是当前一个非常重要的应用,本章后半部分将介绍用 ASP 技术进行系统开发的技术,对 Web 前台和 SQL Server 2000 数据库之间的连接原理和过程进行讨论,并以贯穿于全书的样例数据库 teachdb 为后台数据库,介绍具体的使用实例。

8.1 SQL Server 2000 应用程序接口

数据库应用程序通过 SQL Server 2000 应用程序接口向 SQL Server 服务器发送 SQL 语句,实现数据库的访问。要编写 SQL Server 2000 数据库应用程序,必须学习使用 SQL Server 应用程序接口。

8.1.1 SQL Server 2000 应用程序接口概述

SQL Server 2000 提供了丰富的应用程序接口,使程序员可以快速地开发数据库应用程序。下面我们介绍 SQL Server 2000 常用的应用程序接口。

1.嵌入式 SQL

嵌入式 SQL 就是将 SQL 语句直接嵌入到程序的源代码中,与其他程序设计语言(例如 C 语言)语句混合使用。

嵌入式 SQL 的操作过程如下:

(1)使用 SQL Server 的预编译程序将嵌入的 SQL 语句转换为能被程序设计语言的编译器识别的函数调用。

(2)使用程序设计语言的编译器对转换后的文件进行编译,然后链接为可执行程序,即可执行。

> 提示:在 SQL Server 2000 中,预编译器为 nsqlprep.exe 程序,缺省不被安装。完全安装 SQL Server 2000 后,将位于系统盘的×:\Program Files\Microsoft SQL Server\80\Tools\Devtools 目录下(其中×为某磁盘)。

2. ODBC 开放数据库连接

ODBC 是 Open Database Connectivity 的缩写,称为开放数据库系统互连,是微软公司在 90 年代初开发和定义的一套数据库访问标准,用于访问关系型数据库。使用 ODBC 开发的应用程序可以访问多种数据库管理系统的数据库,例如 SQL Server、Oracle 和 DB2 等。只要系统中有相应的 ODBC 驱动程序,任何程序都可以访问数据库,而不需要安装该数据库管理系统软件。

3.OLE DB 通用数据访问接口

OLE DB 是微软 90 年代后期开发的数据访问通用接口,它不仅提供了对关系型数据库的访问,还提供了对各种各样数据源的访问,例如 Excel 电子表格、dBase 的 ISAM 文件、电子邮件等。

4.JDBC Java 数据库接口

JDBC(Java DataBase Connectivity)是由 SUN 公司制定的基于 Java 语言的数据库访问接口,用于实现 Java 程序访问关系数据库,对于 SQL Server 2000,该接口程序未包含在安装盘中,需到微软公司的网站上下载。

8.1.2　ODBC 应用程序接口

ODBC 是微软公司开放式服务结构中关于数据库的一套标准及一组函数(称为 ODBC API 函数),在应用程序中可以直接使用这些函数(ODBC 标准的 SQL 语句),而不管数据库采用何种数据库管理系统(DBMS),从而减轻了开发数据库应用程序的负担。在数据库的底层操作则由各个数据库的驱动程序来完成。

SQL Server 2000 包含本机 SQL Server ODBC 驱动程序,可将 ODBC 应用程序用于访问 SQL Server 中的数据。

1. ODBC 体系结构

ODBC 数据库应用程序由数据库应用程序、驱动程序管理器、驱动程序和数据源 4 个部分组成,如图 8-1 所示。

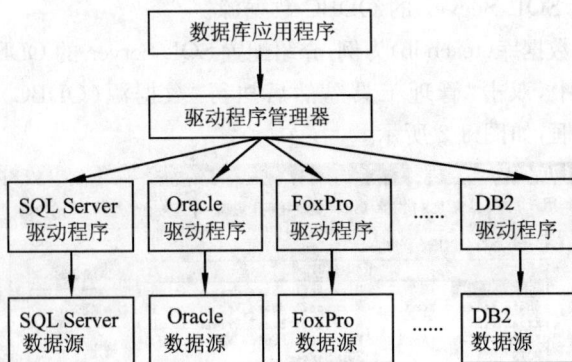

图 8-1　ODBC 体系结构

(1)数据库应用程序

数据库应用程序执行以下处理并调用 ODBC 函数:

- 连接数据库。
- 提交 SQL 语句给数据库。
- 检索结果并处理错误。
- 提交或者回滚 SQL 语句的事务。
- 与数据库断开连接。

(2)驱动程序管理器

ODBC 驱动程序管理器是一个驱动程序库,负责应用程序和驱动程序间的通信。对于不同的数据库系统,驱动程序管理器将加载相应的驱动程序到内存中,并将收到的 SQL 请求传送给正确的 ODBC 驱动程序。

(3)驱动程序

应用程序不能直接存取数据库,程序的操作请求需要由驱动程序管理器提交给正确的驱动程序。驱动程序负责将对数据库的操作请求传送到数据库管理系统(DBMS),并把结果返回给驱动程序管理器。再由驱动程序管理器将结果返回给应用程序处理。

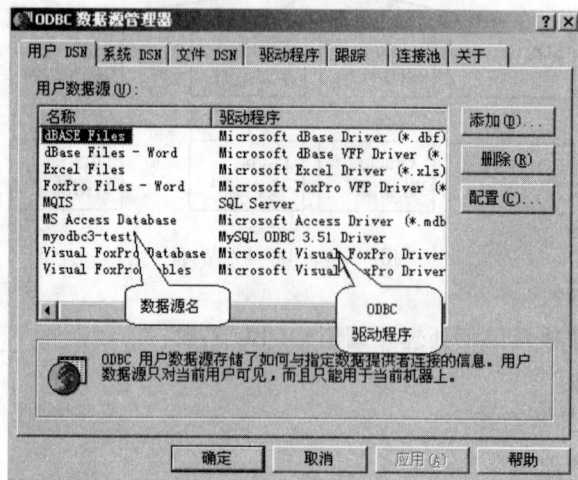

（4）数据源

数据源（Data Source Name，DSN）是连接数据库驱动程序与数据库管理系统（DBMS）的桥梁，它定义了数据库服务器名称、访问的数据库、登录名称和密码等选项。通常，应用程序通过数据源名来访问数据库。

概括地说，使用 ODBC 进行编程之前，要先安装相应的 ODBC 驱动程序，再配置 ODBC 数据源。应用程序使用 ODBC 驱动程序访问数据源。ODBC 驱动程序是一个动态链接库（DLL），它接收对 ODBC API 函数的调用并采取任何必要的操作来处理对数据源的请求。

2. 配置 ODBC 数据源

使用 ODBC 编程之前，要先安装相应 ODBC 驱动程序，再配置 ODBC 数据源。通常，SQL Server 2000 ODBC 驱动程序已经内嵌在 Windows 操作系统中。

【例 8.1】 配置 SQL Server 的 ODBC 数据源。

我们仍然以教学数据库（teachdb）为例，介绍配置 SQL Server 的 ODBC 数据源的方法。

（1）在控制面板中，双击"管理工具"，然后执行"数据源（ODBC）"命令，打开"ODBC 数据源管理器"对话框，如图 8-2 所示。

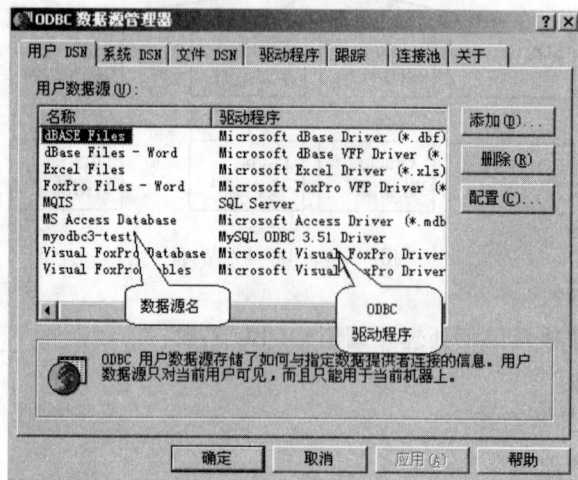

图 8-2 "ODBC 数据源管理器"对话框

该窗口用来设置 ODBC 数据源及其驱动程序等。主要标签有：

● 系统 DSN：存储了与指定数据提供程序连接的信息。对当前机器和所有登录用户可见。

● 用户 DSN：存储信息同上。只对建立它的用户可见，且只能用于当前机器上。

● 文件 DSN：允许用户连接到数据提供程序。可由安装了相同驱动程序的网络用户共享。

● 驱动程序：显示所有已经安装的各种数据库系统的 ODBC 驱动程序。

（2）切换到"系统 DSN"标签，单击 添加(D)... 按钮，打开"创建新数据源"对话框，在"名称"列表框中选择 SQL Server，如图 8-3 所示。

（3）单击 完成 按钮，打开"创建到 SQL Server 的新数据源"对话框，如图 8-4 所示。

图 8-3　"创建新数据源"对话框

在"名称"文本框中输入新数据源的名称（如：jxgl）。在"描述"文本框中可输入对该数据源的说明。然后在"服务器"下拉列表框中选择（或输入）要连接的服务器（如：DBSERVER）。

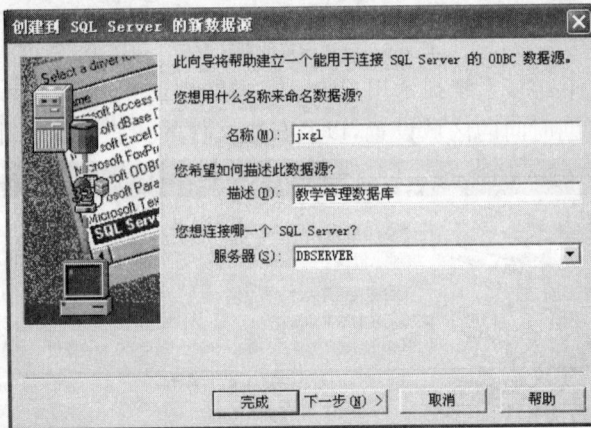

图 8-4　"创建到 SQL Server 的新数据源"对话框

（4）单击 下一步(N) > 按钮，系统提示选择验证模式，如图 8-5 所示。

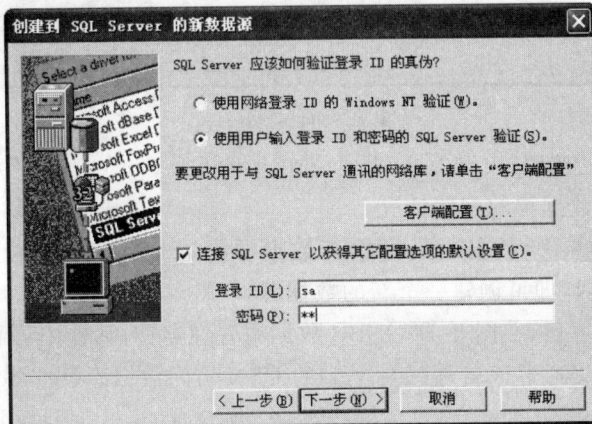

图 8-5　选择验证模式

在此选择 [使用用户输入登录 ID 和密码的 SQL Server 验证(S).] 单选钮,并输入登录 ID 和密码。

(5)单击 [下一步(N) >] 按钮,系统提示用户设置默认数据库等选项,如图 8-6 所示。

在此,更改默认数据库为教学数据库 teachdb,其余选项采用系统默认设置。

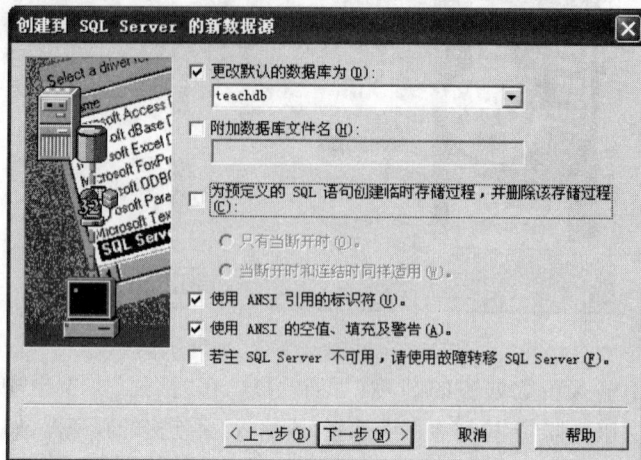

图 8-6 设置连接的默认数据库

(6)单击 [下一步(N) >] 按钮,系统提示用户设置一些选项,如 SQL Server 系统消息的语言、数据加密、货币及日期时间的区域设置,以及日志文件的一些设置,如图 8-7 所示。

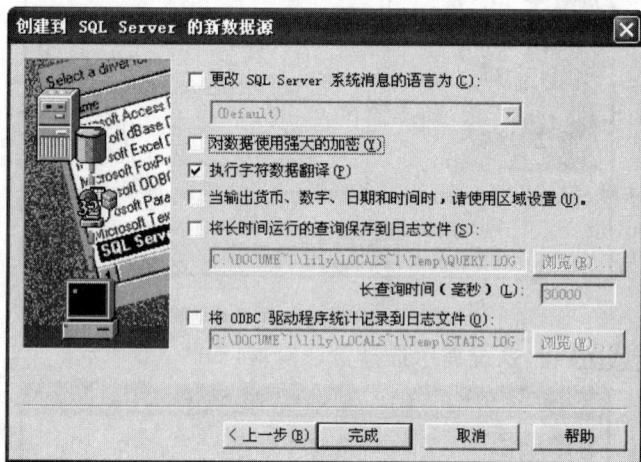

图 8-7 设置一些选项

(7)单击 [完成] 按钮,出现"ODBC Microsoft SQL Server 安装"对话框,如图 8-8 所示。其中显示了新数据源的配置情况。

(8)单击 [测试数据源(T)...] 按钮,可检查数据源配置是否成功。若显示"测试成功!"。单击 [确定] 按钮返回,即可创建一个新的数据源。

完成数据源配置后,在图 8-2 "ODBC 数据源管理器"对话框中可看到该数据源名称,以后在系统中可直接通过该名称(如:jxgl)的 DSN 访问数据库(teachdb)。

🔔 提示:如果更改了数据源的配置,可在"ODBC 数据源管理器"对话框中单击"配置"按钮重新对数据源进行配置。

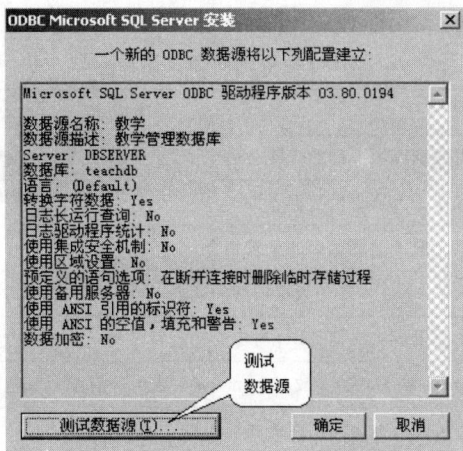

图 8-8　"ODBC Microsoft SQL Server 安装"对话框

8.1.3　OLE DB 数据访问接口和 ADO

1. OLE DB 与 ADO

OLE DB 是微软在 90 年代后期采用面向对象技术开发的数据库访问通用接口,它创建于微软的 OLE(对象的链接与嵌入)技术基础上。OLE DB 向应用程序提供了一个统一的数据访问方法,利用它可以访问各种数据源,包括各种关系型数据库、电子表格、电子邮件系统及其他自定义的商业对象。

可以直接使用 OLE DB 进行数据库应用程序开发,为了使用户方便地使用 OLE DB 数据库开发应用程序,微软将 OLE DB API 封装在一个简化了的基于组件(COM)技术的对象模型 ADO(ActiveX Data Objects)中。ADO 作为 OLE DB 提供程序帮助应用程序访问 OLE DB 数据源,它接收对 OLE DB API 的调用,并采取各种必要的操作来处理对数据源的请求。通过 ADO,程序员可以快速地开发数据库应用程序,这是 SQL Server 2000 数据库应用程序开发的有效途径。

OLE DB 是使用 ADO 的基础,ADO 是 OLE DB 提供服务的更高级别。ADO 封装了 OLE DB 的复杂性,以极为简单的接口存取数据,简化了数据库应用程序的编写,易于使用,性能好,占用内存和磁盘空间少,并且支持基于客户机/服务器的 Web 数据库应用程序。使用者只需在程序中建立 ADO 对象,设置对象相应的属性,调用相关方法,即可完成数据库访问。

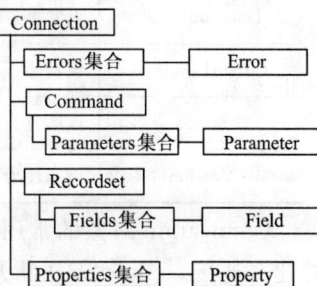

2. ADO 对象模型

ADO 的对象模型为层次结构,如图 8-9 所示。其中每个 Connection、Command、Recordset 和 Field 对象都有集合。

图 8-9　ADO 对象模型

ADO 提供的对象及基本功能如表 8.1 所示。

表 8.1 ADO 提供的对象及功能

对象名称	功能描述
Connection	提供对数据库服务器的连接
Command	对数据库服务器提供数据查询
Recordset	由数据库服务器所返回的记录集合
Field	代表 Recordset 中普通数据类型的列
Property	代表由提供者定义的 ADO 对象的动态特性
Parameter	与 Command 关联的参数，Command 对象的所有参数都包含在它的参数集合中
Error	包含有关的数据访问错误的详细信息

除了上述对象外，ADO 还提供了 Fields、Parameters、Errors、Properties 等集合对象。

在上述众多 ADO 对象中，主要的有 3 个：连接对象 Connection，数据查询对象 Command 和查询所得记录集对象 Recordset。下面对它们作进一步介绍。

（1）Connection 对象

Connection 对象用于建立应用程序与数据源之间的通信连接。在建立连接后，可通过 Command 对象与 Recordset 对象来访问数据库中数据。此外 Connection 对象本身也有 Execute 方法可执行 SQL 命令查询数据库，常用于简单查询。

简单地说，可以把 Connection 对象比作拨电话的动作，在拨通电话后则通过 Command 和 Recordset 对象与远方的通话者通话交流。

Connection 对象的主要属性如表 8.2 所示，较常用的属性有 ConnectionString、ConnectionTimeout、CursorLocation 和 Mode 属性。

表 8.2 Connection 对象的主要属性及功能

属 性	功能描述
ConnectionString	设置连接串以提供数据库连接信息。如：数据源名，服务器名，用户名，口令，缺省数据库等（具体见表 8.6）
ConnectionTimeout	设置建立连接时，ADO 等待多少秒将给出超时错误提示，默认为 30 秒
Mode	设置连接时对数据的访问许可。主要有：1.只读；2.只写；3.读/写；8.阻止其他用户使用写权限打开连接；12.阻止其他用户打开连接
IsolationLevel	设置事务隔离级别
CursorLocation	设置是否创建游标及游标在客户端还是在服务器端
Status	该属性为只读属性，它报告连接的状态
Version	该属性为只读属性，它返回 ADO 版本

Connection 对象的常用方法主要有 Open 和 Close。Open 方法打开 Connection 对象并建立连接。Close 方法断开 Connection 对象与数据库的连接。此外还有 Execute 方法可执行 SQL 命令，用于简单查询。

（2）Command 对象

Command 对象主要用于对数据库进行复杂查询，它的功能强大，并可运行存储过程和带参数查询。Command 对象的主要属性如表 8.3 所示。

表 8.3　　　　　　　　　　　　Command 对象的主要属性及功能

属　性	功能描述
CommandType	指示 Command 对象类型。即 CommandText 中文本的意义，如语句、存储过程名或者是不返回行的命令或存储过程等
CommandText	定义命令（SQL 语句）执行的文本
ActiveConnection	使打开的连接与 Command 对象关联。可以使用已存在的连接对象，也可以直接用一个连接字符串
Parameters 集合	用于带参数查询或带参数存储过程，向 Command 对象传递参数

Command 对象最常用的方法是 Execute。Execute 方法用于执行 SQL 查询命令，并返回给结果集对象（Recordset）。也可以用 Execute 方法执行其他的数据定义命令或存储过程。除此之外，Command 对象还有一个 CreateParameter 方法，可向 Command 对象传递命令所需的参数。

（3）Recordset 对象

Recordset 对象（记录集对象）用于存储 Connection 对象或 Command 对象的查询结果，在 Recordset 对象中的记录再供应用程序处理。

Recordset 对象主要属性见表 8.4，较常用的属性有：ActiveConnection、Source、EOF、BOF 和 Fields 等。

表 8.4　　　　　　　　　　　Recordset 对象的主要属性及功能

属　性	功能描述
Source	该属性可含表名、存储过程名或用于增加 Recordset 的 SQL 查询文本
ActiveConnection	用于同现存的 Connection 连接关联
CursorLocation	指定创建游标的位置
CursorType	指定创建游标的类型
LockType	控制并发访问，用于控制加在数据库中数据上的锁的类型
EOF 和 BOF	用于表明记录集中记录指针是否到记录集开头或末尾（True 或 False）
Fields	对象集合，含一个或多个 Field 对象，代表记录集中各记录的列（字段）

Recordset 对象的主要方法见表 8.5。

表 8.5　　　　　　　　　　　Recordset 对象的主要方法及功能

方　法	功能描述
Open	打开 Recordset 对象，并引用 Command 或 Connection 对象
Close	关闭 Recordset 对象
Requry	重新执行 Recordset 查询
Resync	重新刷新 Recordset
MoveFirst，MoveLast，MoveNext，MovePrevious，NextRecordset	用于 Recordset 对象中记录的导航
Update，Addnew，Delete	更新、插入、删除记录

Connection,Command,Recordset 虽然是 3 个不同的对象,但是三者之间是互相关联,分工协作的。通常,在 Connection 对象实现了应用程序与数据源之间的连接后,执行 Command 对象的 Execute 方法实现数据库查询,数据库服务器响应后,再将查询结果存入 Recordset 对象中。Command 对象必须依赖于 Connection 对象,而 Recortset 对象要视 Connection 对象与 Command 对象的状态而定。

8.2　在 VB 中使用 ADO 对象开发 SQL Server 应用程序

可视化集成开发环境 Visual Basic(简称 VB)简单易学,使用十分普遍。在 VB 中开发数据库应用程序有两种方法:一种是利用数据访问控件,另一种是直接编写程序代码。

微软在 Visual Basic 6.0 中成功地引入了功能强大的 ADO 对象作为新的数据库访问标准,它内置了 SQL Server 的 OLE DB 驱动程序。另外,为了使数据库应用程序能实现字段的绑定,Visual Basic 6.0 还提供了一个封装了 ADO 对象的 ADO Data 控件,使用该控件可以开发简单的数据库访问程序。对复杂的数据库应用系统,ADO Data 控件也可以起到辅助作用。

8.2.1　使用 ADO Data 控件访问 SQL Server 数据库

在 VB 应用程序中,数据库中的信息可以通过窗体中与数据库绑定的控件来显示。ADO Data 控件则是连接数据库与数据绑定控件的桥梁。

使用 ADO Data 控件建立一个简单数据库应用程序非常方便,几乎不需要编写代码。下面通过一个实例介绍操作方法。

【例 8.2】　使用 ADO Data 控件实现对教学数据库(teachdb)中学生表(student)的信息查询。

操作步骤:

● 新建一个"标准 EXE"工程,将 ADO Data 控件添加到工具箱中。

ADO Data 控件并不是标准工具箱中的成员,需要将它添加到工具箱中。选择"工程(P)/部件(O)…"菜单选项,打开"部件"对话框,在"控件"标签中选中"Microsoft ADO Data Control 6.0"项(在该行的复选框内打勾),单击 确定 按钮将 ADO Data 控件添加到工具箱中。其图标为 。

● 将 ADO Data 控件添加到窗体上。

双击工具箱中的 ADO Data 控件将其添加到窗体中,修改其大小并移到适当位置。在窗体中,ADO Data 控件的外观为: Adodc1 ,默认名称是 Adodc1(如有第 2 个则为 Adodc2,依次类推)。

● 设置 ADO Data 控件的连接属性。

在 ADO Data 控件的属性窗口中,单击 自定义 项的 按钮,打开"属性页"对话框,如图 8-10 所示。

在"通用"标签中选择"使用 ODBC 数据资源名称(D)"单选钮,并在下拉列表框中选择例 8.1 建立的 ODBC 数据源。

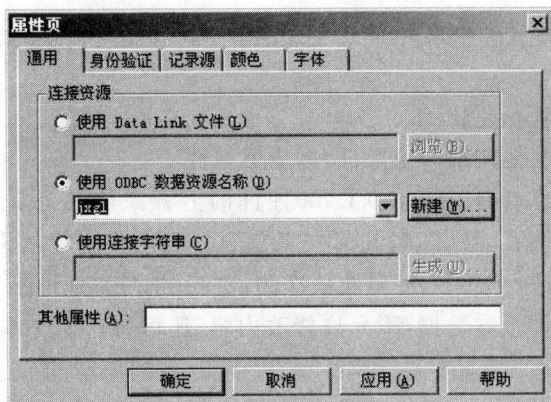

图 8-10　ADO Data 控件属性页

选择"身份验证"标签,输入登录用户名称和密码。

选择"记录源"标签,如图 8-11 所示。在其中设置 ADO Data 控件返回记录的来源。在"命令类型"中列出了记录源的四种形式:

➢ 8-adCmdUnknow:未知类型。用户需在"命令文本(SQL)"框中输入 SQL 语句建立命令对象。

➢ 1-adCmdText:文本类型。用户需在"命令文本(SQL)"框中输入 SQL 语句建立命令对象。

➢ 2-adCmdTable:表类型。用户需在"表或存储过程名称"下拉列表框中选择一个数据表来建立命令对象。

➢ 4-adCmdStoredProc:存储过程类型。用户需在"表或存储过程名称"下拉列表框中选择一个建立查询的存储过程名称来建立命令对象。

本处选择 2-adCmdTable 类型,并在下面的"表或存储过程名称"下拉列表框中选择 teachdb 数据库中的 student 表。

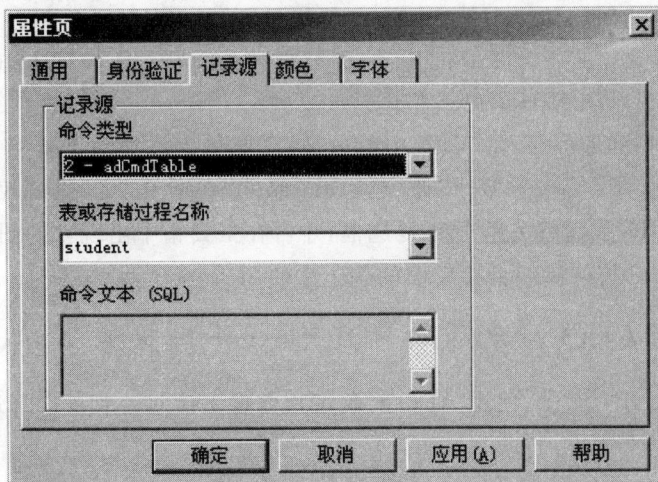

图 8-11　在属性页中设置记录源

提示：这里也可选择 1-adCmdText 类型，并在下面的"命令文本(SQL)"框中输入以下 SQL 语句：select ＊ from student 。

设置完成后，单击 确定 按钮。

● 在窗体中添加其他数据绑定控件，并设置属性。

如图 8-12 所示，在窗体内 ADO Data 控件的上方添加三个文本框，分别用于显示 student 表中各条记录的学号、姓名和所在系信息。三个文本框的 DataSource 属性均为 Adodc1(ADO Data 控件)，DataField 属性依次为：s_no(学号)、s_name(姓名)、s_department (所在系)。如果只允许查看数据，不允许修改内容，还可将三个文本框的 Locked 属性设为 True。

在三个文本框前面添加三个说明标签(如图 8-12 所示)。最后设置窗体的标题 (Caption 属性)为"学生信息"。

图 8-12 student 表浏览窗体运行界面

● 完成以上各项后，运行程序，得到 student 表浏览窗体运行界面如图 8-12 所示。单击 Adodc1 上的相关按钮，可查看表中前一条、后一条及第一条、最后一条记录的相关信息。

实际使用中，也可以使表中数据以表格形式显示，即每条记录显示一行。这可通过使用 DataGrid 控件来实现。将 DataGrid 控件绑定到 ADO Data 控件上，就可以将所连接记录源中的数据显示到 DataGrid 表格中。

DataGrid 控件也不是标准工具箱中的成员，需要将它添加到工具箱中。选择 Visual Basic 6.0 的"工程(P)/部件(O)…"命令，打开"部件"对话框，然后从"控件"标签中选中 ☑Microsoft DataGrid Control 6.0 (OLEDB) 复选框，才可在工具箱中出现它的图标 。

关于 DataGrid 控件我们将在后面的例子中使用。

8.2.2 使用 ADO 对象访问 SQL Server 数据库

在 Visual Basic 6.0 中，使用 ADO 对象进行数据库访问一般有以下过程：

● 引入 ADO 对象库。
● 创建 Connection 对象，建立与数据库的连接。
● 创建 Command 对象，指定操作命令并执行。
● 如果是查询数据，使用 Recordset 对象接收 Command 对象中命令的执行结果。

● 将 Recordset 对象的值传递给窗体中的数据绑定控件,实现数据输出。

1. ADO 对象库的引用

Visual Basic 6.0 使用 ADO 对象编程前,必须先设置对 ADO 对象库的引用,其操作步骤为:

(1)启动 Visual Basic,新建一个"标准 EXE"工程。

(2)在"工程(P)"菜单中执行 ![引用] 引用(N)... 命令,打开"引用"对话框,如图 8-13 所示。

图 8-13　引用 ADO 的对象库

(3)在"可用的引用(A)"列表框中,找到"Microstoft Data Objects 2.6 Library"选项,勾选前面的复选框。单击 [确定] 按钮,即可创建 ADO 对象库对象 ADODB,从而就允许在该新建工程中引用各 ADO 对象。

提示:Visual Basic 6.0 提供了 2.0、2.1、2.5、2.6 等几个 ADO 版本,使用时可以根据需要选择其中一个。

(4)如果要查看 ADO 提供的各对象的属性、方法和集合等内容,可以在"视图(V)"菜单中执行 ![对象浏览器] 对象浏览器(O) 命令,打开"对象浏览器"对话框,如图 8-14 所示。

图 8-14　用"对象浏览器"查看 ADO 对象

在顶部的下拉列表框中选择 ADODB,左侧窗格即可显示出 ADO 中的对象,而右侧窗格则显示左侧窗格中选中对象的方法、属性等。

2. 建立与数据源的连接

使用 Connection 对象建立与数据源的连接,其基本操作步骤如下:

(1)创建 Connection 对象。如:Dim cn As New ADODB. Connection 。

(2)设置 Connection 对象的连接串 ConnectionString 属性,准备连接数据库。

ConnectionString 属性的常用参数见表 8.6 所示。

表 8.6   **ConnectionString 属性的常用参数**

Provider	指定 OLE DB 提供者,缺省值是 MSDASQL,指 ODBC 资源提供者
Driver	指定要打开的数据库所用的驱动程序名称
Server	SQL Server 服务器名,也可用数据源名
DSN	使用 ODBC 时,当前机器的 ODBC 数据源
Initial Catalog (或 DataBase)	设置连接的默认数据库
User ID(或 uid)	登录用户名
Password(或 pwd)	用户口令

例如,以下语句指定连接对象的服务器为 dbserver,登录用户是 sa,用户口令也是 sa(这里仅是练习,实际使用应为 sa 设置较严格的密码),连接后默认数据库为 teachdb。

cn. ConnectionString = "DRIVER = SQL Server;SERVER = dbserver;uid = sa; pwd=sa;DATABASE=teachdb"

(3)使用 Connection 对象的 Open 方法建立到数据源的物理连接。例如:cn. Open 。

上述(2)和(3)也可联合在一起用,如以下形式:

cn. Open "DRIVER = SQL Server; SERVER = dbserver; uid = sa; pwd = sa; DATABASE=teachdb"

🐾 **提示**:还可以使用已设置的 ODBC 数据源建立连接。如:cn. Open "DSN=jxgl; uid=sa; pwd=sa"

顺便指出,在数据库使用后,要使用 Close 方法关闭,以防被误操作。如:cn. Close。

3. 运行命令,返回数据集

通常创建 Command 对象定义命令并执行。如果是执行 SQL 查询命令,还要创建 Recordset 对象,在执行 Command 对象的命令后将结果集返回给 Recordset 对象。其基本操作步骤如下:

(1)创建 Command 对象。如:Dim cmd As New ADODB. Command 。

(2)设置 Command 对象的 ActiveConnection 属性以便同打开的 Connection 对象进行关联。如(设 cn 为已定义的 Connection 对象):Set cmd. ActiveConnection = cn 。

(3)使用 Command 对象的 CommandText 属性定义要执行的 SQL 语句文本或指定存储过程名。

(4)使用 Command 对象的 Execute 方法执行命令并在需要的时候返回给 Recordset 对象(必须先创建 Recordset 对象)。

(5)处理 Recordset 对象中的数据。

(6)关闭连接。

在上面的步骤(4)中，如果执行的命令需要参数(如存储过程的输入/输出参数)，则可使用 Parameters 集合向 Command 对象传递。Parameters 集合包含了 Command 对象中的所有 Parameter 子对象。

Parameter 子对象也是 ADO 对象库提供的对象(见表 8.1)，可以根据需要创建。例如，语句：Dim Param0 As New ADODB. Parameter 创建了 Parameter 子对象 Param0。

创建了 Parameter 子对象后，可通过设置它的相关属性指定参数性质和参数值。

例如：Param0. Direction＝adParamInput　'指定 Parameter 子对象作为输入参数；

　　　Param0. Type＝adChar　　　　　'指定 Parameter 子对象为字符类型；

　　　Param0. Value＝"C 语言"　　　　'指定 Parameter 子对象的值为"C 语言"。

提示：adParamInput、adChar 等是指定的字符常量，其他字符常量请参考 VB 6.0 的"帮助"菜单。

通过将 Parameter 子对象加入 Command 对象的 Parameters 集合，可向 Command 对象传递命令所需的参数。将 Parameter 子对象加入 Parameters 集合的方法是使用 Parameters 集合的 Append 方法。

例如(设 cmd 为已定义的 Command 对象)：cmd. Parameters. Append Param0。将 Param0 加入到 Parameters 集合中。如果有多个参数(如 Param1、Param2……)可依次执行 Append 方法，在 Parameters 集合中它们也按加入的先后顺序排列。Parameters 集合中的成员可通过 Parameters(0)、Parameters(1)……来引用。

以上所述内容可用图 8-15 示意。

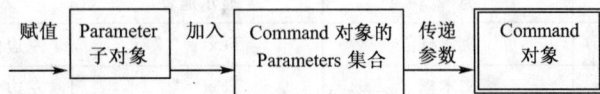

图 8-15　Parameter 子对象、Parameters 集合和 Command 对象关系

提示：有关这部分内容可通过学习下面的例 8.4 来进一步理解。

我们也可以跳过 Parameter 子对象，直接通过 Command 对象的 CreateParameter 方法向 Parameters 集合加入参数。CreateParameter 方法的语法格式为：

CreateParameter([Parameter 子对象名]，参数类型，读写模式，参数长度[，参数值])。

如果省略 Parameter 子对象(注意此时语句中的逗号分隔符不能缺少)，表示直接将值加入到该 Command 对象的 Parameters 集合中。例如以下语句(设 cmd 为已定义的 Command 对象)：cmd. CreateParameter，adChar，adParamInput，10，"C 语言"。省略了 Parameter 子对象。

在 CreateParameter 方法中，最后的参数值也可省略，以后可通过直接向 Parameters 集合赋值的方法传递。例如：cmd. CreateParameter，adChar，adParamInput，10 省略了最后的参数值。以后可再用语句：cmd. Parameters(0)＝"C 语言"或 cmd. Parameters(0)＝ Text1. Text(VB 文本框对象)来传递该参数值。

提示：有关这部分内容可通过学习下面的例 8.3 来进一步理解。

以下介绍两个应用实例。

【例 8.3】 实现对教学数据库 teachdb 中课程表（course）的浏览和添加新记录操作，并使新添加的课程信息能立即在列表框中显示。程序运行界面如图 8-16、图 8-17 所示。

操作步骤：

● 在 VB 中新建一个工程，在工程中建一窗体，名为 frmCourse，标题为"课程信息"。

● 按图 8-16 所示向窗体中加入控件，并设置各控件的属性。

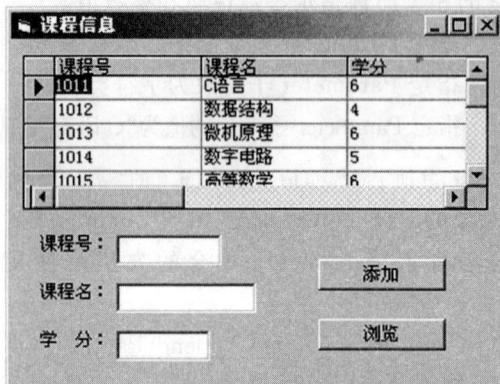

图 8-16 "课程信息"浏览界面

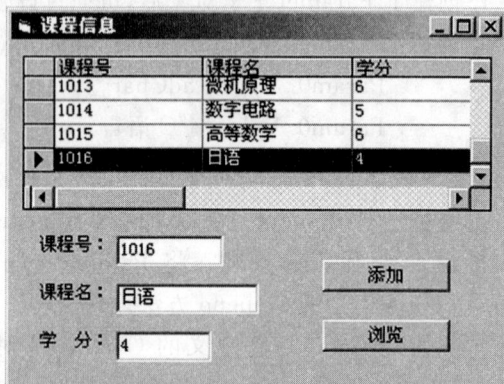

图 8-17 "课程信息"插入界面

窗体中各控件名称及相关属性设置如表 8.7 所示。

表 8.7 "课程信息"窗体控件名称及属性

控件名称	类 型	显示属性	说 明
TxtC_no	文本框	Text=" "	左边为"课程号:"标签
TxtC_name	文本框	Text=" "	左边为"课程名:"标签
TxtC_score	文本框	Text=" "	左边为"学 分:"标签
CmdAdd	按钮	Caption="添加"	
CmdList	按钮	Caption="浏览"	
DataGrid1	数据网格（DataGrid）	Caption=" "	接收 Recordset 对象值

其中 DataGrid 控件需选择"工程（P）/部件（O）…"菜单选项，打开"部件"对话框，添加部件☑Microsoft DataGrid Control 6.0 (OLEDB) 后，才可在工具箱中找到。

● 按前面所述设置对 ADO 对象库的引用。

● 双击窗体，打开代码窗口，输入以下各段代码。

程序代码：

```
'通用定义
Dim cn As New ADODB. Connection        '定义 Connection 对象
Dim rs As New ADODB. Recordset         '定义 Recordset 对象
Dim cmd As New ADODB. Command          '定义 Command 对象
'窗体 Load 事件代码
Private Sub Form_Load()
```

```
    cn. ConnectionTimeout = 60            '设定建立连接等待超时时间为 60 秒
    cn. CursorLocation = adUseClient      '设定游标在客户端
    cn. ConnectionString = " DRIVER = SQL Server; SERVER = dbserver; uid = sa; pwd = sa;
DATABASE=teachdb"
    cn. Open                              '打开连接
End Sub
'"添加"按钮 Click 事件代码
Private Sub CmdAdd_Click()
    cmd. ActiveConnection = cn
    cmd. CommandText = "INSERT course VALUES(?,?,?)"      '带参数的 SQL 语句
    cmd. CreateParameter , adChar, adParamInput, 4        '参数 1 定义
    cmd. CreateParameter , adChar, adParamInput, 10       '参数 2 定义
    cmd. CreateParameter , adInteger, adParamInput, 4     '参数 3 定义
    cmd. Parameters(0) = TxtC_no. Text
    cmd. Parameters(1) = TxtC_name. Text
    cmd. Parameters(2) = val(TxtC_score. Text)
    cmd. Execute          '运行 SQL 语句
    cmd. CommandText = "SELECT * FROM course"
    Set rs = cmd. Execute
    Set DataGrid1. DataSource = rs
End Sub
'"浏览"按钮 Click 事件代码
Private Sub CmdList_Click()
    Set cmd. ActiveConnection = cn
    cmd. CommandText = "SELECT * FROM course"
    Set rs = cmd. Execute
    Set DataGrid1. DataSource = rs
End Sub
```

代码说明：

1. Set cmd. ActiveConnection = cn 使 Command 对象与打开的 Connection 对象关联。

2. cmd. CommandText = "INSERT course VALUES(?,?,?)" 带参数的 SQL 插入数据语句，每个"?"代表一个参数。参数由后面语句 cmd. CreateParameter 提供。

3. cmd. CreateParameter,adChar,adParamInput,4 定义参数的数据类型、长度和性质（输入还是输出），此处定义的是字符型，长度为 4 字节的输入参数（用于课程号 C_no）。

4. cmd. Parameters(0) = TxtC_no. Text 将 TxtC_no 文本框内容给 Parameters 集合的第一个参数赋值。Parameters 集合的参数从 0 开始编号。

5. cmd. Parameters(2) = val(TxtC_score. Text) 将 TxtC_score 文本框内容转换为数值型后给 Parameters 集合的第三个参数赋值（因为 course 表的第 3 列"c_score"为数值型）。

● 完成以上代码输入后,运行程序,即可得到图 8-16 和图 8-17 所示结果。

本例通过使用 Command 对象和 Parameters 集合,实现带参数的 SQL 语句(INSERT 语句)的执行。最后需要说明两点:

第一,本程序上机实验时,在 Form_Load()事件中的连接参数应该根据实际机器和服务器的情况加以设置,如数据库服务器 SERVER=……用户名 uid=……登录密码 pwd=……

第二,如果要使图 8-16 和图 8-17 所示窗口的 DataGrid 网格第一行显示中文标题,需将程序代码中的查询语句"SELECT ＊ FROM course"改为如下形式:"SELECT c_no 课程号,c_name 课程名,c_score 学分 FROM course"。

【例 8.4】 使用 Command 对象执行存储过程。

在 SQL Server 2000 的 teachdb 数据库中已建立一个名为 Choice_Query 的存储过程,可根据课程名查询教学数据库中选修该课程的所有学生名单。现创建一个 VB 程序,利用该存储过程实现用户与数据库的交互。程序执行时,在窗口的文本框中输入课程名,即可调用 Choice_Query 存储过程,在窗体中显示选修该课程的所有学生。程序运行界面如图 8-18 所示。

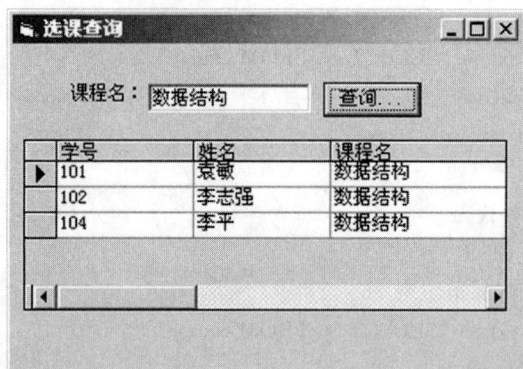

图 8-18 "选课查询"运行界面

存储过程如图 8-19 所示,其中@course_name 为输入参数,接收要查询的课程名。在 Visual Basic 中使用 Command 对象执行存储过程时,应当指定该输入参数值。

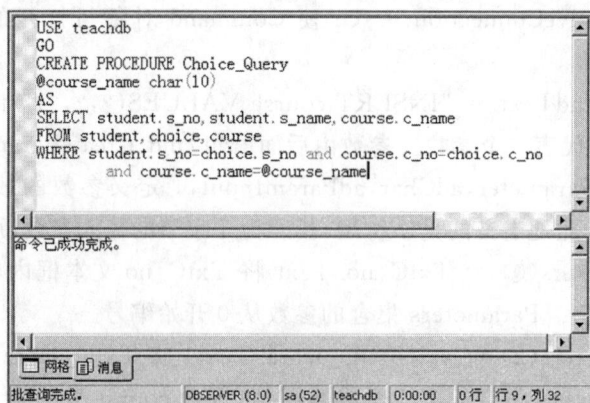

图 8-19 Choice_Query 存储过程

操作步骤：

- 在 VB 中新建一个工程，在工程中建一窗体，窗体标题为"选课查询"。
- 按图 8-18 所示向窗口中加入控件，并按表 8.8 设置各控件的相关属性。

表 8.8　　　　　　　　　　　"选课查询"窗体控件名称及属性

控件名称	类　型	显示属性	说　明
Text1	文本框	Text＝" "（清除初始内容）	左边为"课程名："标签
CmdQuery	按钮	Caption＝"查询..."	
DataGrid1	数据网格（DataGrid）	Caption＝" "	接收 Recordset 对象值

其中 DataGrid 控件的添加方法同上一例。

- 设置对 ADO 类库的引用，同上一例。
- 双击窗体，打开代码窗口，输入以下各段代码。

程序代码：

```
'通用定义
Dim cn As New ADODB. Connection          '定义 Connection 对象
Dim rs As New ADODB. Recordset           '定义 Recordset 对象
Dim cmd As New ADODB. Command            '定义 Command 对象
Dim Param0 As New ADODB. Parameter       'Param0 是提供存储过程输入参数的 Parameter 子对象
'窗体 Load 事件代码
Private Sub Form_Load()
    cn. ConnectionTimeout = 30           '设置连接对象属性
    cn. CursorLocation = adUseClient
    cn. ConnectionString = "DRIVER = SQL Server; SERVER = dbserver; uid = sa; pwd = sa;
    DATABASE=teachdb"
    cn. Open                             '打开连接
    cmd. ActiveConnection = cn           '使 Command 对象与打开的 Connection 对象关联
    cmd. CommandType = adCmdStoredProc   '表明执行的是一个存储过程
    cmd. CommandText = "Choice_Query"    ' Choice_Query 为要执行的存储过程名
    '设置 Parameter 子对象的各项参数
    Param0. Direction = adParamInput     '表明该 Parameter 子对象为输入参数
    Param0. Type = adChar                '表明该 Parameter 子对象为字符类型
    Param0. Size = 10                    '输入参数的长度为 10 个字节
    cmd. Parameters. Append Param0       '使用 Append 方法将 Param0 加入到 Parameters 集合中
End Sub
'"查询"按钮 Click 事件代码
Private Sub CmdQuery_Click()
    Param0. Value = Text1. Text          '输入参数值为文本框 Text1 的内容
    Set rs = cmd. Execute                '执行存储过程
    Set DataGrid1. DataSource = rs       '将存储过程的查询语句返回结果送数据网格显示
End Sub
```

程序说明：

本程序调用的存储过程 Choice_Query 中的输入参数@course_name 通过以下途径

进行传递：Text1 文本框→Param0（Parameter 子对象）→Parameters（0）（Command 对象的 Parameters 集合）→Command 对象→@course_name。

本例通过使用 Command 对象和 Parameter 子对象，实现带参数的存储过程的调用，完成复杂的数据查询。运行程序后，要得到图 8-18 所示结果，同样必须注意上一例最后说明的两点。

4.使用 Error 对象进行错误处理

任何 ADO 对象的操作都可能会引起一个或多个 OLE DB 提供者错误。当出现 ADO 对象操作错误时，一个或多个 Error 对象将被放到 Connection 对象的 Errors 集合中。当另一个 ADO 操作产生错误时，Errors 集合将被清空，在其中放入新的 Error 对象集。

通过 Error 对象的属性可获得每个错误的详细信息，包括以下内容：

● Description 属性，包含错误的说明文字。

● Number 属性，错误号常量，为长整型数值。

● Source 属性，标识产生错误的对象。

● SQLState 和 NativeError 属性，提供来自 SQL 数据源的信息。

在 Visual Basic 中可以使用 MsgBox 函数来提示出现的错误信息。

8.2.3 数据库应用程序实例——教学管理系统

根据以上介绍的 SQL Server 2000 应用程序接口知识，如果我们熟悉 Visual Basic 程序设计，就可以开发 SQL Server 数据库应用系统了。可以将本书的教学数据库 teachdb 加以扩展，开发一个实用的教学管理系统。

本实例全部采用 ADO 对象来进行数据库访问，限于篇幅，以下仅给出系统功能模块划分，如图 8-20 所示。程序各部分完整源代码可到本书指定的网站下载。

本教学管理系统主要完成学生信息管理，教师信息管理，课程信息管理，学生选课管理，教师授课管理和学生成绩管理等功能，共分为 6 个模块。每个模块又分为数据录入、数据修改和数据查询等子模块，以完成完整的教学数据管理。

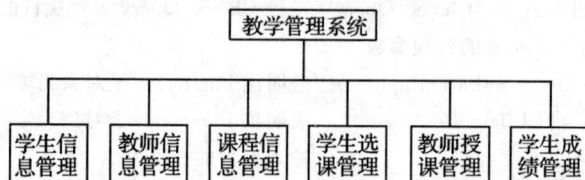

图 8-20 教学管理系统功能模块划分

系统主窗体如图 8-21 所示。由图可见，将以上 6 个模块作为主菜单项呈现出来，并用一个"系统"菜单项完成有关系统维护的工作。

图 8-21 教学管理系统主窗体

8.3　基于 Web 的 SQL Server 开发

当前,基于 Web 的计算平台已经成为计算机应用的主流。我们在网站上所见到的用户登录系统、客户留言板、论坛以及企业产品信息在网站前台的展示、电子商务等等,无一不和数据库有关。有了 Web 和数据库的连接,也使得人们对 Web 页面的更新和维护变得简单和快捷。

8.3.1　Web 数据库概述

基于 Web 的计算技术采用 B/C/S(Browser/Client/Server)三层结构模式,用户界面统一使用浏览器,Web 服务器作为信息系统的客户机,它代表用户访问应用服务器,其中最重要的就是数据库服务器。这样,软件开发工作主要集中于服务器端应用程序,无须开发客户端应用程序。服务器端的所有应用程序都可通过 Web 浏览器在客户机上运行。由于各种操作系统都支持 Web 浏览器的运行,所以基于 Web 的应用可以方便地实现跨平台操作。如图 8-22 所示。

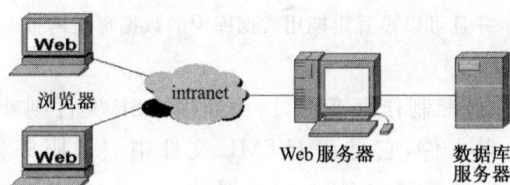

图 8-22　基于 Web 的三层结构

在基于 Web 的三层计算模式中,Web 服务器访问数据库的技术是应用系统开发的关键。在 Web 环境下操作数据库的方法有多种,早期有 CGI(Common Gateway Interface,公共网关接口)、Web Server API(如 ISAPI,服务器应用程序接口)等,目前比较有代表性的技术是:ASP(Active Server Pages)、PHP(Professional Hypertext Pages)、JSP(Java Server Pages)以及 ASP.NET 等。其中尤以 ASP 技术成熟且简单易行,使用最为广泛。

以下主要介绍如何使用 ASP 技术来操作 SQL Server 数据库并进行基于 Web 的数据库开发。

8.3.2　ASP 技术简介

1. 什么是 ASP?

ASP(Active Server Pages,活动服务器页面)是微软公司发布的一种主要用于 Web 服务器访问数据库的技术,它提供在用标准的 HTML 语言编写的 Web 页面中嵌入 VBScript 或 JScript(Microsoft 的 JavaScript 实现)脚本语言代码的方法来实现服务器端脚本环境,可用来创建和运行动态、交互的 Web 服务器应用程序。

(1) HTML 文件

最初的网页是 HTML 文件。HTML(Hyper Text Markup Language)即超文本标记语言,是在文本文件的基础上,增加一系列标识符号(标记)形成的网页文件。使用浏览器下载 HTML 文件时,就把这些标记解释成相应的命令(如:设置字体、分段换行、绘制表格、插入图形、超级链接等),将相关内容按照命令指定的格式显示出来。

HTML 文件是一个纯文本文件,文件扩展名为.htm 或.html。文件中的语句一般由标记(控制语句)和显示内容两部分组成,标记用一对尖括号"< >"括起来。

典型的语句格式为:<标记> 指定内容 </标记> ,也有单个标记出现的情况。

HTML 文件的基本结构如图 8-23 所示(标记字母不分大小写)。

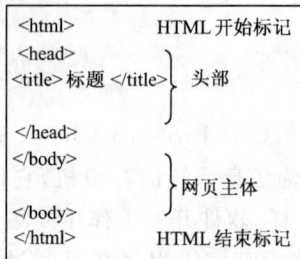

```
<html>              HTML 开始标记
<head>
<title>标题 </title>  ⎫ 头部
                    ⎬
</head>             ⎭
</body>             ⎫
                    ⎬ 网页主体
</body>             ⎭
</html>             HTML 结束标记
```

图 8-23 HTML 文件基本结构

提示:SQL Server 2000 企业管理器中的"Web 助手向导"可以帮助用户使用数据库中的数据制作一个 HTML 静态网页,并且可以设置定期用数据库中的数据更新网页。

(2)ASP 文件

单纯的 HTML 文件只能制作静态网页,而使用 ASP 文件则能制作动态网页。

ASP 文件也是纯文本文件,它是在 HTML 文件中嵌入服务器端脚本,所形成的以.asp 为扩展名的文件。当浏览器向 Web 服务器请求.asp 文件时,服务器端脚本并不直接发送到浏览器,而是在 Web 服务器上执行。

嵌入在 HTML 标记中的 ASP 语句是运行在 Web 服务器上的指令(如:控制页面显示内容、建立数据库连接、判断用户口令等等)。

每个 ASP 语句段用一对"<% %>"括起来。其中的语句是 VBScript 或 JScript 等脚本语言。

【例 8.5】 简单 ASP 程序,运行结果如图 8-24 所示。

```
<% @language="VBScript" %>
<html>
<head>
<title>初识 ASP</title>
</head>
<body>
<%
for i=1 to 3
    response. write("欢迎使用 ASP!")
next
%>
<p>现在的时间:<% response. write now %>
</body>
```

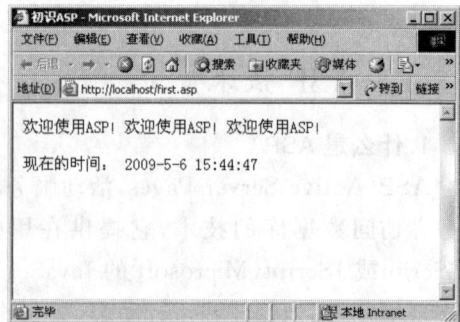

图 8-24 简单 ASP 程序

</html>

上面的程序中使用了 HTML 标记、ASP 语句和 VBScript 脚本语言（for…next 循环语句）等内容。其中，第一行语句设置页面中的服务器脚本语言为 VBScript，该句必须放在所有代码之前。for…next 循环语句使欢迎词连续显示三次。语句＜％ response. write now ％＞向浏览器中反馈从服务器取得的运行页面时间。＜p＞为 HTML 的分段标记。

将该程序命名为"first. asp"保存。

当以. asp 为扩展名的文件运行时，Web 服务器收到客户机的请求后，将其脚本交给相应的脚本引擎来分析、解释，一条条语句执行。本程序运行结果如图 8-24 所示。

ASP 和 HTML 文件可以使用任何文字编辑器建立，例如，使用 Windows 中的"记事本"工具，只要保存为". asp"或". htm"、". html"文件即可。但使用专业的网页制作软件（如 FrontPage、Dreamweaver、ASPEdit 等）编辑和调试更方便。

ASP 提供了一些内建对象（如在例 8.5 中使用的 response），使用这些内建对象可使脚本的功能更加强大。此外，在 ASP 中还使用了 ActiveX 组件扩展功能，使用 ADO 对象完成连接数据库、对数据库在线操作等复杂功能。后面我们将详细讨论。

2. ASP 程序运行的环境——IIS Web 服务器

ASP 程序不同于普通的 HTML 网页，要调试、运行 ASP 脚本程序，双击该文件的图标或者在浏览器中打开该文件都是不行的，必须通过 Web 服务器端的处理才能在浏览器中浏览到相应的页面。实际上，Web 服务器在程序执行时要扫描 ASP 脚本文件，执行服务器端的脚本，并将执行结果替换文件中的服务器端脚本部分，形成 HTML 页面发送到浏览器。

IIS（Internet Information Services，因特网信息服务器）是微软公司发布的支持 ASP 服务的 Web 服务器。ASP 程序的执行由 IIS 来完成。要使得 Web 服务器执行指定的脚本，必须进行适当的配置。可以将要执行的 ASP 脚本配置成一个站点或者一个虚拟目录。

Windows 2000 Server 自带 IIS，Windows 2000 Professional 版和 Windows XP 需要人为添加 IIS 组件，对较早的 Windows 98，则使用 PWS（Personal Web Server）支持 ASP 程序。

在 Windows 2000/XP 下安装 IIS 的步骤为：

● 从 开始 菜单中选择"控制面板/添加或删除程序"，并单击"添加/删除 Windows 组件"，打开"Windows 组件向导"窗口，如图 8-25 所示。

● 在"Windows 组件向导"窗口中勾选"Internet 信息服务（IIS）"项，并将 Windows 系统安装盘插入光盘驱动器中，单击"下一步"按钮，稍等片刻，即可完成 IIS 组件的安装。

注意：IIS 安装时，需要 Windows 系统安装盘 I386 文件夹中的文件。如果没有原系统的安装盘，另外取得的 IIS 安装组件必须与原系统操作系统匹配。

在机器中安装了 IIS 后，还要进行适当的配置。可以将要执行的 ASP 脚本配置成一个站点或虚拟目录。现介绍配置一个虚拟目录的操作步骤：

● 从 开始 菜单中选择"控制面板/管理工具/Internet 信息服务"命令，显示如图 8-26 所示的"Internet 信息服务"窗口。

● 右击"默认 Web 站点"，在弹出的快捷菜单中选择"新建/虚拟目录"命令。启动虚

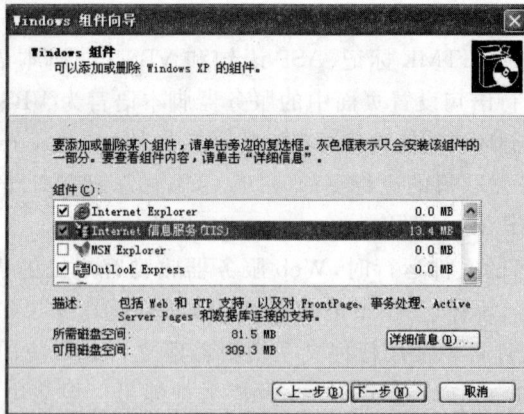

图 8-25 "Windows 组件向导"窗口

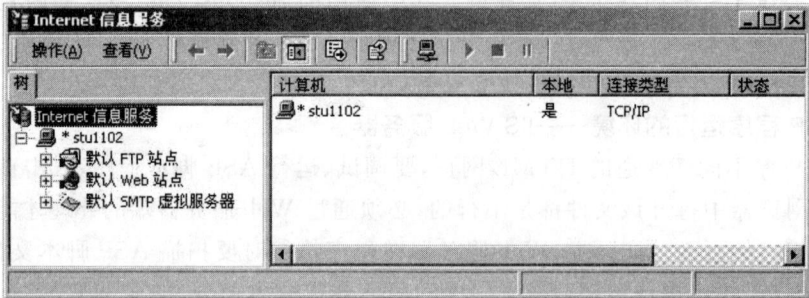

图 8-26 "Internet 信息服务"窗口

拟目录创建向导。

● 在虚拟目录创建向导中,依次单击 下一步(N) > 按钮,输入映射的名称(如"MySite")和要映射的目录(如 C:\MySQL),再次单击 下一步(N) > ,出现访问权限设置界面,如图 8-27 所示。

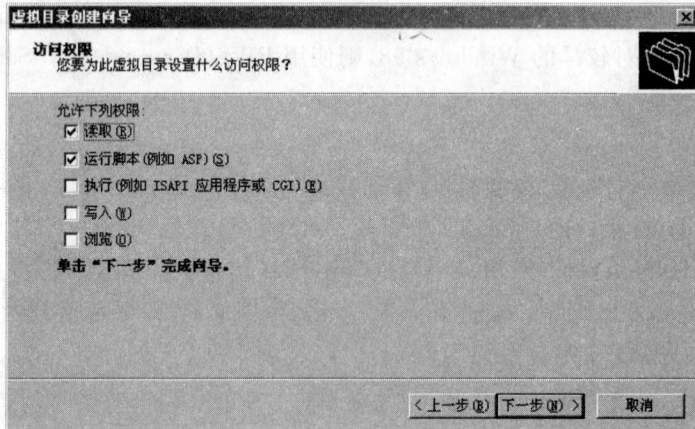

图 8-27 设置访问权限

● 选择适当的访问权限(注意,"读取"这一项必须选中,否则他人无法浏览),这里取如图所示的默认设置,单击 下一步(N) > 按钮,即完成虚拟目录的设置。

● 在"Internet 信息服务"窗口(图 8-26)中再次右击"默认 Web 站点",在弹出的快捷菜单中选择"属性"命令,然后在弹出的"默认 Web 站点属性"窗口中选择"主目录"标签,如图 8-28 所示。

● 在"连接到此资源时,内容应该来自于"处,选中 ⊙ 此计算机上的目录(D) 单选钮,在"本地路径(C)"文本框中输入网站文件存放的目录(网站根目录),这里用刚才设立的虚拟目录 C:\MySQL,单击 确定 按钮,即最后完成 Web 服务器设置工作。

在"Internet 信息服务"窗口的"默认 Web 站点"下可看到创建的默认 Web 站点 (MySite),如图 8-29 所示。

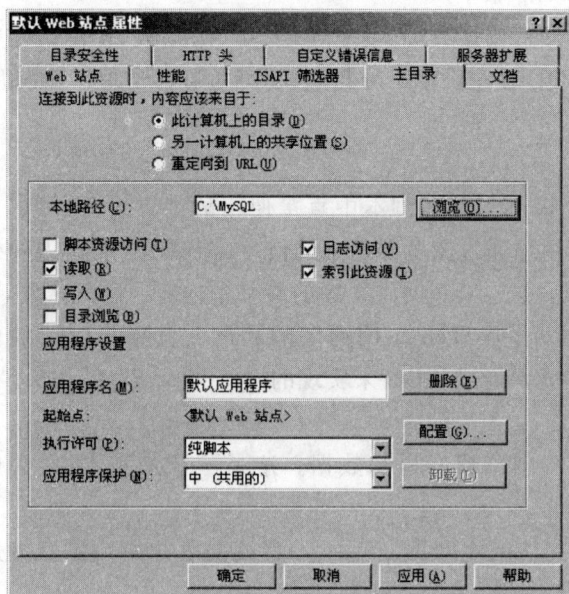

图 8-28　设置网站根目录　　　　　　图 8-29　默认站点 MySite

现在,将例 8.5 创建的 first. asp 文件复制到网站根目录下,打开 IE 浏览器,在浏览器窗口的地址栏中输入"http://localhost/first. asp"(如果是在另一台机器上,将 localhost 改换为 Web 服务器主机的 IP 地址),即可看到图 8-24 的显示结果。

如果将 first. asp 改名为 default. asp,即设置该文件为站点主文档,则在浏览器窗口的地址栏中不需输入文件名,只要输入站点地址(如在同一机器上为"http://localhost")即可显示该网页。如果一个 Web 站点的主文档不是 default. htm 或者 default. asp,也可以人为指定该站点的主文件。在图 8-28 所示"默认 Web 站点属性"窗口中选择"文档"标签,从中可以设置站点的主文件,即默认文档。

提示:也可以利用 SQL Server 2000 实用工具"在 IIS 中配置 XML 支持"来设置虚拟目录。

3. ASP 脚本语言——VBScript 简介

如前所述,ASP 是在标准的 HTML 语言中嵌入 VBScript 或 JScript(Microsoft 的 JavaScript 实现)脚本语言代码来实现服务器端脚本环境的。相比于 JScript,VBScript 语法比较简单,语法结构与 Visual Basic 语言类似,人们更易接受,所以使用更广泛。

通常用 VBScript 脚本语言编写脚本程序嵌入 HTML 中,也可以将 HTML 代码嵌入到 VBScript 脚本语言里。由例 8.5 程序已知,在 ASP 页面中使用 VBScript 脚本语言,必须在开始处声明:<% @language=" VBScript" %>。

需要指出的是,如果仅仅将 VBScript 嵌入 HTML 中,则是在客户端由一个配备了解释器的浏览器(IE 浏览器即是)直接处理,不需通过网络在服务器端执行后再送回客户端。除非在声明时使用以下形式:<script language=" VBScript" runat=server> 强制要求在服务器端执行。

🐟 提示:如果只是在 HTML 页面中使用 VBScript 脚本,可用<script language=" VBScript">……</script>形式,声明部分语句为 VBScript 脚本。

关于 VBScript 语言的具体内容,如:数据类型、变量与表达式的构成、控制语句等内容,与本书第 5 章介绍的 Transact-SQL 程序设计十分相似,不难通过自学理解和掌握。

8.3.3 ASP 内置对象和组件

为了方便使用者开发程序,ASP 提供了可在脚本中直接使用的内置对象,可以用来向浏览器发送用户请求的信息、收集用户通过浏览器发来的信息、存储用户信息及控制对请求的响应等操作。ASP 内置对象是构成 ASP 网页程序的最基本内容。除此之外,ASP 还提供了很多内置的 ActiveX 组件以增强 Web 应用程序的功能。其中最常用的就是 ADO 组件。ASP 的数据库访问功能就是通过 ADO 来实现的。

1. Response 对象

Response 对象用来控制向客户端浏览器发送的数据。这是一个最基本、最常用的 ASP 内置对象。

例如:<% Response. write "欢迎访问本网页" %>   直接向客户端浏览器发送信息;

<% Response. write "<table border=1>" %>   使用 HTML 标记;

(table 是 HTML 中创建表格的标记命令,并设置表格的边框线粗为 1。)

<% Response. write (now()) %>   使用 VBScript 函数输出系统时间;

<% Response. End %>   终止当前的 ASP 程序运行。

2. Request 对象

Request 对象用于完成与 Response 对象反方向的功能,即从客户端获取数据。既可获取标识浏览器及用户的 HTTP 变量,也可获取 HTML 表单传递的数据,还可以传递 Cookie 标记等。

例如:<% t1=request. form("sno") %>   获取 form 表单中 sno 对象的数据;

<% =request. servervariables("SERVER_NAME") %>   获取服务器名称、IP 地址及 DNS 别名等数据。

3. Server 对象

Server 对象提供了使用服务器方法与属性的接口。通过 Server 对象就可以访问服务器信息,也可以在服务器上启动 ActiveX 组件。

Server 对象的最常用方法是 CreateObject 方法,用于创建一个已注册到服务器上的组件对象实例。例如数据库组件 Adodb 中的对象模型 Connection、Recordset 等都需要通过 Server 对象来创建具体的实例。在后面的应用例子中我们可以看到具体的使用情况。

除此之外,Server 对象还有以下方法:

Mappath:将 Web 服务器的虚拟路径转换为实际路径;

Execute:转到另一网页执行,执行完后可返回原来网页;

Transfer:停止当前网页执行,转到另一网页执行。执行完后不返回原网页。

4. ADO 组件

本章之前已经介绍了 ADO 的概念及在 VB 中利用 ADO 访问 SQL Server 数据库的方法。在 ASP 中,ADO 可看作是一个数据库访问组件,在其 ADO DB 对象库中同样有着如图 8-9 及表 8.1 中所列的各种对象,应用它们就可完成对数据库的各种操作。

(1)通过建立的 ODBC 数据源(DSN)与 SQL Server 数据库连接

如前面介绍的 VB 应用程序一样,在 ASP 中,也可以直接利用事先已建立的系统数据源 DSN 建立与 SQL Server 数据库的连接。

例如,以下代码就是利用例 8.1 创建的数据源 jxgl 建立 ASP 页面与教学数据库 teachdb 的连接:

set cn＝server. createobject("ADODB. Connection")

cn. provider＝"sqloledb"

cn. open "DSN＝jxgl;database＝teachdb;uid＝sa;pwd＝sa"

代码说明:首先用 ASP 内置对象 Server 的 createobject 方法建立一个连接对象实例 cn,设置 cn 的 OLE DB 提供程序为"sqloledb",然后使用例 8.1 创建的数据源 jxgl 与 cn 建立连接,并同时指出登录用户名和密码,以及连接后的默认数据库。

(2)直接用代码建立与 SQL Server 数据库的连接

如果没有事先建立 DSN,可以在 ASP 中直接使用代码指定数据库驱动程序,建立与数据库的连接。此时要以 driver＝{驱动程序名称}的格式来指定 ODBC 驱动程序。

SQL Server 的驱动程序是"SQL Server",Access 数据库的驱动程序为"Microsoft Access driver(* . mdb)"。

下面两行代码演示了直接使用 SQL Server 数据库驱动程序,通过 Connection 对象的 Open 方法与指定的数据库建立连接。

set cn1＝server. createobject("ADODB. Connection")

cn1. open "driver＝sql server; server＝ dbserver ;database＝teachdb;uid＝sa;pwd ＝sa"

✍ **提示**:如果想取得计算机上 ODBC 驱动程序名称,可以启动"控制面板/管理工具/数据源 (ODBC)",打开 ODBC 数据源管理器,或在 C:\winnt\odbc. ini 中找到有关的信息。

如果使用 OLE DB 连接,则上面的第二句为:cn1. open " provider＝SQLOLEDB; datasource＝dbserver;initialcatalog＝teachdb;userid＝sa;password＝sa"

在打开的连接对象操作结束后,应使用 Close 方法关闭连接对象以释放系统资源。如 cn1. Close。关闭连接对象并没有从内存将它删除,还可以更改它的属性或者再次打开。要将对象从内存完全删除,可将它设置为 nothing。如:set cn1＝nothing。

(3)使用 Recordset 对象检索数据

Recordset 对象保存从 SQL 查询返回的数据集。与 Connection 对象一样,在使用前必须先用 Server 对象的 createobject 方法建立。如:set rs ＝ server. createobject (" ADODB. Recordset")。也可使用 Connection 对象的 Execute 方法隐式创建(前已介绍, Connection 对象也有 Execute 方法可实现简单的数据查询功能)。如下面例 8.6 程序代码所示。

Recordset 对象接收的数据集是在内存中的一张虚拟表,有一个游标指针指示它的当前行。如表 8.4 和表 8.5 所述,可以使用 MoveFirst、MoveLast、MoveNext、MovePrevious、 NextRecordset 等方法移动游标指针,也可以通过 EOF 和 BOF 属性判断指针是否到记录集的开头或末尾(True 或 False)。例如,以下程序段使用 VBScript 的循环语句遍访 Recordset 对象数据集的每行数据:

```
do while (not rs. eof)
response. write(rs("s_no"))
response. write(rs("s_name"))
rs. movenext
loop
```

对数据集中的每行数据,也可以使用循环的方式逐个访问其每个域(字段)。可使用 Recordset 对象的 Fields 集合的 count 属性作为循环控制条件。如下所示:

```
for i＝0 to rs. fields. count－1
response. write rs. fields(i). name
next
```

如果将行和列的循环组合在一起,就能够对数据集中所有数据进行遍访。如下面例 8.7 程序所示。

在对数据集对象操作结束后,也应使用 Close 方法关闭以释放系统资源。同样,关闭后对象并没有从内存删除,还可以更改它的属性或者再次打开。要将对象从内存完全删除,可将它设置为 nothing。

8.3.4 应用举例

以下结合本书样例数据库 teachdb,介绍 ASP 访问数据库的方法和操作。

【例 8.6】 建立一个 ASP 程序,显示教学数据库 student 表中所有学生的学号和姓名。

程序清单:Sample8_6. asp

```
<% @language="VBScript" %>
<html>
<body>
<%
set cn＝server. createobject("ADODB. Connection")
set rs＝server. createobject("ADODB. Recordset")
```

```
        cn. provider＝"sqloledb"
        cn. open "DSN＝jxgl;database＝teachdb;uid＝sa;pwd＝sa"
        abc＝"select * from student"
        set rs＝cn. execute(abc)
%＞
学号 姓名＜p＞
＜%
        do while (not rs. eof)                  '循环,直到数据集末尾
            response. write(rs("s_no")&" ")   '显示学号,然后空一格
            response. write(rs("s_name")&"＜P＞")   '显示姓名,然后换行
            rs. movenext                          '指针移向下一条记录
        loop
%＞＜p＞
＜%
        cn. close
        set cn＝nothing
        rs. close
        set rs＝nothing
%＞
</body>
</html>
```

代码说明:

本程序利用单循环显示数据集每行的学号(s_no)和姓名(s_name)两个域的数据。

response. write(rs("s_no")&" ")语句中的   表示一个空格,使用字符串连接运算符"&"将 s_no(学号)数据和空格连在一起作为 response. write 向客户端浏览器输出的内容。

使用浏览器访问该网页后显示的网页如图 8-30 所示。

图 8-30　ASP 访问数据库数据

【例 8.7】　建立一个 ASP 程序,完成学生成绩查询功能。用一个页面接收输入的查

询条件,查询条件是学生学号或课程编号两者中的任一个。根据输入的查询条件在后台
教学数据库中检索,用另一个页面显示查询到的对应学生的各课程成绩,或对应课程的各
学生成绩。查询结果以表格形式显示。

程序完成后通过浏览器看到的两个网页如图 8-31、图 8-32 所示。

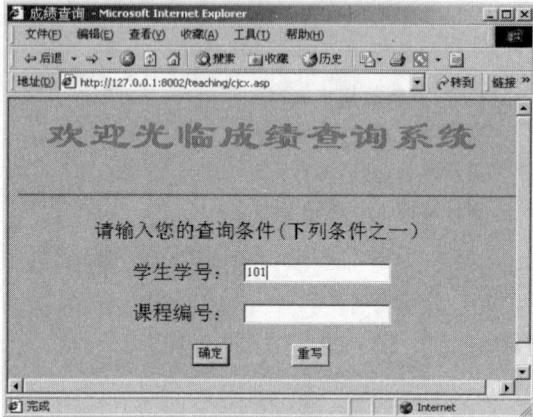

图 8-31　选课查询系统界面

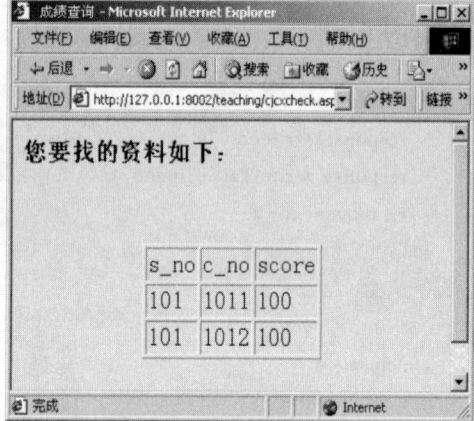

图 8-32　选课查询结果页面

程序清单:Sample8_7. asp

```
<%@ language="VBScript" %>
<html>
<head><title>成绩查询</title></head>
<body bgcolor="#00CCFF">                                   '设置网页背景颜色
<div align="center">                                      '设置居中对齐
  <p><font color="#FF0000" size="6" face="隶书">            '设置标题文字格式
<strong>欢迎光临成绩查询系统 </strong></font></p>
  <hr>                                                     '标题下加一条水平线
  <p>请输入您的查询条件(下列条件之一)</p>
<form name="form1" method="post" action="show_score. asp">   '建立一个表单
<p>学生学号:<input type="text" name="sno"> </p>              '输入学号文本框
<p>课程编号:<input type="text" name="cno"> </p>              '输入课程编号文本框
<p> <input type="submit" name="Submit" value="确定">         '"确定"按钮
  <input type="reset" name="Submit2" value="重写"> </p>     '"重写"按钮
</form>
</div>
</body>
</html>
```

程序清单:show_score. asp

```
<%@ language ="VBScript" %>
<%
```

```
set cn=server. createobject("ADODB. Connection")
set rs=server. createobject("ADODB. Recordset")
cn. open "driver=sql server;server= dbserver ;database=teachdb;uid=sa;pwd=sa"
t1=request. form("sno")          '从学生学号文本框获取数据
t2=request. form("cno")          '从课程编号文本框获取数据
sql="select ＊ from choice where s_no='"&t1&"' or c_no='"&t2&" '"
                                 '&t1&、&t2& 表示取 t1、t2 中的值
set rs=cn. execute(sql)          '调用连接对象的 execute 方法执行查询,结果送 Recordset 对象
%>
<html>
<head><title>成绩查询</title></head>
<body bgcolor="#00FFFF">          '设置网页背景颜色
<p><strong>您要找的资料如下 :</strong></p>
<p> </p>
<%
    response. write"<center><table border=1>"     '建立一个表格,且使页面居中
    for i=0 to rs. fields. count-1                   '循环,直至一行数据结束
    response. write " <td>"& rs. fields(i). name &"</td>"   '在表格的第一行显示标题
    next
    response. write"</tr>"
    while not rs. eof                                '外循环,直至数据集末尾
    response. write"<tr>"
    for i=0 to rs. fields. count-1                   '内循环,直至一行数据结束
    response. write " <td>"& rs. fields(i). value &"</td>"  '在表格单元格内显示数据库字段值
    next
    response. write"</tr>"
    rs. movenext                                     '指针移向下一条记录
    wend
    response. write"</table></center>"
    rs. close
%>
</body>
</html>
```

本例用两个 ASP 程序产生两个页面,完成学生成绩查询功能。在 Sample8_7. asp 中建立一个查询表单 form1,表单的响应程序为 show_score. asp(<form name=" form1" method="post" action="show_score. asp">)。

在 show_score. asp 中,使用 ADO 的 Connection 对象建立与 SQL Server 数据库 teachdb 的连接,并用 Recordset 对象接收从 choice 表的查询结果 。然后制作一个表格,将查询结果在表格中显示出来。

最后需要说明两点：

第一，本程序上机实验时，连接参数应该根据实际机器和服务器的情况加以设置，如数据库服务器 server＝……用户名 uid＝……登录密码 pwd＝……

第二，如果要使图 8-32 窗口的 DataGrid 网格第一行显示中文标题，可将程序代码中的查询语句"SELECT ＊ FROM choice WHERE……"改为如下形式"SELECT s_no AS 学号，c_no AS 课程号，score AS 成绩 FROM choice WHERE……"。

8.4　Web 数据库开发实例——教学管理系统

8.4.1　系统简介

1.系统设计目标

通过本系统的开发，可以使学生理解 Web 前台和后台数据库间的关系。掌握与后台数据库的连接方法，以及对后台数据库中的数据进行查询的方法。通过本系统的设计实践，学生可以对 SQL Server 2000 数据库对 Web 的支持有一个较透彻的了解。

本系统虽简单，但已经涵盖了 Web 数据库的基本内容，所以大家可以在本系统的基础上进行扩展和创新，使之成为一个功能完善的教学管理系统。

2.数据库的准备

本系统中所使用的数据库就是教材中作为样例的 teachdb 数据库以及它所包含的 5 张表：student、course、choice、teacher 和 teaching。

3.系统运行环境准备

配置 IIS，新建一个 Web 站点，主目录指向本系统中所有程序所在的文件夹，系统的默认主文档为 index.asp。

4.系统结构和各程序间的关系

本系统共有 10 个程序（系统首页和学生登录为一个程序），各程序的功能及程序间的关系如图 8-33 所示。

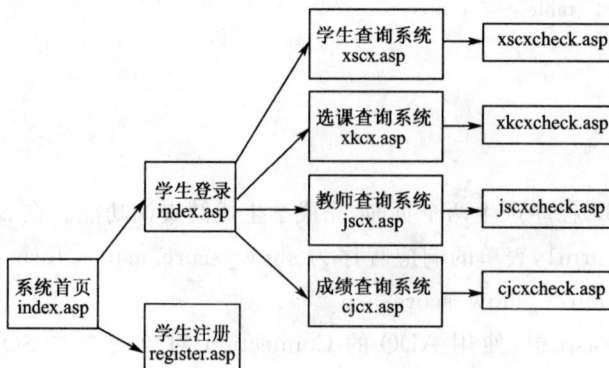

图 8-33　系统结构和各程序间的关系

8.4.2　程序界面与代码说明

1. 主界面：index. asp

这是系统主程序，主要实现系统登录和学生注册。

在 index. asp 窗口中输入的学生学号和姓名，将在 check. asp 中进行验证，只有输入的学号和姓名与 student 表中的学号和姓名一致，才能登录到本系统中，否则要求注册。

运行界面如图 8-34 所示。

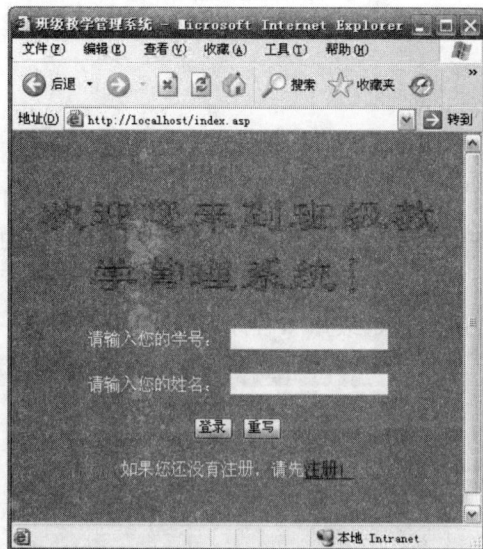

图 8-34　系统主界面

程序清单：index. asp

```
<%@ language="VBScript" %>
<html>
<head>
<meta http-equiv="Content-Type" content= "text/html；charset=gb2312">
<title>班级教学管理系统</title>
</head>
<body bgcolor=" #0099FF" text=" #FFFF00">
<div align="center">
  <p> </p>
  <p><font color=" #FF0000" size="7" face="隶书">欢迎您来到班级教学管理系统！</font></p>
    <form name="form1" method="post" action="check. asp">
    <p><font color=" #FFFFFF">请输入您的学号：</font>
      <input type="text" name="no">
    </p><p><font color=" #FFFFFF">请输入您的姓名：</font>
      <input type="text" name="name">
```

```
    </p> <p>
        <input type="submit" name="Submit" value="登录">
        <input type="reset" name="Submit2" value="重写">
    </p>
    </form>
    <p>如果您还没有注册,请先<a href="register.asp">注册!</a></p>
    <p> </p>
</div>
</body>
</html>
```

2.登录验证界面:check.asp

验证输入信息,如果成功,出现各分系统的主界面,如果失败则出现要求注册的界面。

在程序中先进行后台数据库的连接,对 index.asp 页面上的表单信息进行接收后,到 teachdb 数据库中的表 student 中进行查找,如果找到即可登录成功,如果没有找到则要求注册。

例如:学号输入"101",姓名输入"袁敏",程序运行的结果如图 8-35 所示:

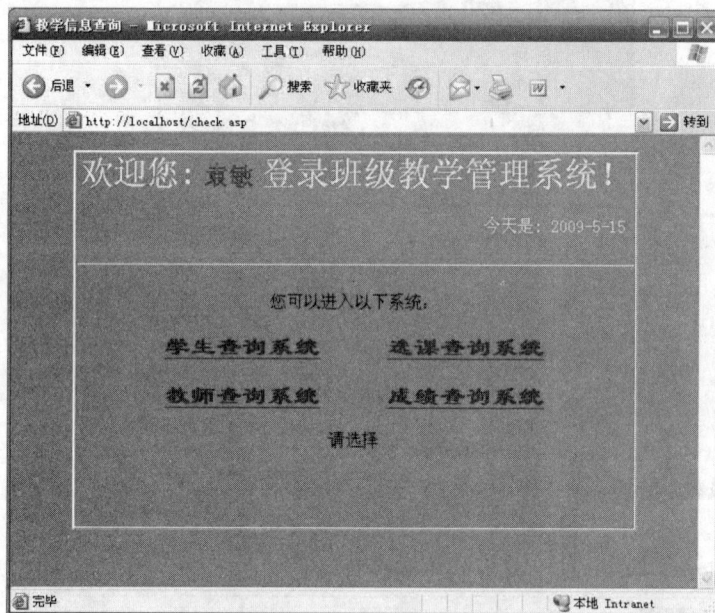

图 8-35　登录验证界面

程序清单:check.asp

```
<%@ language="VBScript" %>
<%
    set cn=server.createobject("adodb.connection")
    constr="driver=sql server;server=dbserver;database=teachdb;uid=sa;pwd=654321;"
    cn.open constr
    set rs=server.createobject("adodb.recordset")
```

'注:以上代码是连接数据库 teachdb,并生成记录集实例

  t1＝request. form("no")

  t2＝request. form("name")

'注:这两句是接收来自前页的表单中输入的学号和姓名

  sql＝"select ＊ from student where s_no＝'"＆t1＆"' and s_name＝'"＆t2＆"'"

  set rs＝cn. execute(sql)

%＞

＜% if rs. eof＝true then

response. write "您还没有注册,请先注册,再登录!"

  else %＞

＜html＞

＜head＞

＜meta http-equiv＝"Content-Type" content＝"text/html; charset＝gb2312"＞

＜title＞教学信息查询＜/title＞

＜/head＞

＜body bgcolor＝"＃0099FF"＞

＜table width＝"85%" height＝"300" border＝"2" align＝"center" cellspacing＝"0"＞

 ＜tr＞＜td width＝"800" height＝"351" valign＝"top"＞ ＜p align＝"center"＞

＜font color＝"＃FFFF00" size＝"6"＞欢迎您:＜/font＞

＜font color＝"＃FF0000" size＝"5"＞＜%＝request. form("name")%＞＜/font＞

＜font color＝"＃FFFF00" size＝"6"＞登录班级教学管理系统！＜/font＞

 ＜p align＝"right"＞＜font color＝"＃FFFF00"＞今天是:＆nbsp＜%＝ date() %＞＆nbsp＜/font

＞＜/p＞

 ＜hr＞

 ＜p align＝"center"＞您可以进入以下系统:＜/p＞

 ＜p align＝"center"＞＜font color＝"＃FF0000" size＝"5" face＝"隶书"＞＜strong＞＜a href＝"

xscx. asp"＞学生查询系统＜/a＞

 ＜a href＝"xkcx. asp"＞选课查询系统＜/a＞＜/font＞＜/strong＞＜/p＞

 ＜p align＝"center"＞＜strong＞＜font color＝"＃FF0000" size＝"5" face＝"隶书"＞＜a href＝"

jscx. asp"＞教师查询系统＜/a＞

 ＜a href＝"cjcx. asp"＞成绩查询系统＜/a＞＜/font＞＜/strong＞＜/p＞

 ＜p＞＜/p＞

 ＜p align＝"center"＞请选择＜/p＞＜/td＞＜/tr＞＜/table＞

＜/body＞

＜/html＞

＜% end if %＞

注:程序中超级链接的注册网页 register. asp 限于本书篇幅没有列出。

3. 各查询子系统窗口界面及代码

  例 8.7 已经介绍了成绩查询子系统的窗口和程序代码,其余几个查询子系统不难参考例 8.7 编制。限于本书篇幅,不再列出。各部分完整源代码可到本书指定的网站下载。

习题与实训

一、填空题

1. SQL Server 2000 的客户端通过_____和_____连接到服务器。

2. 从 Windows"开始"菜单依次选择_____,可以配置 SQL Server 的 ODBC 数据源。数据源包括系统 DSN、用户 DSN 和_____。

3. Visual Basic 6.0 提供的 ADO 对象库名为_____。要引用该对象库,需选择_____菜单中的_____命令。

4. 如果将 ADO Data 控件的记录源的命令类型设为"4-adCmdStoredProc",用户需选择一个 SQL Server _____。

5. 已经用 ADO 对象编程方法创建了 Connection 对象 A1 和 Command 对象 A2,则指定 A2 使用 A1 连接对象的语句为_____。

6. ADO 的_____和_____对象都具有 Execute 方法。

7. ASP 的 Server 对象的_____方法可使程序转到另一网页执行,执行完后可再返回原来网页。

8. 对数据集中的一行数据,如要逐个访问其中每个域,可使用 Recordset 对象中_____的_____属性作为循环控制条件。

9. 在例 8.7 中,语句:while not rs. eof ……wend 的循环条件是由程序中的_____语句控制的。

10. ASP 语句:<% Response. write "<table border=1>" %>的含义是_____。

二、操作题

1. 使用 SQL Server 2000 企业管理器中的"Web 助手向导"制作一个网页,显示教学数据库 student 表的所有数据。要求设置每周五更新一次。

2. 创建一个 ODBC 数据源,名称为"swgl"(商务管理),服务器选择实际上机环境的 SQL Server 服务器,使用 Windows 和 SQL Server 混合登录模式,默认数据库为系统示例数据库 northwind。

3. 根据上一题创建的数据源,参考例 8.2 使用 ADO Data 控件完成一个商务信息浏览 VB 应用程序。可查看 northwind 数据库的 Suppliers 表中供货商的信息(如公司名、城市、国家和电话号码等)。

4. 修改本章例 8.3 程序,在窗口中增加一个"修改"按钮,并编写相关代码实现修改记录的功能。

5. 在 VB 6.0 下,使用 ADO 对象编写教学数据库中学生表(student)的数据录入程序。

6. 在 SQL Server 中为教学数据库添加一个"users"数据表,保存用户名和密码。在 VB 6.0 下建一个应用程序,在窗体中接收用户输入的名字和密码,然后查询"users"数据表,如果用户名和密码在表中存在,则显示欢迎窗体(自己设计),否则给出拒绝信息。

7. 在 IIS 中建立一个 Web 站点,名称为 MyClassSite,主目录为 d:\myclass;默认文档为 main_page. asp;IP 地址根据上机实际环境设定。

8. 制作动态网页 main_page. asp,显示教学数据库中 student 表的信息。

9. 参考例 8.7 建立一个 ASP 程序,完成学生选课查询功能。用一个页面接收输入的查询条件,查询条件是学生学号或课程名称两者中的任一个。根据输入的查询条件在后台教学数据库中检索,用另一个页面显示查询到的对应学生的选修课程,或对应课程的选修学生。查询结果以表格形式显示。

10. 开发一个小型的基于 Web 的 SQL Server 应用系统,主题自定,以自己的数据库作为后台,以 first. asp 作为主页。

参考文献

[1] 李春葆,曾慧.SQL Server 2000 应用系统开发教程.北京:清华大学出版社,2005

[2] 唐学忠.SQL Server 2000 数据库教程.北京:电子工业出版社,2005

[3] 牛允鹏.数据库及其应用.北京:经济科学出版社,2005

[4] 徐人凤,曾建华.SQL Server 2000 数据库及应用.北京:高等教育出版社,2004

[5] Microsoft.企业级数据库的安装、配置和管理.北京:高等教育出版社,2003

[6] 龚波等.SQL Server 2000 教程.北京:希望电子出版社,2002

[7] 刘耀儒.新概念 SQL Server 2000 教程.北京:科海集团公司,2001

[8] 余晨,李文炬.SQL Server 2000 培训教程.北京:清华大学出版社,2000

[9] 苏俊.边用边学 SQL Server.北京:清华大学出版社,2007

[10]   孙印杰,李骞,张晶.ASP 动态网页设计应用教程.北京:电子工业出版社,2008